普通高等教育案例版系列教材

供药学、药物制剂、临床药学、中药学、制药工程、医药营销等专业使用

案例版

# 生物技术制药

**主　编**　黄泽波

**副主编**　黄宏靓　吕　莉

**编　委**　（按姓氏笔画排序）

陈　珺　（广东药科大学）

侯　洁　（大连医科大学）

黄宏靓　（广东药科大学）

黄泽波　（广东药科大学）

金　越　（大连医科大学）

李海峰　（广东药科大学）

刘永梅　（武汉大学）

吕　莉　（大连医科大学）

朱　虹　（浙江大学）

邹永东　（深圳大学）

科学出版社

北　京

# 郑 重 声 明

**图书在版编目（CIP）数据**

生物技术制药 / 黄泽波主编. —北京：科学出版社，2018.1
ISBN 978-7-03-055772-8

Ⅰ.①生… Ⅱ.①黄… Ⅲ.①生物制品–生产工艺–高等学校–教材
Ⅳ.①TQ464

中国版本图书馆 CIP 数据核字（2017）第 300830 号

责任编辑：李 植 胡治国 / 责任校对：郭瑞芝
责任印制：徐晓晨 / 封面设计：陈 敬

科 学 出 版 社 出版
北京东黄城根北街 16 号
邮政编码：100717
http://www.sciencep.com

北京九州迅驰传媒文化有限公司 印刷
科学出版社发行 各地新华书店经销
*

2018 年 1 月第 一 版 开本：787×1092 1/16
2022 年 7 月第 三 次印刷 印张：17
字数：394 000

**定价：69.80 元**
（如有印装质量问题，我社负责调换）

# 前　言

　　为了更好地全面贯彻党的教育方针，适应新发展时期创新创业需求，促进我国高等医药院校教育发展，全面提高高等教育质量，落实教育部、国家卫生和计划生育委员会《高等学校本科教学质量和教学改革工程》和《中国医学教育改革和发展纲要》的精神，深化课堂教学和教学方法改革，提高药学高等教育教学质量，由科学出版社组织全国高等院校多位专家编写的《生物技术制药》（案例版）教材，在全体编委的辛勤劳动和共同努力下，终于与大家见面了。

　　《生物技术制药》（案例版）借鉴国外 PBL（problem-based learning）教学模式，采用以案例导入为主线，提出代表性案例并进行深入分析和拓展，试图展示出生物技术制药这一发展迅速的领域中代表性的生物技术药物。目前，生物技术的发展已经成为现代药学发展的巨大推动力，生物技术药物产品已经成为了主要的治疗用药物之一。 这些药物产品包括重组蛋白质、单克隆抗体和抗体片段，以及反义寡核苷酸和基因治疗用核酸，还包括细胞治疗的应用。生物技术制药显示了前所未有的发展速度和经济收益。在 2015 年美国食品药品监督管理局审批通过的 45 个新药中有 12 个生物制品，2014 年批准的 39 个新药中有 11 个生物制品。2014 年全球销售前十的药物中抗体药物占 7 个，市值共计达到 600 亿美元，这些取得巨大成功的生物技术药物推动了人类疾病防治的空前发展，同时带来了巨大的经济效益。生物技术对于生物制药的快速发展和现代药学及生命科学的重要性是不言而喻的，药学的生物技术已经成为现代和今后药学教育的重要组成部分，快速发展的生物技术制药迫切需要一本介绍该领域新发展的教材，提供较为完整的详细的生物技术在药学研究和临床应用中的知识。本教材将典型案例融于各个章节中，侧重新生物技术在生物药物发展中的作用，主要包括了不同生物技术药物的新生物制备技术的基本理论和应用，对目前临床使用的生物技术药物分类阐述，在编写中结合生物技术药物的研发和生产、结构、药物基本作用机制、剂型、上市情况、临床应用等情况，力求所选案例的知识性、典型性、针对性、启发性和实践性，通过案例提出问题，启发学生思考，激发学生学习兴趣，以提高学生的主动性，培养学生独立思考和积极创新能力。全教材分为 14 章：生物技术制药概述、生物技术制药产品的开发与生产、抗体药物及抗体相关药物、细胞因子及干扰素类药物、白细胞介素、肿瘤坏死因子、血细胞生长因子类药物、生长因子类药物、重组蛋白激素类药物、作用于凝血系统的蛋白类药物、重组蛋白酶药物、核酸类药物、多糖类药物、疫苗。本版本的《生物技术制药》可以作为药学、生物制药专业、药物制剂、制药工程、临床药学、生物和生物技术等专业本科教学的教材，可供国内药学、医学及生命科学研究人员、硕士研究生入学考试参考。

在本教材编写过程中，参考了部分已经出版的高等院校教材及有关专著，在此向有关作者和出版社表示衷心的感谢。在教材出版之际，还要特别感谢科学出版社的领导和编辑们对本教材出版的专业指导和大力支持。对参加本教材编写的编委和支持他们工作的单位领导表示由衷的感谢。衷心感谢广东药科大学的领导及教务处、教材科领导和同事的全力支持。

本教材是国内案例版《生物技术制药》教材建设的首次探索，尽管参与编写的老师竭尽全力，但是由于编者的学识水平和经验有限，教材中可能存在疏漏之处，敬请同行专家、使用本教材的各院校师生和广大读者批评指正。

黄泽波

2017 年 10 月

# 目　录

# 第一章　生物技术制药概述

学习要求

1. 掌握　药物、生物药物、生物技术药物等基本概念。
2. 熟悉　生物技术药物分类及作用特点。
3. 了解　药物研发及申报的流程。

## 一、基本概念介绍

**1. 药物**　药物（medicine）一词来源于拉丁语 *medicus*，意思为"内科医师"，指有目的地调节机体生理、生化功能和病理过程，并规定有适应证或者功能主治、用法和用量等，用于预防、诊断和治疗疾病的物质。小分子有机化合物和中药材及其制剂分别是西医和中医体系中的最传统的药物。根据《中华人民共和国药品管理法》第一百条关于药品的定义：药品是包括中药材、中药饮片、中成药、化学原料药及其制剂、抗生素、生化药品、放射性药品、血清、疫苗、血液制品和诊断药品等。这就表明，生化药物、血清、血液制品等生物来源的产物也是现代药物的重要组成部分。事实上，随着生命科学领域对生命奥秘的不断揭示和各种生物技术的快速发展，尤其是遗传学领域通过人为地改变基因结构或基因重组等技术的发展和运用，使得药物的来源更为广泛和便利，因而各种生物制品、生物药物及生物技术药物等以生物体或其某一部分，或生物体的某一代谢产物为主要来源的药物品种日益丰富，在不同研究领域，人们对这些概念的理解也存在较大区别，而这些药物定义与其制造过程和工艺紧密相关，这里对国内外文献和书籍中常出现的一些相关概念和术语进行统一，以便在后面章节中更容易理解相应药物的制备原理和工艺。

**2. 生物制品**　从表面上看，生物制品（biological products，biologics）似乎可以涵盖一切生物来源的药物。但实际上，国内外医药、学术界对生物制品的定义相对较为狭窄，通常，生物制品专指那些从血液制备的药用产品及毒素、疫苗和过敏原物质等。如此一来，一些传统的、通过生物技术手段获得的药物[如激素（hormone）、抗生素和植物代谢产物等]，就被这一严格的定义排除在外。

**3. 生物药物**　生物药物（biological medicine）泛指包括生物制品在内的生物体的初级和次级代谢产物或生物体的某一组成部分，甚至整个生物体用作诊断和治疗的医药品。很明显，相对生物制品，生物药物的范畴要更加广泛，除生物制品外，我国传统医学中的中药材及其制剂均应属于生物药物。

**4. 生物技术药物**　生物技术药物（biopharmaceuticals）最早是 20 世纪 80 年代用于描述一系列通过现代生物技术制备的治疗性蛋白质产品，尤其是通过基因工程技术或杂交瘤技术制备的单克隆抗体。这样就把生物技术药物和来源于基因工程菌株非天然产生的治疗性蛋白质这两个概念等同起来。后来在基因治疗技术中出现的治疗性核酸及反义核酸用于体内诊断的蛋白质产品等，也被列入生物技术药物的范畴。因此，生物技术药物这一术语，现在一般是指以基因工程改造的生物为来源，以蛋白质或核酸为基础，以治疗或体内诊断为目的，而非直接从天然生物中提取的一类药物。

**5. 生物技术制药**　一般来讲，生物技术制药（biopharmaceutical sciences），是指采用现代生物技术并人为地创造一些条件，借助某些微生物、植物或动物来生产所需的医药品。广义上，生物

1

制药涵盖了多个学科门类，包括生物学、微生物学、生物化学、细胞生物学、分子生物学、生物技术及药学等，综合利用这些学科的原理与方法，从生物体、生物组织、细胞、细胞代谢产物及体液等原材料中分离天然的或通过基因工程表达的特定产物，用于疾病的预防、诊断和治疗等。

## 二、生物技术制药的发展和现状

生物技术药物及生物制药已经不再是一个崭新的事物，以生物技术和制药行业相对发达的美国和欧盟地区为例，自 1982 年第一个重组人胰岛素上市以来，经过 30 余年的发展，目前已有至少 250 种生物技术药物上市。纵观这 30 余年发展历程（图 1-1），生物制药行业的发展异常迅速。20 世纪 80 年代（1982～1990 年），是生物制药行业的开拓期，发展相对比较缓慢，在这期间，除了第一个重组胰岛素产品以外，只有 8 种其他生物技术药物获得食品药品监督管理局（Food and Drug Administration，FDA）和欧盟（European Union，EU）认证，适应证也较为单一，以肿瘤和肝病为主；20 世纪 90 年代初是生物制药产业的发展期，自 1995 年以来，生物制药迅速发展并进入稳定增长的时期，平均每年都会有 10 种以上新的生物药物被批准上市（2011 年除外，仅 6 种），2013 年达 20 种，其中以单克隆抗体的增长最为突出，以 2010～2014 年生物技术药物发展为例，4 年间共有 54 种药物获得 FDA 和 EU 的批准，其中单克隆抗体药物多达 17 种，占所有获批生物技术药物的 30%，其他还包括 9 种激素类药物、8 种血液提取蛋白质药物、6 种酶类药物和 4 种疫苗制剂及 1 种基因治疗相关产品等（图 1-2）。在药物适应证方面，过去 4 年间，新批准的药物也表现出一定的可预见性，仍以抗肿瘤药物为主，共有 9 种药物；其他还有针对各种炎症相关疾病和血友病药物（各 6 种），代谢障碍和糖尿病药物（各 5 种），嗜中性白细胞减少症药物及针对感染性疾病的疫苗等（各 4 种）。随着生物技术药物品种的增多，其市场占有率也显著提高，2012 年，世界前 20 位畅销药中就有 7 个生物技术药物。生物技术药物的销售收入连续多年保持了 15% 以上的增速，据统计，2011 年，罗氏公司以 371 亿美元销售额位居全球 10 大生物技术药物公司之首，安进公司以 156 亿美元次之。单品方面，美国艾伯维（雅培）公司研发的修美乐（Humira，阿达木单克隆抗体）是全球第一个获批的抗肿瘤坏死因子 TNF-α 药物，2011～2013 年连续 3 年成为全球最畅销生物技术产品，2013 年在全球销售额高达 110 亿美元，而其适应证和适用人群也在不断扩大，目前 Humira 仍处于销售上升期。

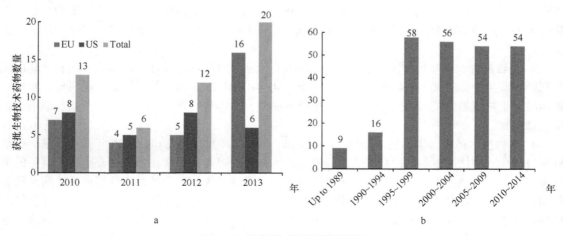

a
b

图 1-1　生物技术药物获批情况

a. 2010～2013 年生物技术药物在美国和欧盟获批的数量；b. 1982 年以来生物技术药物获批情况的比较（每 4 年为一个统计点）

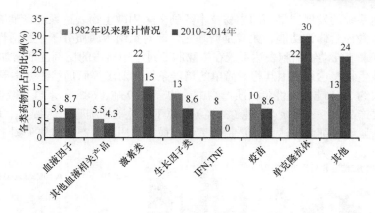

图 1-2　近几年累计的生物技术药物种类及比例

总结生物技术制药的发展现状，主要表现在以下几个方面。

（1）经过 30 余年的发展，生物制药行业已渐趋成熟。统计数据表明，20 世纪 90 年代以来，生物技术药物的批准率保持相对的稳定，平均每年获批的新产品维持约 15 项（图 1-1）。在未来的可以预见的时间内，这个发展态势将会继续保持。

（2）单克隆抗体依然是研发的重点和热点。单克隆抗体药物在获批中表现出来的整体优势从 20 世纪 90 年代末以来一直持续到现在，尤其以人源化和小型化及多功能抗体的研发为重点。在 20 世纪 80 年代末，抗体药物只占了全部上市生物制品的 10% 左右，而对过去 4 年的统计数据表明，这一比例上升至 30% 左右，且以 20 世纪 90 年代末为起始标志，这一比例至今已经非常稳定（图 1-3）。

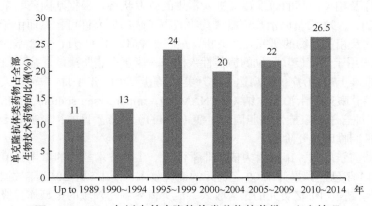

图 1-3　1982 年以来单克隆抗体类药物的获批、上市情况

（3）与抗体药物持续上升的态势不同，一些传统生物技术药物，如重组溶栓类药物、抗凝药物、白细胞介素和促红细胞生成素等自 2010 年以来没有新的产品上市，这说明这类产品在药品市场上已相对饱和（图 1-2）。

（4）生物改良药的研发审批力度增加。近年来，生物改良药由于在药物运输系统、药物动力学（简称药动学）及药效学等方面的改进而连续获得批准。2014 年 FDA 连续批准了一些长效作用药物，如葛兰素史克（GlaxoSmithKline）的糖尿病新药阿必鲁肽（albiglutide，Eperzan）作用于 GLP-1 受体激动剂的融合蛋白、百健（Biogen）多发性硬化症药物 Plegridy（聚乙二醇化干扰素 β-1a）及以色列梯瓦制药工业有限公司（Teva）的聚乙二醇化长效重组粒细胞集落刺激因子 Lonquex（长效 G-CSF）。

（5）产物表达系统的发展。早期的生物技术药物多采用微生物表达系统，哺乳动物细胞因具有对蛋白质分子的翻译后修饰功能，尤其是糖基化修饰对重组蛋白质分子生物活性的发挥是非常必要的，因而近年来哺乳动物细胞表达系统在生物制药过程中所占的比例逐渐增加（图 1-4a）。但不可否认的是，微生物表达系统因其相对简单的培养条件和要求等而仍然占据主导地位。据 2010 年调查结果，在大约 26.4 吨的活性蛋白质产物中，约有 17.9 吨（68%）来自于微生物表达系统，其中胰岛素是主要产品之一；其余 8.5 吨（32%）来源于哺乳动物细胞表达系统，主要是单克隆抗体类药物。中国仓鼠卵巢细胞表达系统是制药工业中最为常用的生产细胞株（图 1-4b）。

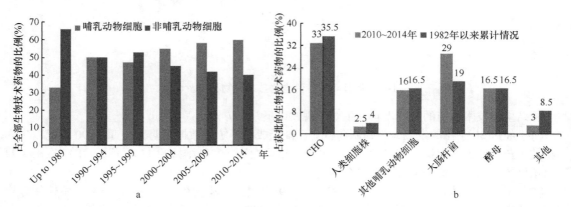

图 1-4　生物技术药物生产中主要的表达系统

a. 各时期分别来源于利用哺乳动物细胞和非哺乳动物细胞的生物技术药物所占比例；b. 过去 4 年间累计的各种表达系统在生产中的使用情况。所有数据均以各变量在所有统计年限内获批的生物技术药物总量的百分数表示

（6）基因治疗及相关产品的研发逐渐进入常规的研发状态。根据基因药物杂志的统计数据，自 1989 年以来已有 1992 项基因治疗策略或药物获得了临床研究许可，然而由于药物载体安全性等问题，基因治疗及相关药物的研究几经波折，最终于 2012 年 11 月，首个基因疗法药物，由荷兰 UniQure 研发的用于治疗极其罕见的遗传性疾病——脂蛋白脂肪酶缺乏症（LPLD）的 Glybera 获得欧盟委员会批准上市，治疗价格高达 160 万美元。随后，2013 年 1 月，一种以人类 Apo B mRNA 为靶点的反义寡核苷酸药物米泊美生钠（KYNAMRO, mipomersen sodium, ISIS Pharmceutical）被 FDA 批准用于纯合子型家族性高胆固醇血症（HoFH）患者。目前，至少有十项以上的类似产品已进入 II 期或 III 期临床研究阶段。

（7）生物制药前景广阔，市场潜力依然非常巨大。生物技术药物的市场价值稳步增长，调查数据显示，至 2013 年已达到累计 1400 亿美元的销售收入（图 1-5）。2013 年数据显示，该年共有 37 种单品都创下了超过 10 亿美元的销售收入，成为世界制药领域的重型炸弹级产品，而销量前 10 的药品共赢得了 689 亿的销售收入，占了整个生物技术药物销售额的 50%以上，这其中包含了 6 种单抗类药物 630 亿美元（若将 Fc 融合产品包括在内将达到 750 亿美元）的总销售额，这表明了单克隆抗体药物的巨大市场和发展潜力。

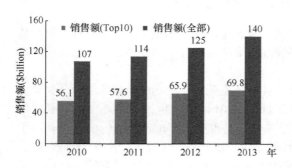

图 1-5　近几年生物技术药物的销售额统计

根据药物研发周期，不考虑革命性的技术创新等因素，在当前发展基础上，可以预见在未来几年内生物技术药物的研发将仍然以基于单克隆抗体的制剂为主，依然采用传统的表达系统，在给药系统方面将仍然以注射给药为主。据艾美仕

市场研究公司（IMS Health）调查分析，生物技术产品及药品未来将持续稳定增长，在药物市场的份额将从 2012 年的 18% 上升至 2017 年的 20%，产品种类将仍以单克隆抗体和胰岛素类为主，而在药物适应证方面，肿瘤和感染性疾病将依然是未来生物技术药物防治的重点。

# 第一节 药物作用

## 一、药物的作用和药物作用的量效关系

### （一）药物的基本作用及生物药物作用的特点

药物作用是指药物与机体相互作用产生的反应，即药物接触或进入机体后，促进体表与内部环境的生理生化功能改变，或抑制入侵的病原体，协助机体提高抗病能力，达到防治疾病的效果。

药物在机体中的作用过程通常具有选择性（或称靶向性）、双重性（即药物的不良反应）等特点，相对于化学药物和传统中药，生物技术药物因其分子结构及作用机制的独特性而具有以下一些特点。

**1. 药物作用过程复杂** 生物技术药物多是应用基因修饰的细胞、生物体等产生的蛋白或多肽类产物，或是依据靶基因化学合成互补的寡核苷酸，所获产品往往相对分子质量较大，并具有复杂的分子结构，因而进入机体后，会受到机体生理生化过程及相应生物分子的影响，作用过程非常复杂。

**2. 药物作用的发挥与其来源关系密切** 生物技术药物在生产过程中受宿主遗传、转录系统的影响，如人类基因编码的蛋白质和多肽类药物，往往需要以具有翻译后修饰功能的哺乳动物细胞为表达系统，才能使产物具有生理和药理学活性。

**3. 药物作用效果好，安全性较高** 很多生物技术药物是天然存在的蛋白质或多肽，与靶点之间有很好的亲和性，因而活性强且用量微小，药物作用效果显著，相对来说它的不良反应较小、毒性较低、安全性较高。

**4. 药物稳定性差，生产和使用条件要求高** 蛋白质、多肽及核酸等生物分子空间结构复杂，稳定性差，易变性，易失活，也易被微生物污染，而其结构又往往决定了其生物学活性和药理学活性，因而对生物技术药物的生产、存储和给药系统要求非常严格。

**5. 可能导致过敏反应** 生物技术药物的生产过程往往要借助于微生物、动物细胞或转基因动植物等，物种种属间的差异，导致重组药用蛋白质分子在结构及构型上与人体天然蛋白质有所不同，因而可能引起过敏反应等不良症状。

**6. 药物在人体内半衰期短，可能需要重复给药** 很多生物技术来源的药物，由于受到体内各种酶系统及其他生化环境的影响，在体内半衰期短，降解迅速，并在体内降解的部位广泛，因而往往需要重复多次给药才能保证体内的有效药物浓度。

**7. 生物技术药物的受体效应** 许多生物技术药物是通过与特异性受体结合，进而影响机体相关信号传导而发挥药理作用，且受体分布具有动物种属特异性和组织特异性，因此药物在体内分布具有组织特异性和药效发挥快的特点。

**8. 多效性和网络效应** 许多生物技术药物可以作用于多种组织或细胞，对机体内多种信号通路和相应生理功能有调节作用，彼此协同或拮抗，形成网络性效应，因而可具有多种功能，发挥多种药理作用。

### （二）药物作用的量效关系

药物效应的强弱与其剂量或浓度大小呈一定关系，在一定的范围内，药物的效应与靶部位的

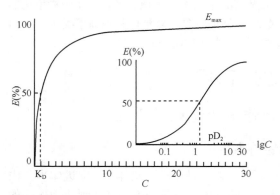

图1-6 药物作用的量-效关系图

pD₂. 亲和力指数，等于药物-受体复合物的解离常数 $K_D$ 的负对数（$-lgK_D$），其值与亲和力成正比。其意义是引起最大效应的一半时（即50%受体被占领）所需的药物剂量

小有效浓度（minimal effective concentration）称阈剂量或阈浓度（threshold dose or concentration）。在药物研发阶段，对药物开发潜力的评估意义重大。

**2. 半数有效量**（50% effective dose，$ED_{50}$） 在量反应中指能引起50%最大反应强度的药物剂量，在质反应中指引起50%实验对象出现阳性反应时的药物剂量。以此类推，如效应为惊厥或死亡，则称为半数惊厥量（50% convulsion）或半数致死量（50% lethal dose，$LD_{50}$）。药物的 $ED_{50}$ 越小、$LD_{50}$ 越大说明药物安全性越高，一般常以药物的 $LD_{50}$ 与 $ED_{50}$ 的比值表示某种药物的治疗指数（therapeutic index，TI），用以表示药物的安全性。但如果某药的量效曲线与其剂量毒性曲线不平行，则 TI 不能完全反映药物安全性，故有人用 $LD_5$（即5%致死剂量）与 $ED_{95}$（即95%有效剂量）值或 $LD_1$ 与 $ED_{99}$ 之间的距离表示药物的安全性，即安全范围，安全范围越窄用药越不安全。

**3. 最大效应**（maximal effect，$E_{max}$） 从量效关系曲线我们可以看出，随着药物剂量或浓度的增加，效应强度也随之增加，但达到某一特定值后，即使再增加剂量或浓度，效应也不再继续增强，这一药理效应的极限值称为最大效应。若继续增加剂量则效应将发生质的改变而表现为毒理效应的增强了。

**4. 效价**（potency）**与效能**（efficiency） 反映作用、性质相同的药物之间作用强弱比较。效价指达到同等效应时所需的药量，药量较小者效价高，反之亦然。效能，表示某种药物所能达到的最大效应。

药物作用的量效关系受多种因素的影响，如个体之间的差异和同一个体不同生理状态的差异、药物剂型、给药途径、药物本身的体内动力学特征，包括转运、吸收、受体结合能力、分布、转化和排泄等，因而，对药物合理用量及安全性评估应在药物量效关系基础上综合考虑多种因素，全面评价。

## （三）药物作用机制的基本理论

**案例 1-1**

重组人胰岛素作为首个重组蛋白质类药物，目前已经上市，品种有速效胰岛素、长效胰岛素等，已经成为临床上治疗糖尿病的基本治疗药物。

---

浓度成正相关，而后者决定于用药剂量或血中药物浓度，定量地分析与阐明两者间的变化规律称为药物的剂量-效应关系，简称量效关系（dose-effect relationship），它有助于了解药物作用的性质，也可为临床用药提供参考资料。通常，生物制剂作用靶点明确，活性高，因而非常有效，甚至只需要非常低的剂量（pmol）的血药浓度即可达到理想的药效。量效关系可以通过曲线图比较直观地反映出来，称为剂量-反应曲线或量效曲线，通常以药物的效应（effect）为纵坐标，药物的浓度（concentration）为横坐标，通过作图来表示（图1-6）。

药物量效关系中，几个基本概念对药物研发和临床用药安全有重要意义，这里简单阐述。

**1. 最小有效量**（minimal effective dose）**或最**系指能引起效应的最小药量或最小药物浓度，亦问题：
1. 药物的作用机制有哪些?
2. 胰岛素是通过什么机制发挥治疗糖尿病作用的?

药物作用机制（mechanism of drug action）主要指药物在机体内发挥药效的途径和方式。研究药物的作用机制，对提高疗效、防止不良反应及开发新药等都有重要指导意义。通常认为，药物在机体内的作用有特异性和非特异性两种方式。

**1. 药物的特异性作用机制**　即药物分子进入机体后有明确的靶标，药物仅作用于靶点或与靶点的作用强度明显高于其他对象，与药物的化学结构相关。从宏观上理解，药物的特异性作用机制是药物通过对相应受体、酶及递质的影响而起作用；从微观上看，则是药物与生物大分子之间的相互作用，属分子药理学研究内容。大多数生物技术药物本身也属于生物大分子，因而其作用途径往往是通过特异性途径与相应生物分子之间发生相互作用，进而对机体的生理生化功能发生影响。

（1）受体机制：受体（receptor）是存在于细胞膜或细胞内的一种能选择性地与相应配体结合，传递信息并产生特定生理效应的大分子物质（主要为糖蛋白或脂蛋白，也可以是核酸或酶的一部分）。很多药物是通过受体机制发挥治疗作用的。例如，胰岛素是通过与细胞表面的胰岛素受体结合进而引发一系列的细胞内生理生化反应，完成葡萄糖的代谢。受点（receptor-site）是受体上与配体立体特异性结合的部位，具有高度选择性，能正确识别并特异性地结合某些立体特异性配体。配体（ligand）指能与受体特异性结合的物质，有内源性配体（如神经递质、激素、自体活性物质）和外源性配体（药物）。受体与配体之间的作用可用下式来描述：

$$D + R = DR \rightarrow \cdots \rightarrow E$$

根据分布的部位受体可分为细胞膜受体和胞质受体。受体在识别与结合中具有特异性、敏感性、饱和性、可逆性和变异性等。受体分子只占细胞的极微小部分，却能准确识别并结合药物分子，而 DR 复合物能够激活一系列生物放大系统，应用微量的药物即能引起高度生理活性。受体数目有限，且在体内有特定的分布点，药物与受体结合可达到饱和。药物与受体的结合与解离处于动态平衡状态，药物解离后仍保持原形。同一受体可分布在不同组织器官，且兴奋时产生不同的效应。

多数药物与受体上的受点结合是通过分子间的吸引力（范德瓦耳斯力、离子键）、氢键形成药物受体复合物。受体与药物结合引起生理效应，必须具备两个条件——亲和力和内在活性。内在活性（intrinsic activity）指药物与受体结合引起受体激活产生生物效应的能力，是药物本身内在固有的药理活性。内在活性是药物最大效应或作用性质的决定因素。

与受体结合的药物，根据其结合后产生的反应，可分为如下三种类型。①激动剂（agonist，兴奋药）：既有较强的亲和力，又有较强的内在活性药物。②部分激动药（partical agonist）：有较强的亲和力，内在活性弱的药物，具有激动药和拮抗药双重特性。③拮抗剂（antagonist，阻滞药）：有较强的亲和力，而无内在活性药物。

药物或生物活性物质与受体结合后，可引起受体构象变化及信息转导过程。根据受体蛋白结构、信号转导过程、效应性质、受体位置等特点，可以把受体分为如下类型。①配体门控离子通道受体，由配体结合部位及离子通道两部分组成，如 N-胆碱受体、GABA-R、甘氨酸受体等，受体兴奋时离子通道开放，产生效应。②与 G 蛋白偶联的细胞表面受体：G 蛋白偶联受体结合的配体包括气味、激素、神经递质、趋化因子等。这些受体可以是小分子的糖类、脂质、多肽，也可以是蛋白质等生物大分子。③酪氨酸激酶受体。④细胞内受体。⑤细胞因子受体等。

（2）非受体机制：药物的非受体作用机制主要有以下几种。①影响酶的活性，药物通过酶与相应底物的亲和反应发挥作用，包括抑制作用，如新斯的明竞争性抑制乙酰胆碱酯酶的活性；激活作用，如溶栓药物重组组织型纤溶酶原激活剂（t-PA）等。②影响生物膜的功能：如作用于细胞膜的离子通道的抗心律失常药通过影响 $Na^+$、$Ca^{2+}$ 或 $K^+$ 的跨膜转运而发挥作用。③参与或干扰细胞代谢，伪品掺入也称抗代谢药，如抗癌药氟尿嘧啶结构与尿嘧啶相似，掺入癌细胞 DNA 及 RNA 中干扰蛋白合成而发挥抗癌作用；许多抗生素（包括喹诺酮类）也是作用于细菌核酸代谢而发挥抑菌或杀菌效应的。④影响生理物质转运，在体内主动转运需要载体参与，干扰这一环节可产生药理效应，如利尿药抑制肾小管 $Na^+$-$K^+$、$Na^+$-$H^+$ 交换而发挥排钠利尿作用。⑤影响免疫功能：许多疾病涉及免疫功能，免疫抑制药及免疫增强药通过影响免疫机制而发挥疗效，如提高免疫功能的丙种球蛋白和抑制免疫功能的药物环孢素等。

**2. 药物的非特异性作用** 有些药物在机体内并无特异性作用机制和特定靶点，而是在多种组织或细胞中对机体整体表现出相应的药理学活性，多与药物的理化性质有关。常见的有渗透压调节作用（甘露醇的脱水作用）、脂溶作用（如全身麻醉药对中枢神经系统的麻醉作用）、膜稳定作用（如局部麻醉药阻止动作电位的产生及传导）、pH 调节作用（如抗酸药对胃酸的中和）及络合作用（如二巯基丙醇络合汞、砷等重金属离子而解毒）。

**案例 1-1 分析**

药物的作用机制有特异性和非特异性机制，胰岛素是典型的受体机制药物。胰岛素受体为大分子跨膜糖蛋白复合物，由两个 13kD 的 α-亚单位和两个 90kD 的 β-亚单位构成，α-亚单位位于胞外，含胰岛素结合部位，β-亚单位为跨膜蛋白，胞内部分含酪氨酸蛋白激酶。

胰岛素与其受体 α-亚单位结合，迅速引起 β-亚单位的自身磷酸化，激活 β-亚基上的酪氨酸蛋白激酶，导致对其他细胞内活性蛋白的连续磷酸化反应，促使葡萄糖转运蛋白 4 定位于细胞膜上，同时能促进葡萄糖转运蛋白的合成及转运活性，加速并完成葡萄糖向细胞内的转运，从而产生降血糖等生物效应。

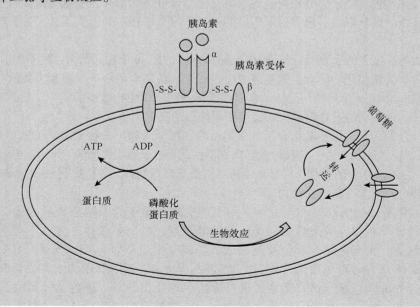

# 第二节　药物动力学

## 一、药物动力学基本概念

药物动力学（pharmacokinetics）亦称药动学，描述的是在某一特定给药剂量下药物在各种体液（尤指是血浆和血液）中浓度分配的时间过程，包括所有影响药物吸收（absorption）、分布（distribution）、代谢（metabolism）和排泄（elimination）的过程，即吸收、分布、代谢、排泄（ADME）过程的"量-时"变化或"血药浓度-时"变化特征。简单来说，药物动力学可以理解为"机体对药物的作用"；相对而言，药效学（pharmacodynamics）则是体液中一定浓度的药物对机体（通常是特定部位）产生的药效或毒性效果，简单理解为"药物对机体的作用"。

## 二、生物技术药物药物动力学基本特点

基于传统小分子药物的一般药物动力学和药效学原理在很大程度上也适用于蛋白质、多肽等生物技术药物。然而，由于蛋白质、多肽等生物技术药物性质的特殊性，在药物动力学和药效学特征方面也有一些区别于传统小分子药物的特征。

（1）生物技术药物注重对其以活的生物体为来源的生产过程，而小分子药物则更注重于对其化学结构和纯度的精确描述。

（2）蛋白质、多肽等生物技术药物在结构和功能上与很多内源性生物分子类似。

（3）它们直接参与机体生理过程，发挥药理作用的同时也会受到生理过程的反馈调节。

（4）蛋白质、多肽类药物具有相对分子质量大，不易透过生物膜，易在体内酶解、降解的特点，因而代谢途径与代谢产物也非常复杂。

（5）蛋白质、多肽类药物及其代谢产物往往也是生物活性分子，受到体内大量相似物质的干扰，分析和定量会面临更大难度和挑战性。

（6）通常生物技术药物活性高，用量很小，也大大增加了分析和检测难度。

## 三、药物体内过程和速率过程

药物的体内过程指药物进入体内到排出体外的过程，包括吸收、分布、转化、排泄过程。

**1. 药物在体内的吸收及其影响因素**　吸收（absorption）是指药物由用药部位进入体内大循环的过程，即药物被生物机体摄取的过程，包括被动转运和主要转运。被动转运（passive transport）是指药物分子由浓度高的一侧扩散到浓度低的一侧。主动转运（active transport）又称逆流（countercurrent transport），即通过膜上的特异性载体蛋白，消耗ATP，将药物分子由低浓度或低电位差的一侧转运到较高的一侧，如钠、钙、氢、胺泵等。主动转运可发生饱和现象并会出现竞争性抑制、缺氧及缺乏能量的抑制。生物大分子物质的转运伴有膜的运动，称膜动转运（cytosis），包含如下两种方式。①胞饮（pinocytosis）又称吞饮或入胞。某些液态蛋白质或大分子物质，可通过生物膜的内陷形成小胞吞噬而进入细胞内。②胞吐（exocytosis）：又称胞裂外排或出胞。某些液态大分子物质可从细胞内转运到细胞外，如腺体分泌及递质的释放等。

不同的给药方式对药物的吸收和分布动力学过程有明显的影响。生物来源的药物多为蛋白质、多肽、糖类、核酸等生物大分子，易被人体消化系统酶所破坏，因而目前仍以注射给药为主。通过静脉注射（IV）方式给药，将可以使蛋白质、多肽等药物避开消化系统的降解作用从而更容易达到最大血药浓度。例如，组织型纤维蛋白溶酶原激活剂（t-PA）类似物阿替普酶（alteplase）和

替奈普酶（tenecteplase）、重组人红细胞生成素（EPO）等均采用静脉给药方式。然而，某些药物通过静脉注射给药时，难以维持理想的血药浓度，此时皮下注射（SC）和肌内注射（IM）给药方式将是更好的选择。例如，接受血液透析的患者给予红细胞生成素治疗时，通过肌内注射方式给药将能使血药浓度平稳地维持1周左右。蛋白质类药物的表观吸收速率常数 $K_{app}$ 是综合考虑了药物进入机体循环和在达到吸收部位前的降解，即可视为实际一级吸收速率常数与一级降解速率常数的加和，因此实际一级吸收速率常数可通过下式计算：

$$K_a = F \cdot K_{app}$$

式中，$F$ 为相对于静脉注射给药方式下系统生物利用度。因此可以看出，$K_{app}$ 越大，药物的实际一级吸收速率常数越低或其降解速率越快，也就说该药物的生物系统可利用度越低。

其他限制皮下注射和肌内注射给药方式下蛋白质类药物吸收速率的因素尚包括局部血流情况、注射产生的创伤、给药部位对药物的吸收情况及药物表面电荷等因素。

生物技术药物中小分子肽的吸收大多是被动扩散或载体转运。对于大分子多肽的完整吸收，水溶性分子可通过水合孔和（或）细胞间隙扩散；脂溶性多肽可通过膜脂扩散，高度亲脂性的药物则能通过淋巴系统被吸收，通过内吞或胞饮过程摄取入细胞。亲水性大分子多肽的细胞内在化多是通过胞饮作用。研究证实，一些细胞转运肽可通过非耗能途径穿过真核细胞的质膜，这些多肽能在细胞内转运比自身相对分子质量大许多倍的大分子物质。蛋白质多肽类药物的稳定性和渗透性是影响吸收的两个主要因素。酶解和非酶解都可引起蛋白质多肽药物的不稳定性。给药途径的不同对药物的生物利用度和药理作用具有显著的影响。

**2. 药物在体内的分布及其影响因素**　药物吸收后，通过各种生理屏障经血液转运到组织器官的过程称分布（distribution）。药物的表观分布容积（apparent volume of distribution，$V_d$）是指当药物在体内达动态平衡后，体内药量与血药浓度的比值。

生物技术药物在体内的分布机制及其影响因素：蛋白质类药物在体内分布的速率和范围将很大程度上取决于蛋白分子的大小和质量、理化性质（如表面电荷、疏水性等）与载体或转运蛋白的的结合情况等。此外，胞外基质中的分子对药物分子也会有产生一种排斥作用，有一定的胞外间隙不能有效分配药物，称为排阻体积（exclusion volume，$V_e$），$V_e$ 取决于这些生物大分子的大小、表面电荷等。但组织对药物分子的积极吸收并结合于血管内外壁蛋白上则可以促进某些蛋白质药物的表观分布容积，如β-干扰素1-b的相对最大分布体积可达2.8L/kg。通常情况下治疗性蛋白质及多肽等往往由于相对分子质量、体积过大而具有较低的分布容积（0.04～0.2L/kg），而小分子药物多为1～20L/kg。

除了理化性质、蛋白质与蛋白质间结合作用决定的蛋白质、多肽类药物的分布特征之外，受体介导的分布机制也是决定蛋白质等生物技术药物在体内分布的一种重要因素。这种分布机制决定于受体在组织器官中的分布及其与药物分子间的作用强度。

**3. 药物的代谢**　代谢（metabolism）传统上指某些正常的生理成分，如糖类、氨基酸、脂肪、蛋白质等的体内变化过程（分解或合成）。药物代谢主要是指药物在体内的结构变化。通过药物的代谢转化研究，认识药物在体内的结构变化，进而了解药物在体内产生作用的分子形式，对药物的药效学及毒理学评价有着重要意义。

蛋白质多肽的失活和消除机制十分复杂，由于与体内很多组分和分子具有很好的相容性，因而许多组织都可以是潜在的分解代谢部位，且参与降解的酶很多，肝脏中具代表性的代谢酶是组织蛋白酶、溶酶体和蛋白酶，胆小管膜中还存在一些膜结合的氨肽酶，此外，胃肠道腔管内分布着大量特异酶，这些酶均有可能参与到特定这类药物的代谢过程。小肠中的细胞色素 P450 3A4（CYP3A4）对口服蛋白多肽类药物的代谢起主要作用。肾是最重要的清除器官，肾中的底物、生长因子、酸碱平衡及肾功能的变化都会引起蛋白多肽代谢的变化。

**4. 药物的排泄**　治疗性蛋白质、多肽等药物的排泄和清除通常与内源性蛋白质和饮食摄入蛋白质的清除机制一致，最终将被降解成氨基酸进入人体内源性氨基酸库，并被机体利用以合成新的功能性的蛋白质分子。而对多数蛋白质来说通过非代谢性的肾脏和胆汁清除是微不足道的。如经过胆汁排泄，通常也会在肠道内进一步对这些化合物代谢降解并最终排出体外。

# 四、影响药物作用的因素

药物应用后在体内产生的作用常常受到多种因素的影响，如药物的剂量、制剂、给药途径、联合应用，患者的生理因素、病理状态等，都可影响到药物的作用，不仅影响药物作用的强度，有时还可改变药物作用的性质。

生物技术药物来源于活的生物体系，以多肽、蛋白质等生物活性分子为基础，因此，相对于小分子化学药物，影响生物技术药物作用的因素更为复杂和广泛，概括起来，主要有以下几个方面。

**1. 药物的分子结构方面**　生物技术药物结构复杂，构效关系复杂。影响多肽、蛋白质类药物活性及其作用效果的除了药物分子的氨基酸及其排序、末端基团，肽链和二硫键位置等一级结构之外，其空间结构即二维、三维结构对其活性的发挥也同样有重要的影响。此外，多肽及蛋白质的相对分子质量大，常为数千至几十万，颗粒大小为 $1 \sim 100nm$，膜透过能力差；蛋白质药物易受体内酶和细菌及体液的破坏，在机体内清除率高、半衰期短、非注射给药时生物利用度低，降低其作用效果，临床上一般需要多次重复给药，这些不足目前可以通过剂型、给药途径等的改良得以改善，如通过表达融合蛋白、制备药物分子聚合体等方法开发缓释、长效型药物，在给药途径上可以采用注射给药和靶向给药等方式以减少机体消化酶系统对药物的吸收和降解，提高其生物利用度。

**2. 药物表达系统的影响**　生物技术药物的生产多采用基因修饰活的微生物、动植物细胞、转基因动植物等活的生物体系，不同的宿主系统由于其种属间的差异，而使目的基因在转录、翻译及产物形成后的分子修饰（如糖基化）等方面有较大的差异，导致产物的生物活性及其药效的差异。此外，来源于人类基因编码的蛋白质和多肽类药物，其中有的与动物的相应蛋白质或多肽的同源性有很大差别，因此对一些动物不敏感，甚至无药理学活性。

**3. 药物复杂性作用机制的影响**　药物作用机制复杂的药物，其药理学作用的发挥容易受到个体影响。如前述，生物技术药物的药理学作用机制较为复杂，包括由药物的生物活性或分子结构决定的特异性作用，也存在由药物的理化性质等决定的非特异性作用。能被药物分子识别并发挥药理学作用的各种因素，包括受体、酶、底物、膜离子通道或某些特殊的生理生化过程，在机体内的分布、相对活性等都将影响药物作用的发挥。

除此之外，机体作为有机整体，所处的生理状态、心理状态等将影响到机体内复杂的代谢及循环系统，从而对生物活性分子的有效识别和反应能力也会有所差异。

**知识拓展**

生物类似药（biosimilars）源于欧盟，指对生物类药物的仿制药。生物技术药物与化学类药物不同，化学类药物中仿制药可以和原创药物化学结构和手性完全相同，因此甚至可以认为是同一种药物。而生物技术药物（如蛋白质药物、单抗类药物等），受到药物的修饰、空间结构等影响，无法做到两种药物绝对一致，因此，两种药物是"类似"的。

目前国内学术界对 biosimilar 的中文译法不一，至少包括生物仿制药、生物类似物、生物相似物、生物拟似药等，但生物仿制药更为通用。在美国和加拿大则称为生物等效物（follow-on biologics，FOB）。

# 第二章 生物技术制药产品的开发与生产

## 学习要求

1. 掌握 药物开发的一般流程。
2. 理解 药物临床前研究及临床研究的主要内容。
3. 了解 新药研发及申报的一般程序。
4. 了解 生物药物制造工艺。

药物的研究与开发是一项非常复杂的系统工程。一般来讲，一种药物从最初的实验室研究到最终被批准上市用于销售和临床使用，平均要花费 12 年的时间，研发投入平均 3~5 亿美元。通常，从药物研发到药品上市须经过以下几个过程：药物发现与筛选（drug discovery and screening）、临床前研究（preclinical trials）、临床研究阶段（clinical trials）和新药批准上市（approval）。

> **案例 2-1**
>
> Glybera 是用于治疗脂蛋白脂酶缺乏遗传病（LPLD）的基因药物。由 Amsterdam Molecular 制药公司（AMT）研制。AMT 制药公司早前提交了关于阿利泼金（Glybera）药物上市申请，但是遭到药监局的拒绝，2012 年 4 月份该公司由新成立的 UniQure 公司收购。
>
> 2012 年 7 月，Glybera 获得了欧洲药品管理局（European Medicines Agecy，EMA）的积极建议。
>
> 2012 年 11 月，Glybera 获得欧盟委员会（European Commission，EC）批准。
>
> Glybera 2013 年夏天上市。同时，UniQure 公司向美国加拿大及其他市场的药物监管局提交基因疗法药物的上市申请书。
>
> **问题：**
>
> 1. 新药研发与生产的主要流程是什么？
> 2. 生物技术药物研发与生产、上市过程中有哪些特殊的地方？

## 第一节 药品的研究与开发

### 一、药物研究与开发

**1. 药物发现与临床前研究** 药物研发的过程始于一个新的目标化合物的筛选和确定。图 2-1

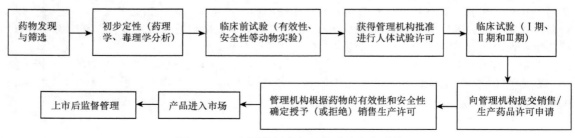

图 2-1 一个新药研究与开发成功上市过程

12

反映了一个成功药物开发的基本流程。在药物发现阶段，通过广泛的资料收集和分析研究，并在大量的活性筛选实验基础上确定有潜力的目标化合物，制备小规模样品，紧接着要进行更多实验研究，包括体外实验和动物体内实验，评估目标物在相应疾病治疗中的有效性和安全性，完成药理分析、毒理学评价等，临床前研究需要 3 年左右的时间。

**2. 临床研究**　基于临床前研究资料，研发公司向本国政府指定的机构（如美国 FDA、我国的国家食品药品监督管理总局等）提交临床试验申请（即药物的人体试验申请）。要充分证明药物对患者的安全有效性，临床试验往往要花费 5 年甚至更长的时间。临床试验一般分为以下三个阶段。临床 I 期试验，对药物的安全性，包括安全剂量范围进行研究，同时对药物在体内的动力学过程，包括吸收、分布、代谢和排泄过程及药物作用的持续时间进行研究和确定，大约需 1 年的时间；临床 II 期试验，通过对志愿患者参与的控制研究对药物的疗效进行评价，约需 2 年的时间；临床 III 期试验，通过更大规模的志愿患者的跟踪检测，确定药物的疗效和不良反应。一般来说，在药物临床前研究或早期临床研究阶段，药物研发单位即会申报相关的专利，以保证其通过新药研发而获得的商业利益的最大化。

**3. 新药申请与审批**　临床试验完成后，通过实验数据的分析，成功证明药物的安全性和有效性，药物研发单位将所有临床前和临床资料及其他相关资料，如药物制造生产工艺等详细资料整理成档，并提交给管理机构，提出新药申请。按照提供资料的完整性要求，有时可能会被要求重新提交补充资料。新药申请一旦获准，并取得相应的生产许可后，药品的研发单位（制药企业）即可从事该药品的生产和销售。由于药物已经获得专利，该公司将在至少数年内没有竞争者。

新药上市后，管理机构对药品的监管仍将继续，公司必须继续向管理机构提交阶段性报告，包括与药品有关的所有的不良反应，必要时，管理机构还可能会对一些药物要求进行进一步的研究，即临床IV期，以评价药物的安全性和长期疗效。

## 二、药品专利申请与保护

同其他各领域专利一样，医药领域专利的类型也包括发明专利、实用新型与外观设计三类。

医药领域对发明专利的规定包括两个方面：产品发明和方法发明。新的化合物、已知化合物新的医药用途、药物组合物、微生物及其代谢物、制药设备及药物分析仪器、医疗器械等可申请产品发明，而方法发明则包括生产工艺、工作方法和用途发明等。应注意的是，在生物领域，对于未经任何技术处理而存在于自然界的微生物、由自然界筛选特定微生物的方法及通过理化方法进行处理后产生新的微生物的方法因不具工业实用性而不能被授予医药专利权，只有当微生物经过分离纯培养并具有特定的工业用途或对微生物进行基因工程改造而获得的基因工程产品及其生产技术方可申请医药发明专利。

医药领域实用新型的专利范围相对广泛，可包括某些与药物功能相关的药物剂型、形状、结构的改变；诊断用药的试剂盒与功能有关的形状、结构、生产药品的专用设备及药品包装、容器等。外观设计主要指药品包装容器外观、盛放容器及说明书外观等。

发明专利权的保护期限是 20 年，实用新型和外观设计专利权限为 10 年，均自申请日期计算，《中华人民共和国专利法》规定发明或实用新型专利权的保护范围以其权利要求的内容为准。

一个成功上市并获得专利的新药，在其进入市场后的数年内，开发公司对其生产和销售享有独断的权利，很少有竞争者，开发者因此可以获得巨额回报。生物技术制药的发展虽然只有短短的 30 余年，但历史上已出现了为数不少的所谓"重磅炸弹"型的原研药，如艾伯维（雅培）公司研发的全球第一个获批抗肿瘤坏死因子 TNF-α 的生物技术药物修美乐（Humira），欧盟和美国专利过期时间分别在 2018 年和 2016 年，该药可谓生物技术药物领域的一个典型的"超级重磅炸弹"，连续多年保持全球最畅销处方类药物，2013 年销售额更是高达 110 亿美元；另外，辉瑞制药的融合蛋白类 TNF-α 抑制剂恩利（Enbrel）和赛诺菲的治疗糖尿病药物来得时（Lantus），2013 年的销售额也分别达到了 87 亿和 79 亿美元。因而，为促进医药领域的创新性，保护产品研发者权益和相应的商业利益，在新药研发的各个阶段，都应该做好保密工作，防止技术资料的泄漏，并根据相关技术或产品的新颖性，合理、适时地向相关机构如美国专利商标局（United States Patent and Trademark Office，PTO，USPTO）和欧洲专利局（European Patent Office，EuPO）或我国国家知识产权局（State Intellectual Property Office of the P.R.C，SIPO）提出药物专利申请。

在我国，国家药品监督管理总局是全国药品注册管理单位，负责对药物临床研究、药品生产和进口的审批与管理。在各省、自治区及直辖市设有药品监督管理局，受国家药品监督管理局总的委托，对药品申报资料的完整性、规范性和真实性进行审核，并负责对药物研制情况及生产条件进行检查，包括现场考核、抽检样品等。

一个新药的研发要经过临床研究许可报批和生产许可报批两个过程。一般情况下，在完成所有药物有效性、安全性药动学等基础研究后，申请人（研发单位或合作开发单位共同提出）整理所有资料及药物实样向省级食品药品监督管理总局提出申请，省级食品药品监督管理总局对资料的完整性、药物研制情况及条件完成审查和现场核验，并由国家鉴定机构检定后，报送国家食品药品监督管理总局审批。国家食品药品监督管理总局对药物的有效性、安全性等进行评估并对其临床研究申请做出批准、退审或不批准等决定。获得批准的药物方可进入下一步临床研究。对于按照批文完成临床Ⅰ期、Ⅱ期和Ⅲ期研究的药物，按照规定流程依次向省级、国家食品药品监督管理总局提出药物生产许可。最终获得国家食品药品监督管理总局的批准生产许可后，该药物的研发工作才能告一段落，进入生产和市场销售阶段。但后续依然要对药物在临床使用中的不良反应进行跟踪调查和研究，即药物的上市后监管。大致申报程序和过程如图 2-2 所示。

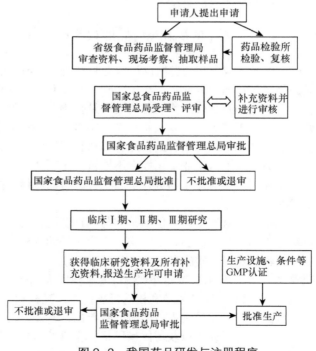

图 2-2　我国药品研发与注册程序

药品注册申请人应该是境内合法登记法人机构，进口药品注册应由境外合法制药厂商驻中国境内的办事机构或由其委托境内代理机构向国家药品监督管理总局提出申请。办理药品注册申请事物的人员应当具有相应的专业技术技能，熟悉药品注册管理法律、法规和技术等要求。

# 第二节　生物技术制药产品的研究与开发

## 一、研发的前期工作

**1. 相关资料的收集和掌握**　同其他药物的研发过程一样，生物技术药物的发现也是以多学科的知识、理论及技术发展为基础的，尤其是分子科学领域的持续发展，促进我们更深入地了解疾病的分子机制，有助于我们从分子水平上探寻和发现有效的治疗药物和治疗策略，如生物技术制药领域第一个被批准上市的基因工程重组药物——用于糖尿病治疗的重组人胰岛素及用于治疗生长激素分泌导致的侏儒症而研发的重组人生长激素等，都是基于对疾病分子机制的认识及基因工程技术发展而获得的。因此，从分子水平上对疾病的发生机制、各种调节蛋白作用的理解和阐释是合理设计生物技术药物研发方向的基础。

**2. 生物技术制药产品研发必备技术收集与整理**　多数时候，迅速发展的各种"组学"原理和技术，可以为我们提供更为快速、方便、准确的药物筛选方法和结果预测方法，如基因组学、蛋白质组学、糖组学及药物基因组学等。"基因组学"是指对一个有机体整个基因组的系统性研究，其目标是将细胞的全部 DNA 进行测序并绘制基因组排序的物理图谱。就新药发现而言，基因组数据的意义在于它能够提供机体可能产生的各种蛋白质的全套序列信息，从而有助于发现和鉴别有潜在治疗价值的未知蛋白质。而基因编码的产物则是蛋白质，因而各种由基因的变异或缺失等导致的疾病实质则是蛋白质失衡或蛋白质种类异常所致，所有药物靶点均是以蛋白质为基础的，因此，蛋白质组学及其相关的结构基因组学、功能基因组学等原理和技术也通常被应用于生物技术药物的发现和预测。

**3. 生物技术制药产品生产平台的确定**　掌握了生物技术药物筛选和发现的技术，确定合适的药物来源即药物生产平台成为药物前期研发阶段的另一项任务。传统的生物药物来源包括天然植物、动物、微生物（土壤微生物及海洋微生物等），但随着基因工程技术的发展和对生物遗传信息的认识越来越深入，更多的生物技术药物是借助于按照人们的意愿设计出来能产生特定产物的细胞或生物体而生产的，即基因工程菌、基因工程细胞或转基因动植物等。

**4. 生物技术制药产品研发策略**　随着对疾病分子机制的认识及蛋白质工程技术的进一步发展，生物技术药物的研发越来越多地依赖于合理的药物设计，即根据药物靶点（致病基因导致的异常表达蛋白质）的三维结构，通过计算机模拟，预测潜在的药物分子构型；或基于多肽文库或组合化合物库的构建，结合高通量筛选方法，快速、准确、理性地确定潜在药物结构，已成为生物技术药物发现的重要途径和方法。

## 二、临床前研究的内容

任何新发现的有潜力的药物在进入临床试验之前都必须对其物理化学及其他性质进行系统的研究和尽可能详细地描述。这将是决定一个新的有潜力化合物能否成为药物的基本条件。研究和描述蛋白质的性质，一个必备条件是得到纯化的蛋白质，因此临床前的研究中一个重要的任务就是设计合理有效的蛋白质纯化方案。需要注意的是蛋白质纯化方案设计一定要谨慎进行，因为它通常是后续小规模实验和生产规模纯化系统的基础，图 2-3 简单列出了治疗性蛋白质药物临床前研究阶段结构、性质等主要信息构成。除此之外，蛋白质的其他一些基本性质，如稳定性，包括和一些主要药物辅料如赋形剂等混合状态下的热稳定、对 pH 稳定性等，这些有关药物配方制剂及有效期等最终产品特性均需在临床前研究阶段予以明确。

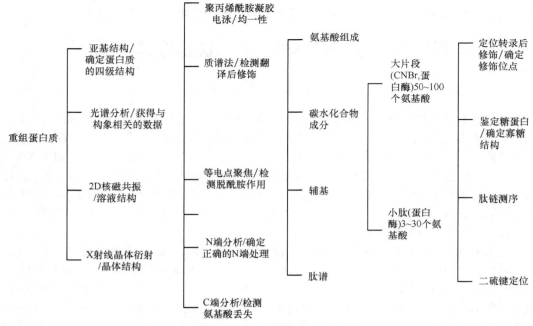

图 2-3　治疗性蛋白质药物临床前研究任务和内容

　　除了上述对于潜在药物分子结构、性质等方面的表征外，为获得用于常规医疗的批准，所有生物技术产品必须通过充分的实验证明其质量、安全性和针对特定疾病的有效性。其中对安全性和有效性的证明，更有力的证据是通过临床阶段的实验获得。但在给予志愿者之前，药物的安全性必须得到确认。通常管理机构对一个新化合物或生物技术产品临床试验批件主要是基于该潜在药物在动物体内的临床前药理学和毒理学评价数据。这是临床前研究中的一项主要任务。一般来说，多数国家目前并没有严格规定临床前研究所必须进行的试验内容和范围，但相关管理机构通常会提供一些指导原则。一些传统药物研发中临床前研究内容和范围同样也适用于生物技术制药产品（表 2-1）。通常，在药物临床前研究阶段，重点是考察潜在新药的安全性，为临床试验提供可靠的参考。

表 2-1　潜在新药临床前试验主要研究内容

| 药物学基本特征研究 | 药物毒理学研究 |
| --- | --- |
| 药动学过程、药效学基本资料、生物等效性和生物利用度等 | 急性毒性、慢性毒性、生殖毒性、致畸性、免疫源性、局部耐受性等 |

　　完成上述研究内容后，有关该潜在新药的工艺、结构、性质、效果、初步的剂型设计、有效期等基本特征已有较为细致的轮廓，并且可以根据上述基本特征初步确定药物的给药方式（见本章第 3 节）。部分新药相关的专利在这一阶段的研究完成后基本可以确定下来。

## 三、临床研究的主要内容

　　临床研究是以疾病的诊断、治疗、预后、病因和预防为主要研究内容，以患者为主要研究对象，以医疗服务机构为主要研究基地，由多学科人员共同参与组织实施的科学研究活动。药物临床研究包括临床试验和生物等效性试验。

　　临床试验是用来评价一个潜在新药在其预定目标种属中的安全性和针对特定适应证（或诊断

目标）的有效性的过程。临床试验是所有潜在药物在正式被批准用于临床医疗前必须经过的一个研究阶段，对其结果的评价主要依赖于参与志愿者人群的健康和疾病防治数据资料。临床试验通常分为三个连续的阶段，各阶段的主要研究内容、任务和所需时间见表2-2。

表2-2　新药研发中的临床试验过程

| 研究阶段 | 研究内容及参与人数 | 平均时间（年） |
| --- | --- | --- |
| I | 评价潜在药物在健康志愿者中的安全性（20～80） | 1 |
| II | 少量患者中的有效性和安全性试验（100～300） | 2 |
| III | 大量患者中的有效性和安全性试验（1000～3000） | 3 |
| IV | 特别长期给药的药物上市后安全性跟踪（人数不定） | 不定 |

通常，I期临床试验仅限于少数健康志愿受试者，研究的目标主要是确定以下几点。①药物在人体内的药理学特性，包括药动学和药效学方面的特征。②药物在人体内的毒理学特性（包括最大耐受剂量 MTD 的确定）。③人体给药途径方式和频率等。由此看见，I 期临床试验的重点在于药物的人体安全性评价。

如果 I 期试验取得了满意的结果，药物的安全性得到了确认，即可进入临床 II 期研究。该阶段将针对志愿患者（含有药物研发中声明的适应证）在按照既定给药方式和剂量下的安全性和有效性进行评价研究，也包括为 III 期临床试验研究设计和给药剂量方案的确定提供依据。该阶段依据实验设计规模可以在几十人到几百人不等，持续时间一般 1～2 年。

如能证明药物在患者体内的安全有效性，即可顺利进入 III 期临床试验阶段。需要注意的是，这里的"安全"和"有效"是一个相对的含义，即药物对于适应证的控制程度与其带来的风险性之间的一个相对比值，因为任何外源物质进入机体都有可能存在一定的风险性，而其有效性也是根据实际定义的"阻止死亡或是生命延长一定时间，或对相关病症的减轻程度及对患者生活质量的提高程度"，通常会给予一定比例的受试人群以安慰剂作为对照，以临床 I 期和 II 期试验为参照，确定最低容许水平，若观察到药物的有效性概率低于最低容许水平，则终止临床试验。因此，III 期临床试验的目标是对药物安全性和有效性等进行更加详尽的研究和系统地评价，往往需要数百或数千名志愿患者的参与，且试验周期持续更长，一般 3 年或更久。经过本阶段试验，一般可以确定药物是否适合于常规医疗及能否获得新药证书。通常，批准进入临床试验阶段的药物会有 10%～20%将最终成为"幸运儿"获得批准进入市场。

在通过相关的生产条件等审核后，新药即可进行批量生产并正式进入医药市场流通，但管理机构依然通过一系列的上市后监管措施跟踪掌握药物的作用效果、不良反应等，即通常所说的"IV 期临床试验"，这些跟踪监测的结果将被用于评价药物的长期安全性。

在上述新药研发的各阶段，足够量的质量稳定的药物样本是进行各种试验研究的基础。这就需要在研发初期，及药物发现完成后，即着手设计开发工艺合理、适合稳定放大的药物生产体系，而后续临床前及临床试验的产品均采用相同的生产体系获得，且该工艺能顺利放大至商业化生产规模。图2-4 再现了一个典型的新药研发各阶段对预期药物的需求及生产规模的放大模式。

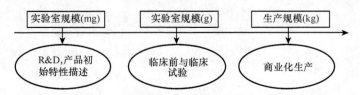

图2-4　一个新药研发各阶段对预期药物的需求及从研发到生产规模的放大过程

**案例 2-1 分析**

1. 新药研发流程一般要经历资料收集整理、临床前研究、临床Ⅰ期、Ⅱ期、Ⅲ期及Ⅳ期研究。

2. 药物生产不同于一般的商品生产，必须遵循严格的申报程序，并获得许可后方可生产和上市销售。

3. Glybera 是一种基因疗法，利用一种腺相关病毒（AAV）将一个功能性的 LPL 基因拷贝传递给骨骼肌。虽然 AAV 中 96% 的基因已被治疗基因替代，减少了基因整合的促癌性突变风险，但由于生物技术药物来源及生产的特殊性，尤其是基因治疗药物开发中多采用病毒载体，增加了用于人体治疗的风险性，如致癌性，因而其审批、管理异常严格。

# 第三节　生物技术制药的主要产品及给药系统

## 一、生物技术制药的主要产品

**1. 生物技术制药的主要原料**　生物技术制药指采用现代生物技术人为地创造一些条件，借助某些微生物、植物或动物来生产所需的医药品。广义上认为，生物技术制药指运用基因工程技术、发酵工程技术、细胞工程技术等各种现代生物技术，从生物体、细胞、细胞代谢产物等原材料中分离天然的或经通过基因工程表达的用于疾病的预防、诊断和治疗等特定目的的产物。因此，一些通过发酵工程、细胞培养技术培养的微生物、动植物细胞及其组分或代谢产物，转基因动植物及其特定组织、器官或部位及代谢产物等，构成了生物技术制药的主要来源。

**2. 生物技术制药的主要表达系统**　生物技术制药产品的特点是以现代生物技术为支撑，尤其指以基因工程改造的生物细胞或动植物表达的外源基因的产物。常见的表达系统优原核表达系统（如大肠杆菌）、真核生物表达系统（如酵母细胞、哺乳动物细胞等）及转基因动植物等。尽管有许多有效的蛋白质表达系统可供利用，但到目前为止，大多数批准上市的重组蛋白质类药物都是通过大肠杆菌或哺乳动物细胞（以中国仓鼠卵巢细胞为代表）表达系统生产的（表 2-3）。总体来说，大肠杆菌因其生产成本、操作难度等方面的优势，长期以来都是生物技术产品生产中的首选表达系统，但大肠杆菌通常以包涵体的形式合成外源蛋白质分子，分泌性表达产量比较低，且对于复杂的蛋白分子，如含有糖基化片段，则不能在大肠杆菌细胞中表达。哺乳动物细胞虽然在复杂蛋白质分子的表达和翻译后修饰方面有绝对的优势，但操作复杂，生产成本高，往往表达量也较低。在生物技术药物的生产中，酵母细胞的操作难度、生产成本等相对于哺乳动物细胞来讲有明显的优势，具有真核细胞所具备的翻译后修饰功能，可对表达的外源蛋白质分子进行糖基化等修饰，也是常用的表达系统之一。

**表 2-3　几种常见的生物技术药物及其来源的表达系统**

| 药物品种 | 表达系统 | 药物品种 | 表达系统 |
|---|---|---|---|
| 组织纤溶酶原激活物（t-PA） | *Escherichia coli* | 促卵泡激素 | CHO |
| 胰岛素 | *E. coli* | 干扰素β | CHO |
| 干扰素α | *E. coli* | 红细胞生成素 | CHO |
| 干扰素γ | *E. coli* | 葡萄糖脑苷脂酶 | CHO |
| 粒细胞集落刺激因子（G-CSF） | *E. coli* | 阿达木单克隆抗体 | CHO |
| 人生长激素 | *E. coli* | | |

**3. 生物技术制药的主要产品**　经过 30 余年发展，生物技术制药产品已渗透医疗卫生的各个领域，产品类型丰富多样，主要有以下几种。①重组蛋白质及多肽类药物。这是生物技术药物中最常见也是最重要的一类。其化学本质相同，药物相对分子质量大小有差异，在性质、生产工艺、检验方法及给药方式上较为相似。常见的如胰岛素及其类似物（如 Humulin）、重组人生长激素（rhGH）、促卵泡激素（FSH）、促黄体生成素（LH）、人绒毛膜促性腺激素（HCG）等。②细胞因子干扰素类药物，主要用于抗病毒等感染性疾病的预防和治疗，如干扰素α、干扰素β和干扰素γ等。③白细胞介素类和肿瘤坏死因子类药物，如临床应用中的 IL-2 和突变型 IL-2、TNF-α等。④造血系统生长因子类药物，如粒细胞集落刺激因子（G-CSF）、巨噬细胞集落刺激因子（M-CSF）、促红细胞生成素（EPO）等。⑤生产因子类药物，如胰岛素样生长因子（IGF）、表皮生长因子（EGF）、血小板衍生因子（PDGF）、神经生长因子（NGF）等。⑥心血管疾病治疗剂与酶制剂，如尿激酶（UK）、链激酶（SK）、组织纤溶酶原激活剂（t-PA）、水蛭素及超氧化物歧化酶（SOD）等。⑦重组疫苗与单克隆抗体及基于单克隆抗体类药物，如重组乙肝表面抗原、艾滋疫苗及肿瘤疫苗，人源化抗体、小分子抗体及抗体偶联药物等。⑧基因治疗产品等。

生物技术制药的产品，也可以根据使用目的分为三大类别。一是用于治疗的药物。生物技术药物因来源独特，生理作用明显，药理学活性高，尤其是针对疾病基因及其相关的信号通路中某些关键因子而开发的蛋白质类药物，作用特异性强，效果明显，因此在多种常见病、多发病、疑难病及常规药物无确切疗效的罕见遗传性疾病的治疗均有较好的疗效，且毒副作用低。如对糖尿病、免疫缺陷病、内分泌障碍及某些肿瘤的治疗效果是其他药物无法替代的。二是预防类药物，如常见的各种疫苗、类毒素等，在感染性疾病的预防和控制中发挥了极大作用。利用生物技术手段获得的预防制剂如疫苗，相对于早期从人或动物血清中分离的天然抗体及抗原物质（如灭活病毒、细菌等），极大程度上降低了由于免疫源性引起的过敏反应，降低了疫苗在临床使用中的风险和不良反应。三是诊断类试剂和药物，这也是生物技术药物的重要用途之一。由于生物技术药物生理活性强、作用分子机制明确，因此用于诊断的生物技术药物具有速度快、特异性强、灵敏度高等特点，因而越来越广泛被应用于复杂性、系统性疾病的快速和早期诊断。现已应用的有免疫诊断试剂、酶诊断试剂、单克隆抗体诊断试剂和基因诊断药物等。

## 二、生物技术药物的主要给药系统

前面已经介绍，任何药物药理学作用的发挥不仅需要建立在合理的药物分子设计、正确的生产流程和严格的药品质量控制等基础上，还需要根据药物剂型、性质等因素设计合理的给药系统或给药途径，这也是决定药物作用的重要因素。在药物开发的早期阶段，给药系统的确定也是药物临床前研究阶段必须要研究解决的问题。

**1. 肠道外给药**　对于生物来源的药物，大多数都是既为生物活性物质，同时也是营养物质，易被机体消化系统降解和破坏而失去活性，因此，非肠道给药的主要方式——注射给药，一直是其主要的给药方式。主要有静脉注射（intravenous injection，IV）、皮下注射（subcutaneous injection，SC）和肌内注射（intramuscular injection，IM）和腹腔注射（intravenous injection，IP）等方式。不同生物技术药物血液中的半衰期变化很大，如重组纤溶酶原激活剂（t-PA）的半衰期只有几分钟，而一些单克隆抗体则可以达到几日。因而，通过适当技术如定点突变技术对药物蛋白质分子进行改造可以有效提高药物在体内的停留和作用时间。另外，相对于静脉注射给药，皮下和肌内注射方式给药也可以在一定程度上延缓药物释放和吸收，从而延缓药物在机体内的清除。如临床上在使用胰岛素治疗糖尿病过程中，现在多采用皮下注射，在作用时间上也有速效胰岛素、长效胰岛素等可供选择。

**2. 口服给药**　从患者接受程度、给药的便利性、患者自我管理等方面考虑，口服给药途径将是一种首选的给药方式。这种给药方式，不需要患者到专业医疗机构并在医护人员监管或协助下就可以完成机体给药，极大地方便了患者，并从一定程度上降低了药物带来的风险性，因此容易被患者所接受。但口服给药方式下，药物的生物利用度较低。导致的原因主要有两个：①多肽、蛋白质类药物在经过胃肠道时容易被肠道菌群降解；②蛋白质药物在胃肠道黏膜、内壁的低渗透性，尤其是在被动运输过程中，对药物经胃肠道壁吸收造成很大影响。此外，口服药物在人体吸收过程中要经过首过效应，即药物进入血液循环前，首先在肝脏内会被清除掉一大部分。

要提高生物药物经口服给药途径的生物利用度，可通过物理保护（如纤维素、脂质体包埋，制备药物微囊、微球等），也可以添加适当的蛋白酶抑制剂（如抑肽酶、类卵黏蛋白）和通透性增强剂（如表面活性剂等），降低药物被降解的风险，并调高药物在胃肠道黏膜、内壁的吸收。

目前，尽管已经有较多的尝试，但针对生物技术药物性质、特点及其作用效果等进行修饰和改进以适应口服给药方式依然是生物技术药物研发领域中一个重要的研究方向。

**3. 其他给药系统**　如前提到的，注射给药途径存在诸多弊端或不足（如注射针头创伤、药物无菌要求严格及注射技术要求高等），而通常被认为是首选的口服给药方式在生物技术药物给药方面也有很大的局限性，因此，一些替代的给药方式或给药途径也被广泛地研究和尝试。包括鼻腔黏膜给药、肺部吸入给药、直肠给药及皮肤局部涂抹给药等，表 2-4 详细列出了各种给药途径的优势及不足。

**表 2-4　常用的给药方式及其优（劣）势分析**

| 给药方式 | 优势 | 不足 |
|---|---|---|
| 鼻腔吸入给药 | 操作方便，吸收快，相对较低的蛋白酶活性减少药物的降解损失，药物吸收促进剂选择空间大；避免肝脏首过效应 | 重现性低，蛋白质类药物的生物利用度低 |
| 肺部吸入给药 | 相对易操作，吸收快，吸入性胰岛素可大部分被吸收，较低的蛋白酶减少药物降解，避免肝脏首过效应 | 重现性低，受肺部其他因素影响（如吸烟与否），安全性（如免疫反应等）；吸收促进剂的使用受到限制，肺部巨噬细胞与颗粒物的高亲和性等 |
| 直肠给药 | 操作方便，避免肝脏首过效应；相对于肠道上部具有较低的蛋白酶活性，吸收促进剂选择较多 | 蛋白质药物生物利用度低 |
| 口腔喷雾 | 操作方便，避免肝脏首过效应，相对胃肠道下部蛋白酶活性低，可使用药物吸收促进剂 | 蛋白质的生物利用度低，尚无成功使用的资料记载 |
| 透皮给药 | 方便，避免肝首过效应，除制定必要的可能，吸收促进剂选择受到限制 | 蛋白质的生物利用度低 |

# 第四节　生物技术制药工艺

## 一、生物技术制药的工艺

生物技术制药是指运用微生物学、生物学、医学、生物化学等的研究成果，综合利用微生物学、化学、生物化学、生物技术、药学等科学的原理和方法以生物体、生物组织、细胞、体液等为生产平台进行的药物制造。随着生物技术的发展，生物技术制药的原料越来越多地来自于按照人们意愿设计的能产生特定产物的基因工程改造的菌种、细胞或生物个体。因此，生物技术制药的工艺包含了三个阶段，药物生产来源的确定（即药物生产目的基因的获取与表达系统的构建等）、药物终产品制造上游工艺（通过微生物发酵培养、细胞培养或动植物个体培养等使药物分子得到大量的合成）和下游阶段（即产物的分离纯化和通过合适的剂型进行药物终产品的制造）。图 2-5 体现了生物技术药物生产的几种主要形式。

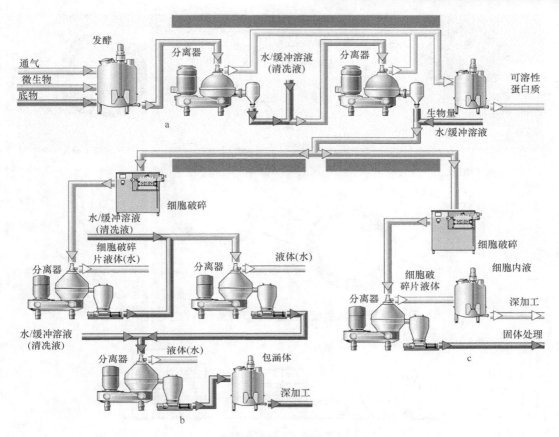

图2-5 生物技术制药生产的几种常见工艺

a. 分泌型（胞外产物）的生产过程；b. 以包涵体形式产生的胞内产物生产过程；c. 可溶性胞内产物生产过程

**1. 生物技术制药产品的来源** 目前市场上绝大多数的生物技术药物都是利用各种不同的重组表达系统制造的基因工程改造产物。尽管有很多高效的蛋白质表达系统可供利用，但到目前为止，多数获得批准的生物技术药物都是通过重组大肠杆菌或哺乳动物细胞制造的。图2-6介绍了通过遗传工程和基因重组技术构建表达人类生长激素基因大肠杆菌的过程。其他有关表达系统在本书教材中相应章节会得到详细描述，这里不再赘述。

**2. 生物技术制药上游工程** 在以重组微生物或重组细胞株为来源的生物技术药物制造中，其上游工程开始于保藏的工程菌株或细胞株的复苏培养，包含了实验室规模的发酵培养阶段和工业制造规模的发酵培养，通过逐级放大的培养工艺，在宿主菌/细胞大量生产的同时，重组的药物分子也得到大量的合成（图2-7）。通常，在最初的药物开发时，有利于细胞生长/药物合成的培养基成分和发酵培养条件等就已经确立，常规批量制造是具有高度重复性和自动化的过程。在这一阶段，生物反应器通常是高级不锈钢制造，体积视生产规模可以从几百到几万升。在工业生产规模的发酵过程完成后，得到粗制品，随即进入生物技术制药的下游过程。

**3. 生物技术药物制造下游工程** 下游工程包含了发酵培养结束后，目的产物的分离提取到成品的所有过程，一般在洁净间中进行，而最后一道程序（如灭菌过滤、无菌填装等）则要在A级层流室中进行。

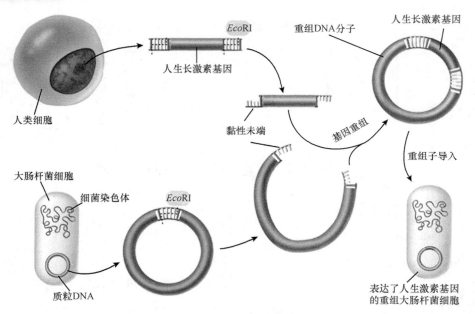

图 2-6  重组人生长激素基因大肠杆菌细胞构建过程

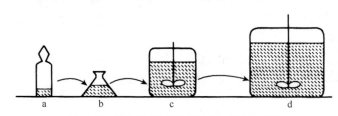

图 2-7  单批药品制造的上游过程简略图

首先，从保存的细胞库中取出预先构建的重组工程细胞，a. 接种于少量（几十到几百毫升）培养基中进行复苏培养；b. 将成功活化后的细胞接种到逐级放大的生物反应器中（从几升到几百升规模）；c. 制备用于工业生产的起始培养物并接种于生产规模的生物反应器；d. 通常为几千至几万吨的容量，用于重组药物的生产制造。对于无论是原核（如大肠杆菌）或真核细胞株（如哺乳动物细胞）表达系统，这一生产流程是一样的，但不同细胞株的生物反应器的设计和细胞生长条件控制等可能存在区别

    下游工艺的第一步骤首先将产物与宿主细胞分离，这与不同宿主细胞产物的合成特点有关。一般而言，通过动物细胞培养制造的药物是分泌到培养基中（即为胞外产物），这就可以通过液固分离，如沉降过滤、离心等方法收获培养液（包含目的产物）。而许多以原核生物（大肠杆菌）作为表达系统进行的重组药物则在细胞内积累，这就要涉及细胞的收获和破壁提取使胞内产物释放出来。破碎细胞的方法有多种，如物理法（匀浆、高压珠磨、超声波破碎技术等）、化学法（采用有机溶剂、表面活性剂、酸或碱溶液等）和生物法（利用酶法破坏细胞壁）。细胞破碎后，一般通过离心除去细胞碎片。

    下游工艺的第二步通常是将粗提蛋白质产物进行浓缩，以便减小产物的体积，方便后续纯化。重组蛋白质类药物的生产，可以通过盐析法或乙醇等有机溶剂沉淀，但超滤作为一种更有效的物理分离方法更为常用，该方法可以根据相对分子质量大小对产物进行分离，不引入有机溶剂和无机盐类，安全性高，同时能最大程度上保留产物的生物活性不被破坏。

    浓缩后，还需进一步采用色谱等技术对目的产物进行纯化。表 2-5 列出了常用蛋白质类重组生物技术药物的色谱分离方法及原理。其中沉淀技术和层析技术成熟、设备易得，也容易实现大规模工业化生产，因而在生产中更为常见。

　　通常，为了得到较高纯度的目标产物，往往需要多种分离技术的联合运用，如2～4种色谱技术的联合应用，较为常见的是凝胶色谱和离子交换色谱的联用。而亲和层析由于利用分子间特异的亲和作用使目标产物达到分离的目的，具有高度选择性和高度特异性，因而往往可以得到较高纯度的产品。如生产中可使用免疫亲和层析法纯化凝血因子Ⅷ、赖氨酸亲和层析法纯化 t-PA 等。

　　通过多步分离纯化后，得到符合药物生产要求的重组蛋白质分子，即可按照研发前期确定的制剂、配方制成终产品。通常含有以下几步。

　　（1）添加各种赋形剂（即药物辅料、一些稳定或加强成品某些特征的物质）。

　　（2）除菌（辐射或用 0.22μm 滤膜过滤）得到无菌产品，分装到合适的产品包装或容器中。

**表 2-5　常用蛋白质分离的技术及原理**

| 分离技术 | 分离原理/过程 | 分离基础 |
| --- | --- | --- |
| 沉淀 | 硫酸铵 | 溶解性 |
|  | 聚乙烯亚胺 | 电荷、分子大小 |
|  | 等电点 | 溶解性 |
| 色谱技术 | 凝胶过滤 | 分子大小、形状 |
|  | 离子交换色谱 | 表面电荷 |
|  | 疏水层析 | 蛋白质分子疏水性 |
|  | DNA 亲和层析 | DNA 结合位点 |
|  | 免疫亲和层析 | 特异性配体 |
|  | 聚焦层析 | 等电点 |
| 电泳 | 凝胶电泳 | 电荷、大小、分子形状 |
|  | 等电点聚焦 | 等电点 |
| 离心 | 蔗糖梯度离心 | 大小、形状、密度 |
| 超滤 | 超滤 | 分子大小、形状 |

　　（3）如果产品是以粉末状进入临床使用，则需进行冷冻干燥处理。

　　需要明确的是，产品的最终形式，通常视蛋白质在溶液中的稳定性而定，需根据实验结果确定。例如，有些蛋白质在溶液中可稳定保存数月甚至几年，而一些蛋白质，尤其是纯化的蛋白质在水溶液中则容易失去生物活性，因而必须以干粉的形态上市销售。

## 二、生物技术制药的生产指导原则及质量控制

　　药物制造是已知的受到严格管控的制造工程之一。为了获得生产许可，药物开发厂商不仅要向管理部门证明产品的安全性和有效性，而且必须证明其制造过程的各个方面都遵循最高的安全和质量标准。而可影响药品质量的因素是多方面的，包括以下几点。①制造设备的规划与设计；②制造过程中使用的原料；③制造工艺本身；④现有的管理框架是否健全，它是药物质量管理和控制的规范。此外，不同于化学药物的生产过程，生物技术药物的质量和安全性控制还需考虑目的基因转运载体的安全性、宿主细胞自身的代谢产物、发酵培养过程使用的各种原料的安全性等。

　　**1. 国外药品制造规范指南**　药物生产的所有环节都必须遵循严格的标准，以确保产品的安全性和有效性。药品生产质量管理规范（good manufacturing practice，GMP），或称优良药品生产规范，是指导药品生产和质量管理的法规，适用于制药、食品等行业的强制性标准，是为保证药品在规定的质量下持续生产的体系，要求企业从原料、人员、设施设备、生产过程、包装运输、质

量控制等方面按国家有关法规达到卫生质量要求，涉及了药品生产的各个环节和方方面面，从厂房到地面、设备、人员和培训、卫生、空气和水的纯化、生产和文件管理等，是一种特别注重在生产过程中实施对产品质量与卫生安全的自主性管理制度。世界卫生组织于 1975 年 11 月正式公布 GMP 标准。国际上药品的概念包括兽药，只有我国和澳大利亚等少数几个国家是将人用药 GMP 和兽药 GMP 分开的。

尽管各种独立的药品 GMP 指南是在世界不同的地方发行的，但其原则基本上都是一致的。例如，欧盟出版的 GMP 指南包括许多章节，每一章节都涉及药品制造的某一特定方面（表 2-6）。其中多为广义上的指南，如 GMP 制造人员的方面的原则可总结为如下几点。①制造者必须雇佣合适数量的有足够资格和经验的人员。②关键人员，如制造和质量控制方面的负责人，必须是相互独立的；人员必须能具备相应的技能，并且受到良好的培训以保证能履行其职责；必须强调个人卫生，以免由于不好的卫生习惯而导致产品的污染。

**表 2-6    欧盟 GMP 指南中各个章节及其涉及内容**

| 章节 | 内容 | 章节 | 内容 |
| --- | --- | --- | --- |
| 1 | 质量管理 | 6 | 质量控制 |
| 2 | 人员 | 7 | 合同制造和分析 |
| 3 | 建筑物和设备 | 8 | 申诉和召回 |
| 4 | 记录 | 9 | 自查 |
| 5 | 制造 | | |

注：欧盟药品管理原则第 4 卷

指南中总结的原则普遍适用于多数药品的生产厂商，然而对于一些特殊药品的生产也制定了专门的原则，如抗生素和激素等。除了这些章节外，欧盟的指南中还包含了 14 个附件，详述了特殊药物的生产指导原则，如来源于血液或血浆的生物药品。而随着生物技术药物的发展，全球主要的生物技术药物生产和销售地区，如欧盟、美国及日本等，管理部门也出台了相应的生物技术药物的指导原则，表 2-7 列举了 FDA 关于通过杂交瘤技术制造单克隆抗体和通过基因工程技术制造重组药物等安全制造指导原则。

**表 2-7    FDA 出版的关于生物技术药物的一些指导原则**

| 单克隆抗体的制造和试验指导原则 | 预防传染性疾病的质粒 DNA 疫苗的指导原则 |
| --- | --- |
| 来源于转基因动物的人用治疗制剂的制造和试验指导原则 | 用于制造生物制剂的细胞系鉴定指导原则 |
| 利用重组 DNA 技术制造新药和生物制剂的制造和试验指导原则 | 人体细胞治疗和基因治疗指导原则 |

注：许多指导原则可直接从 FDA 生物制剂研究与评价中心主页查询和下载 http://www.fda.gov.ber/

**2. 我国关于药品生产制造的管理和指导原则**    我国人用药方面，1988 年在中国大陆由卫生部发布，称为药品生产质量管理规范，后几经修订，最新的为 1998 年修订版。兽药行业 GMP 是在 20 世纪 80 年代末开始实施。1989 年中国农业部颁发了《兽药生产质量管理规范（试行）》，1994 年又颁发了《兽药生产质量管理规范实施细则（试行）》。2002 年 3 月 19 日，农业部修订发布了新的《兽药生产质量管理规范》（以下简称《兽药 GMP 规范》）。同年 6 月 14 日发布了第 202 号公告，规定自 2002 年 6 月 19 日至 2005 年 12 月 31 日为《兽药 GMP 规范》实施过渡期，自 2006 年 1 月 1 日起强制实施。

1995 年 10 月 1 日起，凡具备条件的药品生产企业（车间）和药品品种，可申请药品 GMP 认证。取得药品 GMP 认证证书的企业（车间），在申请生产新药时，卫生行政部门予以优先受理。

中国药品监督管理部门大力加强药品生产监督管理，实施 GMP 认证取得阶段性成果。血液制品、粉针剂、大容量注射剂、小容量注射剂生产企业全部按 GMP 标准进行，国家希望通过 GMP 认证来提高药品生产管理总体水平，避免低水平重复建设。已通过 GMP 认证的企业可以在药品认证管理中心查询。

**3. 产品的稳定性研究方法和内容**　生物技术药物一个重要的特点是药物是具有生物活性的蛋白质、多肽、核酸等生物分子，因而在储藏、运输过程中若处理不当，容易造成药物分子破坏而失去活性。因而产品的稳定性研究也是生物技术药物生产、制造和使用中一项重要任务。稳定性研究的内容包括产品生产工艺、制剂处方、包装材料选择合理性的判断等。生物制品稳定性研究一般包括实际储存条件下的实时稳定性研究（长期稳定性研究）、加速稳定性研究和强制条件试验研究。各国管理部门对药品稳定研究也有相应的规定和指导原则。例如，为指导生物制品的稳定性研究工作，我国国家食品药品监督管理总局组织制定《生物制品稳定性研究技术指导原则（试行）》（2015 年第 10 号），并规定自发布之日起施行。开展稳定性研究之前，需建立稳定性研究的整体计划或方案，包括研究样品、研究条件、研究项目、研究时间、运输研究、研究结果分析等方面。

（1）样品：研究样品通常包括原液、成品及产品自带的稀释液或重悬液。

（2）条件：稳定性研究条件应充分考虑到今后的储存、运输及其使用的整个过程。根据对各种影响因素（如温度、湿度、光照、反复冻融、振动、氧化、酸碱等相关条件）的初步研究结果，制定长期、加速和强制条件试验等稳定性研究方案。

（3）检测项目：应包括产品敏感的，且有可能反映产品质量、安全性和（或）有效性的考查项目，如生物学活性、纯度和含量等。

（4）时间：长期稳定性研究时间点设定的一般原则是，第一年内每隔三个月检测一次，第二年内每隔六个月检测一次，第三年开始可以每年检测一次。

（5）运输稳定性研究：生物制品通常要求冷链保存和运输，对产品（包括原液和成品）的运输过程应进行相应的稳定性模拟验证研究。

（6）结果的分析：稳定性研究中应建立合理的结果评判方法和可接受的验收标准。研究中不同检测指标应分别进行分析；同时，还应对产品进行稳定性的综合评估。

**知识拓展**

基因治疗（gene therapy）是指将外源正常基因导入靶细胞，以纠正或补偿因基因缺陷和异常引起的疾病，以达到治疗目的。

在基因治疗中迄今所应用的目的基因转移方法可分为两大类：病毒方法和非病毒方法。基因转移的病毒方法中，RNA 和 DNA 病毒都可用作基因转移的载体。常用的有反转录病毒载体和腺病毒载体。转移的基本过程是将目的基因重组到病毒基因组中，然后把重组病毒感染宿主细胞，以使目的基因能整合到宿主基因组内。非病毒方法有磷酸钙沉淀法、脂质体转染法、显微注射法等。目的基因的表达是基因治疗的关键之一。为此，可运用连锁基因扩增等方法适当提高外源基因在细胞中的拷贝数。在重组病毒上连接启动子或增强子等基因表达的控制信号，使整合在宿主基因组中的新基因高效表达，产生所需的某种蛋白质。为避免基因治疗的风险，在应用于临床之前，必须保证转移-表达系统绝对安全，使新基因在宿主细胞表达后不危害细胞和人体自身，不引起癌基因的激活和抗癌基因的失活等，尤其是在将反转录载体用于基因转移时，必须在应用到人体前预先在人骨髓细胞、小鼠体内和灵长类动物体内进行类似的研究，以确保治疗的安全性。安全性是目前基因治疗药物研发中面临的最大挑战。

（刘永梅）

# 第三章　抗体药物及抗体相关药物

学习要求

1. 掌握　抗体药物的概念与分类、单克隆抗体的作用机制、杂交瘤技术制备单克隆抗体的原理和基本流程、基因工程抗体的特点及其关键技术、抗体偶联药物的概念和组成部分。

2. 熟悉　抗体药物的药理药效学研究特点，单克隆抗体的制备、检测和分离纯化，基因工程抗体的制造工艺，抗体偶联药物的关键技术和上市抗体偶联药物取得成功的原因。

3. 了解　抗体药物的发展历史和研究现状，代表性单抗药物的药理学特点和临床应用，抗体偶联药物的上市药物的临床应用。

## 第一节　抗体药物的发展概况

抗体是机体免疫系统在抗原物质刺激下，由 B 淋巴细胞转化而来的浆细胞分泌的、可以识别和抵抗外源性物质（如细菌、病毒等）侵袭的一类免疫球蛋白（immunoglobulin，Ig）。人类很早就意识到可以利用抗体的特性抵抗感染性疾病，如中国古代用于预防天花的"人痘接种术"。现代抗体治疗始于 19 世纪末期，1890 年 Behring 教授等发现白喉"抗毒素"并建立了血清疗法，使白喉的临床治疗取得了突破性进展，此后，这种来自人类或动物的含有抗体的血清被广泛应用于预防或治疗多种由病毒或细菌引起的感染性疾病。近 30 年来，伴随着基因工程等生物技术进步而发展起来的新型抗体药物在治疗癌症、自身免疫疾病、过敏性疾病等方面发挥着越来越突出的作用，已成为当前生物技术药物研究领域中的热点和重点，是发展最迅速、推广速度最快、临床认可度最高的大分子药物之一。目前，研发安全性更高、特异性更强、亲和性更好、免疫原性更低的新型抗体药物已经成为免疫医学的一个重要发展方向。

## 一、抗体药物的概念与分类

### （一）抗体药物的概念

B 淋巴细胞在转化成熟为浆细胞的过程中，会通过随机重排产生独特的抗原受体基因，即每个 B 淋巴细胞株只能产生一种针对某一种特异性抗原决定簇的抗体。当机体受到外来抗原刺激时，大量不同的 B 淋巴细胞都被激活并参与免疫反应，进而产生出多种不同的抗体，由这些抗体物质所制备的药物都属于广义上的抗体药物。

随着分子生物学、细胞生物学和生物工程等学科的发展，抗体的工程制备技术取得了长足的进步，我们可以将现代抗体药物视为由基因工程技术为主导、应用抗体工程技术制备的含有抗体基因片段的大分子蛋白类药物。现代抗体药物具有高特异性、高均一性、可针对特定靶点定向制备等优点，应用前景广阔。

### （二）抗体药物的分类

按照不同的分类方法，可以将抗体药物分为若干类型。例如，按照抗体的来源不同，可将抗体药物分为动物源性抗体和人源性抗体；按照应用方向不同，可分为诊断或检测性抗体和治疗性抗体；按照抗体的制备技术发展程度不同，可分为多克隆抗体、单克隆抗体和基因工程抗体；按照结构与功能划分为抗体和免疫偶联物两部分，其中抗体部分可能是完整抗体、双特异性抗体或抗体片段，免疫偶联物则可能是放射免疫偶联物、化学免疫偶联物或免疫毒素。

在实际工作中，一般习惯先按制备技术的发展阶段分为多克隆抗体、单克隆抗体和基因工程抗体，再根据抗体药物来源进一步分类。

**1. 多克隆抗体**　多克隆抗体不仅是指由体内不同淋巴细胞产生的、可针对同一抗原表位区的多克隆抗体，也包括由含有多抗原表位区大分子抗原刺激产生的、识别不同抗原表位区的各种抗体。用毒素免疫动物所获得的免疫血清中就存在大量多克隆抗体，由于这些抗体的抗原识别谱广，识别不同表位区的各种抗体或识别同一抗原表位区的不同克隆的抗体可协同作用，可以非常有效地阻断抗原对机体的危害，且多克隆抗体的亲和力较一般单克隆抗体高，多年来一直应用于临床对抗感染性疾病和其他有害物质（如毒素）的治疗中。

用于诱导被动免疫的多克隆抗体按照来源不同可分为动物源性的"抗血清"（如蛇毒抗血清、破伤风抗毒素等）和人源性的"免疫球蛋白制剂"（如正常人免疫球蛋白、白喉免疫球蛋白等）。

**2. 单克隆抗体**　由单一 B 淋巴细胞株产生、仅识别抗原分子上同一抗原表位区的抗体就是单克隆抗体。与多克隆抗体相比，单克隆抗体的特异性大大提高，由于其理化特性、生物学活性和抗原表位的单一性，更易于进行药效学评价和质量控制，在抗体分子学研究及应用研究领域备受重视，亦被广泛地应用于检测和医疗领域，如 1986 年 FDA 批准的第一个抗 CD3 抗体就是单克隆抗体类药物。

单克隆抗体可以按抗体药物来源划分为传统鼠源性单克隆抗体药物、人-鼠嵌合单克隆抗体药物、人源化单克隆抗体药物、重组人源化单克隆抗体药物、完全重组人源化单克隆抗体药物和抗体-药物偶联药物。

**3. 基因工程抗体**　在明确抗体分子结构和功能的基础上，利用基因重组技术，在基因水平上实现对抗体分子的切割、拼接或修饰，或者直接合成基因序列，再将基因导入细胞表达产生的一类抗体。从化学结构特点看，基因工程抗体也属于单克隆抗体，但其克服了杂交瘤技术制备的鼠源性单克隆抗体容易引发异源性反应大、抗药性强等缺点，使抗体制备更加简单易行、稳定有效，极大地推动了抗体药物的开发和应用。

基因工程抗体的研究主要包括两个方面，一是对传统鼠源性单克隆抗体的结构改造，如单克隆抗体人源化改造（嵌合抗体、人源化抗体）、小分子抗体人源性抗体、双（多）价及双特异抗体分子、抗体融合蛋白等；二是通过构建抗体库，不需抗原免疫就可筛选并克隆新的单克隆抗体。

## 二、抗体药物的历史和研究进展

### （一）抗体药物的发展历史

19 世纪末期，德国医学家 Behring 及其团队发现了一种不能直接杀灭白喉杆菌，但却能中和其释放的毒素的"抗毒素制剂"，并利用这种抗毒素创立了白喉的血清疗法，开启了现代抗体药物用于临床治疗的序幕（图 3-1）。1895 年，Hericourt 等使用抗体来治疗癌症患者并改善了患者的症状，是有史以来第一次个体化化疗肿瘤的尝试。多年来，以动物来源的抗血清为代表，主要用于被动免疫治疗的第一代抗体药物，在白喉、麻疹和肺炎等感染性疾病的治疗中发挥了重要作用，但由于异源性蛋白往往引起较强的人体免疫反应，毒副作用较大，且抗血清来源受限、制备工艺粗放、药物质量难以保证，大大限制了此类药物的推广和应用。

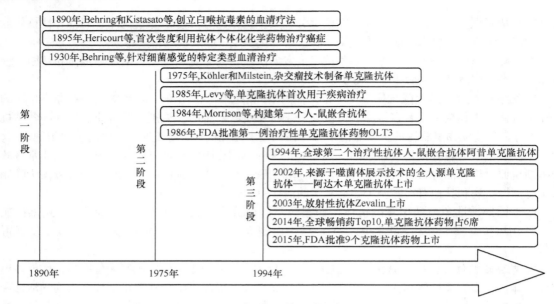

图 3-1 治疗性抗体发展的三个阶段

进入 20 世纪中期，对抗体结构的研究取得了突破性进展，在此基础上，英国剑桥大学科学家 Georges J. F. Köhler 和 Cesar Milstein 于 1975 年报道了利用 B 淋巴细胞杂交瘤技术制备单克隆抗体的方法，使规模化生产更加高效、特异性更强且性质均一稳定的单克隆抗体成为可能，这一技术革命是抗体研究历史的里程碑。凭借单克隆抗体生产技术及相关理论的研究，Köhler 和 Milstein 获得了 1984 年的诺贝尔生理学或医学奖。

基于杂交瘤技术制备的单克隆抗体掀起了第二代抗体药物研究的热潮。1982 年，美国斯坦福医学中心的 Levy 等研究人员将抗 B 细胞淋巴瘤的独特型单抗用于 B 细胞淋巴瘤患者的治疗，使患者病情缓解、瘤体消失，这是单克隆抗体用于疾病治疗的首次尝试，也让人们对抗体药物的未来充满了期望。1986 年，经 FDA 批准的世界上第一例治疗性单克隆抗体药物——莫罗莫那-CD3（Muromonab-CD3，OKT3）上市，作为抗排斥药物应用于器官移植。随着许多治疗性单克隆抗体如雨后春笋般纷纷面世，使用单克隆抗体治疗的病例数亦大大增加，然而，鼠源性单克隆抗体的劣势也日渐显现：由于这些单克隆抗体多来源于小鼠的 B 淋巴细胞杂交瘤，进入人体后可以被人类免疫系统识别出来，并产生人抗鼠抗体（human anti-mouse antibody，HAMA），不仅使药物疗效降低，还可能引发严重的过敏反应；完整的抗体分子由于相对分子质量大，进入体内后透过血管壁的能力较差，影响药物疗效；生产成本和技术要求太高，大规模工业化生产推广不易，使得药物价格居高不下。人们对抗体药物的研发热情下降，单克隆抗体治疗药物的应用和研究都陷入低谷。

分子生物学技术的进步打破了鼠源性单克隆抗体药物发展的瓶颈，在阐明了抗体分子结构的基础上，DNA 重组技术开始应用于单克隆抗体的改造——根据需要对传统的鼠源性抗体进行改造，以消除抗体应用不利性状或增加新的生物学功能，还可利用新的技术重新制备各种形式的重组抗体。抗体药物的研发进入了第三代，即基因工程抗体时代。

早在 1984 年，Morrison 等就成功地将鼠单克隆抗体可变区与人 IgG 恒定区在基因水平上连接在一起，构建了第一个人-鼠嵌合抗体。随后，为避免嵌合抗体中残存的鼠源部分（占 33%左右）诱发的人抗嵌合抗体（human anti-chimeric antibody，HACA）反应，Jones 等通过基因工程手段将鼠源的抗原互补决定区嵌入人抗体骨架中，得到了抗原性更低的人源化抗体（鼠源部分占 5%～10%），但直到 1994 年，全球第二个治疗性单抗药物——人-鼠嵌合抗体阿昔单克隆抗体（Abciximab，

ReoPro）获得 FDA 批准上市，单克隆抗体治疗药物研究才再次驶入发展的快车道。随着 PCR 技术、抗体库技术（包括噬菌体展示技术、*E. coli* 呈现技术、酵母呈现技术、核糖体展示技术等）和转基因技术的发展，人工合成全人源抗体不再是天方夜谭，2002 年，第一个由噬菌体展示技术重组获得的全人源抗体药物——阿达木单克隆抗体（Adalimumab，Humira）问世，给风湿性关节炎患者带来了福音。这种不含非人源化成分或人工融合的人多肽序列的单克隆抗体在功能上与天然的人 IgG 无差异，并且具有与人 IgG 相似的生物半衰期，在人体内维持的时间较长。

在噬菌体抗体库基础上，科学家们又发展了核糖体展示抗体库技术，即利用体外核糖体表达载体构建单链抗体库，在体外转录为 mRNA 并翻译表达，再以固相化的抗原分子筛选出核糖体-单链抗体复合物中的高亲和力单链抗体。这种技术在筛选抗体的整个过程中都无须细胞参与，是第一个实现了完全在体外筛选功能蛋白的方法，它不仅避免了噬菌体展示因转化细菌（或细胞）效率不高而降低库容、减少抗体多样性的局限，也克服了宿主随细胞基因组复制过程中可能丢失或抗体筛选条件不利于宿主细胞生存等问题，可以构建高容量、高质量的抗体库，更易于筛选高亲和力抗体和采用体外进化的方法对抗体性质进行改造。核糖体展示抗体库技术代表了抗体工程的未来发展趋势。

## （二）抗体药物的研究进展

得益于科学技术的进步、制备工艺的改进及相关法律法规的完善，抗体类药物正步入一个向低抗原性和高特异性、规模化和产业化方向快速发展的新时期。近年来，通过基因工程、细胞工程、发酵工程等生物技术研发的抗体工程药物（第三代抗体药物）层出不穷，是当前生物医药中复合增长率最高的一类药物，包括人源化抗体，如嵌合抗体、CDR 移植抗体等；小分子抗体，如单链抗体、Fab 片段、双特异性单克隆抗体、二硫键稳定抗体、微型抗体等；某些特殊类型抗体，如双功能抗体、抗原化抗体、细胞内抗体、催化抗体、免疫脂质体等；抗体融合蛋白，如免疫毒素、免疫黏附素等；以及重链抗体。

自 1986 年第一个获批准上市的抗体药物 OKT3 诞生以来，截至 2015 年 12 月，短短的 30 年时间，经 FDA 批准用于临床的抗体药物已达到 59 种（表 3-1），随着获批抗体药物数量的增加，抗体市场规模也在不断扩大。1997 年全球单克隆抗体药物销售额仅有 3.7 亿美元，而 2007 年销售额已增长到 220 亿美元；2000～2010 年，抗体药物在全球生物制药中的市场份额从 10.5%上升到 56.4%，成为生物制药行业中占比最大的子行业；2013 年，全球生物药物市场规模比 2012 年的 1500 亿美元上涨了 4.7%，达到 1570 亿美元，其中有 620 亿美元来自于抗体药物的贡献，较 2012 年（570 亿美元）上涨了 8.77%。2013 年全球销售前十的药物中，有 6 个为抗体药物，而 2014 年全球销售前十的药物中抗体药物则占七席，市值共计达到 600 亿美元，其中位列榜首的是艾伯维（AbbVie）公司的抗 TNF 药物修美乐（Humira），其销售额高达 125 亿美元。近三年来，FDA 的新药审批结果也表明，抗体药物已成为生物药物新药研发中当仁不让的主力军：2013 年，FDA 批准的 28 个药物中有 6 个生物药物，其中 2 个是抗体药物；2014 年，FDA 批准的 41 个新药中，有 6 个是抗体药物；2015 年 FDA 批准的药物数量达到 45 个，创下 1997 年以来的历史新高，其中 12 个生物药物中，抗体药物占据 9 席，成为单年获批抗体药物量最高的年份。此外，尚有 350 余项抗体药物进入Ⅰ期临床和Ⅱ期临床研究，有近 40 项抗体药物进入Ⅲ期临床研究。

表 3-1 截至 2015 年 FDA 已批准上市的抗体类药物

| 序号 | INN 命名 | 药物名称 | 抗体类型 | 靶点 | 适应证 | 批准日期 |
|---|---|---|---|---|---|---|
| 1 | Muromonab-CD3 | OKT3 | mouse | CD3 | 异体移植 | 1986 |
| 2 | Abcixmab | Reopro | chimeric | Ⅲα、Ⅲβ | 心血管疾病 | 1994 |
| 3 | Edrecolomab | Panorex | mouse | 17-1A | 直肠癌 | 1995 |

续表

| 序号 | INN 命名 | 药物名称 | 抗体类型 | 靶点 | 适应证 | 批准日期 |
|---|---|---|---|---|---|---|
| 4 | Rituximab | Rituxan | chimeric | CD20 | 非霍奇金淋巴瘤 | 1997 |
| 5 | Daclizumab | Zenapax | humanized | CD25 | 肾脏移植 | 1997 |
| 6 | Basiliximab | Simulect | chimeric | CD25 | 肾脏移植 | 1998 |
| 7 | Eternacept | Enbrel | fusion protein | TNF a | 类风湿关节炎 | 1998 |
| 8 | Palivizumab | Synagis | humanized | RSV | 呼吸道感染 | 1998 |
| 9 | Trastuzumab | Hereceptin | humanized | HER2/neu | 乳腺癌 | 1998 |
| 10 | Infliximab | Remicade | chimeric | TNFα | 类风湿关节炎 | 1999 |
| 11 | Gemtuzumabozogamicin | Mylotarg | humanized | CD33 | 白血病 | 2000 |
| 12 | Alemtuzumab | Campath | humanized | CD52 | 淋巴癌 | 2001 |
| 13 | Ibritumomabtuixetan | Zevalin | mouse | CD20 | 淋巴癌 | 2002 |
| 14 | Adlimumab | Humira | humanized | TNFα | 类风湿关节炎 | 2002 |
| 15 | Alefacept | Amevive | fusion protein | CD2 | 银屑病 | 2003 |
| 16 | Efalizumab | Raptiva | humanized | CD11A | 银屑病 | 2003 |
| 17 | Omalizumab | Xolair | humanized | IgE | 过敏性哮喘 | 2003 |
| 18 | 131I-Tositumomab | Bexxar | mouse | CD20 | 淋巴瘤 | 2003 |
| 19 | Natalizumab | Tysabri | humanized | α4-integrin | 多发性硬化症 | 2004 |
| 20 | Cetuximab | Erbitux | chimeric | EGFR | 结直肠癌 | 2004 |
| 21 | Nimotuzumab | 泰欣生 | humanized | EGFR | 神经胶质瘤 | 2004 |
| 22 | Becacizumab | Avastin | humanized | VEGF | 结直肠癌等 | 2004 |
| 23 | Abatacept | Orentia | fusion protein | CTLA4 | 类风湿关节炎 | 2005 |
| 24 | Panitumumab | Vectibix | fully human | EGFR | 结直肠癌等 | 2006 |
| 25 | Ranibizumab | Lucentis | humanized | VEGF | 黄斑变性 | 2006 |
| 26 | Eculizumab | bSoliris | humanized | C5 | 血红蛋白尿症 | 2007 |
| 27 | Certolizumab pegol | Cimzia | humanized | TNFα | 克罗恩病 | 2008 |
| 28 | Golimumab | Simponi | fully human | TNFα | 类风湿关节炎 | 2009 |
| 29 | Canakinumab | Ilaris | fully human | IL1β | 隐热蛋白相关周期综合征 | 2009 |
| 30 | Ustekinumab | Stelara | fully human | IL-12/23 | 银屑病 | 2009 |
| 31 | Ofatumumab | Arzerra | fully human | CD20 | 慢性淋巴性白血病 | 2009 |
| 32 | Catumaxomab | Removab | rat-mouse hybrid | CD3/EpCAM | 恶性腹水 | 2009 |
| 33 | Tocilizumab | Actemra | humanized | IL-6 | 类风湿关节炎 | 2010 |
| 34 | Denosumab | Prolia | fully human | RANKL | 骨质疏松 | 2010 |
| 35 | Belimumab | Benlysta | fully human | Bly-S | 系统性红斑狼疮 | 2011 |
| 36 | Belatacept | Nulojix | fusion Protein | CTLA4 | 移植排斥 | 2011 |
| 37 | ipilimumab | Yervoy | humanized | CTLA4 | 黑色素 | 2011 |
| 38 | Brentuximab Vedotin | Adcetris | jumanized | CD30 | 霍奇金病 | 2012 |
| 39 | Pertuzumab | Perjeta | fully human | HER2 | 乳腺癌 | 2012 |
| 40 | Ranibizumab | Abthrax | humanized | B.anthrasis PA | 炭疽感染 | 2012 |
| 41 | Ado-Trastuzumab Emtansine | Kadcyla | humanized | HER2 | 乳腺癌 | 2013 |

续表

| 序号 | INN 命名 | 药物名称 | 抗体类型 | 靶点 | 适应证 | 批准日期 |
|---|---|---|---|---|---|---|
| 42 | Obinutuzumab | Gazyva | humanized | CD20 | 淋巴癌 | 2013 |
| 43 | Itolizumab | Alzumab | humanized | CD6 | 银屑病 | 2013 |
| 44 | Vedolizumab | Entyvio | humanized | Intergrin α4β7 | 溃疡性结肠炎/克罗恩病 | 2014 |
| 45 | Ramucirumab | Cyramza | human | VEGFR2 | 胃癌 | 2014 |
| 46 | Siltuximab | Sylvant | chimeric | IL-6 | 卡斯特雷曼氏症 | 2014 |
| 47 | Nivolumab | Opdivo | fully human | PD-1 | 黑色素瘤 | 2014 |
| 48 | Pembrolizumab | Keytruda | humanized | PD-1 | 黑色素瘤 | 2014 |
| 49 | Blinatumomab | Blincyto | chimeric | CD19/CD3 | 急性淋巴细胞白血病 | 2014 |
| 50 | Secukinumab | Cosentyx | fully human | IL-17α | 斑块状银屑病 | 2015 |
| 51 | Dinutuximab | Unituxin | chimeric | GD2 | 儿童神经母细胞瘤 | 2015 |
| 52 | Alirocumab | Praluent | humanized | PCSK9 | 高胆固醇血症 | 2015 |
| 53 | Evolocumab | Repatha | fully human | PCSK9 | 高胆固醇血症 | 2015 |
| 54 | Idarucizumab | Praxbind | humanized | Pradaxa | 达比加群酯解毒剂 | 2015 |
| 55 | Mepolizumab | Nucala | humanized | IL-5 | 哮喘 | 2015 |
| 56 | Daratumumab | Darzalex | fully human | CD38 | 多发性骨髓瘤 | 2015 |
| 58 | Necitumumab | Portrazza | fully human | EGFR | 多发性骨髓瘤 | 2015 |
| 59 | Elotuzumab | Empliciti | humanized | SLAMF7 | 多发性骨髓瘤 | 2015 |

2013 年，我国生物药物市场规模约 2100 亿元，比 2012 年（1820 亿元）增长高达 14%，抗体药物的市场增长率约 50%。近年来，政府非常重视生物技术领域的发展，连续出台了多项配套政策和产业政策，为生物医药技术的产业化发展提供支持和保障。我国抗体药物的研发自 20 世纪 80 年代开始起步，基础相对薄弱，与发达国家相比，在核心技术水平、人才队伍建设、产学研合作、工艺水平和投资规模等方面都存在较大的差距，但随着抗体药物研究连续 4 次被列入国家发展的五年计划，在诸如"重大新药创制计划"、"863"等国家重点攻关科技计划项目和各地方政府重大科技攻关专项的持续支持下，我国抗体药物的开发速度和效率都大有提高。目前，我国已掌握了包括噬菌体抗体文库、人免疫球蛋白转基因小鼠等全人源化抗体技术，为全新的具有自主知识产权的治疗性单克隆抗体类产品研发提供了技术保证；已经建立了涵盖中国仓鼠卵巢细胞（CHO）等多种工程细胞的大规模培养工艺，突破了高表达载体的构建与优化、高通量细胞培养筛选系统、无血清培养基等关键技术，在大规模细胞培养条件下，抗体表达水平有了突破性进展，表达水平从低于 0.5g/L 上升至 2~3g/L，甚至更高；在反应器规模上，从单反应器体积 500L 以下扩大到了 1000~3000L，最高达到 5000L，突破了生产规模的瓶颈，初步实现了从基础研究到抗体药物产业化的跨越，形成了一些抗体药物的中试和产业化基地。但在产品方面，目前国家食品药品监督管理总局批准上市的国产单克隆抗体药物数量仅有 10 种，在国内上市单克隆抗体药物总数比例不到一半，销售额仅占全部生物技术药物的 1.7%，远低于全球 34% 的水平，市场占有率低。10 个国产单克隆抗体药物产品中，4 个是鼠源型、1 个嵌合型和 1 个人源化单克隆抗体，另有 4 个 Fc 融合蛋白类药物，而国外市场上人源和全人源化单抗药约占 90%；而真正实现产业化的抗体药物也只有上海中信国健药业有限公司的益赛普、健尼哌及百泰生物药业有限公司的泰欣生。展望我国单克隆抗体药物的发展，需要进一步围绕关键技术建设人才队伍、以疾病靶标为切入点重点立项、以企业为主体建立创新研发体系、以基础研究和技术进步为核心，推动我国抗体药物的研究和开发，提高我国生物医药研发的实力和水平。

表 3-2　截至 2015 年国家食品药品监督管理总局批准上市的抗体类药物

| 序号 | 药物名称 | 商品名 | 抗体类型 | 靶点 | 适应证 | 批准日期 |
|---|---|---|---|---|---|---|
| 1 | 注射用抗人 T 细胞 CD3 鼠单抗 | | mouse | CD3 | 异体移植 | 2010 |
| 2 | 碘[131I]美妥昔单克隆抗体注射液 | 利卡汀 | mouse | HAb18G | 肝癌 | 2011 |
| 3 | 注射用重组人 II 型肿瘤坏死因子受体-抗体融合蛋白 | 强克 | fusion protein | TNF-α | 强直性脊柱炎 | 2011 |
| 4 | 重组抗 CD25 人源化单克隆抗体注射液 | 健尼哌 | humanized | CD25 | 肾脏移植 | 2011 |
| 5 | 尼妥珠单克隆抗体注射液 | 泰欣生 | humanized | EGFR | 神经胶质瘤 | 2012 |
| 6 | 康柏西普眼用注射液 | 朗沐 | humanized | VEGF | 黄斑变性 | 2013 |
| 7 | 抗人白细胞介素-8 单克隆抗体乳膏 | 恩博克 | mouse | IL-8 | 银屑病 | 2015 |
| 8 | 注射用重组人 II 型肿瘤坏死因子受体-抗体融合蛋白 | 益赛普 | fusion protein | TNF-α | 类风湿关节炎 | 2015 |
| 9 | 注射用重组人 II 型肿瘤坏死因子受体-抗体融合蛋白 | 安佰诺 | fusion protein | TNF-α | 类风湿关节炎 | 2015 |

自 1982 年抗 B 细胞淋巴瘤的独特型单克隆抗体在 B 细胞淋巴瘤治疗中获得成功以来，肿瘤的抗体治疗一直是抗体类药物研究的重要方向。随着人类医学模式与疾病种类流行病学的变化，以肿瘤特异性抗原或肿瘤相关抗原、抗体独特型决定簇、细胞因子及其受体、激素及一些癌基因产物等作为靶分子，利用传统的免疫方法或通过细胞工程、基因工程等技术制备的多克隆抗体、单克隆抗体、基因工程抗体广泛应用在疾病诊断、治疗及科学研究等领域。目前上市与临床在研的 500 余种抗体药物中约有一半用于肿瘤治疗，针对 70 多个靶点；FDA 批准上市的抗肿瘤抗体类药物治疗范围主要涵盖了乳腺癌、直结肠癌、淋巴癌、胃癌、黑色素瘤、多发性骨髓瘤等。靶向免疫检验点的抗体药物是抗肿瘤抗体类药物发展的主要趋势之一，它们通过调控 T 细胞活化过程中的分子信号直接增强 T 细胞功能，杀伤肿瘤细胞或抑制肿瘤细胞的免疫逃逸等来实现抗肿瘤的作用。此外，基于糖基化的修饰技术的提高，目前抗体依赖性细胞毒作用（antibody-dependent cell-mediated cytotoxicity，ADCC）增强效应的抗体药物受到了广泛关注，而随着抗体技术的不断发展，双特异性抗体、组合式抗体和抗体-药物偶联物（antibody drug conjugates，ADC）的机制优越性和临床疗效也不断得以体现。

虽然抗体药物起源于抗血清治疗烈性传染性疾病，但由于细菌、病毒等病原体感染机体的机制复杂，而单克隆抗体药物只能识别单一抗原表位，大大限制了抗体药物的抗感染效果。相对于恶性肿瘤、自身免疫性疾病等领域的抗体药物发展速度而言，抗感染领域的抗体药物发展较为缓慢，目前 FDA 批准上市的仅有 2 种抗感染抗体药物：用于预防呼吸道合胞体病毒感染的人源化抗体帕利珠单克隆抗体（palivizumab，Synagis）和用于治疗吸入性炭疽病的全人源抗体瑞西巴库单克隆抗体（raxibacumab，ABthrax）。但 2014 年西非埃博拉疫情暴发以来，实验性抗体药物 ZMapp 成为第 1 个临床验证有效的治疗性药物，随后，中国研制的抗体药物 MIL77 也成功用于英国及意大利埃博拉病毒确诊患者的临床治疗，抗体药物再次显示了在抗感染领域的应用前景。此外，目前尚有 4 种抗人类免疫缺陷病毒（human immunodeficiency virus，HIV）的抗体药物处于 II/III 临床试验阶段；亦有 4 种抗丙型肝炎病毒（hepatitis C virus，HCV）单克隆抗体正在开展临床 II 期研究。随着蛋白组学、结构生物学及免疫学的研究不断深入，病原体感染宿主细胞及其诱导免疫抑制的分子机制不断被揭示，新的抗感染策略不断提出及新一代抗体技术的快速发展，都为抗体药物在抗感染领域的发展奠定了基础。提高抗体药物的生物学活性以增强其抗感染疗效、多种新型抗体药物联用及重组多克隆抗体药物都是抗感染抗体药物未来研发的潜在趋势。

除了传统的恶性肿瘤、自身免疫性疾病和传染性疾病等，抗体药物的治疗逐步扩展到了代谢性疾病领域。例如，2010 年 FDA 批准上市的狄诺塞麦（Denosumab，Prolia），就是基于介导 RANKL 参与的信号通路而调控破骨细胞功能的理念而开发，以实现维持骨代谢平衡的目的；2015 年，FDA

批准上市了 2 个以 PCSK9 蛋白为靶点、适用于高胆固醇血证的全人源单克隆抗体。

伴随着生物技术的不断进步，抗体药物经历了风雨坎坷的 30 年发展之路，在抗体药物的生产过程中，表达系统逐渐完善，培养条件不断改进，表达水平逐渐提高，生产成本不断降低，而随着人类后基因组学和代谢组学时代的到来，越来越多的新靶点被发现和研究，进一步扩大了抗体所针对的抗原范围，也必将扩大抗体药物的市场。未来的抗体药物产品将向着高纯度、高产量和低成本的方向稳步前进，为临床治疗恶性肿瘤、自身免疫性疾病、烈性传染性疾病和代谢性疾病等带来新的希望。

**案例 3-1**

　　IgE 分子主要由黏膜相关的淋巴组织浆细胞产生，人体内存在两种可与之结合的受体——高亲和力 IgE 受体（FcεR Ⅰ）和低亲和力 IgE 受体（FcεR Ⅱ）。研究发现 IgE 分子与多种变态反应性疾病如变应性哮喘、变应性鼻炎、特发性皮炎等的发生发展有关，近年来，一些基于干扰 IgE 相关通路而阻断多重变态反应过程的药物陆续上市，奥马珠单克隆抗体（omalizumab，Xolair）就是最具代表性的药物之一。奥马珠单克隆抗体是一种重组人源化抗 IgE 单克隆抗体，不仅阻断 IgE 与 FcεR Ⅰ 和 FcεR Ⅱ 的结合，而且可抑制 IgE 介导的 FcεR Ⅰ 阳性细胞的活化，防止炎症介质释放。当治疗浓度达到 IgE 基础水平的 2～100 倍时，可以结合 99% 的 IgE 分子，极大地降低血清游离 IgE 水平，缓解早期和晚期变态性反应的程度。

　　市售奥马珠单克隆抗体为冻干粉剂（150mg/支），给药剂量和频率应根据患者血清总 IgE 水平和体重确定。经皮下注射给药，主要分布于血浆中，给药后 7～8 日血药浓度达最大值，平均生物利用度为 62%，平均消除半衰期为 26 日，主要由肝脏网状内皮系统或内皮细胞消除。

　　FDA 在评估奥马珠单克隆抗体的临床研究数据后确认，其具有诱发过敏反应和致癌作用的潜在的安全风险。

**问题：**

　　1. 抗体药物具有哪些药理学特点？
　　2. 奥马珠单克隆抗体的药理学作用机制是什么？
　　3. 生物技术药物药动学研究应包括哪些内容？
　　4. 抗体药物为何会表现出不良反应和毒性问题？其可能的机制是什么？

# 三、抗体药物的药理学研究

## （一）抗体药物的药理学特点

药理学是探讨药物与机体（包括病原体）的相互作用及其作用规律，并分析作用机制的一门综合性学科，按研究内容一般将其分为药效学和药动学两个方面，按研究对象一般分为基础药理学和临床药理学。

新型抗体药物的研发过程也和小分子化学药物一样，需要在前期生物活性研究的基础上，按照不同药物的应用方向，采用药理学实验方法，从分子、细胞、整体水平分别对新候选药物的实验疗效、量-效关系、作用机制和作用特点等展开研究，进而为药物安全、有效地进行临床试验提供科学依据。

抗体药物的理化特性与传统小分子化学药物迥然不同，如相对分子质量、分子体积和极性都远远大于小分子，并且其主要有效成分是蛋白，在稳定性、生物学活性、有效期、纯度等方面的要求比对传统化学药物更加苛刻。因此，对抗体药物的研究必须建立在正确认识抗体药物的药理学特点之上。

**1. 抗体药物的特异性**　抗体-抗原的亲和特性决定了抗体药物的高度特异性,这也是研究抗体药物的重要出发点。抗体药物针对靶点特异性结合、选择性作用于靶细胞、在体内呈现靶向性分布等作用特点,都契合了靶向治疗药物的研究思路。譬如抗肿瘤抗体药物,不仅可以通过与癌细胞上的相关抗原特异性结合进而发挥对肿瘤靶细胞的选择性杀伤作用,还能实现在机体内的靶向性分布——在靶肿瘤上药物浓度很高而其他部位浓度较低,更有利于放射免疫显像。此外,还可以将抗体和细胞毒药物或免疫毒素、放射性微粒通过偶联剂连接起来,利用抗体的特异性靶向作用,将所结合的细胞毒药物或其他物质直接传递进入肿瘤靶细胞,减少对正常细胞的损伤,并取得更高的疗效。

**2. 抗体药物的多样性**　抗体药物有丰富的多样性:一是靶抗原本身具有多样性,无论是各种病原体或外源性蛋白,还是人体疾病相关基因及其编码的蛋白质都可能成为抗体药物研发的分子靶点;二是抗体结构的多样性,抗体的化学本质是大分子蛋白质,构成蛋白质的氨基酸种类或序列发生变化、蛋白质的多级结构改变等都可以制备出数目众多的抗体;三是,即使是针对同一抗原分子制备的抗体,其生物学活性和作用机制也不会全然一致。

**3. 抗体药物的靶标定向性**　抗体类药物是利用现代生物工程技术、基于模拟机体免疫反应而在体外构建并扩增的、能够对抗各类疾病相关蛋白质的大分子蛋白,与疾病相关蛋白质分子间存在唯一对应关系,也就是说,可以先找到一个疾病相关蛋白分子作为特定靶点,再"量体裁衣"地定向制造抗体药物。例如,用于治疗转移性黑色素瘤的易普利单克隆抗体(Ipilimumab, Yervoy),就是以靶向 T 细胞表面负调控因子 CTLA-4 为靶点开发的,通过阻断 CTLA-4 与其配体 CD80/CD86 的结合,提高 T 细胞识别和杀灭肿瘤细胞的功能。

## （二）抗体药物的药效学研究

药效动力学(pharmacodynamics, PD)即药效学,是研究药物对机体的作用、作用原理及作用规律的一门药理学分支科学,着重从基本规律方面讨论药物作用中具有共性的内容。药效学不仅仅是从定性研究角度分析药物发挥药理效应的特点和作用原理、临床应用范围和禁忌证等内容,还涉及对影响药效的各因素的研究、临床用药方案的选择、联合用药的意见指导等需要定量数据分析来解决的问题。抗体药物的药效学在基础理论研究上面临着不同于小分子化学药物的机制特点,但一些基础实验设计原则和理论要点是具有共性的。

**1. 药效学的研究内容**　药物进入机体后,仅影响机体生物功能的进行速度,并不能改变既有的自然生物反应过程或产生新的生物功能。在新药药效学研究内容包括观察生理功能的改变、检测生化指标的变化及组织形态学的变化等,如用药前后心肌平滑细胞在张力上的差异、血糖值的变化、甲状腺腺体大小和形态的改变等。

**2. 药效学试验设计原则**　抗体药物的药效学研究必须严格遵循生物医学科学实验的三大原则。一是对照原则,这是实验设计的首要原则,目的是消除无关变量对实验结果的影响,除了处理因素外,其他影响效应指标的一切条件在实验组与对照组中应尽量相同,保证高度的可比性,根据研究目的和内容不同,可以设立不同的对照组,如空白对照、正常对照、标准品对照、阴性对照等。二是随机原则,即试验分组要排除主观因素,按照规范的随机化方法(如随机数字表)将每个受试单位以概率均等的原则随机地分配到实验组与对照组,尽可能使试验的非处理因素在各组间保持一致。三是重复原则,即要求无论是定性还是定量实验都必须在相同的实验条件下,做 3 次以上的独立实验,得到实验重现的结果,重复实验有利于使随机变量的统计规律性充分地显露出来,确保研究结果的可靠性。

**3. 药效学动物实验要点**　新药的研制必须经过整体动物模型的药效学研究才能用于后续的临床实验。根据实验动物情况不同,可分为正常动物法和实验治疗法。通过观察药物对动物行为的影响、检测生化指标的变化等反映药物的作用效果。选择实验动物需要考虑品种品系、动物等级、年龄、性别等因素；处理因素设计不仅要考虑实验因素，还要控制实验环境、微生物、营养等实验条件，统计学的处理也应贯穿实验始终；最终需要对实验结果进行科学分析，做出效应评价。①根据实验目的和要求选择适当的动物品种和品系。例如，猪的皮肤组织结构、心血管分支等与人类很相似，常常用来评价烧烫伤药物、心血管药物的作用；狗的呕吐反应敏感，常用于评价催吐或镇吐药物的作用。选择能不同程度地反映与人类相似的疾病过程的自发性疾病动物或建立诱发性疾病动物模型观察药物的治疗情况。②遵循对照、随机和重复原则对实验动物进行分组，确保获得客观、可靠、可重复的实验结果。③选择特异性强、敏感性高、重复性好的客观指标，从定性和定量多角度反映药物对机体的影响。④确保研究资料的完善性和科学性。所取得的试验结果应如实、全面地写入新药研究报告，不得随意删减、隐瞒或更改；根据研究前确定的数理统计学方法和统计差异性原则分析数据、统计差异，不可根据实验结果更改统计分析方法。

**4. 抗体药物的作用机制**　一般将抗体药物的作用机制分为靶点封闭、信号转导抑制、靶向载体、免疫应答、中和作用和免疫调节六大类。例如，用于治疗 HER2 阳性的晚期乳腺癌的帕妥珠单克隆抗体（Pertuzumab，Perjeta），其作用机制就属于信号转导抑制类。抗体药物的药理学研究需要根据临床前药效学研究基础去探索药物作用的具体机制，分析靶向作用机制，为明确药效机制提供实验基础和理论依据。

**5. 抗体药物的耐药性**　可分为获得性耐药和原发性耐药两类。获得性耐药可能是由于基因突变导致靶点不与药物结合、激活了其他的激酶或信号通路、出现其他代偿性机制等；原发性耐药可能与激酶下游基因突变、冗余激酶同步激活或癌基因沉默等因素有关。机体组织微环境变化和药物免疫系统毒性等影响也可能使耐药情况出现，导致治疗失败甚至病情恶化。

## （三）抗体药物的药动学研究

新药的研发过程中，药动学（pharmacokinetics，PK）的研究具有极其重要的意义，如指导药物的筛选和开发，支持其安全性的评估和临床给药方案的设计。与传统化学药物一样，临床前实验中也需要利用药动学研究生物技术药物在动物体内的动态变化规律，阐明药物吸收、分布、代谢和排泄的过程与特点，获得重要的药动学参数，这是新药临床前实验的重要组成部分。而生物技术药物的药动学研究具有不同于化学药物的特点：①生物技术药物的成分复杂多样，每一种药物都可能具有不同于其他产品的特点，要注重从药物实际情况出发，"具体问题具体解决"，科学、灵活地设计相关实验；②注意生物技术药物的"药物结构"本身可能带来的差异性，如实验动物与人体内的多肽、蛋白或核酸的一级结构存在差异，一些人源性的生物制品很可能在动物体内呈现出无作用、作用不同或药动学行为不同的现象，要避免只用一种实验动物进行观察，并慎重对待实验结果；③生物技术药物在体内的转化过程与化学药物不同，其组成成分有可能被机体重新利用（如氨基酸），在药动学研究内容和技术方法上存在不同于化学药物的要求；④生物技术药物多是基于"模拟天然生物成分"的理念设计的，其化学组成与机体内源性物质组成类似，对实验测定的特异性要求更高；⑤与化学药物相比，大多数生物技术药物的给药量很低（微克级），进入体内的药物浓度更低（纳克至皮克级），对检测方法的灵敏度要求非常高。

此外，必须考虑到生物技术药物的生物活性和药动学行为与实验动物种属和（或）组织特异性的关系，选择"相关动物"——能产生所需药理活性和同源性高的动物种属进行实验，在没有相关动物时，可用表达人受体的转基因动物或实验动物中具有相同活性的同源蛋白开展研究。一般选择成年的健康动物，并尽量使所选动物与主要药效学或长期毒性研究所用动物一致，便于实验结果的互相印证；实验动物应选取 2 种或以上不同种属，且应分属啮齿类和非啮齿类。

生物技术药物药动学研究应包括以下内容。①血药浓度-时间曲线。根据研究样品的特性、兼顾吸收相、分布相和消除相设定 9~13 个取样点（一般吸收相、分布相取 2~3 个点，平衡相取 2~

3 个点，消除相取 6 个点），完整采样时间持续 3~5 个生物半衰期（$t_{1/2}$）或延至最大血药浓度（$C_{max}$）的 1/20~1/10，如非连续取样的动物实验，每个时间点应保证有 5 只动物的数据，如经同一动物多次采样，每个时间点应至少有 3 只动物的数据，口服给药一般应在给药前禁食 12h 以上，根据不同给药方式取得的血药浓度-时间数据，可采用房室模型或非房室模型方法估算不同的药动学参数，如 $C_{max}$、血药浓度达峰时间（$t_{max}$）、$t_{1/2}$ 等。②组织分布试验。通过测定心、肝、脾、肺、肾、脑、胃、肠、子宫或睾丸、肌肉等重要组织中的药物浓度来了解药物在体内的主要分布组织，特别是效应靶器官和毒性靶器官的分布及药物通过生物膜屏障的情况，一般选定某个有效剂量给药，分别在吸收相、分布相和消除相各选 1 个时间点取样测定，每个时间点至少应有 5 只动物的数据。③血浆蛋白结合试验。大分子生物药物可通过超滤离心法和分子筛法分析药物与血浆蛋白的结合，为了解血浆蛋白结合率是否具有浓度依赖性，需至少选择 3 个浓度（应包括有效浓度在内）进行试验，且每个浓度至少重复试验 3 次。④排泄试验。选定一个有效剂量给药后，按一定时间间隔分段收集并记录动物尿液、粪便和胆汁的体积或质量，测定药物在其中的排泄量，以确定药物的排泄途径、排泄速率和每个排泄途径的排泄量，要求至少应有 5 只动物的数据，此外，由于生物技术药物的降解产物（如氨基酸、葡萄糖）可能参与体内循环并被再利用，在质量守恒研究时应注意对蓄积和排泄结果的正确评价。⑤代谢转化。生物技术药物一般降解成小分子多肽或氨基酸，不需要进行生物转化研究，但如有活性代谢物的情况也应开展相关研究。⑥多次给药的药动学研究。多次给药的生物技术药物，必要时应进行多次给药的药动学研究，并比较单次和多次给药的药动学差异，确认是否存在依赖于给药频率的药动学变化。⑦申报新药需提供的动物药动学资料。包括有关测试方法学的验证资料、每只实验动物每个时间点的数据（包括各组均值及标准差）、每只动物的药物浓度-时间曲线和药动学参数值、药物浓度-时间曲线拟合计算值与观察值的比较、药物在动物体内的吸收、分布、消除和排泄等药动学特点、药物有无蛋白结合及结合率大小、有无组织器官蓄积现象及蓄积程度如何等。

抗体药物属于生物技术药物，上述生物技术药物的药动学特点和研究内容也适用于抗体药物的药动学研究，而抗体药物还具有独特的体内吸收、分布和消除等过程，如抗体与靶标的特异性结合会极大地影响药物的消除等过程、抗体药物的生物半衰期长、存在明显的药动学-药效学（PK/PD）关系和治疗目标浓度、不同的抗体具有各自不同的药动学特点等。抗体药物的药动学研究是对生物技术药物开发的重要挑战，其生物分析方法、生物等效性和暴露量-效应评价及药物传递过程有关的研究均有不同于传统小分子药物的特点。

**1. 抗体药物的药动学研究方法**  抗体药物的化学本质是蛋白质，其药动学研究方法与蛋白（尤其是 DNA 重组蛋白）类药物的研究相似，也与抗体药物的种类（治疗性抗体或预防性抗体、裸抗体或抗体偶联药物）、毒性和疗效的特殊要求有关。一般对重组蛋白类药物的规范要求也适用于抗体药物，如分析生物基质中单抗浓度的方法要满足特异性、标准曲线和线性范围、精密度、准确度、灵敏度、最低定量限、稀释度，以及样品保存条件、稳定性和设置质控样品的要求。生物样品中抗体药物的测定方法包括生物鉴定法、抗体依赖性细胞的细胞毒（ADCC）作用和（或）补体依赖性细胞毒作用（CDC）测定法及免疫学方法（如 ELA 法、ELISA 法、抗原表达细胞免疫放射性标记抗体竞争法）等。

**2. 单克隆抗体药物的药动学特征**  单克隆抗体药物和传统小分子药物在药动学特征上具有非常大的差异，两者在药动学机制上也几乎完全不一样。

（1）药物的吸收：与其他蛋白类药物类似，单抗药物口服给药的生物利用度非常低，蛋白质药物不仅容易在酸性胃液中变性、被消化道中大量的水解酶降解，也因体积大、极性高而难以通过扩散作用被胃肠道上皮细胞吸收，因此大部分单抗药物都采用静脉注射、经皮或肌内注射给药。注射部位不同可能影响抗体药物的生物利用度，而抗体进入循环系统之前的损失可能主要是由注射部位的局部酶降解所造成，且这种酶降解能力可能出现饱和情况。

（2）药物的分布：抗体药物分子体积大、极性高，不能像小分子一样依靠扩散及转运体介导的摄取和外排作用迅速分布到各组织器官，而是主要采取血液-组织液对流（convection）和内吞（endocytosis）的作用方式，分布速率较慢。在血液-组织液对流的过程中，抗体先通过血管内皮细胞间隙被滤出摄取至组织液中，再通过组织液的回流，从毛细血管静脉端和淋巴系统回流至血液中，由于抗体在组织中的回流效率远高于摄取效率，因此抗体在组织中的浓度往往比血液中的浓度低得多。抗体也可以通过胞饮或经受体介导的内吞的方式进入血管上皮细胞，再被释放进入组织液中。单抗药物的总体组织分布情况也可以采用稳态表观分布容积（$V_{d_{ss}}$）描述，由于抗体分子在体内的组织分布有限，通常 $V_{d_{ss}}$ 值都很小，并且抗体在循环系统内外的迁移效率很低，对抗体组织分布的评价可以采取直接测定特定部位组织-血液浓度比值的方法进行。此外，考虑到药动学研究得到的 $V_{d_{ss}}$ 本身可能具有的局限性，需要结合消除机制和直接测定手段对抗体的组织分布特性进行判断。

（3）药物的消除：大分子量的抗体药物无法以原型形式由肾脏排泄，也不能通过肝脏药物代谢酶进行代谢，主要是以细胞内酶降解的方法被消除，消除机制主要包括抗原介导的消除、吞饮作用、FcRn 介导的抗体保护、Fc-γ 受体介导的消除和抗药物抗体的中和作用。其中，抗原介导的消除是一种特异性消除途径，也是单克隆抗体药物最重要的消除途径，可进一步分为细胞表面抗原介导的内吞消除和可溶性抗原介导的免疫复合物消除；吞饮作用则是通过细胞膜内陷将药物吞饮入细胞内，再降解成多肽片段或氨基酸，属于非特异性的消除途径，也有部分被吞饮入细胞内的抗体通过与 FcRn 结合而免于被降解，而重新被回吐至细胞表面，这种情况下，抗体药物的药动学特征将大为改变，如清除率降低、半衰期增加等；巨噬细胞、自然杀伤细胞、B 细胞和 T 细胞等细胞上表达的 Fc-γ 受体可以与抗体药物的 Fc 段结合，介导药物被内吞而降解，这也是一种非特异性消除途径；由于抗体药物可能具有的免疫原性，药物进入体内引起免疫反应，进而产生针对药物的抗体（anti-drug antibody，ADA）与药物特异性结合，再由免疫系统将其清除，ADA 反应会明显提高抗体药物的清除率。

**3. 抗体偶联药物的药动学特征**　抗体偶联药物结合了单克隆抗体的高度靶向性和小分子毒素的强细胞毒性，其药动学特征及其机制的研究一直颇具挑战。从相对分子质量和空间体积来看，抗体偶联药物的主体结构是抗体，上述单克隆抗体的主要药动学特征及其作用机制对药物的抗体部分同样适用，并且会对抗体偶联药物的药动学行为产生直接影响，即抗体偶联药物会表现出许多与单克隆抗体药物类似的药动学特征，如表观分布容积较低、口服生物利用度较差、半衰期较长、清除率较低等。但由于抗体偶联药物是多种分子组成的混合物，这些分子需要被同时测定在体内的行为，并且当此类药物的抗体成分和效应分子成分在体内分解后，每个部分在体内的存在和分布都需要得到充分的研究，因此抗体偶联药物也会表现出一些不同于裸抗体药物的药动学特征。①与效应分子的结合可能会影响到抗体偶联药物的体内分布，可能出现在某组织中效应分子的浓度和抗体浓度不一致的情况；②抗体偶联药物的代谢既包括大分子的酶降解，又涉及小分子的化学修饰。抗体部分的酶降解产物多为无活性的多肽片段或氨基酸，但效应分子的代谢物可能仍具有很高的活性，需要得到足够的重视；③完整的抗体偶联药物或裸抗体分子不可能以原型通过肾脏排泄，但其代谢产物（小分子）则有可能被肾小球滤过排泄，也可能通过转运体介导而被排泄至粪便中。

**4. 抗体药物的人体药动学预测**　临床前药动学研究的目的是进行人体药动学的预测，为临床剂量和给药方式的设计、临床安全性的评估提供实验支持和科学依据，但人体药动学预测的研究起步较晚，相关报道不多。对于单克隆抗体药物的人体药动学预测，主要有异率放大推算法和生理药动学模型法，抗体偶联药物的抗体部分也可以用这两种方法预测，但抗体偶联药物在体内生成活性小分子的机制、途径和速率及生成物的种类在不同物种间可能存在较大差异，因此很难在不同物种间进行有意义的比较和预测。

## （四）抗体药物的毒理学研究和安全性评价

毒理学是研究外源因素（理化因素、生物因素）对生物体的毒性作用及其作用机制的学科，但一般化学药物的毒理学研究程序不能适用于抗体药物，对抗体药物等生物技术药物来说，要特别重视其免疫原性可能对毒理学反应过程的影响，并且抗体药物的生产技术多样、分子结构复杂、生物学作用选择性强、生物半衰期长，比一般生物技术药物的毒理学研究更加复杂。正确、全面地认识抗体药物不良反应和毒性问题，是抗体药物临床前安全性评价的重要组成部分。

**1. 抗体药物的毒性发生机制**　一般来说，由于抗体药物是在模拟天然生物分子的基础上制造的，应该具有良好的安全性和较好的耐受性，但实际应用中发现，很多抗体药物都会产生一些非靶器官毒性（如过敏样反应），其发生往往与下列因素有关。

（1）靶抗原相关的特异性毒性：包括与抗体药物药理作用相关的毒性和与非靶器官正常组织中表达的靶抗原相关的毒性。和传统化学药物一样，抗体药物的某些毒性反应可以看作是其药理作用的延伸，如抗血管生成单克隆抗体表现出的与作用机制相关的毒性——抗血管内皮生长因子（VEGF）的贝伐单克隆抗体（Bevacizumab, Avastin）通过抑制血管增生而影响肿瘤生长，但阻断了 VEGF 的作用可能引起胃肠道穿孔、出现创伤愈合并发症、提高出血发生率等现象；又如抗体的免疫抑制，既能用于多种疾病的治疗，又有可能同时出现严重的感染现象。对某一种抗体药物而言，其靶抗原可能并不仅仅存在于靶器官上，而一些非靶器官上表达的靶抗原可能引发毒性反应，如西妥昔单克隆抗体（Cetuximab, Erbitux）通过竞争性抑制表皮生长因子受体（EGFR）结合的酪氨酸激酶（TK）而阻断细胞内信号转导途径，从而抑制癌细胞增殖、诱导癌细胞凋亡，但由于角质细胞中也有 EGFR 的表达，其功能抑制可能引起皮肤损伤的不良反应。

（2）非特异性毒性：包括过敏性反应和制剂相关物质的毒性。其中过敏性反应是抗体药物治疗中常见的毒副作用，一般认为与抗体的免疫原性有关，抗体蛋白成分的异源性是引起免疫原性的主要因素，其他如抗体结构、患者的免疫状态、药物合用、剂型剂量等都会对免疫原性产生影响，用于治疗克罗恩病的英夫利昔单克隆抗体（infliximab, Remicade）可能引发超敏性反应，甚至出现过敏性休克。抗体药物制剂中的辅料成分、杂质成分、溶液 pH、离子强度等都可能引起局部和全身的毒性反应，这就要求抗体药物的研发过程要注重对工艺和产品质量的不断完善，高度关注抗体制剂的安全性。

**2. 抗体药物安全性评价的一般原则**　抗体药物的安全性评价应结合其他开发过程全面考虑，即必须结合前期的药物制备研发，充分考虑临床试验和申报的要求来综合安排安全性评价工作。在安全性评价工作开始前就应该明确抗体药物的测定评价方法，并选择适用的相关动物，或利用转基因动物和代用抗体来观察药物的毒性反应，此外，必须考虑生产工艺改变带来的活性分子生物学特性变化可能对药物安全性的影响。

**3. 抗体药物安全性评价的主要项目**　抗体药物的安全性评价内容应结合抗体特性和临床用途综合考虑，对于某一特定的抗体，要具体问题具体分析，从实际出发确定需要的评价项目。抗体药物安全性评价的一般项目：①组织交叉反应试验，包括人组织交叉反应试验和动物组织交叉反应试验；②单次给药毒性试验，用于了解药物的急性毒性和毒性特点；③重复给药毒性试验；④局部毒性试验；⑤生殖和发育毒性试验；⑥致癌性试验；⑦免疫原性试验，包括对产生免疫原性原因的分析、提高抗体药物特异性并降低免疫原性的方法及对免疫毒性的研究。

## 四、抗体药物的临床与治疗研究

临床药理学（clinical pharmacology）是以人体特别是病态人体为研究对象，以药理学和临床医学为基础，研究药物在人体内作用规律和人体内药物相互作用过程的一门交叉学科。其目的是促进医与药的结合、促进基础研究与临床应用的结合，评价药物的安全有效性并指导临床合理用药，提高临床治疗水平，并推动医学与药理学的进一步发展。

临床药物治疗学（clinical pharmacotherapeutics）是治疗学研究的重要组成部分，是在明确疾病病因和发病机制、药物作用和作用机制的基础上，立足于患者特定的病理、生理、心理状况和遗传特征，阐明如何选择合适的药物和剂量、确定用药时间和疗程、制订并实施个体化的药物治疗方案，以发挥药物最佳治疗效果、避免不良的药品反应和药物相互作用为目的的综合性学科。

临床药理学与临床药物治疗学是相辅相成的姊妹学科，前者为后者提供了理论基础，后者又反过来推动了前者的发展。它们都是新药研发的重要阶段，是新药临床试验的组成部分，其主要任务是在研究新药的临床疗效的同时观察药物可能发生的不良反应、中毒反应、过敏反应和继发性反应等，通过详细记录受试者在用药过程中的主客观症状、进行生化指标检查等手段分析药物发挥疗效及产生不良反应的剂量及其原因，以科学的实验依据明确药物作用机制并评价新药的疗效和毒性。

抗体药物的临床试验和治疗已经有近30年的历史，由于其作用机制和转运特点不同于传统小分子化学药物，在方法学和评价学方面都给研究者提出了不小的挑战。其中，抗体药物免疫原性的研究和评价是阐明抗体药物临床安全性和有效性的关键因素，评价非预期的免疫原性也是抗体药物临床试验和药物评价的重要内容。对免疫原性的研究应包括对实验方法学的验证、选择合理的免疫学和（或）生物学方法检测抗体滴度变化并分析抗体亚型和特性、测定抗体的中和活性及免疫复合物的形成与沉积、分析抗体药物的药物治疗学、药效学、药动学和毒性反应等相关科学问题并展开临床药理学和治疗学研究。

抗体药物的临床药理学研究内容主要包括对药物作用机制的研究和药物人体代谢动力学研究。抗体药物的临床治疗学则需要关注疾病的定义和诊断、细胞遗传学和形态学特征、临床特征和分期、血清学生化检查指标、药物治疗疗效的评价指标选择与评价、治疗的毒性反应和不良作用、预后作用等问题。

（陈　珺）

# 第二节　单克隆抗体药物

**案例 3-2**

　　1975 年，*Nature* 杂志登载 G. Köhler 和 C. Milstein 的研究论文 *Continuous Cultures of Fused Cells Secreting Antibody of Predefined Specificity*，报道了制备单克隆抗体的杂交瘤技术——将能产生单一抗体的特定 B 淋巴细胞与骨髓瘤细胞融合，得到既能在体外培养中长期存活，又可以产生大量单特异性抗体的杂交瘤细胞，通过大量培养杂交瘤细胞，可以实现规模化生产高特异性且结构和性质均一稳定的单克隆抗体。凭借此发现，G. Köhler 和 C. Milstein 获得了 1984 年的诺贝尔生理学或医学奖，1986 年，应用杂交瘤技术制备的世界上第一例治疗性单克隆抗体药物——莫罗莫那-CD3（Muromonab-CD3，OKT3）上市，作为抗排斥药物应用于器官移植。

**问题：**

　　1. 什么是单克隆抗体？与多克隆抗体相比有何特点和优势？

　　2. 杂交瘤技术制备单克隆抗体的原理和一般过程是什么？

　　3. OKT3 的作用机制是什么？

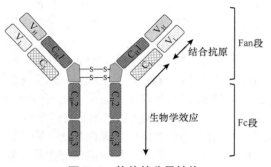

图 3-2　抗体的分子结构

抗体是在机体免疫系统抵御外源性物质入侵的过程中产生的一种免疫物质，主要由 B 淋巴细胞转化的浆细胞合成并分泌。由于机体内并不只存在一种 B 淋巴细胞，因此当机体受到外源性抗原刺激时，这些并不完全一样的 B 细胞被激活形成不同的效应 B 细胞即浆细胞，大量的浆细胞再克隆合成和分泌大量不同种类的抗体分子并输出到血液、体液中，这些由不同抗体分子组成的混合物即是多克隆抗体，最早由 Behring 等发现并用于白喉治疗的抗血清就属于这一类。抗体分子虽然类型和功能各异，却都具备共同的基本结构（图 3-2）。20 世纪 50 年代末期，Porter 和 Edelman 等发现了抗体的抗原结合片段（Fab）和恒定区域片段（Fc），并在电镜结果的基础上建立了经典的抗体分子的 Y 结构模式——每个分子单体都是具有 4 条肽链的 Y 形对称结构，包含两条相同的重链（相对分子质量较大）和两条相同的轻链（相对分子质量较小），链间由二硫键和（或）其他分子间力作用连接；根据对氨基酸序列保守性的比较分析，可将重链和轻链分为可变区（variable region，V）和恒定区（constant region，C），按功能区分，又可将抗体蛋白分为 2 个 Fab 段（一个轻链和部分重链组成）和 1 个 Fc 段（其余重链部分）；Fab 段可变区的 3 个超变序列区是抗原识别的互补决定区（complementarity determining region，CDR），Fc 段则主要介导抗体的生物学效应功能，包括激活补体产生细胞裂解、免疫黏附及调理、促进炎症反应等补体依赖的细胞毒作用（complement-dependent cytotoxicity，CDC）和通过与细胞表面 Fc 受体相互作用，介导的抗体依赖性细胞毒作用（antibody-dependent cell-mediated cytotoxicity，ADCC）。

想要获得单一种类的抗体分子，一是通过某些方法从抗体混合物中逐一分离单一种类抗体分子，二是选出制造某一种专一抗体的细胞进行培养，经分裂增殖而形成单克隆细胞系，进而合成得到同种抗体。但是，从多克隆抗体中逐一分离单克隆抗体非常困难，而 B 淋巴细胞转化而来的浆细胞是一种终末分化的细胞，在体内的存活时间很短，体外培养短时间内就会死亡，无法持续获得单克隆抗体。1975 年，在自然杂交技术的基础上，Köhler 和 Milstein 成功建立了杂交瘤技术，这是抗体发展史上一次里程碑，它使人类获取单克隆抗体的梦想成为现实：将体外培养并大量增殖的小鼠骨髓瘤细胞与经抗原免疫后的纯系小鼠脾细胞融合得到单克隆的杂交瘤细胞系——既能像瘤细胞一样易于在体外无限增殖，又具有浆细胞能够合成和分泌特异性抗体的特点。再利用体外培养或小鼠（组织相容性的同系小鼠或不能排斥杂交瘤的小鼠，如裸鼠）腹腔接种的方法使杂交瘤细胞无限繁殖，便能得到大量高浓度的均一单克隆抗体，抗体结构、氨基酸顺序、特异性等都是一致的，而且只要培养过程中没有变异，不同时间所分泌的抗体都能保持同样的结构与性能。杂交瘤技术为人们获取所期望抗原的单特异性抗体提供了一条相当便捷的途径，杂交瘤技术的出现为单克隆抗体发展成药物提供了巨大的推动作用。

# 一、单克隆抗体药物的制备

## （一）单克隆抗体的作用机制

与多克隆抗体现比，单克隆抗体具有高特异性、均一性及易于大量生产等优点，它不仅为基础医学研究提供极有价值的载体，而且在临床诊断、治疗和预防恶性肿瘤、自身免疫性疾病等方面得到了广泛的应用，特别是在肿瘤的治疗上，单克隆抗体充分发挥了靶向性强的优势，能够高效追踪并定位在肿瘤细胞周围，抑制肿瘤细胞生长、促进肿瘤萎缩凋亡，取得良好的疗效。单克隆抗体药物主要具有以下特点。

（1）一种 B 淋巴细胞系只能产生一种抗体，因此由单克隆细胞所分泌的抗体分子在氨基酸序列和空间构型上都具有高度的均一性，且具有一致的生物学功能。

（2）体外培养的单克隆细胞属于无性细胞系，理论上可以"永久"存活、传代并保存，并且能够持续稳定地分泌生产同一性质的抗体，只要不发生细胞株的基因突变，就可以不断获取高度均一的抗体。

（3）单克隆抗体是对抗原分子上的单一抗原位点进行识别，具有高度单一的特异性。

（4）单克隆抗体的制备不一定需要纯的抗原，可以将由不纯的抗原分子免疫并获得的杂交瘤细胞经过特异的抗原决定簇试验和筛选，制备针对某一抗原分子上特异抗原决定簇的单克隆抗体。

按照单克隆抗体药物的功能特点，可以将其作用机制分为靶向效应、阻断效应和调节信号传导效应三类。

（1）靶向效应：在对肿瘤细胞的研究中人们发现，某些情况下，肿瘤细胞可能通过表达的调节蛋白抑制 T 细胞的活化和功能，进而避免被免疫系统识别和攻击。单克隆抗体靶向肿瘤细胞的首要目的是产生抗体-特异性反应物，然后调节影响 T 细胞活化过程的信号分子的作用、增强 T 细胞功能，最终由免疫系统杀伤肿瘤细胞或取消肿瘤细胞的免疫逃逸等而发挥抗肿瘤作用。例如，2014 年 FDA 批准并获得突破性治疗药物资格的单克隆抗体药物——用于治疗晚期黑色素瘤的 pembrolizumab（Keytruda），通过靶向程序性死亡受体-1（PD-1），避免 T 细胞表面的 PD-1 与配体（PD-L1/PD-L2）结合后向 T 细胞传递抑制信号而造成的肿瘤抗原特异性 T 细胞的诱导凋亡和免疫逃逸。

（2）阻断效应：主要用于自身免疫和免疫抑制的单克隆抗体通常都是通过阻断免疫系统的一种重要的功能蛋白或受体-配体相互作用而实现的。在单克隆抗体的抗病毒感染作用中也可能存在类似的活性阻断机制，通过阻断和抵消病原体的进入和扩散表现出机体的防御功能，并且在短期给予单克隆抗体后可取得长期疗效。例如，高居全球药物销售额榜首的阿达木单克隆抗体（adalimumab，Humira），能够特异性地结合可溶性肿瘤坏死因子（TNF）并阻碍其与细胞表面 TNF 受体的相互作用，进而发挥对 TNF 水平长期升高诱发的某些疾病（如类风湿关节炎、银屑病等）的治疗作用。

（3）信号传导效应：很多抗肿瘤单克隆抗体药物都是通过恢复效应因子、直接启动正常的细胞信号机制而实现细胞毒效应的。例如，临床用于乳腺癌治疗的曲妥珠单克隆抗体（transtuzumab，Herceptin），就是通过竞争性结合在人表皮生长因子受体-2（HER2）调控其介导的下游信号传递，进而控制肿瘤细胞的生长。

根据单克隆抗体分子的结构特点，可以分为 Fab 片段相关作用机制和 Fc 片段相关作用机制。

1）Fab 片段相关作用机制：Fab 是识别并结合抗原的区域，它决定着抗体对抗原的亲和力和特异性，与不同生理功能的抗原结合也使得抗体可能发挥不同的功能作用，包括对游离蛋白分子的识别和中和作用，以及以细胞表面受体为抗原靶点的拮抗或激活作用。单克隆抗体可以将游离于循环系统中的外源性病毒、细菌，或其他细胞因子、生物毒素等作为抗原靶点，与其结合后"中和"这些蛋白分子，避免它们与受体结合并传导信号进入细胞而调控细胞功能。例如，用于治疗吸入性炭疽病的人源单克隆抗体（raxibacumab，ABthrax），就是通过中和炭疽芽孢杆菌产生的毒素而发挥疗效：抗体通过识别并结合炭疽毒素的保护性抗原，可以阻止毒素的致死因子和水肿因子进入宿主细胞内部，使炭疽毒素失去毒性作用。此外，与抗体结合的靶抗原也可能是位于特定细胞表面的受体蛋白，且多为肿瘤相关抗原（如肿瘤细胞过量表达的生长因子受体），过量表达或持续激活状态会导致细胞过度生长或对化疗药物产生抗性。抗体与靶蛋白结合后，可能不干扰其功能（即只是标记靶细胞），也可能拮抗或激活受体蛋白介导的细胞功能。如针对非糖基化的磷酸化跨膜蛋白 CD20 开发的利妥昔单克隆抗体（rituximab，Rituxan），通过识别并结合转化 B 细胞（如非霍奇金淋巴瘤）上表达的 CD20 胞外区的抗原决定簇，形成一个信号平台并激活 Src 酪氨酸激酶家族，引起钙离子流和含半胱氨酸的天冬氨酸蛋白水解酶的激活，或生成死亡诱导复合体、影响下游 MAPK、NF-κB 等信号通路，最终导致 B 细胞淋巴瘤的细胞凋亡。

2）Fc 片段相关作用机制：Fc 区段决定抗体的生物学效应功能，分为 CDC 和 ADCC 两种作用形式。CDC 作用由循环系统中激活的一系列补体组分与抗体 Fc 相互作用触发，产生诸如破坏病原体细胞膜结构或修饰病原表面供巨噬细胞吞噬等细胞毒效应，虽然 CDC 作用并不认为是单克隆抗体治疗肿瘤疾病的主要机制，但其产生的许多因子可能发挥强化 ADCC 效应的作用。利妥昔单克隆抗体（rituximab，Rituxan）除了与 Fab 片段有关的抗癌作用机制，其 Fc 片段介导的 CDC 作用也是重要的机制之一。从非霍金奇淋巴瘤患者体内分离的 CD20 高表达的阳性 B 淋巴细胞在 CDC 作用下使 C1q 结合位点激活，触发一系列的级联反应，最终导致细胞因细胞膜穿孔、细胞内容物外泄而死亡。ADCC 作用则是抗体通过与肿瘤细胞表面抗原或免疫效应细胞表面的 Fc 受体（FcγR）结合而激活免疫效应细胞功能，进而杀死肿瘤靶细胞的过程，通常认为 FcγRⅢa（激活型受体）是引起 ADCC 的关键受体，自然杀伤细胞（natural killer cell，NK）是其中最重要的功能细胞种群，被激活的 NK 细胞可以通过分泌穿孔素和颗粒酶等细胞毒颗粒直接杀死肿瘤靶细胞，也能够通过分泌干扰素等细胞因子或化学因子而调控其他免疫细胞的功能。影响单克隆抗体介导的 ADCC 作用强弱的因素很多，包括抗体与 Fc 受体的亲和力大小、抗体与抗原的亲和力大小、肿瘤靶细胞抗原的密度、肿瘤靶细胞的特性及免疫效应细胞本身的特性（如 Fc 受体的多态性、对免疫调节因子的反应性等）等。一般情况下，肿瘤靶细胞与免疫效应细胞通过抗体的桥联作用结合得越紧密 ADCC 作用就越强，所以抗体对抗原或 Fc 受体亲和力更高则其触发的 ADCC 反应就更强，而表达抗原量高的肿瘤细胞对抗体作用更加敏感，也就更容易被 ADCC 作用杀死。在单克隆抗体抗肿瘤药物的研发中，通过改造抗体、提高其对抗原或 Fc 受体的亲和力来增强抗体介导的 ADCC 作用，是一种直接、快速而有效的研发方向和途径。例如，Kubota 等应用酵母呈现系统筛选 Fc 突变体发现的一个具有 5 处突变的突变体，对 FcγRⅢa 的亲和力提高了 10 倍，同时也显现出更强的 ADCC 活性。

除上述机制以外，单克隆抗体还可以引起获得性免疫反应。例如，激活肿瘤抗原特异性细胞毒 T 细胞，辅助性 T 细胞等细胞免疫，产生针对肿瘤抗原的保护性抗体等体液免疫而激活机体免疫系统功能。一些接受单克隆抗体治疗的患者甚至显示出长期的针对肿瘤抗原的免疫性，治疗抗体表现出类似疫苗的功能。单克隆抗体获得性免疫反应的过程与其他获得性免疫反应类似，首先由抗体识别并结合肿瘤细胞表面抗原，直接诱导肿瘤细胞凋亡或激活 NK 细胞等免疫效应细胞攻击肿瘤细胞致其死亡，死亡后的肿瘤细胞和（或）细胞碎片被抗原呈递细胞（如巨噬细胞）吞噬并加工后，再传递到细胞毒 T 细胞和辅助性 T 细胞，进而激活 B 细胞产生保护性抗体（图 3-3）。

## （二）传统单克隆抗体药物

**1. 杂交瘤细胞的制备**　杂交瘤细胞即为将具有抗体分泌能力的 B 淋巴细胞与瘤细胞融合形成的杂交细胞。随着生物技术理论和手段的不断发展，用于融合的体细胞已不再局限于 B 细胞，也建立了 T 细胞杂交瘤、NK 细胞杂交瘤和巨噬细胞杂交瘤等杂交瘤细胞株。此处以 B 细胞杂交瘤为例简要说明。

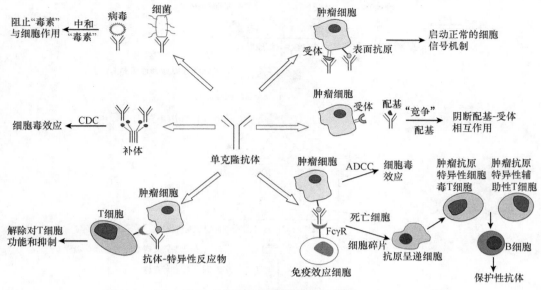

图 3-3 单克隆抗体的作用机制

（1）杂交瘤细胞制备单克隆抗体的原理和基本流程（图 3-4）：采用杂交瘤技术可以制备多种小鼠、大鼠、兔和人等单克隆抗体，其基本原理和操作流程非常相似，下面以 B 细胞杂交瘤技术制备小鼠单克隆抗体为例进行说明。选择抗原免疫正常小鼠后，小鼠的脾脏等淋巴组织中会大量合成并分化出抗不同抗原决定簇抗体的成熟 B 细胞即浆细胞，采用单细胞培养方法从一个免疫 B 淋巴细胞繁殖得到一簇细胞（即单克隆细胞），只要不发生突变，这一簇单克隆 B 细胞产生抗体的基因是完全一样的，因而所合成与分泌的抗体在分子结构、氨基酸组成和排列顺序、特异性和亲和力等方面应该完全一致，即产生的是单克隆抗体。然而，B 淋巴细胞在体外培养中分裂繁殖很慢，且存活时间很短，如果能设法改善 B 细胞的繁殖状况，就有可能依靠体外细胞培养的方法持续获得单克隆抗体，因此，将能在体外培养中长期存活并迅速传代、大量繁殖的小鼠骨髓瘤（恶性浆细胞瘤）与 B 细胞杂交形成杂交瘤细胞，它综合了两种细胞的特点，既能像瘤细胞一样迅速、大量繁殖，又具有 B 细胞合成和分泌抗体的功能。杂交瘤细胞经过连续两次以上的单细胞培养获得稳定的单克隆杂交瘤细胞株，通过体外培养或动物接种的方法就可以实现单克隆抗体的大量生产。

（2）抗原制备单克隆抗体的第一步是选择用于免疫动物的特异性抗原，抗原不要求绝对纯化，只要免疫动物对其中特异性成分的免疫应答明显强于其他杂质，并且在抗体检测中可以明确区分特异性成分的抗体和不纯杂质的抗体，即使抗原中非特异成分含量很高也不会影响特异性单克隆抗体的获得。但是，如果使用的抗原纯度很高，就能大大提高目的单克隆抗体的获得概率，也可以减轻后续抗体筛选的工作量。当抗原中杂质成分的免疫应答较强或其抗体与特异性抗体较难区分时，应对抗原进行纯化，尽量去除非特异性成分，或者特异性诱导动物对抗原中非特异性成分的免疫耐受，避免产生非特异性抗体，还可以用抗非特异性成分的抗体封闭其免疫原性，使特异性抗原成分的免疫原性充分发挥作用。

用于免疫的抗原一般习惯分为可溶性抗原和颗粒性抗原。

常用的免疫方法包括体内免疫法、脾内免疫法和体外免疫法。体内免疫法通常指皮下、肌肉及腹腔免疫，广泛适用于各种可溶性和颗粒性抗原，免疫注射剂量根据不同抗原的种类及性质各有不同；脾内免疫法需要借助外科手术将抗原直接注入经麻醉后的动物脾脏，对抗原的要求较高且操作烦琐，适用于来源有限且昂贵的抗原；体外免疫法是将脾脏或外周血中分离的 B 细胞在体

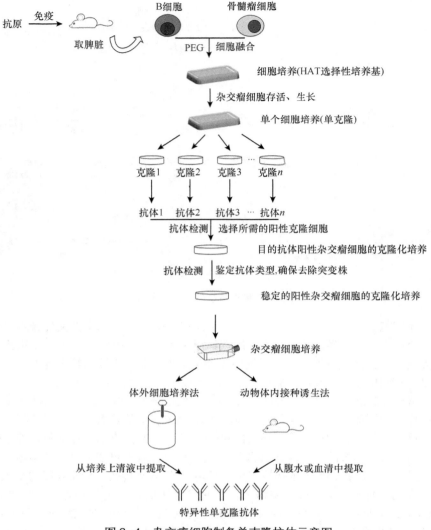

图 3-4 杂交瘤细胞制备单克隆抗体示意图

外与抗原共培养（需要添加 PHA 等因子）来达到免疫目的，一般用于制备人单克隆抗体的免疫，此法免疫效力不高且易受外界因素影响，目前仅用于基础研究，并未在工业生产中使用。

进行动物免疫时，要根据抗原免疫特性的不同拟定具体免疫方案。一般而言，颗粒性抗原如活细胞（正常细胞或肿瘤细胞）、灭活的细菌、病毒、寄生虫及酵母等的抗原免疫性强，而且在完整细胞上保持得最好，免疫时通常无须加入佐剂，以细胞性抗原为例，免疫时可以直接腹腔内注射抗原量为 $(1\sim2)\times10^7$ 个细胞，$2\sim3$ 周后按第一次免疫的抗原量进行重复免疫，再 3 周后以相同抗原量进行加强免疫，3 日后即取脾融合。可溶性抗原如各种激素、神经递质、肿瘤相关抗原、各种生物酶、免疫球蛋白等蛋白质的免疫原性较弱，往往需要添加佐剂后再用于免疫，而一些不具有免疫原性的半抗原（如核酸、短肽、类固醇类激素及地高辛等小分子药物）应先与白蛋白或甲状腺球蛋白等结合制备成人工免疫原后再添加佐剂用于免疫；常用佐剂包括弗氏完全佐剂、弗氏不完全佐剂及明矾、短小杆菌等；以应用弗氏完全佐剂为例，免疫时先将可溶性抗原溶于生理盐水溶液，与等体积弗氏完全佐剂充分乳化混匀后按 $0.1\sim1.0ml$（抗原含量 $1\sim100\mu g$）总量进行腹腔内注射或皮下多点注射（一般每个注射点 0.2ml），约 3 周后，用相同免疫剂量的抗原加弗氏不完全佐剂进行第二次免疫，此后可以 3 周左右的间隔多次重复免疫，最后一次相同剂量加强免疫时不加佐剂，1 周后眼底静脉丛或尾静脉取血测定特异性抗体滴度，选择抗体滴度较高的免疫动物再次进行加强免疫（抗原剂量可适当增大），3 日后取脾融合。

近年来也提出了一些可溶性抗原免疫的新方案，包括将可溶性抗原颗粒化或固相化以增强免疫原性并降低抗原使用量、改变抗原注入途径（如基础免疫直接采用脾内注射）、以细胞因子为佐剂增强细胞对抗原的反应性等。

完成免疫后，无菌条件下分取动物脾脏，研磨法制取 B 淋巴细胞悬液，经氯化铵破碎红细胞后，洗涤并调整细胞浓度[（1～5）×10$^7$/ml]备用。

（3）骨髓瘤细胞的选择：在 B 淋巴细胞杂交瘤技术中主要使用多发性骨髓瘤细胞作为亲本细胞，这是由抗体合成细胞克隆衰变而成的肿瘤细胞，目前常用的骨髓瘤细胞株有十几种，分别来自小鼠、大鼠、兔和人类，如何从中选择适当的细胞株是决定单克隆抗体制备成败的关键因素之一。首先应选择与免疫动物同一种系的骨髓瘤细胞，这样可以有较高的杂交融合率，也便于将杂交瘤细胞接种到动物腹腔而大量获得单克隆抗体；根据免疫细胞对抗原免疫应答的强弱及单克隆抗体的应用对象来选择采用某种实验动物（小鼠、大鼠、兔）或人来源的骨髓瘤细胞，如免疫应答强度相近且单克隆抗体用于非人体时，一般优先选择 BALB/c 小鼠来源的细胞株。其次，要考虑骨髓瘤细胞的 Ig 表达及其在杂交瘤中可能表达的 Ig 链组成，尽可能选择自身不合成或至少不分泌任何 Ig 的骨髓瘤细胞作为亲本细胞，如 SP2/0-Ag14、S194、P3.635、P3-NS1/1-Ag4-1 等细胞株。最后，无论选择何种骨髓瘤细胞株，都应使其细胞处于良好的生长状态，以对数生长期为佳（处于转化、分裂期的浆母细胞更易融合），一般选择（1～5）×10$^5$ 个细胞密度传代，在融合前一日倍比传代一次，以锥虫蓝排斥试验或吖啶橙染色计算死细胞数，融合时活细胞至少应大于 90%。此外，还应注意对骨髓瘤细胞株的液氮冻存、防止其逆转、避免支原体等污染和生长过度。

（4）饲养细胞：体外的细胞培养中，单个的或数量很少的细胞不易生存与繁殖，必须加入其他活的细胞才能促进其生长，加入的细胞称为饲养细胞。在单克隆抗体制备过程中许多环节都需要加入饲养细胞，如杂交瘤细胞筛选、克隆化和扩大培养的过程中，由于大量骨髓瘤细胞和脾细胞相继死亡，此时单个或少数分散的杂交瘤细胞多半不易存活，需要加入饲养细胞辅助培养。常用的饲养细胞包括正常小鼠的巨噬细胞、脾细胞或胸腺细胞等，大鼠或豚鼠等的巨噬细胞也同样具有饲养细胞的效力；一般 24 孔板按 10$^5$ 个密度/孔、96 孔板按 10$^4$ 个密度/孔的量加入饲养细胞。

饲养细胞的作用机制尚未完全明确，一般认为其不仅提供了高密度的细胞以满足单个细胞生存繁殖的依赖性、吞噬可能抑制杂交瘤细胞生长的细胞碎片和代谢产物，而且可能分泌一些对杂交瘤细胞有促生长作用的细胞因子。在杂交瘤细胞长势不好或刚由液氮冷冻复苏时，也都可以加入饲养细胞助其迅速生长。

此外，也可以通过加入一些细胞生长因子（如白细胞介素-6 等）来促进杂交瘤细胞的生长繁殖。

（5）细胞融合：免疫脾淋巴细胞与骨髓瘤细胞融合成杂交瘤细胞是杂交瘤技术制备单克隆抗体的中心环节。两种细胞的特性与比例、所采用的融合剂和融合条件的选择、融合后的接种培养和操作者的经验技术水平等都将对融合的成功率产生极大影响。

细胞融合剂包括仙台病毒、溶血卵磷脂、聚乙二醇（PEG）等，其中 PEG 融合效率最高且比较稳定，加上其来源丰富、价格便宜，是目前进行细胞融合时的首选融合剂。但由于 PEG 的融合有效剂量和致死剂量很接近，使用时必须严格控制所用浓度和作用时间，一般选择的 PEG 相对分子质量为 1000～6000Da，浓度为 30%～50%，pH 为 7.4～8.2，融合 1～2min 后立即加入无血清RPMI 溶液终止反应，经洗涤去除融合剂后加入适量细胞培养液，接种到细胞培养板进行培养。

此外，也可以采用电融合或激光融合等物理融合法，电融合法可以取得比 PEG 法更高的杂交瘤细胞存活率，激光融合法可以在所选定的靶点上对两个细胞进行定点融合，大大降低了对融合前细胞数量的要求。

**2. 杂交瘤细胞株的筛选与克隆**

（1）杂交瘤细胞的选择性培养：骨髓瘤细胞与免疫的脾脏 B 淋巴细胞进行细胞融合操作后，在细胞混悬液中不仅有符合需求的脾-瘤融合细胞，也存在着脾-脾，瘤-瘤的四倍体融合细胞，以及未融合的脾细胞和瘤细胞等。虽然四倍体融合细胞和未融合的脾细胞都不能长期存活，经过一段时间的培养就可将其淘汰，但未融合的瘤细胞却能在普通培养基中长期生存并大量繁殖，进而导致少量杂交瘤细胞被淘汰。因此，需要设法将杂交瘤细胞"选择"出来，让其成为培养液中唯一可存活并迅速生长繁殖的细胞，这就是 HAT 选择性培养法。HAT 是含有次黄嘌呤（H）、氨基蝶呤（A）、胸腺嘧啶核苷（T）和甘氨酸的完全培养基，用 HAT 培养细胞时，由于其中氨基蝶呤（叶酸拮抗物）的存在，细胞内 DNA 的内源性生物合成途径受阻，只能利用次黄嘌呤合成嘌呤核苷酸所必需的次黄嘌呤-鸟嘌呤磷酸核糖转化酶（hypoxanthine guanine phosphori-bosyl-transferase，HGPRT）和合成嘧啶核苷酸所必需的胸腺嘧啶核苷激酶（thymidine kinase，TK），通过外源性途径合成 DNA。而目前常用的骨髓瘤细胞株多为 HGPRT⁻，且拮抗 8-氮杂鸟嘌呤（8-Ag）或硫代鸟嘌呤（thioguanine，TG）的突变株，在 HAT 选择性培养基中，由于缺乏 HGPRT 不能利用外源性途径合成 DNA，而 DNA 的内源性生物合成途径又被 A 阻断，所以骨髓瘤细胞无法存活，但杂交瘤细胞由于从脾细胞获得了合成 HGPRT 和 TK 的基因，虽然也被 A 阻断了 DNA 的生物合成途径，却可以通过救急的外源性途径合成 DNA 而正常生长繁殖。

（2）特异性抗体的筛选：通过 HAT 选择培养基筛选得到的杂交瘤细胞并非都能合成并分泌特异性单抗，并且在单个培养孔中往往混杂着多个克隆细胞，因而分泌得到的是多克隆抗体，因此在经过一段时间的选择性培养后（2~6 周），应对上清液中是否存在特异性抗体进行检测，筛选出符合要求的阳性杂交瘤细胞来进行后续的克隆化培养。

抗体检测应以简便快速、特异性和敏感性强、便于进行大规模筛选为原则，根据抗原的性质和抗体的类型进行选择。可溶性抗原可选用荧光免疫分析、化学发光免疫分析、放射免疫分析法、免疫放射分析法、酶联免疫吸附法和间接血凝法等；颗粒性抗原可用免疫荧光法、酶联免疫吸附检测等。由于细胞融合后对抗体的筛选工作量非常大，并且培养孔上清液的量有限，其中抗体的含量更是微小，所以在融合工作进行前就应该建立好灵敏、特异且快速稳定的抗体检测方法，并进行方法学验证，以确保后续的单克隆抗体检测工作顺利进行。

几种常用的抗体检测方法包括如下几种。①荧光免疫技术，操作简便、敏感性高，且可直接观察抗原定位，在单克隆抗体的筛选和鉴定中具有重要的应用价值，其适用于细胞表面抗原的单克隆抗体检测，可用于多种抗原的杂交瘤抗体检测，如细胞性抗原、感染细胞中的病毒抗原和膜抗原等；②免疫酶技术，将抗原-抗体反应的特异性与酶对底物显色反应的高效催化作用有机结合，灵敏度高、特异性强；③放射免疫测定法，通过放射性同位素标记抗原或抗体，可以实现定量测定；④酶联免疫吸附法则将抗原或抗体吸附在固相载体表面，通过酶作用于底物后呈现的颜色变化来说明抗原-抗体的特异性反应，可以对结果定量并对抗原-抗体进行定位分析。

（3）抗体阳性杂交瘤的克隆化由单个阳性杂交瘤细胞开始，通过细胞增殖而获得大量杂交瘤细胞的克隆化培养，能确保杂交瘤细胞分泌的抗体的单一性，并有利于从细胞群中筛选出具有稳定表型的杂交瘤细胞。

在筛选获得抗体阳性杂交瘤细胞后，应尽早将杂交瘤细胞进行连续 2~3 次以上的单细胞培养（克隆化），否则生长速度较慢的抗体分泌细胞会被生长迅速的抗体非分泌细胞所抑制；在此后的培养过程中还要定期进行再克隆化，以防止杂交瘤细胞因突变或染色体丢失而丧失产生抗体的能力。在进行连续长期培养和动物接种传代过程中，以及长期冻存的杂交瘤细胞复苏后再次培养扩增和动物接种时，也应做克隆化来检测抗体分泌情况。克隆化方法包括有限稀释法、软琼脂法、单细胞显微操作法、单克隆细胞基团显微操作法和荧光激活细胞分类仪分离法等。此外，单细胞克隆化培养时细胞不容易生长，应注意加入饲养细胞帮助其生长和增殖。

**3. 单克隆抗体的批量生产**

（1）单克隆抗体的大量制备：连续克隆化后得到的纯系杂交瘤细胞已比较稳定，可用体外细胞培养（生物反应器大量培养杂交瘤细胞）或动物体内接种诱生法生产大量单克隆抗体。

细胞培养法包括悬浮培养、中空纤维法、包埋培养和微囊化培养等，操作较简单，所得到的单克隆抗体中仅混杂来自培养基中胎牛血清的蛋白质，性质明确、相对容易控制，但同时也容易受到支原体等微生物污染，以及血清批次间的质量差异可能直接影响杂交瘤细胞生长。为克服这一问题，近年来无血清细胞培养法的研究越来越受重视。

细胞培养用生物反应器主要有搅拌式、鼓泡式、气升式、中空纤维、固定床、流化床等。搅拌式生物反应器开发较早，依靠搅拌桨提供液相搅拌动力，操作范围较大，混合性能和均匀性好，可以连续监测培养物的温度、pH、溶氧度等参数指标，配合微载体等技术可达到 $1\times10^7/ml$ 以上的细胞密度，广泛适用于各种类型的动物细胞，而且培养工艺容易放大、产品质量稳定，但剪切力可能造成细胞的物理和生理损伤。气升式生物反应器是利用气体混合物从底部喷射管进入中央导流管，使中央导管流侧的液体密度低于外部而形成循环搅动，与搅拌式生物反应器相比，对细胞的剪切力相对温和，不易损伤细胞。填充床生物反应器的细胞贴附在填充材质上生长（如中空纤维），适合高密度细胞培养，所需营养液通过循环不断灌注补充，剪切力小、细胞培养环境温和，且一般不会产生气泡伤及细胞。

目前上市抗体药物生产工艺以悬浮细胞培养为主。虽然贴壁培养细胞可以达到很高的培养密度，单个细胞抗体产率也要高于悬浮培养，但细胞传代工作需要大量手工操作和细胞处理，容易影响大规模生产的稳定性和成功率。悬浮细胞培养法基本不涉及手工操作，方法简单易放大，在借鉴传统发酵工艺的基础上发展起来的罐式搅拌反应器技术、流加培养技术、细胞分离及纯化技术等都已经比较成熟。微载体悬浮培养法、包埋培养和微囊化悬浮培养法增大了单位体积表面积，细胞培养密度可达 $1\times10^8/ml$，也更有利于抗体的分离纯化，生产量可以达到 0.5～1g/L。

动物体内诱生则是利用了生物体作为反应器，将"生产线"搬到了动物腹腔内，通过体内接种杂交瘤细胞制备腹水或血清，可获得比细胞培养法浓度高得多的单克隆抗体，但常常混杂着动物的其他抗体（如抗病毒抗体等），增加了后期分离纯化单抗产品的难度和工作量。

（2）单克隆抗体的检测与鉴定：生产所获得的单克隆抗体必须进行系统化的检测和鉴定，包括抗体特异性检测、抗体的 Ig 类型与亚类的鉴定、抗体识别抗原表位和亲和力的鉴定、抗体中和活性鉴定、抗体效价和纯度鉴定及对杂交瘤细胞的染色体分析等。

抗体特异性检测可以采用酶联免疫吸附法、免疫荧光分析等，除对特异性抗原进行鉴定外，还应与特异性抗原成分相似的其他抗原进行交叉反应。比如，对抗黑色素瘤细胞的单克隆抗体的鉴定，不仅要检测其余黑色素瘤细胞的反应，还要与其他肿瘤细胞和正常细胞进行交叉反应，以便挑选出肿瘤特异性或肿瘤相关抗原的单克隆抗体。由于 Ig 不同类型和亚类在补体活化、免疫调节、ADCC 等生物学特性上差异较大，因此应对单克隆抗体进行 Ig 类型鉴定，多采用酶联免疫吸附法。单克隆抗体识别抗原表位的鉴定多采用竞争结合试验、测定相加指数的方法来确定其识别抗原位点；单克隆抗体与抗原结合的亲和力大小用亲和常数表示，反映抗原-抗体复合物的结合速度和牢固程度，亦多采用酶联免疫吸附法、免疫荧光分析竞争结合试验进行测定。单克隆抗体的中和活性可以通过动物或细胞的保护性试验来确定；抗体效价测定可选用凝集实验或双向琼脂扩散等方法，纯度鉴定则可采用 SDS-PAGE、免疫电泳、对流免疫电泳等方法。

（3）单克隆抗体的分离与纯化（图 3-5）：生产获得的单克隆抗体需要去除工艺相关和产品相关的杂质，包括细胞和细胞碎片、宿主细胞蛋白和核酸、培养基与料液成分、抗体片段和聚集体等，此外还要除去宿主细胞自身表达的内源病毒样颗粒和可能混入的外源病毒。鉴于抗体分子在结构和理化性质上的共性，其分离纯化工艺大致相同，基本都采用蛋白 A 亲和层析来完成单克隆抗体的捕获步骤，再经过离子交换层析的精纯步骤，最后通过病毒过滤步骤实现病毒去除或灭活。随着细胞培养工艺水平的大幅提升，抗体产量大大提高的同时，对抗体纯化通量和效率提出了更高的要求。

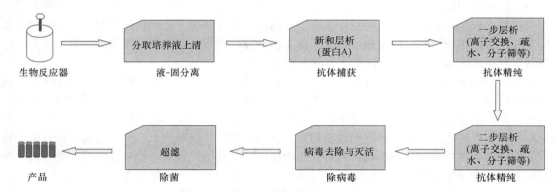

图 3-5　单克隆抗体分离纯化示意图

　　单克隆抗体分离纯化的第一步是将包含抗体的细胞培养上清液与细胞及细胞碎片分离，可采用深层过滤、切向流过滤和连续流离心等方法。深层过滤系统由一系列介质孔径由上而下递减的滤器组成，依靠孔径截留和内表面吸附作用去除固体颗粒，因孔径分布较广，可以获得更大的内表面积，比单一孔径滤器处理量大大增加，且流速更快，但此法滤芯需求量大且使用成本较高，一般只用于中试规模的抗体纯化；切向流滤器利用高切向的流速可减少细胞在膜表面的沉积而避免细胞培养液的膜堵塞现象，但高剪切力增加了细胞破碎概率，大量的细胞碎片更容易阻塞滤芯，释放出的细胞蛋白和核酸等也会加大后续纯化步骤的难度和工作量，此法处理量大，但过滤时间偏长，滤芯等硬件费用成本也较高；连续流离心法是目前抗体生产中主要采用的液固分离方法，利用锥形的碟片式离心机腔体内的压力将被离心力作用富集与锥形腔体底部的细胞及其碎片排出，分离效率高、液体处理量大、操作简单、使用费用低，但此法所用设备费用较高且清洗麻烦。

　　经液固分离后的液体成分中并不仅仅含有单克隆抗体，还包括许多其他蛋白和核酸，因此纯化的第二步就是将抗体从液体混合物中"捕获"出来，现有抗体药物生产几乎都选用了蛋白 A 亲和层析法，此法不仅操作简便、无需对液固分离后的上清液进行前处理，又能同时实现对抗体的浓缩。蛋白 A 是 A 型金黄色葡萄球菌的一种细胞壁蛋白，具有不在抗原结合点与 Ig 结合的特性，且对 IgG 的亲和力很强，通过蛋白 A 亲和层析柱可以去除上清液中绝大部分核酸、蛋白和病毒，将抗体纯度提高到 95% 以上。

　　经过捕获的抗体还需要进行精纯步骤以获得更高的纯度，精纯常采用离子交换层析、疏水层析、分子筛层析等色谱方法，一般运用两步精纯工艺——一个流穿模式，一个结合-洗脱模式，也可采用单一的流穿模式。其中离子交换层析是最常用的精纯方法。

　　去除灭活料液中的病毒性成分也是单克隆抗体分离纯化的重要目的。除了一些本身具有病毒去除能力的纯化分离步骤（如蛋白 A 亲和层析、阴离子交换层析等），一般还包括两个正交的病毒灭活去除专属步骤——低 pH 孵育和病毒过滤。低 pH 孵育会导致病毒包膜上的蛋白结构、膜结构和衣壳结构变化，对包膜病毒有极强的灭活作用，但对无包膜病毒效果不佳，且低 pH 可能促进抗体聚集、断裂，加速抗体脱酰胺化等，使用时应注意控制孵育时间等参数。病毒过滤是通过纳米级孔径的滤器截留除去病毒，一般在纯化完成后进行。

## （三）基因工程单克隆抗体药物

**案例 3-3**

1997 年，由 Genentech 公司和 Attix 公司共同研发的人-鼠嵌合单克隆抗体——利妥昔单克隆抗体（Rituximab，Rituxan）获批上市，成为全球首个获准用于临床治疗非霍奇金淋巴瘤的单克隆抗体药物，能特异性结合 B 细胞上的跨膜抗原 CD20，启动介导 B 细胞溶解的免疫反应，通过阻断细胞异常功能而发挥疗效。该抗体由鼠抗 CD20 单克隆抗体 2B8 的轻链和重链可变区与人 κ 轻链及 γ 重链恒定区融合而成，分子质量约为 145kDa，与 CD20 结合亲和力约为 8.0 nmol/L。接受利妥昔单克隆抗体治疗的患者体内尚未检测到 HAMA，而 HACA 阳性率亦不足 1%。

**问题：**

1. 什么是嵌合抗体？说明其制备原理和一般制备过程。
2. 何为基因工程抗体的人源化改造？其目的和意义何在？

　　杂交瘤技术让单克隆抗体的制备成为可能，但由传统杂交瘤技术制备的鼠源性单克隆抗体在临床治疗中却渐渐表现出很大的局限性：由于抗体的鼠源性成分诱发人体产生人抗鼠抗体（HAMA），不仅降低药物疗效，还可能引发严重的过敏反应；鼠源单克隆抗体不能有效激活补体和 Fc 受体相关的效应反应，且生物半衰期很短；完整的抗体分子较大而难以进入肿瘤毛细血管内，降低了药物特异性和疗效；对抗原的用量大、免疫时间长，生产成本和技术要求高，大量生产不易且价格昂贵。为克服鼠源单克隆抗体的这些问题，需要从源头上对单克隆抗体进行分子改造，从 20 世纪 80 年代开始，随着分子生物学、生物工程技术等新兴学科的迅速发展，人们可以通过技术手段对天然大分子化合物进行人为改造、赋予其新的特性，因此，抗体药物的研究围绕着改善药效、降低异源性、改进生产工艺等方面展开了多项尝试。1984 年，Morrison 等将鼠单克隆抗体的 V 区域与人抗体的 C 区域嵌合，成功构建出第一个人-鼠嵌合抗体，与鼠源性单克隆抗体相比，嵌合抗体的免疫原性大大降低。真正以基因工程操作方法制备单克隆抗体始于 1989 年底，科学家们利用 PCR 技术克隆了人的全部抗体基因并重组于原核表达载体中，再用标记抗原筛选得到相应的抗体——组合抗体库技术由此诞生。此后，随着重构人源化抗体技术、抗体库技术、嵌合小鼠技术、转基因小鼠技术、抗体小型化技术等生物技术革新，陆续出现了人源化抗体、单价/多价小分子抗体、融合蛋白抗体及双特异性抗体等特殊类型抗体，这些基因工程抗体（genetically engineered antibody，GEAb）在药理毒理、药效药动等方面具有更为优良的新特性，已广泛应用于肿瘤、自身免疫性疾病、抗感染等临床治疗中，具有广阔的临床应用前景，已成为生物技术新药领域的排头兵。

　　GEAb 是由人工设计重新组装的新型抗体分子，既保留或增加了天然抗体的特异性和生物学活性，又去除或减少了无关结构、消除或降低了免疫原性，具有更高的特异性和疗效，且生产简单、成本较低。构建 GEAb，首先要用技术手段获取抗体的 V 区基因，再根据生产工艺、临床应用等方面的要求对其进行一系列的工程化改造。如何从多种类型的抗体生产细胞中克隆正确的目标抗体 V 区基因或是抗体结合位点的基因片段一直是研究者们关注的首要问题。最早 Morrison 等将鼠单克隆抗体的 V 区与人抗体的 C 区嵌合时，仅采用了来自基因组序列的小鼠 V 区基因片段进行重组，随着 PCR 技术出现，研究者们开始使用小鼠 V 区基因的 cDNA 片段进行重组构建：先用反转录方法制备细胞或相应抗体基因的 cDNA，再利用设计好的上下游引物，以 PCR 方法从 cDNA 中特异性扩增目标抗体的 V 区基因片段，分离这些扩增片段并克隆到相应载体后，采用测序、测定结合活性等手段鉴定克隆得到的 V 区基因。RT-PCR 法克隆抗体 V 区基因的关键环节是 PCR 特异性扩增引物的设计，也要重视因杂交瘤等生产细胞的抗体基因突变和丢失导致的错误克隆问题，以及 PCR 扩增中可能给抗体 V 区基因克隆带来的突变风险。近年来随着抗体库技术的日趋成熟，越来越多的 GEAb 均来自于抗体库，抗体库技术在获得特定抗原抗体的 V 区基因方面具有独特的优势：抗体库的库容量大，供筛选的单克隆抗体总量可达百万，更易获得针对特定抗原表位的高性能单克隆抗体，筛选过程高效经济，而且可直接获得抗体 V 区基因，方便进行后续的基因工程改造。目前构建的抗体库可以按构建抗体库的宿主免疫状态分为天然抗体库和免疫抗体库，或按宿主种属分为鼠、兔、灵长类、人等，一般来说，免疫后的抗体库更适合筛选获得具有较高亲和力和针对同一抗原蛋白分子不同表位的抗体 V 区基因，而抗体库宿主种属的选择则应综合考虑抗原蛋白本身的理化特性和生物学活性特点、抗体的实际应用领域及宿主免疫反应情况等具体问题。

目前 GEAb 的研究已在解决抗体免疫原性、抗体亲和力等方面取得了较大的进步，科学家们的后续研究将更多地集中在增加抗体药物的稳定性和均一性、赋予抗体药物更多的药效功能、调节抗体效应子功能、改善抗体药物的代谢特性等方面。基因工程抗体的人源化改造见图 3-6。

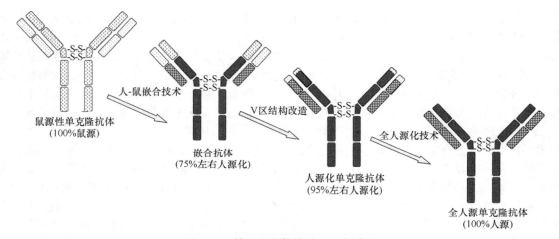

图 3-6　基因工程抗体的人源化改造

**1. 嵌合抗体**　为克服鼠源性单克隆抗体引发的 HAMA，科学家们尝试对其进行人源化改造，经历了嵌合抗体——人源化单克隆抗体——全人源单克隆抗体的三个发展阶段。由于 HAMA 反应中最主要的免疫原性成分来自鼠抗体的 C 区，研究者们最先考虑的策略就是将鼠源性单克隆抗体 C 区替换为人抗体 C 区，即人-鼠嵌合技术：将目标鼠源性单克隆抗体的功能性 V 区基因经基因重组操作与人 IgG 的相应 C 区基因拼接，形成完整的人-鼠嵌合抗体基因后克隆至适宜的表达载体，最终在哺乳动物细胞中表达。由于单克隆抗体与抗原结合的 V 区没有改变，嵌合抗体识别并结合抗原的特异性和亲和力一般也不会发生变化，而拼接上的不同亚类的人 C 区基因不仅可以降低嵌合抗体的免疫原性，而且人抗体的 Fc 段能与人效应细胞上的 Fc 受体结合，诱导 ADCC 作用、延长抗体的生物半衰期等。然而，嵌合抗体虽然已具有约 75% 的人源性成分，并且造成大多数免疫原性的鼠抗体 C 区已经被人抗体 C 区替换，但鼠抗体 V 区的某些部分仍然可能诱发强烈的 HAMA，因此鼠单克隆抗体 V 区的免疫原性和多态性仍应引起研究者的高度重视。

考虑到灵长类动物与人类基因组相似度更高，采用非人灵长类动物抗体改造成人-灵长类嵌合抗体也成为研究的一个方向。此类嵌合抗体的构建原理、表达过程、技术手段等与人-鼠嵌合抗体相同，区别只在于抗体的 V 区基因来自非人灵长类。由于非人灵长类动物的器官组织与人同源性更高，可以避免与人正常组织器官交叉反应的抗体的产生，使抗体获得更高的人体内安全性。而且可通过对非人灵长类动物进行目标抗原反复免疫的方法构建大库容的免疫抗体库,从中将更容易筛选出与抗原特定表位结合、亲和力高且疗效优异的抗体。

**2. 人源化单克隆抗体**　虽然人-鼠嵌合抗体通过 C 区替换将抗体的异源性程度大大降低,但保留的鼠源性(30%~40%)成分——抗体 V 区的框架区(FR)和互补决定区(CDR),仍有可能诱导 HAMA 反应。因此,对 V 区结构进行改造,进一步提高抗体的人源化程度,将有利于进一步降低抗体药物发生 HAMA 的可能性,这就是多种抗体人源化改造技术的目的。目前抗体的人源化改造包括 CDR 区的移植重构、对表面氨基酸的重塑、定向选择的链替换技术和去免疫化技术等。

(1)CDR 移植型单克隆抗体:IgG 分子的 V 区可以再分为构成抗原结合表位的 CDR 区和为 CDR 区提供支撑骨架的 FR 区,将鼠源性 FR 中相对保守的 FR 氨基酸序列替换为人的 FR 序列一般不会显著影响抗原的结合特性,同时又能进一步降低 HAMA 的发生。这样的改型重构方法就好像是将鼠源性抗体的 CDR 移植到人抗体中一样,因此又被称为 CDR 移植抗体技术,其技术路线一般是通过克隆分析鼠源性单克隆抗体的 V 区基因确定 CDR 和 FR 后,利用数据库检索比对、计算机分子模拟等方法寻找出有最大同源性的人 FR 区模板,综合考虑确定需要保留或改造的关键氨基酸残基,经合成表达后检测实际效果并进行修正,最终制成保有鼠源性单克隆抗体抗原结合表位且高亲和力的人源化单克隆抗体。改型后的单克隆抗体人源化程度可以达到 90%以上,免疫原性进一步降低的同时,其在人体内的生物半衰期也明显提高。利用 CDR 移植技术重构的人源化单克隆抗体已成为抗体药物的主力军。

在对抗体免疫原性的研究中发现,CDR 区的某些部分也可能具有诱导人产生抗独特型抗体的免疫原性,而对 CDR 区三维结构的分析又发现其实一般只有 30%左右的 CDR 残基直接参与了抗原结合位点——特异性决定残基(specificity determining residues,SDR)的构建,如果能构建仅保留 SDR 区的人源化单克隆抗体,将进一步提高抗体的人源化程度、减小抗体的免疫原性,这就是在 CDR 移植技术基础上发展出的 SDR 区移植制备法。但单移植 SDR 区又可能引起抗原结合亲和力的下降,因此有时会考虑将更多的氨基酸残基纳入移植范围,即部分移植 CDR 区,抗体亲和力下降的问题也可以通过其他方式进行补偿。

近十年来,基于 CDR 区移植的新型人源化技术还包括超人源化单克隆抗体重构和框架区替换法。超人源化技术与传统 CDR 区移植的区别在于对抗体模板的选择,其不再采用最大同源的人抗体序列为模板,而是以与被改造抗体的 CDR 结构同源的人胚系 V 区基因为模板,将鼠源性单克隆抗体的 CDR 直接移植到选定的模板中,此法已在用于乳腺癌治疗的曲妥珠单克隆抗体的制备中得到验证。框架区替代法是在结合组合抗体库的基础上建立的:将鼠源性单克隆抗体的 CDR 区直接融合到各种人胚系 FR 区基因中构建 Fab 组合文库,再从中筛选出亲和力最高的 FR 人源化单克隆抗体 V 区范本。

(2)表面重塑抗体:是仅对抗体表面的氨基酸残基进行了人源化替换,使 V 区片段 Fv 表面人源化。与 CDR 区移植技术重构抗体时考虑尽可能多的替换 V 区的鼠源性成分不同,表面重塑技术是建立在对人、鼠抗体结构的大量分析比对上的。暴露在抗体分子表面位置的氨基酸残基种类、数量和位置都具有各自的规律,这种规律性的不同可能就正好与抗体在不同种属间显现的免疫原性有关,因此,对鼠源性单克隆抗体的人源化改造并非一定需要完全替换抗体分子的鼠源化部分,可以只将位于抗体分子表面的残基按人抗体的表面氨基酸结构规律进行替换,即仅在抗体分子表面重塑抗体。

构建表面重塑抗体首先需要在抗体结构数据库中寻找鼠源的最大同源性蛋白,利用计算机软件分析抗体分子的三维结构并确定表面残基,再从数据库中找出最大同源性的人抗体序列,尝试将鼠源性单克隆抗体表面残基替换为对应的人抗体残基,最后通过定点突变或基因合成等方法获得表面残基人源化基因,经表达载体克隆表达后得到人源化单克隆抗体。由于表面重塑抗体仅改动了少量的抗体表面残基，尽可能多地保留了抗体 CDR 区的信息，因此改造后对抗体的抗原结合性能影响很小，避免了 CDR 移植技术中抗体亲和力降低的问题。随着计算机辅助技术和抗体库技术的发展，研究者们能够更全面、细致地分析抗体分子结构，选择性保留可能对维持抗体结构和亲和力起关键作用的残基，尽可能在提高抗体人源化程度的同时避免影响抗体的特异性和亲和力。

（3）链替换抗体：是以鼠源性单克隆抗体为源头进行构建的全人源化抗体，也有学者认为其应归入全人源单克隆抗体类型。链替换技术是利用定向选择技术，逐步将非人源单克隆抗体的轻链和重链完全替换为人抗体序列，得到全人源单克隆抗体。构建链替换抗体首先要克隆鼠源性单抗的 V 区基因并构建嵌合 Fab 等可应用抗体库技术的抗体，再构建含人抗体轻链的杂合性轻链替换库，经筛选获取含鼠源性单克隆抗体重链和人抗体轻链的杂合性抗体，然后以同样方法替换鼠源性单克隆抗体的重链，构建全人抗体库，最终筛选出与鼠源性单克隆抗体具有相同抗原识别特异性的全人源单克隆抗体基因。抗体轻链和重链的替换顺序可以根据具体情况调整，一般考虑先替换对抗体亲和性影响不大的链。

与前两种抗体人源化技术相比，由于抗体的链替换中采用了抗体库技术，能够确保被替换链的多样性，也更有利于对高亲和性抗体及其他抗体特性的筛选。

（4）去免疫化抗体：改造鼠源性抗体的主要目的就是为了避免其诱导的 HAMA，除了尽量降低抗体的免疫原性，也可以考虑设法避免人免疫细胞对抗体产生反应，基于这一理念，提出了去免疫化抗体的概念——通过去除鼠源性单克隆抗体中的人 T 细胞识别表位，阻断抗原呈递过程，使得抗体药物不能引起严重的免疫反应。目前此类抗体尚处于基础研究阶段。

**3. 全人单克隆源抗体** 人源化单克隆抗体技术使单克隆抗体的免疫原性大大降低，但其残留的 1%～5% 的鼠源性成分仍然具有诱发 HAMA 的风险，因此，构建全部抗体分子都是由人类基因编码的全人源化的单克隆抗体已成为研究的热点，近年来获 FDA 批准上市的单克隆抗体药物中就以全人源化单克隆抗体为主。

（1）人 B 细胞杂交瘤技术：分离得到人的 B 淋巴细胞并与荧光标记抗原结合，利用荧光标记筛选出能产生特殊抗体的 B 细胞，经 EB 病毒转化，体外培养可得到少量单克隆抗体。此法操作较复杂且难以扩大化，应用受到限制。

（2）抗体库技术：早在 1989 年，就有研究者通过分离人外周血单核细胞并从中 PCR 克隆人抗体 V 区基因的方法构建抗体基因表达文库，再利用特异性抗原对抗体文库进行筛选、找出目的全人源单克隆抗体；一年后，McCafferty 等建立了通过噬菌体展示技术筛选溶菌酶单链抗体的方法，大大提高了筛选效率；此后，随着各种抗体库展示技术的不断发展和成熟，应用抗体库技术筛选全人源单克隆抗体已成为当前抗体药物研究的一大发展方向。目前常用的全人源抗体库筛选技术包括噬菌体表面展示技术、核糖体展示技术、酵母展示抗体库技术等。

噬菌体展示技术融合了噬菌体展示和抗体组合文库技术，利用基因工程手段，以改构的噬菌体为载体，将待选抗体基因片段定向插入噬菌体外壳蛋白质基因区，使噬菌体携带随机产生的人抗体蛋白序列，并将这些外源蛋白表达展示在菌体表面，再通过亲和富集法筛选出有特异性抗体蛋白表达的噬菌体，就可得到目的单克隆抗体。构建噬菌体抗体库首先要分离人 B 细胞（多数情况未免疫）并以 RT-PCR 技术扩增全部抗体 V 区基因，扩增后的基因片段被随机克隆入质粒等载体形成抗体基因组合文库（如 Fab），再将基因组合文库插入噬菌体编码衣壳蛋白的基因序列下游，使外源基因表达形成的融合蛋白展示在噬菌体外壳蛋白 gpⅢ 或 gpⅧ 的 N 端，既不干扰噬菌体的生活周期，又能保持融合蛋白的天然构象与相应受体结合，有利于采用抗原进行筛选和富集目的噬菌体。经过数次亲和富集—洗脱—目的噬菌体扩增的循环过程，可以获得一系列特异性和亲和力满足要求的抗体，即抗体噬菌体展示库。噬菌体抗体库实现了在体外对免疫系统作用的模拟，无须涉及体内的抗原识别和呈递过程，理论上来说可以利用其制备抗所有抗原的单克隆抗体，且避免了动物免疫、细胞融合的烦琐操作和局限性，在抗体技术领域占有重要地位。目前已构建的噬菌体抗体库可分为免疫抗体库和非免疫抗体库，免疫抗体库的抗体基因由经微生物感染、肿瘤、自身免疫或疫苗注射等途径免疫后的个体提供，由于免疫抗原明确，在较小的库容量下就可筛选出针对某一特定抗原的高亲和力抗体，但制备针对自身抗原、抗原性较弱或有毒性抗原的抗体时较困难。由于很多抗原不能用来免疫人体，多数情况下构建的都是不针对特定抗原的非免疫天然抗体库，这种无偏向性的筛选平台必须具有足够大的库容量才能筛选到目的全人源单克隆抗体，而且存在 PCR 步骤可能引入突变等问题，最终获得的抗体往往往亲和力不强，需要后续技术进一步增强抗体的亲和力才能满足抗体药物应用的需要，大大增加了制备抗体的工作量。总体来说，经过多年的发展，噬菌体抗体库已成为最成熟、应用最广泛的抗体库技术，它不仅可以在体外构建并实现对特异性全人源抗体的筛选，而且主要以活性片段形式表达的抗体在亲和力、特异性和生产工艺上都比杂交瘤技术生产的完整抗体分子具有明显优势。

在噬菌体抗体库基础上，科学家们又发展了核糖体展示技术，由此构建的抗体库容量更大、质量更高，也更容易筛选得到高亲和力的特异性全人源单克隆抗体。核糖体展示抗体库技术起源于多聚核糖体展示技术，是一种利用功能性蛋白相互作用进行的筛选手段——通过形成 mRNA-核糖体-蛋白质三元复合物将表型和基因型联系起来。核糖体展示抗体库构建的第一步是通过改造获得能有效并稳定转录 mRNA 的模板抗体基因片段，经 PCR 扩增后插入核糖体展示用质粒中，制备可直接用于体外转录和翻译的 DNA，再利用蛋白质合成系统进行体外转录和翻译，形成 mRNA-核糖体-蛋白质三聚体，然后就可以通过固相化的抗原分子进行亲和筛选和富集；核糖体复合物经过回收可以释放 mRNA 部分，再次进行下一轮核糖体展示筛选。核糖体展示技术真正实现了完全在体外筛选功能蛋白，整个筛选过程中都无须细胞参与，不仅可以构建比噬菌体展示抗体库更高容量和质量的抗体库，也有利于筛选高亲和力抗体和采用体外进化的方法对抗体性质进行改造。

酵母是一种安全的真核单细胞微生物，具有与哺乳动物细胞相似的蛋白质折叠和分泌机制，非常适合用于哺乳动物抗体蛋白表达，酵母融合形成双倍体时起黏附作用的表面糖蛋白与外源蛋白融合，可以将外源蛋白携带并锚定在细胞表面，构建噬菌体抗体库类似的微生物抗体展示库——酵母展示抗体库。与噬菌体相比，酵母细胞表达哺乳动物抗体蛋白时偏差少、不容易出现表达沉默等现象，且酵母细胞颗粒较大容易进行荧光活性细胞分选，有利于进行特异性抗体的高通量筛选。

（3）转基因技术：以转基因小鼠为技术起点，先采用基因敲除技术使小鼠自身的基因失活，再将人的抗体基因嵌入小鼠基因组内使其携带并表达人抗体基因簇，再用抗原免疫这样的转基因小鼠就能获得人源性的抗体。通过转基因技术制备的单克隆抗体亲和力较高、特异性较强，而且临床使用中尚未发现针对转基因抗体的抗体反应，但转基因的技术难度较大，可能因为体细胞的突变等因素导致产生不完整的人抗体序列，而且小鼠无法携带全套人抗体基因，只能产生某些种类的抗体蛋白，表达多样性受限，制备过程涉及抗原的自然免疫反应，不仅影响可控性，产生抗体数量也有限。转基因小鼠制备全人源抗体，要求转入小鼠体内的人抗体基因片段必须能进行有效地重排和表达，并且能与小鼠细胞的免疫系统相互作用，使得用相应抗原免疫时，这些人抗体基因能被小鼠免疫系统选择、表达，并活化 B 淋巴细胞产生人源性抗体。

最早是采用原核显微注射法将重建的人抗体胚系基因微位点转入小鼠体内，构建能产生人抗体的转基因小鼠，随后陆续发展出包括酵母人工染色色体法（YAC）、反转录病毒转染法、体细胞核移植法等多种技术。转基因小鼠制备全人源抗体技术包括 2 个主要技术平台：XenoMouse 平台和 UltiMAb 平台。XenoMouse 是一种小鼠抗体表达基因被人源抗体基因替代的转基因小鼠，含有约 80%的人类抗体重链基因和绝大部分人类抗体轻链基因，小鼠抗体基因已被灭活，但免疫系统的其余部分则完全保留。UltiMAb 平台包括 Medarex's HuMAb-Mouse 技术、Kirin Brewery's TC Mouse 技术和 KM-Mouse 技术，Medarex's HuMAb-Mouse 技术制备的转基因小鼠仅转入了部分人胚系基因且不能被正常选择和重排，但约有 50%比较正常且稳定的人 IgVκ 基因；Kirin Brewery's TC Mouse

技术的转基因小鼠含有全套人类抗体的 V 区和 C 区基因，且小鼠核糖体已失活并被人核糖体的编码基因取代，理论上可以制备所有抗体亚型的全人源抗体，但由于转入的携带人 IgVκ 基因的染色体片段不稳定，其形成杂交瘤的能力远远低于正常小鼠；KM-Mouse 技术是将前两种小鼠杂交后产生的转基因小鼠，其综合了两个亲本品系的优势，不仅拥有较为完整、能正常重排的人类胚系抗体基因，也具有与正常小鼠相当的免疫反应能力和杂交瘤形成能力。

除转基因小鼠外，还有一种转染色体小鼠技术——通过染色体转移技术将人染色体上产生抗体重链和轻链的胚系片段转染到胚胎干细胞，得到携带人微小染色体片段的小鼠可以提供与人体内几乎完全相同的人抗体基因环境，并在小鼠体内精确地重现人抗体的产生过程。

（4）嵌合小鼠技术：采用适合异种移植的联合免疫缺陷小鼠（severe combined immune deficiency，SCID），将人外周血淋巴细胞移植到其体内，使一个有功能作用的人免疫系统长期存在于 SCID 小鼠体内，形成含有部分人免疫系统和功能的小鼠，即嵌合 SCID 小鼠。再采用抗原免疫嵌合小鼠，就可能获得经小鼠体内的人免疫系统产生的人源性抗体。此技术导入小鼠体内的人免疫系统功能有限，免疫应答能力较弱，能诱导产生抗体的抗原有限，应用面较窄。

**4. 小分子抗体**　完整抗体相对分子质量大，较难透过血管壁到达药物作用靶点，通过对抗体分子的结构和功能进行改造，使抗体小分子化，有助于降低抗体药物的免疫原性、提高药效和靶向性。抽取完整抗体分子中的抗原结合位点序列，构建成相对分子质量较小且具能特异性识别、结合抗原的新型分子或分子片段，即为小分子抗体（小型化抗体）。一般小分子抗体的相对分子质量只有完整抗体分子的 1/6～1/2，易于穿透血管壁、渗入靶组织，靶向性和可操作性较强，仅含有抗体分子 V 区结构、免疫原性弱，药理药动学特性也明显改善，但与抗原的亲和能力较弱、半衰期短易于被清除。按不同分类方法可对小分子抗体进行多种分类。根据抗体特异性特点可分为单特异性和多特异性抗体，按抗原结合位点价数可分为单价和多价抗体，从抗原结合位点结构区分则可分为单链抗体、单域抗体和 Fab 片段。

（1）单链抗体：通过基因工程方法，用一定长度的氨基酸连接肽将抗体的轻链可变区和重链可变区拼接得到的重组蛋白，即为单链抗体（single chain Fv，scFv）。scFv 在大肠杆菌等宿主中仅表达生成一条单链多肽，相对分子质量约为完整抗体分子的 1/6，完整保留了抗原结合位点，构成了抗体分子的最小功能片段。构建 scFv 首先要从 B 淋巴细胞中提取抗体的 V 区编码基因，通过 PCR 扩增后，用人工合成的连接肽将重链和轻链连接合成为 scFv 的基因片段，再选择合适的宿主表达系统进行表达，纯化后得到 scFv。

构建 scFv 的关键环节是人工连接肽的合理设计：要求连接肽既不能在空间结构上干扰重链和轻链构成抗原结合位点，又要能促进两条链的对叠发生，因此连接肽应具有适当的长度和柔性，一般选用 15～18 个氨基酸残基，还可以在连接肽上设计一些具有特殊功能的位点，作为进行金属螯合、连接药物或毒素等的示踪、纯化或偶联标签。scFv 可以在目前所有的蛋白表达系统中正常表达，最常用的是大肠杆菌表达体系，多数情况下高产量表达的 scFv 需要通过复性操作恢复活性，同时要注意密码子偏好和抗体重链与轻链相对位置变化对表达产量的影响。由于只有一个抗原结合位点，scFv 的亲和力相对较低，可以通过 DNA 改组技术、单链重叠延伸法、随机突变抗体重链可变区等方法建立次级噬菌体单链抗体突变库，利用噬菌体展示技术筛选高亲和力的单链抗体。scFv 虽然只含有抗体分子结构 V 区，但保持了完整的抗原结合位点，具有抗原结合特异性和一定程度的亲和力；缺少 Fc 段可以避免与具有 Fc 受体的非靶细胞结合，提高了抗体定向识别靶点的能力，并避免引起补体介导的细胞免疫；相对分子质量小、穿透力强、易于消除，可以作为靶向肿瘤药物的良好载体，也适用于免疫显像诊断等；而且由于相对分子质量小、不需糖基化修饰，易于在原核表达体系中表达，操作相对简单，容易实现扩大化生产。

scFv 不仅可以融合蛋白形式与其他效应分子构建成多种具有新功能的抗体分子，还可以成为"结构原件"，在其结构基础上衍生出其他类型的单价、多价、多特异性的小分子抗体：通过链内或链间的二硫键将抗体重链和轻链的骨架区连接为一体，可以构成稳定性和亲和力更好的二硫键稳定的单链抗体（dsFv）；将 scFv 中的连接肽缩短至 5 个残基左右，可以使 2 个 scFv 形成分子间轻、重链配对的双价小分子抗体，如果是不同特异性的 scFv 分子配对则可以得到双特异性抗体，当连接肽进一步缩短到 3 个残基以下，可以形成 3 价或 4 价的小分子抗体（即三链抗体或四链抗体），随着抗原结合价数增加，抗原亲和力也会明显提高；将 scFv 的 C 端融合 CH3 恒定区可以形成具有 2 条 scFv-CH3 结构肽链的二聚体分子，结构类似完整抗体分子的缩小版——微型抗体，其亲和力明显提高、组织靶向性和生物分布更好、生物半衰期更适宜，具有很大的临床应用价值。

（2）单域抗体：研究发现并非所有的抗体分子都是由轻、重链构成，有些抗体仅有重链，且重链的可变区（VH）也具有特异性结合抗原的能力，而即使是同时具有轻、重链的抗体分子，在某些情况下也只需要单独的 VH 就可表现出相当程度的抗原结合能力，这些单独存在而具有相当抗原亲和力的单功能结构域分子即为单域抗体（single domain antibody，sdAb）。研究发现骆驼科动物血液中天然存在仅具重链的抗体分子，因此常常选用骆驼科动物构建 VHH 免疫抗体库，再经多次筛选富集后，经表达载体体系（如大肠杆菌）表达并获得目的单克隆抗体。sdAb 相对分子质量仅有完整抗体分子的 1/12，免疫原性低而穿透力强、容易进入细胞，到达完整抗体分子难以接近的靶部位，但要注意如果是来自传统抗体分子 V 区的单域抗体，容易因为疏水性接触面暴露而增加分子结构的不稳定性，可以通过对疏水残基进行亲水性修饰改造来克服这一问题。

（3）Fab 片段：与 scFv 一样，Fab 抗体也可以被看作是一种完整抗体的片段，它是由二硫键连接重链和一条完整轻链形成的异二聚体，仅有一个完整的抗原结合位点，亲和力弱于完整抗体分子，但通常强于 scFv；不含 Fc 段，相对分子质量比 scFv 大，约为完整抗体的 1/3，因此穿透性有所下降，但更好地保留了完整抗体的亲和力。Fab 的构建首先要扩增目的抗体 V 区基因，加入合适接头后，将其正确克隆到相应的表达载体表达即可。与 scFv 一样，Fab 亦可在现有的全部蛋白表达体系中正常表达，最常用的同样是大肠杆菌表达体系。

相对于其他技术，目前基于 Fab 技术的基因工程抗体不多，可能与 Fab 的不稳定性及重组操作较为复杂有关，但已有 Fab 抗体药物应用于临床，如 2008 年 FDA 批准上市，用于治疗克罗恩病和类风湿关节炎的赛妥珠单克隆抗体（certolizumab pegol，Cimzia），就是一种聚乙二醇化人抗 TNF-α 抗体 Fab 片段产品。

**5. 其他类型基因工程抗体**

（1）双特异性抗体：通过基因工程技术将两个 scFv（相同或不同）组配起来形成的具有 2 个相同或不同抗原结合位点的重组抗体，即为双特异性抗体，也称双功能抗体。由于能同时与两个靶抗原结合，在发挥抗体靶向性的同时也能介导另外一种特殊功能的作用，比如一个结合肿瘤细胞上的特异性抗原，另一个结合免疫效应细胞（如巨噬细胞、自然杀伤细胞等），使得效应细胞可以直接靶向杀灭肿瘤细胞；也可以结合药物、酶、生物毒素或放射性毒素，使功能分子导向靶细胞并激发特殊的效应作用。双特异性抗体实现了预靶向的治疗模式。首先注射双特异性抗体，待其浓集于靶细胞和靶组织，并且在正常细胞和组织清除了多余的抗体后，再应用效应分子，让效应分子借助于已预靶向定位的双特异性抗体迅速分布到靶细胞和靶组织发挥药效作用，降低效应分子对正常组织细胞的损害。因此双特异性抗体具有靶向性强、特异性高、药物用量少且毒副作用小等优点，在临床抗肿瘤治疗中具有重要意义，2014 年，FDA 批准上市了第一个双特异性抗体药物——靶向 CD19 和 CD3 的 Blinatumomab（Blincyto），用于治疗费城染色体阴性的前 B 细胞急性淋巴细胞白血病。

（2）抗体融合蛋白：将抗体分子片段与其他具有特定功能的蛋白或多肽融合，形成一系列具有新生物学功能特性的抗体产物，如免疫毒素融合蛋白、抗体-细胞因子融合蛋白、抗体-受体融合蛋白、受体-Fc 融合蛋白等。我国自主研发的用于治疗类风湿关节炎、斑块状银屑病和强直性脊柱炎的益赛普，就是一种重组人 II 型肿瘤坏死因子受体-抗体融合蛋白。

（3）抗原化抗体：抗体的重链 V 区 CDR3 具有许多特性，如具有良好的呈递抗原表位的作用、容易容纳不同长度的抗原表位模拟肽段等，因此，将编码蛋白质抗原表位的基因片段插入重链 CDR3 序列中进行表达，就能获得具有特定天然抗原表位构象和免疫原性的新型抗体——抗原化抗体。利用抗原化抗体呈递的表位构象比短肽更稳定，存在于血液中的时间更长，可起到长期免疫的作用；与全蛋白免疫相比，可限定于引发特定表位的反应，降低了交叉反应的可能性；不会与免疫引起的中和性抗体结合，延长了生物半衰期。

（4）内抗体：即细胞内抗体，是指在细胞内合成并作用于细胞内成分的抗体，通过构建带有真核细胞内亚细胞定位的引导肽序列，可以将细胞内表达的内抗体带到内质网、线粒体甚至细胞核上，然后通过抗体与目标分子的结合干扰目标分子功能的发挥，起到表型敲除或妨碍病毒复制的作用。用内抗体治疗 HIV 感染的研究较多，如抗趋化因子受体（CXCR4）的 scFv 胞内抗体能阻断 HIV 病毒对表达 CXCR4 的原代细胞的入侵，抗 HIV 基质蛋白即反转录酶等胞内抗体能抑制病毒的复制或包装，识别 HIV 外膜蛋白的 CD4 结合区域的 scFv 胞内抗体能阻断 gp160 的加工和合胞体形成，降低 HIV 的感染性。此外，内抗体在肿瘤治疗相关领域的研究也取得了一定进展，如抗 ras 蛋白的 scFv 胞内抗体能阻断 ras 信号通路，抑制 SCID 小鼠体内结肠癌嫁接肿瘤的生长。

（5）抗体酶：指的是一类具有催化活性的抗体，不仅能与抗原结合，还能同时发挥催化相关分子发生生化反应的作用。抗体酶是基于酶的过渡态理论和 Hammond 假设而提出的.过渡态理论认为酶通过特异性结合并稳定化学反应的过渡态（即底物激态）而降低了反应能级、加速反应进行，因而具有催化活性，那么应该可以通过制备一种抗过渡态类似物的抗体而获得对应的酶。早在 1986 年，Schultz 和 Lerner 就证实了以过渡态类似物为半抗原，通过杂交瘤技术制备的抗体具有类似酶的催化活性。抗体酶的结构与抗体基本结构一样，由 2 条轻链和 2 条重链组成，其催化活性一般存在于 V 区，并受 C 区的调节。由于酶分子易失活，而抗体酶分子相当稳定，用抗体酶代替酶促进生化反应能使相关过程更加简便经济，如利用抗体酶选择性结合并降解病毒、肿瘤细胞及其他生理靶细胞表面表达的蛋白质及碳水化合物抗原，进而发挥治疗疾病的作用。

## 6. 基因工程抗体制造工艺

（1）基因工程抗体的表达系统：基因工程抗体在临床治疗中的突出表现使相关研究得到了飞速发展，也对这些新型抗体的大规模工业化生产提出了新的工艺要求。与传统单克隆抗体制备相比，基因工程抗体的制备涉及的表达系统要多得多，也复杂得多，不同的表达系统在抗体制备中各有优势，如制备需要糖基化修饰的抗体时，必须采用真核生物表达系统；而制备 scFv 等小分子抗体则可以选择经济高效的低等微生物表达系统（如大肠杆菌表达系统）。目前常用于基因工程抗体制备的表达系统包括大肠杆菌表达系统、酵母表达系统、哺乳动物细胞表达系统、昆虫细胞表达系统、植物细胞表达系统和转基因动物等。

大肠杆菌表达系统是最早诞生的基因表达技术，也是目前应用最广泛的基因工程表达系统，具有遗传背景清楚、目的基因表达水平高、培养周期短、成本低而产量高等特点，是表达无糖基小分子的理想工具，但其缺乏糖基化修饰功能，无法对表达的抗体蛋白进行糖基化修饰，导致表达的全抗体分子没有免疫功能，因此不能用于对完整抗体的表达生产；而小分子抗体如 Fab 片段、scFv 等，由于相对分子质量小结构简单，不用担心蛋白正确折叠等问题，且不需要糖基化等修饰处理，常常会选择采用大肠杆菌表达系统来制备。经大肠杆菌表达得到的抗体蛋白可能定位表达于还原性的细胞质基质，也可能表达在氧化性的周质腔或培养基，其中细胞质基质定位表达的目的蛋白质多数以包涵体形式积累，需要经体外复性使抗体重折叠恢复成有功能的蛋白分子，最终得到的活性蛋白产率不高；与细胞质基质相比，周质腔为氧化环境，且含有多种辅助蛋白质折叠和组装的生物酶，有助于抗体的二硫键形成和分子的正确折叠，也更利于进行后续的分离纯化，这种分泌表达的抗体活性较高，但产量较低。

酵母表达系统是研究真核蛋白质表达和分析的有力工具，拥有转录后加工修饰功能，适合于稳定表达有功能的外源蛋白质。与昆虫表达系统和哺乳动物表达系统相比，酵母表达系统操作简单、成本低廉，不需要特殊培养基就可大规模进行发酵，是理想的重组真核蛋白质生产制备工具。对于某些需要进行糖基化修饰和正确折叠才能发挥免疫功能的完整抗体分子，可以考虑选择酵母表达系统来进行制备。

哺乳动物细胞表达系统在基因工程抗体药物的生产中占据主导地位，相对于细菌、酵母等表达系统，哺乳动物细胞表达系统可对抗体进行正确的翻译后修饰（如正确的折叠和组装、糖基化修饰等），因而保证了抗体的正确结构和活性，并降低抗体的免疫原性，而且哺乳动物细胞将抗体分泌到胞外，有利于抗体的分离纯化。目前最常用的哺乳动物表达系统是中国仓鼠卵巢细胞（CHO），也有诸如人胚胎肾细胞（HEK-293）、幼仓鼠肾细胞（BHK）等用于制备单克隆抗体等重组蛋白类产品的报道。

（2）抗体药物的分离纯化：与杂交瘤技术制备的传统单克隆抗体一样，以不同方法制备的基因工程抗体也是与多种杂蛋白混杂在一起，需要通过分离纯化才能得到高纯度的抗体药物。对基因工程抗体的纯化要根据其用途和生产工艺特点来制定具体的策略和方法，往往涉及一系列的膜分离和层析技术，分离纯化的基本原则和步骤与杂交瘤技术制备的单克隆抗体类似，此处不再赘述。

## 二、代表性单克隆抗体药物介绍

### （一）莫罗莫那-CD3

1985 年，FDA 批准了世界上第一例治疗性单克隆抗体药物—— 莫罗莫那 -CD3（muromonab-CD3，OKT3），这是一种利用杂交瘤技术生产的、具有一重链（相对分子质量约 5 万）及一轻链（相对分子质量约 2.5 万）的针对人 T 细胞表面抗原（CD3）蛋白中 ε 链的鼠源性单克隆 Ig2α 免疫球蛋白。OKT3 在控制并逆转器官移植的排斥反应方面具有比其他化学性免疫剂更好的疗效，自 1986 年开始临床使用以来，一直是各移植中心免疫抑制综合措施的重要手段之一。此外，临床应用中亦发现 OKT3 对慢性乙型肝炎、再生障碍性贫血、急性病毒性心肌炎和恶性肿瘤等疾病具有一定的治疗作用。

**1. OKT3 的药理作用**　位于细胞表面的主要组织相容性复合体 II 级抗原（MHC- II）在 T 淋巴细胞依赖型免疫反应中起着关键作用，也是引起急性异体移植排斥的主要原因。T 细胞抗原受体（TCR）与 T 细胞表面的 CD3 分子以非共价键连接形成 TCR-CD3 复合物，用于识别抗原提呈细胞的 MHC- II 并进行跨膜细胞内信号传递。当进行异体移植时，接受者 T 细胞上的 TCR-CD3 识别并与捐献者移植组织细胞的 MHC- II 结合，通过 CD3 分子传导信号到胞内，导致 T 细胞增殖和细胞毒 T 细胞的激活，最终对异体移植物发生免疫排斥反应。如果能制备出一种能阻断上述反应过程中关键蛋白功能的抑制剂，就有可能避免异体移植时的排斥反应。遵循这一思路，Patriek 等于 1979 年首次成功制备了一系列抗人 T 淋巴细胞的鼠源性单克隆抗体（OKT 系列），这些单克隆抗体能够识别并绑定在人 T 细胞表面的某个抗原结合位点，从而阻断 T 细胞功能。OKT3 就是通过识别并绑定一个位于 TCR-CD3 复合物活性区域的亚单位，进而封闭了 CD3 的功能，使得 T 细胞的增殖和分化被阻止，并将几乎所有的功能性 T 细胞短暂清除，即使后续仍有 T 细胞产生，也因不具备与 CD3 结合的能力而不能被激活，表现出强烈的免疫抑制效应。在体内，OKT3 能与外周血和组织中的 T 细胞反应，但不影响造血组织中的细胞。

目前认为 OKT3 阻断 T 细胞功能的主要作用机制是通过立体化学的阻聚作用，阻断抗原提呈细胞抑制 TCR 与 MHC- II 衔接，刺激 T 细胞活化并释放细胞因子、调理和消耗周边 T 细胞，即 OKT3 与 CD3 分子结合，使细胞无法形成 TCR-CD3 复合物，或 OKT3 与 CD3 分子以复合物形式在细胞表面的局部聚集成帽状，通过细胞内吞作用进入细胞内，导致 T 细胞无法识别同种异体抗原，进而实现对机体免疫应答的抑制。此外，OKT3 可能通过细胞凋亡的方式诱导已活化的成熟 T 细胞死亡，但不影响处于静止期的 T 细胞，此作用与 T 细胞表面的 Fas 蛋白及其配体密切相关；OKT3 亦可以通过 ADCC 和 CDC 作用杀伤 T 细胞，阻断补体介导的溶解和混合淋巴细胞反应的活性而抑制机体免疫功能；OKT3 还可能采用包裹或免疫调整循环 T 细胞使其在通过肝脏网状内皮系统时被清除，但肝衰竭引起网状内皮细胞功能障碍时注射 OKT3 并未观察到外周血中 CD3 细胞被迅速清除，而肝脏移植前应用 OKT3 却仍能表现出免疫抑制效果，说明此途径非 OKT3 免疫抑制的主要机制。

**2. OKT3 的制备**    OKT3 是采用杂交瘤技术制备的鼠源性单克隆抗体，其制备方法符合杂交瘤制备单克隆抗体的一般流程。首先以 CD3 蛋白分子为抗原、辅以弗氏佐剂对小鼠进行多次免疫，经眼底静脉丛或尾静脉取血测定抗体滴度后选择高滴度的免疫动物进行加强免疫，3 日后处死小鼠，无菌条件下分取脾脏，经研磨制取 B 淋巴细胞悬液；将小鼠骨髓瘤细胞与制取的免疫小鼠脾淋巴细胞进行体外融合后接种到细胞培养板，以 HAT 选择性培养法筛选出其中符合要求的杂交瘤细胞（即脾-瘤融合细胞），经抗体检测后（如 ELISA 检测）对鉴定为阳性的杂交瘤细胞进行克隆化培养；连续克隆化培养获得纯系杂交瘤细胞后接种于小鼠腹腔内进行扩增或通过组织细胞培养技术大量培养，获取包含 OKT3 的接种小鼠腹水或腹腔冲洗液、培养上清液，通过分离纯化工艺进一步提取制备出符合质量要求的 OKT3。

**3. OKT3 的临床应用**

（1）治疗异体移植时的急性排斥反应：OKT3 可用于治疗肾移植患者中急性异体移植排斥和心脏、肝脏移植患者急性类固醇抵抗异体移植排斥，推荐剂量为静脉单剂量注射 5 mg/d（1min 内完成推注），连续给药 10～14 日。与其他免疫抑制剂联合使用时，应将 OKT3 的使用剂量调至最低有效剂量。例如，Chkotua 等将 OKT3 成功应用于对抗激素或抗胸腺细胞球蛋白（ATG）抗体无效的，发生严重排斥反应的肾移植患者。

（2）治疗慢性乙型肝炎：有研究者利用 OKT3 激活的杀伤细胞回输治疗慢性乙型肝炎取得了一定疗效，且证实 OKT3 调节了患者的免疫功能，有利于机体清除乙肝病毒、减轻对肝细胞的破坏。但也出现了应用 OKT3 一段时间停药后，患者发生乙肝复发甚至出现急性重型肝炎导致死亡的现象。

（3）治疗急性病毒性心肌炎：急性病毒性心肌炎是由病毒感染引起的心肌局限性或弥漫性的急性炎症病变，可能会引起机体严重的自身免疫应答反应而危及患者生命，通过给予 OKT3 治疗可以抑制患者的自身免疫反应，进而逆转急性心肌炎造成的心脏损害。

**4. OKT3 的不良反应**

（1）致敏性：OKT3 是鼠源性单克隆抗体，对人体来说是异种蛋白，进入人体后可能引发过敏反应或血清病，患者出现心悸、胸闷、血压下降、四肢和躯干散在性荨麻疹等过敏症状。为防止过敏反应，可于正式注射使用前进行皮肤过敏试验，或服用对乙酰氨基酚或抗组胺类药物预防早期过敏反应。

（2）首次使用引发细胞因子释放综合征：首次使用 OKT3 后可能出现多种不良反应，患者表现出高热寒战、恶心呕吐、呼吸窘迫、胸痛等症状，严重者或出现脑膜炎、肺水肿及心肺恶化。其发生原因可能与 OKT3 首次应用时瞬间激活 T 细胞，引起白细胞介素-1、白细胞介素-6、肿瘤坏死因子-$\alpha$ 及干扰素-$\alpha$ 等细胞因子的分泌与释放有关，即引发了细胞因子释放综合征（cytokine release syndrome，CRS）。普遍认为 OKT3 引起的 CRS 只在首次注射使用时出现，且一般 4～6h 内症状会消退，因此不必停止治疗，多数患者仅表现出温和的流感样症状，但少数可能出现严重的心血管疾病和中枢神经系统感染，甚至导致死亡。亦有部分患者在给药两次以上仍出现 CRS 症状，当增加给药剂量或间隔一段时间后继续给药治疗，都有可能重新引起 CRS。对 CRS 尚无明确的治疗方案，但已有较多的药物可用于减轻其症状反应，如使用皮质类固醇类药物（如甲泼尼龙）可以使患者血清干扰素和肿瘤坏死因子水平明显下降，有利于退热和抗炎；使用对乙酰氨基酚可以减轻患者的发热症状，苯海拉明则可以用于治疗一些过敏性反应。

（3）诱导癌症发生：OKT3 的免疫抑制作用会导致细胞介导的免疫功能低下，使恶性肿瘤的发生概率上升，尤其是淋巴组织增生紊乱、皮肤、唇鳞状细胞癌的风险显著增加。例如，免疫抑制引起的细胞毒性 T 细胞功能损伤可能导致 EB 病毒感染的 B 淋巴细胞转化增殖，转化后的 B 细胞启动癌基因而导致患者出现淋巴组织增生紊乱。

（4）感染性疾病：OKT3 的免疫抑制还将大大增加病毒和其他致病微生物的感染概率，尤其是条件致病菌的感染。其中肺部感染最为常见，一般多为革兰阴性菌合并其他细菌、霉菌、结核杆菌或寄生虫感染，双肺弥漫浸润，病情进展快，死亡率高，临床治疗中应予以高度重视。

（5）耐受性：鼠源性的 OKT3 抗体可能诱发人体产生 HAMA，抑制 OKT3 的功能并降低药物疗效，这些抗体包括 IgM、IgG、IgE 等，从应用 OKT3 的第 9 日开始就可能产生抗体，患者产生抗体的比例为 3%～61%。静脉注射 OKT3 的同时应用硫唑嘌呤和激素等药物可在一定程度上降低人抗 OKT3 抗体的产生。

## （二）英夫利昔单克隆抗体

英夫利昔单克隆抗体（infliximab，Remieade）是美国 Centocor 公司应用基因重组技术制备的与肿瘤坏死因子-α（tumor necrosis factor，TNF-α）特异性结合的嵌合重组单克隆抗体，1999 年获得 FDA 批准用于治疗类风湿关节炎，是第二个获批上市的抗人 TNF-α 制剂。英夫利昔单克隆抗体是 TNF-α 的人-鼠嵌合 IgG1κ 单克隆抗体，含 75% 的人蛋白和 25% 的鼠蛋白，通过竞争性结合具有生物学活性的可溶性和膜结合型 TNF-α，抑制其与 TNF-α 受体的结合，进而抑制 TNF-α 介导的炎症反应。自上市以来，英夫利昔单克隆抗体在临床缓解炎症症状的治疗中取得了不俗的成绩，已广泛应用于类风湿关节炎、克罗恩病、强直性脊柱炎、难治性溃疡性结肠炎等慢性炎症疾病。

**1. Remieade 的药理作用** TNF-α 是一种炎性细胞因子，主要由活化的巨噬细胞和淋巴细胞产生，在成纤维细胞、平滑肌细胞和肿瘤细胞等细胞中也有少量表达，属于 TNF/TNFR 蛋白超家族，具有高度的保守型，参与多种细胞事件，对宿主防御和先天免疫、炎症、细胞坏死和凋亡等具有重要作用。TNF 受体（tumor necrosis factor receptor，TNFR）可分为 TNFR1（也称 p55、p60 或 CD120a）和 TNFR2（也称 p75、pS0 或 CD120b），广泛表达于大部分静止细胞，均可与 TNF-α 结合。对 TNF 细胞因子超家族结构和功能的研究指出 TNF-α 是介导炎症反应的重要因子，在类风湿关节炎、克罗恩病和强直性脊柱炎患者的相关组织和体液中均检测出了高浓度的 TNF-α，而通过阻断 TNF-α 与其受体的相互作用来治疗这些疾病则取得了很大的成功，例如，使用抗 TNF-α 抗体可以明显改善胶原诱导的关节炎小鼠的临床症状、阻止关节的破坏，并可预防高表达 TNF-α 的转基因小鼠类风湿关节炎症状的出现。

Remieade 是一种 TNF-α 拮抗剂，通过与可溶性 TNF-α 同源三聚体或 TNF-α 膜结合型前体的特异性结合而阻断其生物学活性的发挥，进而达到控制炎症、持续缓解病情的目的。Remieade 的 cA2 部分可以与游离的 TNF-α 单体或同源三聚体结合，且与 TNF-α 单体结合后会阻止具有生物活性的 TNF-α 三聚体的形成；而其与膜结合型 TNF-α 的结合能力更强，亲和力比与前者高出约 2 倍。比较 cA2 部分 Fab 片段与 TNF-α 的亲和力，发现二聚体 F（ab'）2 的亲和力为 Fab 单体的 50 倍，说明 Remieade 与 TNF-α 的结合是二价反应。体外研究证实 Remieade 与可溶性 TNF-α 结合体在 4h 内未发生解离，与膜结合型 TNF-α 结合体在 2h 内未发生解离，表明 Remieade-TNF-α 复合物较为稳定。分子结构解析表明 Remieade 与 TNF-α 之间的相互作用具有高度的结构和化学互补性，作用力包括氢键和范德瓦耳斯力，TNF-α 及其抗体结合的 E-F 区不在其与 TNFR 的主要作用区域内（即

A-A'环区域），Remieade 通过部分重合 TNF-α 与 TNFR 的作用表位来抑制 TNF-α 的功能，体现了抗体药物和 TNF-α 作用中 E-F 区的重要角色。

**2. Remieade 的制备** Remieade 是在为克服鼠源性单克隆抗体引发 HAMA 的抗体人源化改造中发展起来的第一代抗体——人-鼠嵌合抗体。利用基因工程重组 DNA，将高选择性、高特异性的结合人 TNF-α 鼠源性抗体 cA2 部分连接到人 IgG1κ 免疫球蛋白的恒定区域上，形成约 75% 人源化的嵌合抗体，这样既保持了鼠源单克隆抗体的特异性和亲和力，又大大降低了免疫原性，亦有利于获得更好的药动学性质。Remieade 制备的第一步是构建能够分泌抗人 TNF-α 抗体的杂交瘤细胞，以便从中筛选出功能性的 V 区基因并进行扩增，然后钓取符合要求的人 IgG1κ 的 C 区基因并进行扩增；将鼠源性信号肽编码序列、可变区和人 IgG1κ 的 C 区基因进行拼接获得嵌合链，进行 PCR 扩增并测序鉴定目的基因产物；再通过限制性酶切和 PCR 纯化产物及表达载体等手段鉴定、筛选出阳性克隆的重组质粒，通过哺乳动物表达系统表达后，经分离纯化最终获得 Remieade 产品。

**3. Remieade 的临床应用**

（1）治疗克罗恩病：克罗恩病是一种慢性胃肠道炎症性紊乱疾病，发病机制复杂且尚未完全明确，普遍认为可能与感染、遗传和免疫有关。研究表明单次给予 Remieade 后 65% 的患者病情得到缓解，而持续使用 Remieade 治疗可以取得更好的临床效果；与单独使用免疫抑制剂相比，使用 Remieade 联合治疗的效果更为明显；而且 Remieade 治疗后鲜见发生瘘管完全闭塞，减少了患者的住院治疗率，降低了需要手术治疗的概率，大大提高了患者的生活质量。

（2）治疗类风湿关节炎：类风湿关节炎是一种以炎性滑膜炎为主的慢性系统性疾病。使用 Remieade 治疗类风湿关节炎的效果明显且可持续，不仅能显著改善患者的临床症状、提高身体功能和生活质量，而且能抑制关节损伤、避免关节被侵蚀并保护关节结构。

（3）治疗溃疡性结肠炎：Remieade 对中、重度溃疡性结肠炎及其并发症有良好的疗效，可以改善病情、促进黏膜愈合，并大大降低了患者的住院治疗率和手术切除率。但其能否长期用于治疗重度溃疡性结肠炎尚缺乏数据支持。

（4）治疗强直性脊柱炎：强直性脊柱炎是一种慢性炎症性类风湿疾病，使用 Remieade 治疗可明显改善患者脊柱灵活性、外周关节炎等机体功能，减缓疾病进程、提高生活质量。

（5）治疗银屑病和银屑病关节炎：TNF-α 是银屑病皮肤炎症发生和持续过程中的关键性因子，能抑制其功能的 Remieade 在临床治疗严重银屑病和银屑病关节炎中显现了良好的效果。连续使用 Remieade 治疗可以明显改善银屑病患者的皮肤损伤状态、关节症状、指病和肌腱端病，也提高了患者的生活质量。

此外，Remieade 也可用于治疗系统性血管炎、炎性肌病和系统性红斑狼疮等，对耐受性葡萄膜炎和巩膜炎、贝赫切特综合征等亦具有一定疗效。

**4. Remieade 的不良反应** TNF-α 是介导炎症和免疫反应的核心调节因子，抗 TNF-α 的抗体由于阻断了其作用，可能引发一些严重的不良反应。例如，感染肺结核或激活潜在肺结核菌一直被认为是 TNF-α 阻断类药物治疗中的一种严重不良反应。

多项临床研究表明 Remieade 治疗可能导致患者发生重症感染，尤其是当其与其他免疫抑制剂联合使用时；由于 Remieade 仍然具有 25% 左右的鼠源蛋白，免疫原性带来的致敏性反应和抗 Remieade 抗体的形成也可能影响药物疗效并为药物安全性带来风险；Remieade 治疗可能发生罕见的视神经炎、癫痫、初型及恶化性脱髓鞘等症状；亦可能出现狼疮样症状和充血性心脏失调现象。因此，在使用 Remieade 进行临床治疗前，应谨慎评估给患者带来的风险和益处。

## （三）贝伐单克隆抗体

贝伐单克隆抗体（bevacizumab，Avastin）是第一个靶向血管内皮生长因子（vascular endothelial growth factor，VEGF）的新生血管抑制剂，2004 年经 FDA 批准用于结直肠癌等临床治疗。Avastin 是一种人源化的重组 IgG1 型的 VEGF 单克隆抗体，包含了 93% 的人源化成分和 7% 的鼠源性成分，所保留的鼠源部分可以识别并结合几乎所有的 VEGF 亚型，阻断 VEGF 与受体的作用而使其失活，从而抑制恶性肿瘤新生血管生成，减少肿瘤的供血、供氧和其他营养物质供应而抑制肿瘤的生长和增殖。临床研究证实，Avastin 联合化学治疗对转移性结直肠癌、转移性乳腺癌、转移性肾癌、非小细胞肺癌、恶性脑胶质瘤等实体瘤有效。

**1. Avastin 的药理作用** 新生血管生成是指通过内皮细胞的增殖和迁移，从原有血管以发芽或套叠形式生成新的毛细血管的过程，是正常和肿瘤组织发生、发展的关键环节之一。早在 1800 年德国的病理学家们就发现新生血管在肿瘤生长中起着重要作用，1971 年 Folkman 教授提出了肿瘤生长具有血管依赖型的理论——肿瘤血管生成是实体瘤发生发展和转移的关键步骤，而且实体瘤的恶变过程依赖于病理性血管生成。体积小于 $2mm^3$ 的肿瘤无须独立血供，可借助扩散作用获得养分，但肿瘤组织必须建立起血管供应才能继续扩大生长，血管生成不仅能保证肿瘤组织稳定获取营养成分和生长因子，也能使其沿新生血管进行转移播散。

随后，Ferrara 等于 1989 年证实了 VEGF 在肿瘤血管生成中的作用，为以 VEGF 为靶点开展抗肿瘤治疗奠定了理论基础。VEGF 是组织血管生成的关键促血管生长因子之一，是由血管内皮细胞表达的同源二聚体糖蛋白（分子质量约 45kDa），属于肝素结合糖蛋白家族。哺乳动物的 VEGF 家族包括 VEGF-A～VEGF-F 及胎盘生长因子（placenta growth factor，PLGF）7 个成员，每个成员又可分为若干亚型，不同亚型具有不同的理化特性和生物学活性，通过与相应的受体结合发挥不同的生物学效应，如促进血管内皮细胞有丝分裂和细胞迁移、抑制内皮细胞凋亡、增加血管通透性等。研究发现 VEGF 在包括肺癌、乳腺癌、肾癌、卵巢癌等多种实体肿瘤组织中均存在高表达，且在整个肿瘤生长周期过程中一直处于高表达状态，这种不被制约的 VEGF 释放可以驱动与肿瘤血管生成密切相关的许多过程，包括促进血管内皮细胞从血管中生长和迁移，使得生成的形态学和功能都异常的血管在肿瘤内存活。VEGF 在肿瘤血管生成中的核心作用使其成为抗肿瘤治疗中令人瞩目的新靶点，由于抑制 VEGF 只是阻断血管生成而并不危害到健康的血管系统，而健康成年人中血管生成的生理作用并不明显，因此抗 VEGF 药物影响正常生理过程的可能性很小，造成的不良反应也相对很少。此外，VEGF 处于在血液中循环的游离状态，以其为靶点的药物不需要渗入肿瘤组织中就可以发挥作用，而且 VEGF 直接作用于血管内皮细胞而不是作用于遗传学不稳定的肿瘤细胞，有效避免了以癌细胞为靶细胞时治疗抗性突变基因型可能引起的耐药问题。

Avastin 能识别 VEGF 的所有亚型，通过与游离的 VEGF 结合而阻断其与相应受体的结合，将 VEGF 从循环中除去；通过靶向循环中的 VEGF 而不是某一种特异性受体，Avastin 可阻断所有 VEGF 受体介导的生物学效应。普遍认为 Avastin 主要通过抑制新生肿瘤血管系统发育并引起已有肿瘤血管退化及重塑肿瘤血管系统来发挥抗肿瘤作用。抑制 VEGF 后 24h 即可抑制新血管萌芽，观察到肿瘤血管管腔内陷、血流减少、内皮细胞凋亡，6 周后可观察到肿瘤区域中血管退化、坏死区域增加，停止药物治疗后 3 周，高度血管化的肿瘤区域再次形成、毛细血管快速重生、肿瘤恢复生长；VEGF 抑制还可通过去除不成熟血管、保留成熟且功能正常的血管的过程来重塑肿瘤血管系统，使血管形状更规则、血液供应更有效、肿瘤内部间质液压降低，有利于化疗药物在肿瘤组织内的渗透和传递，提高化疗和放疗的效能。Avastin 作用初期可导致肿瘤血管退化、肿瘤体积缩小，随后使形态紊乱、通透性异常升高的肿瘤血管系统逐步趋于正常，将化学毒性药物更有效地传递进入肿瘤组织、增强肿瘤药物对化疗药物的敏感性，作用后期可进一步抑制与肿瘤相关的血管新生和再生，从而抑制肿瘤生长扩张。

**2. Avastin 的制备** 以重组人类 VEGF 的 165-氨基酸异构体为免疫原，可以制备一系列的鼠源性单克隆抗体，从中发现属于 IgG1 型的 A.4.6.1 抗体在中和人 VEGF 方面具有一致且明显的作用（如抑制内皮细胞分裂），因此，在 A.4.6.1 鼠源性单克隆抗体的基础上，通过基因工程手段进行人源化改造，最终开发得到了一种靶向人 VEGF 的人源化单克隆抗体——Avastin。

Avastin 与人和鼠的同源性分别为 93% 和 7%，是利用 CDR 移植技术重构的人源化抗体，包含了人源抗体的结构区和可结合 VEGF 的鼠源单克隆抗体的互补决定区，在对人 DNA 框架位点定向遗传突变的过程中，将决定 A.4.6.1 结合特异性的 6 个区域转移到了人 DNA 框架，为保证结合的亲和力，框架内的 7 个氨基酸残基变为了相应的鼠源氨基酸残基。构建好的 Avastin 通过 CHO 表达系统生产，经分离纯化后得到商业化的产品。

**3. Avastin 的临床应用**

（1）治疗结直肠癌：FDA 已批准 Avastin 与氟尿嘧啶联用的化疗方案为转移性结直肠癌的一线治疗方案，研究表明，无论在一线治疗还是二线以上治疗转移性结直肠癌，Avastin 与化疗联用均可提高药物有效率、延长中位肿瘤进展时间和中位生存期。

（2）治疗乳腺癌：研究表明 Avastin 联合紫杉类作为一线方案治疗 HER2 阴性转移性乳腺癌能显著提高肿瘤缓解率并延长无进展生存期，且安全性好；Avastin 联合非紫杉类化疗方案用于 HER2 阴性转移性乳腺癌的一线治疗也明显延长了无进展生存期，但上述疗法均未能证实能改善患者的总生存期。而 FDA 认为，Avastin 治疗转移性乳腺癌的潜在风险超过其可能产生的治疗作用，因此已在 2011 年撤出了 Avastin 对乳腺癌的治疗适应证，但欧洲药品管理局仍然批准其用于进展性转移性乳腺癌治疗。Avastin 在乳腺癌领域的应用尚存争议，有待于进一步的临床研究来明确其意义和安全性。

（3）治疗非小细胞肺癌：FDA 已批准 Avastin 联合紫杉醇和卡铂方案作为无法手术、局部复发或转移的非鳞型非小细胞肺癌的一线治疗方案，是目前唯一获批的用于治疗非小细胞肺癌的抗血管生成制剂，其与其他生物制剂合用的治疗效果和安全性还需要更多的研究来论证。

此外，Avastin 治疗可使接受过治疗的转移性肾癌患者的疾病进展时间延长，Avastin 联合干扰素治疗可提高对转移性肾癌患者的有效率，目前 Avastin 是唯一获 FDA 批准使用的转移性肾癌一线治疗的单克隆抗体。Avastin 亦经 FDA 批准单药二线治疗胶质母细胞瘤。

**4. Avastin 的不良反应** Avastin 可能因阻断 VEGF 而引起患者血管内皮系统功能障碍、毛细血管数量下降使外周血管阻力增加，从而导致发生高血压；蛋白尿也是 Avastin 治疗中常见的不良反应，以无症状的蛋白尿为主，偶见 3、4 级蛋白尿及肾病综合征，出现蛋白尿可能与 Avastin 抑制肾小球足细胞的 VEGF 表达，使肾小球滤过膜通透性升高有关；Avastin 可明显提高患者脑血管疾病、心肌梗死和心绞痛等疾病的发生率，亦可能增加患者发生严重出血的风险。

## （四）阿达木单克隆抗体

与英夫利昔单克隆抗体一样，阿达木单克隆抗体（adalimumab，Humira）也是一种抗 TNF-α 的单克隆抗体，临床适应证和疗效也与 Remieade 相当，不同之处在于 Humira 是一种完全人源化的重组 TNF-α IgG1 单克隆抗体，因完全不具鼠源性，其免疫原性很低，几乎不会引起自身免疫样综合征。Humira 是目前最常用的 TNF 拮抗剂，也是获批适应证最多的抗 TNF 药物，可用于治疗中重度活动性类风湿关节炎、银屑病和银屑病关节炎、强直性脊柱炎、克罗恩病、溃疡性结肠炎等症。近几年来，Humira 牢牢占据着全球畅销药榜单首位，年销售额迅速增长，2014 年销售额逾120 亿美元。

**1. Humira 的药理作用**　与其他抗 TNF 药物一样，Humira 亦通过拮抗 TNF 功能而发挥药效作用，它不仅能够以较强的特异性和较高的亲和力与可溶性 TNF-α 结合，通过阻碍其与相应受体 TNFR-Ⅰ/TNFR-Ⅱ的相互作用而消除 TNF-α 的生物学功能，也可中和 TNF-α 的促炎活性；可以调节由 TNF-α 介导或调控的生物学效应，如改变主要介导白细胞迁移的黏附分子的表达水平；Humira 亦可以结合或中和与疾病相关的跨模型 TNF-α；调节软骨和滑膜的转化等。

全人源抗体 Humira、人-鼠嵌合型抗体 Remieade 和 TNF 受体融合蛋白依那西普均为 TNF 拮抗剂，它们的作用机制非常相似，但在结构和功能上仍存在一定差异。Humira 与 TNF 结合的亲和力很高，在生物测定法中可有效中和 TNF；Humira 是完全人单克隆 IgG1 抗体，与天然 IgG1 并无差异，不会像 Remieade 一样在患者中引起抗原抗体反应；Humira 的半衰期较长、给药频率较低；与其他两者相比，Humira 可更有效地抑制关节炎的发展，可有效抑制滑膜炎症及血管、软骨和骨侵蚀。

**2. Humira 的制备**　Humira 是在 CHO 表达系统中表达的重组全人源化 TNF-α 单克隆抗体，通过噬菌体展示技术筛选获得，由人重链、轻链的可变区和人 IgG1 的 κ 链恒定区组成。制备 Humira 的第一步为定向选择法，即以鼠抗人 TNF-α 抗体 MAK195 分离与其中和表位一致的人源抗体，MAK195 重链和轻链的 V 区可以与人源蛋白配对，以重组人 TNF-α 为抗原进行抗原结合筛选，得到对应的噬菌体抗体文库，最终选择出用以产生全人源化抗 TNF-α 抗体的人重链和轻链 V 区基因。再将含目的基因的重组质粒转染到 CHO 宿主细胞中进行表达，以标准化的发酵和分离纯化工艺制备符合质量标准要求的 Humira 产品。

**3. Humira 的临床应用**

（1）治疗类风湿关节炎：类风湿关节炎是 Humira 获批准的第一个适应证，其可以缓解类风湿关节炎的体征和症状，抑制结构性损伤的发展及改善中重度活动性类风湿关节炎成年患者的身体功能，亦可用于改善抗风湿药疗效不佳的患者的病情。

（2）治疗银屑病和银屑病关节炎：Humira 可用于中重度慢性成年银屑病患者或其他治疗效果不佳的成年银屑病患者；亦可以单独或与改善抗风湿药合用用于银屑病关节炎的治疗，缓解患者活动性关节炎的体征和症状。

（3）治疗强直性脊柱炎：Humira 可有效控制活动性强直性脊柱炎的疾病活动性，显著改善患者的身体功能及生活质量，且改善作用可维持 3 年以上。欧盟认为 Humira 可适用于传统疗法效果不佳时的重度活动性强直性脊柱炎成年患者。

（4）幼年型类风湿关节炎：2009 年，FDA 批准 Humira 用于治疗 4 岁以上患儿的中到重度多关节型幼年型特发性关节炎；欧盟则允许将其用于改善抗风湿药疗效不佳的 2～17 岁多关节型幼年型特发性关节炎患者。

此外，Humira 还可用于治疗传统疗法效果不佳的中重度活动性克罗恩病、中重度活动性溃疡性结肠炎等症。

**4. Humira 的不良反应**　Humira 在临床试验中总体耐受性良好，但也具有 TNF-α 抑制剂的一般潜在用药风险，如可能发生严重感染、自身免疫性疾病、髓鞘脱失综合征和恶性肿瘤等严重不良反应。

最常报告的不良反应是各种感染（如上呼吸道感染、鼻窦炎、咽炎等），注射部位红斑、瘙痒、出血、疼痛等，以及头痛和骨骼肌肉疼痛反应；也有使用后引起患者致死性感染（如结核病、机会感染、乙型肝炎复发等）的病例报告，以及出现各类血细胞减少症、再生障碍性贫血、中枢和外周脱髓鞘不良事件、狼疮和狼疮相关症状及 Stevens-Johnson 综合征等。

（陈　珺）

# 第三节　抗体偶联药物

## 一、抗体偶联药物的发展历史

从前面的章节中已经了解到，抗体以其特异靶向性成为良好的治疗药物，如果利用其优秀的靶向能力，抗体可以用于药物的靶向传输。抗体偶联药物（antibody-drug conjugates，ADC），是指使用可以识别表达特异性抗原靶点的抗体，通过一定的化学连接方法，连接药物及其他分子等的组合复合物，可以用于肿瘤等疾病的靶向治疗。

最早的 ADC 构想可以追溯到 100 多年前 Paul Ehrlich 提出的"神奇的子弹"。Ehrlich 是最早发现抗体并且描述在靶细胞上独特受体可以被抗体识别的科学家之一。他使用小分子染料靶向病变组织的早期工作及他后期的抗体特异性识别靶细胞的工作，为后来的 ADC 靶向传输治疗人类疾病奠定了基础。但当时抗体的发展受限于技术发展，早期从动物或者人的血清中分离和纯化抗体很困难。一些研究者使用来自兔或者山羊的免疫球蛋白提取物用于药物偶联，19 世纪 60 年代末抗体开始用作靶向传输载体用于治疗不同类型肿瘤。1957 年，Mathé 将甲氨蝶呤与抗白血病 1210 抗原致敏的免疫球蛋白通过重氮基相连后，特异性抑制 L1210 细胞的增殖。其他团队开展了更多的 ADC 的研究，研究主要在研究室里进行，很少得到制药企业的资助。早期报道的这些研究为后续的抗体偶联药物提供了一定基础。20 世纪 70 年代早期，Ghose 和合作者发现将抗体与烷化剂共价偶联可以达到靶向肿瘤治疗作用。Sela 和其同事在 1975 年报道，柔红霉素和多柔比星与抗牛血清蛋白抗体不同共价方式偶联，对其通过高碘酸氧化方法获得的活性和稳定性进行了观察。这是第一次指出特异 ADC 的活性与偶联方法相关。这一发现开创了 ADC 的新时代，连接化学开始占据了 ADC 的重要角色。在 1970 年中段，随着动物抗体的分离技术的发展，一些抗体偶联药物已经在部分患者治疗中取得了令人鼓舞的效果。Moolten 和 Sigband 报道将抗白血病抗体与白喉毒素偶联可以特异性杀伤白血病细胞。他们的发现开启了肿瘤治疗的新窗口，开始将偶联的免疫毒素放在蛋白毒素而不再是传统药物。

1980 年后 ADC 开始发展加速主要有以下几个原因。首先最重要的一点，单克隆抗体技术解决了抗体生产和纯化的问题。第一个单克隆抗体药物在 1986 年获得 FDA 批准，重组技术用于生产人源化抗体，大大降低了传统的鼠来源的单克隆抗体的免疫原性。其次，许多新的生物靶点已经被发现，如 HER2 和血管内皮生长因子（VEGF），这使得免疫学研究者可以将抗原的结构和功能作用点作为设计抗肿瘤单克隆抗体的靶点。再次是基于对哺乳动物细胞蛋白内吞机制的了解，ADC 可以通过内吞作用进入荷载抗原细胞。此时，制约药物偶联大分子的作用发挥的是如何促进活性药物在细胞内释放。为了利于药物从载体大分子药物释放到细胞中，基于细胞生物学中内吞体/溶酶体中蛋白水解和酸化的方式设计不同的连接方法，在 19 世纪 80 年代很多成功的连接设计应用于单克隆抗体药物偶联。为了进一步提高活性药物在抗原荷载细胞释放，一些研究者试图提高每个抗体的平均载药量。例如，使用葡聚糖、白蛋白、脂质体作为抗体和药物的中间载体，也有使用同型 IgM 装载更多的药物。在上述技术成功应用后，ADC 在 1990 年开始在免疫治疗中走向成熟。医药和生物公司开始投入大量资金到这个 100 年前的"神奇子弹"的研究中。后来生产单链 Fv 多肽、scFv 和噬菌体展示等新技术的出现大大加速了 ADC 的发展。

第一个上市的 ADC 是吉姆单克隆抗体/奥佐米星，抗 CD33 单克隆抗体与卡其霉素偶联，2000 年获得 FDA 批准用于急性髓性白血病的治疗。但 2010 年因为其导致严重的致死反应和患者临床疗效不明显，辉瑞公司自行撤市。但 ADC 的发展势头没有因此受到阻遏，更多的 ADC 进入临床试验。FDA 批准了维布妥昔单克隆抗体（2011 年）和曲妥珠单克隆抗体-美坦新衍生物（2013 年）。

在部分发达国家，ADC 已成为基本目录药物。

# 二、ADC 的基本内容

**1. ADC 的定义** ADC 在一定意义上也可认为是药物前体的一种，是指使用可以识别特异抗原靶点的抗体，通过一定的化学连接与细胞毒素等药物连接形成的组合复合物。ADC 由三部分组成，即抗体、连接子、小分子药物。一般认为理想的 ADC 在系统给药时，到达治疗部位前药物没有毒性（即药物前体），当 ADC 被相应靶细胞内吞后，小分子药物将以高活性分子形式释放，并在一定时间内达到合适治疗浓度，将靶细胞杀伤或者通过旁观者效应等达到治疗作用。ADC 在 20 世纪 70 年代已有应用于动物模型的报道。20 世纪 80 年代起，已有 ADC 药物获准进入临床。2000 年，第一个 ADC 药物出现（如前述）。目前已经上市的和正在进行的临床研究的部分 ADC 药物见表 3-3。

**表 3-3　已上市的和已进入临床试验研究的部分 ADC 药物**

| ADC | 时期 | 治疗领域 | 靶点 | 抗体 | 药物 |
|---|---|---|---|---|---|
| Trastuzumab emtansine | 上市 | breastcancer | HER2 | Trastuzumab | DM1 |
| Lorvotuzumab mertansine（IMGN901） | I 期 | SCLC、MM | CD56 | huN901 | DM1 |
| IMGN529 | I 期 | NHL、CLL | CD37 | K7153A | DM1 |
| SAR3419 | II 期 | LBCL、ALL | CD19 | Anti-CD19 | DM1 |
| BT-062 | II 期 | MM | CD138 | Anti-myeloma | DM1 |
| AMG 172 | I 期 | RCC | CD27L | Anti-CD27L | DM1 |
| AMG 595 | I 期 | glioma | EFGRvIII | Anti-EGFRvIII | DM1 |
| IMGN853 | I 期 | solidtumors | Folatereceptor1 | Anti-FOLR1 | DM4 |
| SAR566658 | I 期 | solidtumors | CA6 | huDS6 | DM4 |
| BAY94-9343 | I 期 | solidtumors | Mesothelin | Anti-mesothelin | DM4 |
| BIIB015 | I 期 | solidtumors | Crypto | Anti-cripto | DM4 |
| Brentuximabvedotin（SGN-35） | 上市 | HL、ALCL | CD30 | cAC10（SGN-30） | MMAE |
| Glembatu-mumab | II 期 | breast、melanoma | GPNMB | CR001 | MMAE |
| SGN-LIV1A | I 期 | breast | LIV-1（SLC39A6，ZIP6） | Anti-LIV-1 | MMAE |
| DCDS4501A | II 期 | NHL、CLL | CD79B | Anti-CD79B | MMAE |
| DSDT2980S | II 期 | NHL、CLL | CD22 | Anti-CD22 | MMAE |
| AGS-22M6E（ASG-22CE） | I 期 | solidtumors | Nectin-4 | Anti-Nectin-4 | MMAE |
| AGS15E | I 期 | bladder | SLITRK6 | Anti-SLITRK6 | MMAE |
| PSMAADC | I 期 | prostate | PSMA | Anti-PMSA | MMAE |
| SGN-CD19A | I 期 | ALL、NHL | CD19 | Anti-CD19 | MMAF |
| AGS-16C3F | I 期 | RCC | ENPP3 | Anti-ENPP3 | MMAF |
| Inotuzumab ozogamicin | III 期 | NHL、ALL | CD22 | G544 | Calichea-micin |
| IMMU-110 | II 期 | multiple myeloma | CD74 | Anti-CD74 | Doxorub-icin |

注：ADC. santibody-drugconjugates，抗体-药物偶联药物；SCLC. small-celllungcancer，小细胞肺癌；RCC. renalcellcarcinoma，肾细胞癌；MM. multiplemyeloma，多发性骨髓瘤；NHL. non- Hodgkin'slymphoma，非霍奇金淋巴瘤；HL. Hodgkin'slymphoma，霍奇金淋巴瘤；LBCL. largeB-celllymphoma，大 B 细胞淋巴瘤；ALCL. anaplas- ticlarge-celllymphoma，间变性大细胞淋巴瘤；ALL. acutelymphoyticleukemia，急性淋巴细胞白血病；CLL. chroniclymphocyticleukemia，慢性淋巴细胞白血病；AML. acutemyelogenousleukemia，急性粒细胞白血病；MMAE. monomethylauristatin-E，甲基奥瑞他汀-E；MMAF. monomethylauristatin-F，甲基奥瑞他汀-F；Doxorubicin 多柔比星；Calicheamicin 卡其霉素

**2. ADC 的作用靶点**　设计 ADC 药物首先要确定其作用靶点，靶点的选择是依据不同疾病的适应证进行选择，如不同类型肿瘤的适应证，选择不同的单克隆抗体和细胞毒素药物。其中针对患病人群的选择标准，靶点选择具有最重要的意义。

**3. ADC 构成部分的选择**　包括药物、连接子和抗体的选择。

（1）药物的选择：早期的研究使用传统的上市药物用于抗体药物偶联，但在临床中发现，无法达到预期的抗肿瘤效果。研究重点开始转移到高效抗肿瘤活性的细胞毒性天然小分子，之前此类小分子由于临床使用毒性过大未能开发成为药物。目前有几类高效细胞毒性分子及其衍生物、类似物用于 ADC 研发，部分进入临床研究。这类药物可大体分为两大类：微管抑制剂或微管破坏药物如奥瑞他汀衍生物（monomethyl auristatin E，MMAE；monomethl auristatin F，MMAF）、美坦新衍生物（emtansine）DM1 和 DM4、与 DNA 小沟结合的卡其霉素和倍癌霉素（duocarmycin）衍生物。表 3-4 是几类天然小分子毒素对肿瘤细胞系增殖抑制的 $IC_{50}$（mol/L）。

**表 3-4　几类天然小分子毒素对肿瘤细胞系增殖抑制的 $IC_{50}$**

| 小分子种类 | 对肿瘤细胞系的 $IC_{50}$（mol/L） |
| --- | --- |
| DM1 和 DM4 美坦新衍生物 | $10^{-12} \sim 10^{-10}$ |
| MMAF 和 MMAE 奥瑞他汀衍生物 | $10^{-10} \sim 10^{-7}$ |
| N-乙酰-γ 卡其霉素 DMH | $10^{-10}$ |
| DCI 和 CC-1065 倍癌霉素 | $10^{-12} \sim 10^{-11}$ |

（2）连接子的选择：连接小分子药物与抗体偶联的连接子对 ADC 临床前、临床疗效和安全性都有非常重要的意义。首先连接子在动物体内循环中必须稳定，如果细胞毒性小分子在循环的体内传输过程中提前释放，会产生非预期效果及非靶向毒性。当 ADC 被靶细胞内化并运输至一定的胞吞小体后，小分子药物需要从 ADC 中释放出来。ADC 与靶点结合后，抗原抗体复合物通过受体内吞作用，运输至酸化的、富含蛋白水解酶的内体小泡，后形成溶酶体小室，连接子在小泡或者小室内降解，小分子药物被释放后激活。连接子的类型决定了 ADC 的释放方式。连接子可以分为可切除和不可切除两大类。前者主要包括酸不稳定的腙键连接子、二硫化物连接子、肽连接子。后者主要包括硫醚键连接子。

腙键连接子在血液中的中性（pH7.3～7.5）相对稳定，当其被细胞内化后进入细胞内吞小体（pH5.0～6.5）和溶酶体（pH4.5～5.0）中被水解，可以用来偶联多柔比星、卡其霉素和奥瑞他汀。具有二硫化物连接子的 ADC 在溶酶体内抗体部分降解，生成赖氨酸-连接子-药物，美坦新衍生物可以使用二硫化合物连接子。连接子是否降解及其对活性影响取决于二硫化物连接的碳原子的空间位阻。肽连接子，用于偶联多柔比星、丝裂霉素 C、喜树碱、他利霉素（talysomycin）、奥瑞他汀及倍癌霉素。在临床药物连接使用二肽缬氨酸-瓜氨酸连接子，可以被组织蛋白酶 B 和血纤维蛋白溶酶选择性水解，连接子上具有一个间隔区，可以将微管破坏作用的奥瑞他汀 E 或者倍癌霉素前体衍生物与酶切位点分开。

不可切除的连接子主要是硫醚键连接子，其用于偶联美坦新类衍生物 DM1 和 MMAF 的 ADC 已经进入临床研究。进入溶酶体前体的单克隆抗体可以被降解，药物-连接子与抗体片段的赖氨酸或者半胱氨酸残基相连。与可切除连接子偶联的美坦新和奥瑞他汀 AD 的代谢产物相比，带有电荷的药物代谢产物无法高效穿过细胞膜，不能将药物代谢产物扩散到周围肿瘤细胞，从而不具备"旁观者效应"（bystander effect）。

（3）抗体的选择：已进入抗肿瘤临床研究的 ADC，使用的抗体为全长的 IgG 分子，主要为 IgG1型，包括嵌合、人源化或全人源化抗体。ADC 临床研究结果显示，其产生的免疫原性不明显，小分子毒素不具备免疫原性。在小分子毒素与抗体偶联过程中，连接子在抗体分子上的不同位置、数量、偶联方式都可能影响 ADC 的代谢动力学、靶细胞暴露和血液中的稳定性。

目前获得批准进入临床试验的 ADC，其抗体连接小分子药物的方法主要有：一通过抗体的赖氨酸侧链氨基（如美坦新衍生物或者卡其霉素）连接；二通过还原抗体链间二硫键形成活化的半胱氨酸的巯基连接（如 MMAE、MMAF 或者倍癌霉素）。连接形成后，每个抗体上连接的位点可能不同，连接上的小分子药物数量也不同，所以 ADC 实际上是一种混合物。一般是以抗体平均药物连接率（drug antibody ratio，DAR）来确定其组成。其生产工艺和分析技术都还有待发展。

## 三、ADC 上市与研发情况

上市药物简介目前共有 20 多种 ADC 处在临床试验阶段，2 个正式批准上市详见表 3-3。有部分种类被终止开发。这里以上市的维布妥昔单克隆抗体（Brerentuximab vecdotin，Adcetris）为例介绍其临床试验情况，该单克隆抗体被称作贝伦妥单克隆抗体，其他部分 ADC 在后续内容中会有介绍。

Adcetris 是一种新型的肿瘤靶向治疗药物，2011 年获得 FDA 批准用于霍奇金淋巴瘤（HL）和一种罕见淋巴瘤系统性间变性大细胞淋巴瘤（sALCL）的治疗。其适应证包括自身肝细胞移植后或两次既往化疗后疾病进展不能接受移植的 HL，以及用于一次既往化疗后疾病仍有进展的 sALCL。HL 和 sALCL 肿瘤细胞，特异性表达 CD30，可以作为治疗靶点。Adcetris 是将微管蛋白抑制剂 MMAE 通过一种可酶降解的连接子连接到抗 CD30 单克隆抗体上，因而可以识别表达 CD30 的肿瘤细胞，当 Adcetris 与肿瘤细胞结合内化后，溶酶体降解连接子，MMAE 药物分子释放，结合细胞微管蛋白后，微管蛋白崩解并导致细胞周期停滞，进而诱导 CD30 阳性细胞凋亡。HL 和 sALCL 患者的临床 Ⅱ 期试验研究证实了该 ADC 的疗效，可以延长患者中位缓解持续时间，提高缓解率。两项 Ⅱ 期试验研究中，160 例患者接受 Adcetris 单药治疗，最常见的不良反应（2%）有寒战（4%）、恶心（3%）、呼吸困难（3%）、瘙痒（3%）、发热（2%）和咳嗽（2%）。另一项 Ⅱ 期中，31% 患者接受 Adcetris 治疗的 HL 患者最常见严重不良反应是周围神经病变（4%）、腹痛（3%）、肺栓塞（2%）、肺炎（2%）、气胸（2%）、肾盂肾炎（2%）和发热（2%）。sALCL 患者最常见严重不良反应为感染性休克（3%）、室上性心律失常（3%）、肢体痛（3%）和泌尿道感染（3%）。其他严重不良反应有多灶性脑白质病（PML）、Stevens-Johnson 综合征和肿瘤溶解综合征。

## 四、ADC 的关键问题

ADC 的研究与开发依赖于目前日益成熟的生物医学技术，根据其自身独特性，一般需要考虑如下所述六个方面：靶点选择、药物选择、抗体选择、连接子选择、ADC 的制剂处方和特殊的药动学。

**1. 靶点选择**　对于不同疾病，选择合适靶点是最关键因素之一，对于抗体的作用靶点即抗原与抗体结合的相应抗原。靶点对于疾病本身是其本身的固有特征，对于肿瘤而言是其生物特征或标志之一，是不变的。选择了合适的靶点，才可以设计合适的治疗药物和治疗方案。ADC 研发已经评估了很多靶点。在临床前试验中，小鼠模型显示了不同靶点的选择具有多样性。靶点尽量选择病变组织中高表达而在正常组织中不表达或者表达很少的抗原，理论上可以将 ADC 局限或者集中在肿瘤细胞。但特异性肿瘤抗原选择较为困难，一般的完全特异性抗原是极少见的，肿瘤抗原在肿瘤细胞表达高，但在部分正常组织细胞中也有一定表达。在选择靶点时候，需要考虑靶点的器官类型、细胞亚型及细胞周期状态（分裂期或者静止期细胞）、正常细胞与肿瘤细胞表达差异等。但目前研究也发现，在正常组织器官表达的抗原，不一定会带来严重的毒副作用。在 ADC 的临床试验中发现，几个与正常组织呈现交叉反应的 ADC，患者在使用中有良好的耐受性，其毒性较低，如莫坎妥珠单克隆抗体-INGN42 偶联药物（靶向 CanAg，一种黏蛋白样的糖类抗原）、BT-062 偶联药物（靶向 CD138 抗原）和 CDX-011 偶联药物（靶向 gpNMB 抗原）。但也有存在毒副作用较大的，如莫比伐珠单克隆抗体偶联药物（靶向 CD44v6）在治疗中发现皮肤角质细胞表达 CD44v6导致了严重的皮肤毒性，包括致死的中毒性表皮坏死松懈症一例，该药物 I 期临床研究早期就被终止。

目前一般认为，靶点抗原应在正常组织表达较低，在肿瘤组织中表达较高，且抗原抗体结合后，抗原抗体复合物可被内吞并在特定细胞内降解，释放出足量的细胞毒素作用于靶细胞。抗原抗体复合物形成并不引起其他更多的严重不良反应。临床前研究中使用的肿瘤细胞模型，若证实其抗原表达模式、表达水平与患者活检肿瘤细胞一致，该体外研究模型数据可以转化为相应 ADC临床研究疗效参考。但如果在肿瘤细胞模型与临床活检中不一致，则体外的结果可能与体内治疗结果不一致。例如，靶向 CD33 的 ADC AVE9633，在临床前细胞模型中有良好的效果，但在 I 期临床研究中却未能有良好疗效，经分析，患者活检组织中肿瘤细胞 CD33 表达水平明显低于细胞模型，导致该药物无法足量传输进入患者体内肿瘤细胞中。

下面以肿瘤的治疗为例，重点阐述靶点选择需要考虑的主要方面。

（1）特异性和表达水平：ADC 设计中靶点特异性最为关键。理论上最合适的靶点是肿瘤的特异性抗原，仅表达在肿瘤组织细胞，而正常组织细胞不表达。但绝大部分特异性抗原的分布情况是在肿瘤组织内有高表达，在正常组织内表达较少或者仅在部分非必须、具有再生能力的生物组织上表达。特异性抗原是肿瘤组织重要的生物特征，往往在药物选择传输上可能更易到达。靶点表达水平的高低显著影响着结合到肿瘤组织的 ADC 的总量，结合后的 ADC 的内化程度也由靶点表达水平决定。不同类型的肿瘤其靶点分布和数量不同，不同患者个体的靶点分布和数量也不同。例如，HER2 表达于约 20%的乳腺癌患者，针对该受体的治疗局限于这部分患者。准确分析不同或者相关靶点的分布和数量，有利于治疗方案的优化。靶点在正常组织细胞的低表达，ADC 虽然也可以结合在正常组织并内化，但其比例要远低于肿瘤组织的结合和内化。高剂量的 ADC 可以被肿瘤细胞结合和内化，达到治疗剂量杀死肿瘤细胞。在有相同靶点的正常组织中的结合和内化则不能影响正常组织。反之，当靶点在肿瘤组织表达低，将达不到治疗效果。

（2）内化：肿瘤细胞对 ADC 的内化，药物的释放情况显著影响药物的治疗效果。如果 ADC仅能结合到肿瘤细胞，而不能内化或者内化比例低，则药物多数只能通过胞外释放发挥作用，治疗效果明显下降，同时可能增加不良反应。所以必须选择可以内化的抗原靶点，并且可以有抗原抗体的有效内吞再循环的快速内化，积累细胞内的 ADC，达到较好的治疗作用。放射性同位素ADC 在胞外释放可发挥治疗作用，减少对于内化的需要。

（3）可到达程度：靶点的可到达程度是影响 ADC 治疗效果的另一个因素。实体瘤与血液肿瘤相比，其可到达程度明显受限。因为血液肿瘤存在于血液、骨髓或淋巴结，其血液循环 ADC 容易到达，实体瘤则不易到达。靶点阳性的肿瘤体积越大，坏死组织越多，ADC 达到靶点更为困难。

下面我们以前列腺特异性膜抗原作为 ADC 药物的靶点选择的意义及其应用做一个例子。前列腺特异性膜抗原（prostate specific membrane antigen，PSMA）在前列腺中表达较高，其他仅在肾近端小管和部分星形细胞有表达，在小肠和唾液腺有微量表达。靶向星形细胞的 ADC 可以被血脑屏障阻碍，在临床应用中，在不考虑影响生育的前提下，前列腺损伤是可以接受的，其他仅少量出现肾毒性和小肠毒性。人体活检标本显示 PSMA 在人的前列腺癌组织中表达显著上调，高于正常组织的 100～1000 倍。抗原 PSMA 可以被细胞快速内化，快速的循环后回到细胞膜，这样 ADC的抗体结合 PSMA 后可以快速进入细胞并高效内化，ADC 被泵入细胞内。PSMA 异质性非常明显，约95%的前列腺癌患者该抗原呈阳性，患者人群易于选择。前列腺癌容易转移到骨髓（85%～90%），然后是淋巴结（20%～50%），ADC 针对转移具有很好的可到达性。另一方面，PSMA 表达集中在新生血管上，正常血管上没有表达，易于到达肿瘤的新生血管，这也成为一个很好的靶点。此外，

PSMA 在抗雄激素药物使用后，可以大大上调，联合抗雄激素药物和 ADC 治疗后，可以达到更好的治疗效果。基于 PSMA 的 ADC 如 Progenics 公司利用西雅图遗传公司抗体药物偶联物技术制备的 ADC（PSMA-ADC-1301），把靶向前列腺特异性膜抗原（PSMA）的单克隆抗体和 MMAE（一种微管抑制剂）连接起来。Progenics 公司 2012 年 9 月开始 Ⅱ 期临床试验，用于转移性去势难治性前列腺癌患者。

**2. 药物选择**　目前的 ADC 主要面向肿瘤治疗，在临床前和临床研究中已经有四类细胞毒素应用于 ADC。

ADC 利用单克隆抗体与小分子药物（毒素）共价偶联，试图传输毒素到肿瘤组织中并富集，避免损伤非靶点组织，增强疏水性小分子化合物的水溶性，降低肾清除率，延长血液半衰期，拓宽药物的治疗窗。

目前的研究的选择偶联的小分子药物需要具备下述特征：①小分子药物细胞毒作用强大，效力高。如果连接的 IgG 肿瘤穿透能力不强、靶点抗原低表达、内化效率不足和连接子代谢等影响，可能会造成进入细胞内的毒素分子浓度低。临床研究发现，注射给药后每克肿瘤组织仅集中了 0.0003%～0.08% 的抗体剂量，要求偶联的毒素在极低浓度具有足够的毒性杀死肿瘤细胞，同时避免肿瘤细胞耐药的产生。②毒素必须在细胞内发挥毒性作用，抗体-药物偶联物内化后被靶细胞内吞，抗体或者连接子在细胞内的内吞体或者溶酶体降解，释放出有活性的小分子毒素。③药物必须是小分子，空间结构较小，尽量避免小分子本身免疫原性的产生，小分子药物应具备一定的水溶性，在血液中稳定而不会降解。

目前应用的 ADC 中小分子药物的作用机制可以分为三种：作用于微管蛋白、DNA 和 RNA（表 3-5）。早期偶联物使用的化疗药物多柔比星、长春花生物碱和甲氨蝶呤，在临床研究中没有显示足够的杀伤肿瘤效力。后来选用的美登素和奥瑞他汀类等高效毒性分子偶联 ADC 则显示了较好的杀伤肿瘤作用。下面简单介绍一下应用于 ADC 的四类化合物。

表 3-5　用作 ADC 偶联的小分子药物作用靶点和毒素分类

| 作用靶点 | 毒素 |
| --- | --- |
| 微管蛋白 | 美登素类、奥瑞他汀类、紫杉醇衍生物（长春花生物碱类） |
| DNA | 卡其霉素、CC-1065 类似物、多卡米星（多柔比星、甲氨蝶呤） |
| RNA | 鹅膏蕈碱 |

（1）美登素类化合物：美登素（maytansine）类化合物是结构类似于利福霉素、格尔德霉素和枝三烯菌素的细胞毒素，天然的美登素是 1972 年从埃塞俄比亚灌木美登木（*Maytenus ovatus*）分离得到，是一种十九元大环内酰胺（柄型大环内酯）。柄型大环内酯连接至氯化苯环生色基团，含有甲醇胺、环氧基或芳烃基。后续在细菌如珍贵橙色束丝放线菌（*Actinosynnema pretiosum*）、苔

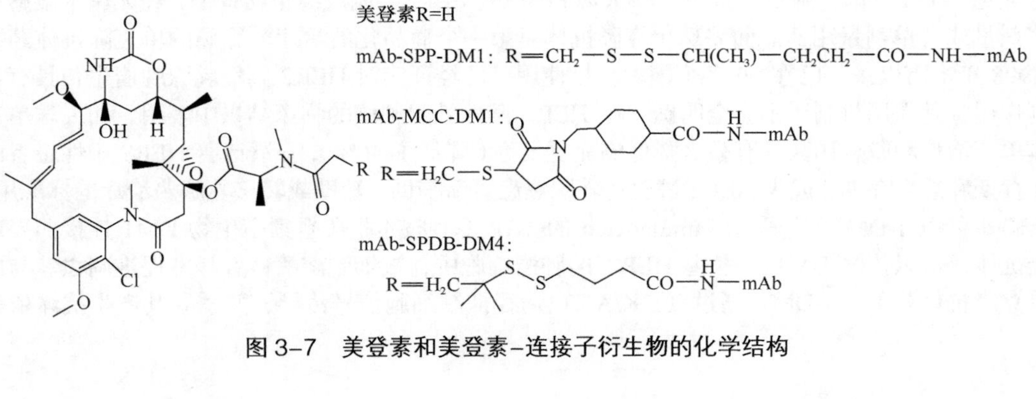

图 3-7　美登素和美登素−连接子衍生物的化学结构

藓和高等植物如鼠李科植物（*Colubrina texensis*）或滑桃树（*Trewia nudiflora*）中分离得到多种美登素衍生物，其 C-3 位的酯侧链有所不同。

美登素及其衍生物可以强烈抑制微管组装，阻滞细胞有丝分裂，作用机制与长春碱类似，主要通过结合在长春碱的结合位点或相近点微管蛋白上起作用。在低浓度，导致微管动态不稳定从而抑制细胞迁移。较高浓度，微管组装和细胞分裂受到抑制，这可能是抑制导致的微管碎片破坏微管负端与中心体和纺锤体两级的连接稳定性引起的。通过抑制细胞有丝分裂从而抑制细胞增殖。美登素 $ED_{50}$（有效剂量）为 $10^{-5}\sim10^{-4}\mu g/ml$，之前尝试用于肿瘤的临床试验，但治疗效果不明显，并且由于缺乏肿瘤特异性，产生了多种不良反应，如神经毒素、胃肠道毒性等。美登素虽然有较低的有效剂量但由于全身毒性使得治疗指数较低。

20 世纪 80 年代后美登素类开始与抗体偶联，在使用不同的连接子连接（图 3-7）过程中发现稳定二硫键可以改善在血液中的稳定性，并可以在细胞内降解，不同的抗体使用稳定二硫键连接，可以保持连接子稳定和控制释放使得抗肿瘤活性达到一个有效平衡。在后续研究中发现，曲妥珠-美登素偶联物临床前研究中，稳定的硫醚键连接子疗效较好，因为部分二硫键在细胞内吞后不能充分降解，药物释放受到影响。随着研究的深入，美登素 ADC 开始进入临床试验。到目前为止，最为成功的一种美登素 ADC 是曲妥珠单克隆抗体-美登素衍生物（Ado-transtuzumab emtansine，T-DM1）。

---

**案例 3-4**

一种已上市 ADC，曲妥珠单克隆抗体-美登素衍生物（Ado-transtuzumab emtansine，T-DM1），是由针对 HER2 的胞外结构域的抗体曲妥珠单克隆抗体与美登素衍生物 DM1 连接的抗体偶联药物，其在临床试验中针对 HER2 阳性肿瘤显示了明确疗效和不良反应降低的治疗结果，于 2013 年 2 月获得 FDA 批准上市。

**问题：**

1. ADC 目前应用的主要治疗领域是什么？
2. 为什么 ADC 能够取得成功？

---

这个药物成功的原因首先需要了解曲妥珠单克隆抗体的产生，曲妥珠单抗因为利用了良好的靶点特异性取得了较好的疗效。乳腺癌是严重威胁女性健康的疾病，全世界每年约有 120 万女性罹患乳腺癌，50 万人死于乳腺癌。在乳腺癌的研究中，发现了人表皮生长因子受体 2（human epidermal growth factor 2，HER2）与肿瘤恶性发展和不良预后紧密联系，在 20%~30%乳腺癌中 HER2 过表达。肿瘤 HER2 蛋白表达可以采用免疫组织化学来评估，分为 0~3+，3+表示过表达，也可以基于荧光原位杂交和显色原位杂交评估基因扩增，HER2 阳性用于描述肿瘤 HER2 蛋白过表达或者 HER2 基因扩增。曲妥珠单克隆抗体是针对 HER2 的胞外结构域的抗体，抗体使用抗体基因工程转基因的中国仓鼠卵巢细胞系生产，抗体被细胞分泌到培养基中，使用色谱和过滤方法进行纯化。曲妥珠单克隆抗体抗由 95%人源和 5%鼠源组成，制成冻干粉剂型，经无菌水溶解后可供多剂量或者单剂量用药。曲妥珠单克隆抗体是第一个商品化的治疗乳腺癌的单克隆抗体药物，自 1998 年上市以来，已在 90 多个国家获批使用，已经证实对 HER2 阳性乳腺肿瘤生长具有显著抑制作用，其作用机制还不完全明确。在 HER2 阳性乳腺肿瘤的临床结果中表明，曲妥珠单克隆抗体单药治疗和联合用药具有显著降低癌症复发率（降低了 46%），显著改善 HER2 阳性患者的无病生存期和总生存期，成为 HER2 过表达乳腺癌患者新辅助、辅助或转移乳腺癌治疗的标准用药。

Kadcyla（T-DM1）是采用 ImmunoGen 的 TAP 专利技术把美登素衍生物 DM1 连接曲妥珠单克隆抗体，可以传输 DM1 至表达 HER2 的肿瘤细胞中，被细胞溶酶体吞噬并促进凋亡。与曲妥珠单克隆抗体相似，T-DM1 通过 PI3K/AKT 途径抑制细胞信号传导，并诱导其产生抗体依赖性细胞毒性。因为曲妥珠单克隆抗体的良好的靶向性，该 ADC 在 HER2 阳性肿瘤取得了良好的治疗效果。该药 2009 年进入Ⅲ期临床试验，将 T-DM1 与医生选择的另一种治疗方案进行比较。EMILIA 临床试验是一项随机Ⅲ期的国际研究，将 T-DM1 与卡倍他滨和拉帕替尼（标准治疗）的疗效进行对比。研究纳入 991 名 HER2 阳性转移性乳腺癌患者，之前患者使用过曲妥珠单克隆抗体和紫杉类药物治疗，最后共有 978 名患者接受了 T-DM1 治疗。T-DM1 组和标准治疗组的中位随访期分别为 12.9 个月和 12.4 个月，T-DM1 和标准治疗的中位无进展生存期分别为 9.6 个月和 6.4 个月，有统计学意义，临床结局详见表 3-6。

表 3-6　T-DM1 与标准治疗的比较

| 检测指标 | T-DM1 | 标准治疗 |
| --- | --- | --- |
| 一年总生存率（%） | 84.7 | 77.0 |
| 两年总生存率（%） | 65.4 | 47.5 |
| 客观缓解率（月） | 43.6（38.6~48.6） | 30.8（26.3~35.7） |
| 患者持续响应伴随总体响应（月） | 12.6 | 6.5 |
| 三级或者更高的不良反应（%） | 40.8 | 57.0 |

与标准治疗相比，T-DM1 组 3 级或以上的最常见不良事件为血小板减少症（12.9% 和 0.2%）、谷草转氨酶增加（4.3% 和 0.8%）、谷丙转氨酶增加（2.9% 和 1.4%）。卡倍他滨和拉帕替尼治疗的患者人更多出现腹泻（20.7% 和 1.6%）、掌跖红肿（16.4%和0.0%）、呕吐（4.5%和0.8%）。鉴于临床Ⅲ期 EMILIA 试验结果，美国和欧盟同意将这种药物用作之前接受过曲妥珠单克隆抗体以及在联合或接替使用紫衫烷类的 HER2 阳性转移性乳腺癌的单药治疗药物。在 EMILIA 试验中，使用 T-DM1 治疗组比使用拉帕替尼联合卡培他滨组毒副作用低、疾病进展慢、死亡的风险低。这个试验针对之前接受过两种或更多 HER2 介导药物治疗的 HER2 阳性晚期乳腺癌患者，考察无进展生存期、总生存期、客观治疗反应与安全性，发现 T-DM1 比对照组（主要接受曲妥珠单克隆抗体联合化疗）具有优越性。T-DM1 在联合使用曲妥珠单克隆抗体和拉帕替尼后逐渐加量治疗疾病，可以有效阻断 HER2 阳性晚期乳腺癌的自然发展过程，改善之前仅接受辅助治疗的疾病预后。基于上述明确的疗效和明显的不良作用降低的治疗结果，T-DM1 于 2013 年 2 月获得 FDA 批准上市。这一药物的成功，证明了一个具备明确靶点特异性的抗体与高毒性药物的偶联产生的良好靶向治疗作用，建立了 ADC 新里程碑。国内也有公司开发注射用重组人源化抗 HER2 单克隆抗体-MMAE 偶联物，2015 年获得了临床试验批件。

**案例 3-4 分析**

1. 抗体偶联药物目前应用的主要治疗领域是恶性肿瘤，这与目前抗体的发展现状是紧密相关的。

2. 曲妥珠单克隆抗体-美登素衍生物（T-DM1）可以传输 DM1 至表达 HER2 的肿瘤细胞中，被细胞溶酶体吞噬并促进凋亡。因为曲妥珠单克隆抗体的良好的靶向性和DM1的高效毒性，该 ADC 在针对 HER2 阳性肿瘤具有良好的疗效和较低的不良反应。这一药物的成功证明了一个具备明确靶点特异性的抗体与高毒性药物的偶联产生的良好靶向治疗作用，建立了 ADC 新里程碑。

美登素类等微管蛋白抑制药物的 ADC 其毒素主要在增殖细胞发挥细胞毒性作用，非分裂或者静止期细胞可能逃避药物作用，并可能发展为耐药性。此外美登素及其连接子是疏水性分子，当其 ADC 偶然释放毒素后在血液或者肝脏、肾脏中，毒素可穿透细胞膜，引起严重的不良反应。耐药肿瘤细胞药物转运蛋白可以加速外排疏水性化合物，从而降低了 ADC 活性。后期有研发使用带

有负电荷 α-磺酸基或极性短聚乙二醇的水溶性亲水连接子,增加溶解性,使得 ADC 亲水性增加。表 3-7 列出了进入临床试验和上市的美登素类 ADC。

表 3-7　临床试验及上市的美登素类 ADC

| ADC | 时期 | 治疗领域 | 靶点 | 抗体 | 药物 |
|---|---|---|---|---|---|
| Trastuzumab emtansine | 上市 | breastcancer | HER2 | Trastuzumab | DM1 |
| Lorvotuzumab mertansine（IMGN901） | I 期 | SCLC，MM | CD56 | huN901 | DM1 |
| IMGN529 | I 期 | NHL、CLL | CD37 | K7153A | DM1 |
| SAR3419 | II 期 | LBCL、ALL | CD19 | Anti-CD19 | DM1 |
| BT-062 | II 期 | MM | CD138 | Anti-myeloma | DM1 |
| AMG 172 | I 期 | RCC | CD27L | Anti-CD27L | DM1 |
| AMG 595 | I 期 | glioma | EFGRvIII | Anti-EGFRvIII | DM1 |
| MLN2704 | 中止 | prostatecancer | PSMA | MLN591 | DM1 |
| Cantuzumab mertansine（huC242-DM1） | 中止 | solidtumors | CanAg | huC242 | DM1 |
| IMGN388 | 中止 | solidtumors | Integrin$\alpha_V$ | Anti-integrin $\alpha_V$ | DM4 |
| IMGN853 | I 期 | solidtumors | Folatereceptor1 | Anti-FOLR1 | DM4 |
| SAR566658 | I 期 | solidtumors | CA6 | huDS6 | DM4 |
| AVE9633 | 中止 | AML | CD33 | huMy9-6 | DM4 |
| BAY94-9343 | I 期 | solidtumors | Mesothelin | Anti-mesothelin | DM4 |
| BIIB015 | I 期 | solidtumors | Crypto | Anti-cripto | DM4 |

注：SCLC. small-celllungcancer,小细胞肺癌；RCC. renalcellcarcinoma,肾细胞癌；MM. multiplemyeloma,多发性骨髓瘤；NHL. non-Hodgkin'slymphoma,非霍奇金淋巴瘤；HLHodgkin'slymphoma,霍奇金淋巴瘤；LBCL. largeB-celllymphoma,大 B 细胞淋巴瘤；ALCL. anaplasticlarge-celllymphoma,间变性大细胞淋巴瘤；ALL. acutelymphocyticleukemia,急性粒细胞白血病；CLL. chroniclymphocyticleukemia,慢性淋巴细胞白血病；AML. acutemyelogenousleukemia,急性髓细胞白血病；ADC. santibody-drugconjugates,抗体-药物偶联药物

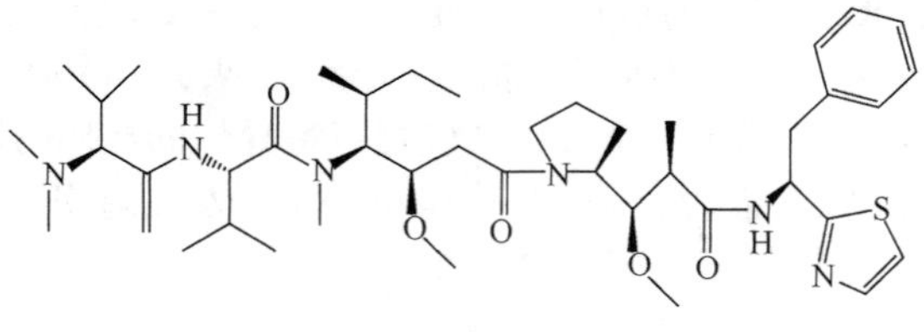

图 3-8　海兔毒素 10 的化学结构式

（2）奥瑞他汀类：20 世纪 70 年代末期,Petti 等从毛里求斯的无壳软体动物橄榄绿截尾海兔（*Dolabella auricularia*）中提取到先导化合物,即海兔毒素（aplysiatoxin）1 和海兔毒素 2。在 P388 白血病细胞系中,有很强的细胞毒性。后来又发现了海兔毒素 3～9。80 年代末,又发现了更好前景的海兔毒素 10～15。研究发现其中海兔毒素 10（图 3-8）和海兔毒素 15 对人肿瘤细胞系毒性最强。海兔毒素 10 可以与微管蛋白紧密结合,结合点位于长春花生物碱结合结构域,抑制微管聚合,阻断细胞周期。当海兔毒素达到一定浓度,细胞内微管消失。海兔毒素 15 机制与此相近。

**案例 3-5**
　　Adcetris（SGN-35）的临床应用。
　　ADC SGN-35（brentuximab vedotin）是 MMAE 连接物,通过缬氨酸-瓜氨酸连接子结合在嵌合单克隆抗体 anti-CD30 上,在临床 I 期、II 期、III 期试验中,有良好的治疗效果。2011

年 8 月，FDA 加速批准用于干细胞移植失败或至少 2 种多药化疗方案治疗失败且不适合干细胞移植的霍奇金淋巴瘤（HL）患者及至少 1 种多药化疗方案治疗失败的系统性间变性大细胞淋巴瘤（sALCL）患者。商品名是 Adcetris。该药物是 30 年中第一个批准用于治疗霍奇金淋巴瘤的药物。2015 年 FDA 批准扩大适应证，用于接受干细胞移植后具有复发高风险的霍奇金淋巴瘤（HL）患者，使 Adcetris 成为目前 FDA 批准的唯一一款巩固治疗方案，将帮助 HL 患者在干细胞移植后维持缓解。

**问题：**

1. MMAE 是一类什么化学物？
2. 缬氨酸-瓜氨酸连接子的优点是什么？

　　20 世纪 90 年代，海兔毒素 10 进入临床 I 期和 II 期试验研究，但随着研究的更大范围开展，约有 40% 的给药患者出现了中度周围神经病变，对难治性转移性腺癌效果不佳，海兔毒素 10 退出单药治疗的临床试验。基于临床前模型的效力和阳性治疗指数，开发了水溶性海兔类似物即奥瑞他汀类。第一个海兔毒素 10 的合成类似物是奥瑞他汀 PE，又称作 TZT-1027 或者索利他汀（soblidotin）。结构上把原 α-噻唑基苯乙胺残基中的噻唑环除去，形成了末端苄氨基（图 3-8）。奥瑞他汀 PE 进入临床 I 期和 II 期试验研究，在联用铂类化疗用于晚期非小细胞肺癌中，疗效不佳。在联合蒽环类化疗用于晚期或者转移性软组织肉瘤中，疗效也不明显。最终退出临床试验。后续开发了新的奥瑞他汀衍生物，如一甲基奥瑞他汀 E（图 3-9，MMAE）和一甲基奥瑞他汀 F（图 3-9，MMAF）。为了克服之前临床试验中的不良反应，改善治疗指数，将奥瑞他汀衍生物与抗体偶联。上述 MMAE、MMAF 是全合成药物，与其他天然或者半合成毒素分子相比具有明显的价格优势。但其肽样结构对抗体的物理性质有一定影响。MMAE 和 MMAF 比较，后者在羧基端具有苯丙氨酸，膜通透性差。使用非切除连接子在 MMAF 的 N 端连接后，其活性不受影响。

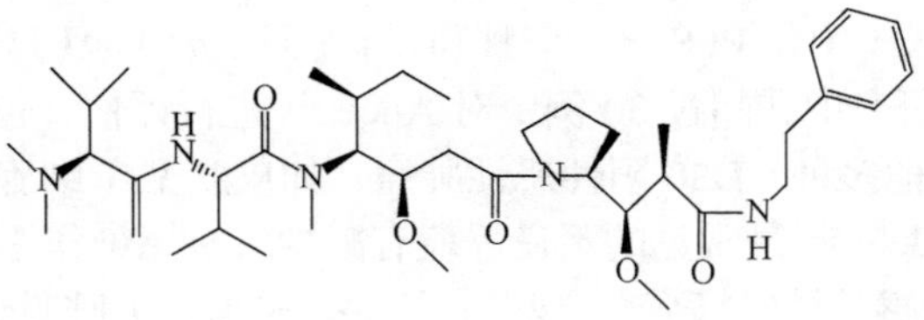

a

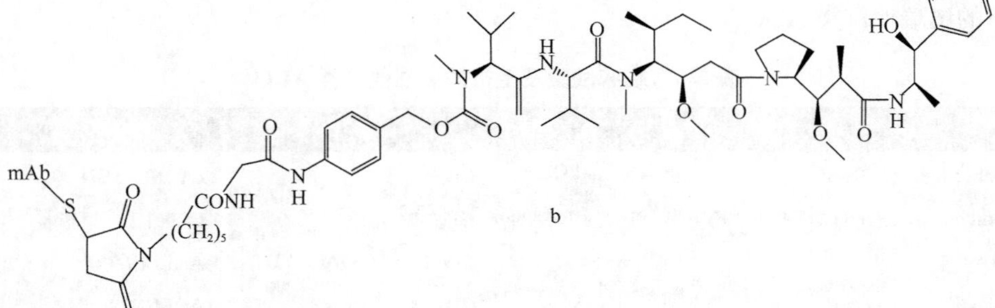

b

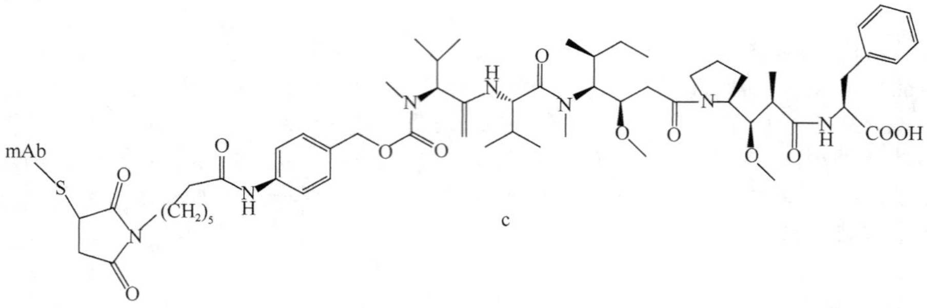

图 3-9　奥瑞他汀 PE 和 MMAE 和 MMAF 抗体偶联物的化学结构

a. PE；b. MMAE；c. MMAF

　　ADC SGN-35（brentuximab vedotin）是 MMAE 连接物，通过缬氨酸-瓜氨酸连接子结合在嵌合单克隆抗体 anti-CD30 上，在临床Ⅰ期、Ⅱ期、Ⅲ期试验中，有良好的治疗效果。2011 年 8 月，FDA 加速批准用于干细胞移植失败或至少 2 种多药化疗方案治疗失败且不适合干细胞移植的霍奇金淋巴瘤（HL）患者及至少 1 种多药化疗方案治疗失败的系统性间变性大细胞淋巴瘤（sALCL）患者。商品名是 Adcetris。该药物是 30 年中第一个批准用于治疗霍奇金淋巴瘤的药物。2015 年 FDA 批准扩大适应证，用于接受干细胞移植后具有复发高风险的霍奇金淋巴瘤（HL）患者。据估计，在全球范围内每年确诊为霍奇金淋巴瘤（HL）的患者高达 6.5 万例，大约 30% 的患者在接受初始治疗（一线联合化疗）后会失败，这类患者的标准方案为抢救性治疗，其次是自体造血干细胞移植（auto-HSCT），约有一半的患者在接受干细胞移植后经历病情复发，因此该领域亟需其他的治疗选择来改善患者的无病生存期。此次批准，使 Adcetris 成为目前 FDA 批准的唯一一款巩固治疗方案，将帮助 HL 患者在干细胞移植后维持缓解。Adcetris 新适应证的获批，是基于一项Ⅲ期 AETHERA 研究的数据。该研究涉及 329 例复发或恶化高风险 HL 患者，其中 165 例接受 Adcetris 治疗，另外 164 例接受安慰剂治疗。数据显示，与安慰剂组相比，Adcetris 治疗组无进展生存期实现统计学意义的显著延长（中位 PFS：43 个月和 24 个月，$p=0.001$），达到了研究的主要终点。西雅图遗传学公司在临床研究中在超过 30 例中对 Adcetris 进行评估，包括之前已批准的经典 HL 和 sALCL 的早期治疗及其他多种 CD30 阳性恶性肿瘤，如皮肤型 T 细胞淋巴瘤、B 细胞淋巴瘤和成熟 T 细胞淋巴瘤等。Adcetris 最常见的不良反应有减少对抗感染作用的白血细胞（中性粒细胞减少症）、神经损伤（周围感觉神经病变）、疲劳、恶心、贫血、上呼吸道感染、腹泻、发热、咳嗽、呕吐和血小板水平低下（血小板减少症）等。此外，孕妇应注意 Adcetris 可能对未出生的婴儿造成损害。另一个奥瑞他汀衍生物 MMAF 的抗体偶联 ADC，有三项进入了临床Ⅰ期试验中，用于透明细胞或乳突状组织肾细胞癌、CD70 阳性非霍奇金淋巴瘤等的治疗。表 3-8 列出了进入临床试验和上市的奥瑞他汀类 ADC。

表 3-8　临床试验及上市的奥瑞他汀类 ADC

| ADC | 时期 | 治疗领域 | 靶点 | 抗体 | 药物 |
|---|---|---|---|---|---|
| Brentuximabvedotin（SGN-35） | 上市 | HL、ALCL | CD30 | cAC10（SGN-30） | MMAE |
| Glembatu-mumab vedotin（CDX-011） | Ⅱ期 | breast、melanoma | GPNMB | CR001 | MMAE |
| SGN-LIV1A | Ⅰ期 | breast | LIV-1（SLC39A6，ZIP6） | Anti-LIV-1 | MMAE |
| DCDS4501A | Ⅱ期 | NHL、CLL | CD79B | Anti-CD79B | MMAE |
| DSDT2980S（RG7593） | Ⅱ期 | NHL、CLL | CD22 | Anti-CD22 | MMAE |
| AGS-22M6E（ASG-22CE） | Ⅰ期 | solidtumors | Nectin-4 | Anti-Nectin-4 | MMAE |

续表

| ADC | 时期 | 治疗领域 | 靶点 | 抗体 | 药物 |
|---|---|---|---|---|---|
| AGS15E | I 期 | sladder | SLITRK6 | Anti-SLITRK6 | MMAE |
| BAY79-4620 | 中止 | solidtumors | Carbonicanhydrase（CAIX） | Anti-CAIX | MMAE |
| PSMAADC | I 期 | prostate | PSMA | Anti-PMSA | MMAE |
| Vorsetuzumab mafodotin（SGN-75） | 中止 | NHL、RCC | CD70 | H1F6 | MMAF |
| SGN-CD19A | I 期 | ALL、NHL | CD19 | Anti-CD19 | MMAF |
| AGS-16C3F | I 期 | RCC | ENPP3 | Anti-ENPP3 | MMAF |
| MEDI-547 | 中止 | solidtumors | EphA2 | Anti-EphA2 | MMAF |

注：ADCs. antibody-drug conjugates，抗体-药物偶联药物；HL. Hodgkin's lymphoma，霍奇金淋巴瘤；ALCL. anaplastic large-cell lymphoma，间变性大细胞淋巴瘤；NHL. non-Hodgkin's lymphoma，非霍奇金淋巴瘤；CLL. chronic lymphocytic leukemia，慢性淋巴细胞白血病；RCC. renal cellcar cinoma，肾细胞癌；ALL. acute lymphocytic leukemia，急性粒细胞白血病；MMAE. monomethyl auristatin-E，甲基奥瑞他汀 E；MMAF. monomethyl auristatin-F，甲基奥瑞他汀 F

（3）卡其霉素：20 世纪 80 年代中期，Lederle 实验室发现一类原核生物产生的作用于 DNA 的抗肿瘤物质，从来自 Texas 的白垩纪钙质层土壤样品中分离了 LL-33288 的培养物，发现其与放线菌类小单孢菌属（*Micromonospora*）关系密切，并确定为新亚种 *M. echinospora* spp. *calichensis*。使用乙酸乙酯从发酵液中提取到卡其霉素，具有很强的革兰阳性菌和革兰阴性菌的抗菌活性，对小鼠 P388 白血病和 B16 黑色素瘤具有抗肿瘤活性。卡其霉素是一类烯二炔类化合物，与其他如埃斯佩拉霉素（esperamicins）、新制癌菌素（neocarzinostatin）、达内霉素（dynemicins）、可达霉素（kedarcidin）、纳美那霉素（namenamicin）等烯二炔结构相似。卡其霉素 $\gamma_1^I$ 是研究最多的一类，其结构较为复杂，由双环[7.3.1]十三烯-9-烯-2,6-二炔苷元与不稳定甲基三硫基和芳基四糖链组成（图 3-10）。芳基四糖链包括羟氨基糖（A 环）和硫糖（B 环）（A 环和 B 环通过罕见的 *N-O*-糖苷键连接）、六代碘硫代苯用酸酯（C 环）及鼠李糖（D 环）。在 A 环上通过糖苷键连接了一个乙氨基糖（E 环）。

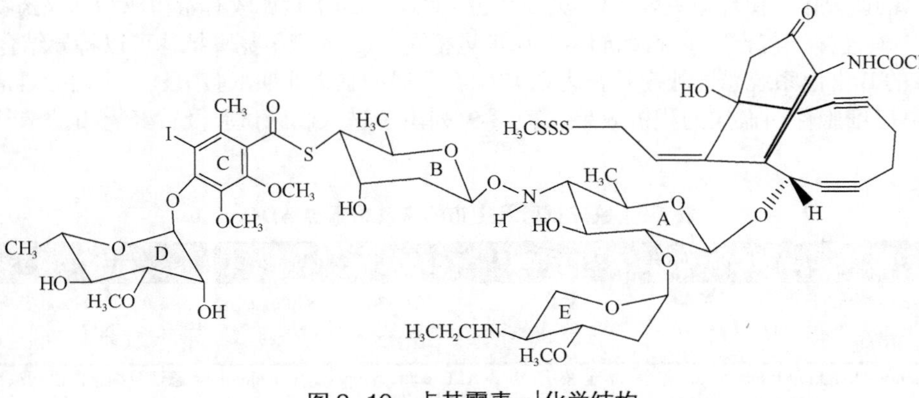

图 3-10　卡其霉素 $\gamma_1^I$ 化学结构

在 *M. echinospora* spp. *calichensis* 发酵液中发现了包括其霉素 $\gamma_1^I$ 在内的 7 个类似物，其中四个碘代类似物（$\alpha_2^I$、$\alpha_3^I$、$\beta_1^I$、$\delta_1^I$）和两个溴代类似物（$\alpha\beta_1^{Br}$、$\gamma_1^{Br}$）。研究表明卡其霉素 $\gamma_1^I$ 发酵产率高，细胞毒性最强。其机制在于导致 DNA 双链的断裂，并且断裂的位点是固定的。早期临床前试验结果表明其治疗窗较小，不利于临床应用。Lederle 实验室最先将系列的卡其霉素类似物偶联至 CT-M-01 抗体，该抗体可以与实体瘤表达的 MUC1 抗原结合，并可以高度内化。在筛选后选择赖氨酸残基（酰胺-二硫键连接子）连接的卡其霉素 *N*-乙酰 $\gamma_1^I$ 与 CT-M-01 抗体偶联物进入临床研究。但在临床Ⅱ期研究中单药疗法治疗铂类敏感的复发性上皮性卵巢癌效果不佳。

吉妥单克隆抗体-奥加米星（Mylotarg）是卡其霉素 $N$-乙酰 $\gamma_1^I$ 的 1，2-二甲基酰肼通过连接子 4-（4-乙酰基-苯氧基）-丁酸在共价键连接 IgG4 型单抗 hP67.6 的赖氨酸残基上（图 3-11）。连接子中有两个不稳定的化学键，一个腙键和一个有空间位阻的二硫键，以保证其能在溶酶体中释放毒素和在细胞质中激活烯二炔结构的断裂 DNA 作用。hP67.6 可结合唾液酸结合免疫球蛋白样凝集素 CD33，这是骨髓性白血病和 B 细胞淋巴瘤的标志物。在早期的临床研究中显示了较好的有效性和安全性。2000 年 5 月 FDA 加速批准 Mylotarg 上市成为第一个 ADC，用于治疗急性髓细胞白血病（AML）。但在后面的研究中药效未能更好确证，Mylotarg 于 2010 年由研发公司主动撤市。其失败原因可能是连接子稳定性不足导致治疗窗口较窄，在高剂量时发生致命的不良反应；也可能是白血病对于卡其霉素耐药的产生。

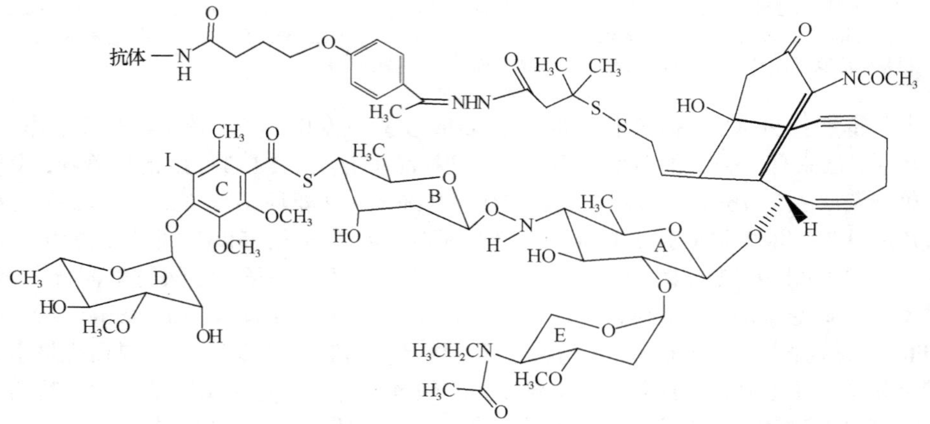

图 3-11    带有吉妥单克隆抗体-奥加米星和伊珠单克隆抗体-奥加米星中连接子与卡其霉素 $N$-乙酰-$\gamma_1^I$ 抗体偶联物

在当今的研究中，伊珠单克隆抗体-奥加米星（CMC-554）是比较有希望成为新兴药物的卡其霉素 ADC。其连接子与吉妥单克隆抗体-奥加米星相同，IgG4 型单克隆抗体可以特异结合 CD22，60%～90% 的 B 淋巴系统恶性肿瘤肿表达 CD22。在开展的临床Ⅱ期试验中显示了治疗难治性和复发性急性淋巴细胞性白血病的积极效果。表 3-9 列出了进入临床试验及曾经上市的卡其霉素类 ADC。

表 3-9    临床试验及上市的卡其霉素类 ADC

| ADC | 时期 | 治疗领域 | 靶点 | 抗体 | 药物 |
|---|---|---|---|---|---|
| Gemtuzumab ozogamicin | 撤市 | AML | CD33 | hP67.6 | Calicheami-cin $\gamma_1^I$ |
| Inotuzumab ozogamicin | Ⅲ期 | NHL、ALL | CD22 | G544 | Calicheami-cin $\gamma_1^I$ |

注：NHL. non-Hodgkin's lymphoma，非霍奇金淋巴瘤；ALL. acute lymphocytic leukemia，急性粒细胞白血病；AML. acute myelogenous leukemia，急性髓细胞白血病

（4）毒伞肽：毒伞肽是一种转录抑制剂，是来自于鹅膏菌属真菌（*Amanita*）产生的剧毒肽类成分。"绿色死亡帽"又名毒鹅膏菌（*Amanita phalloides*）容易被误食，全世界约有 95% 的食用蘑菇中毒致死来自于该种，食用后，该蘑菇的毒伞肽很快被吸收到肝细胞中，肝细胞转运蛋白 OATP1B3 对其具有很强结合力，导致试食用者肝衰竭死亡。毒伞肽的肝毒性制约了其临床应用。

Wieland 在 20 世纪 60 年代分析了毒伞肽的结构。目前发现了 9 种天然毒伞肽具有相投的骨架，由 8 个 *L*-氨基酸组成的环状结构，其中色氨酸和半胱氨酸之间通过亚砜基连接。毒伞肽的三个侧

链羟基化，羟基增加了水溶性。其中两个多肽类成分，α-鹅膏蕈碱和 β-鹅膏蕈碱（图 3-12），大约占所有毒伞肽的 90%。1966 年，Stirpe 和 Fiume 首次报道了 α-鹅膏蕈碱抑制小鼠肝脏细胞核 RNA 合成，并在随后确证了 RNA 聚合酶 II 是毒伞肽的作用靶点，RNA 聚合酶 II 将 DNA 转录为 mRNA 前体。毒伞肽可以与 RNA 聚合酶 II 形成 1:1 的复合物，在细胞质中毒伞肽浓度达到 $10^{-8}$mol/L 时即可抑制转录。后续一些研究者将毒伞肽与免疫球蛋白偶联，探索其连接方式对毒伞肽活性的影响。图 3-13 显示了毒伞肽与抗体偶联的偶联位点。

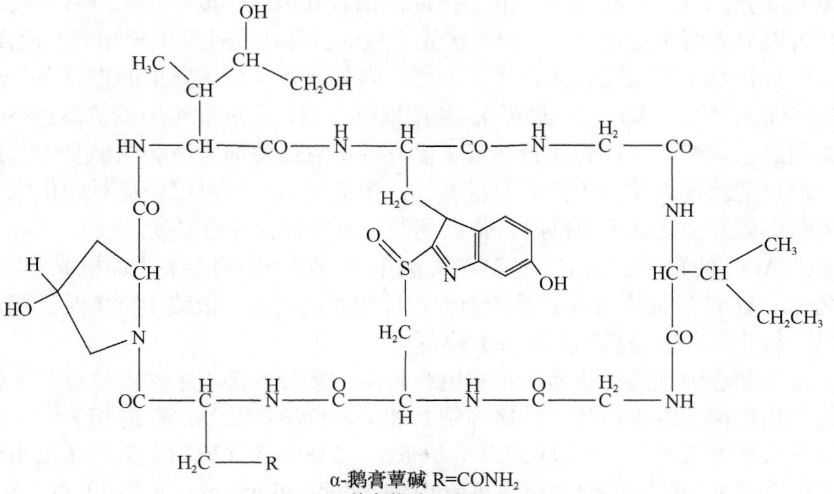

α-鹅膏蕈碱 R=CONH₂
β-鹅膏蕈碱 R=COOH

图 3-12　双环八肽毒素 α-鹅膏蕈碱和 β-鹅膏蕈碱的结构

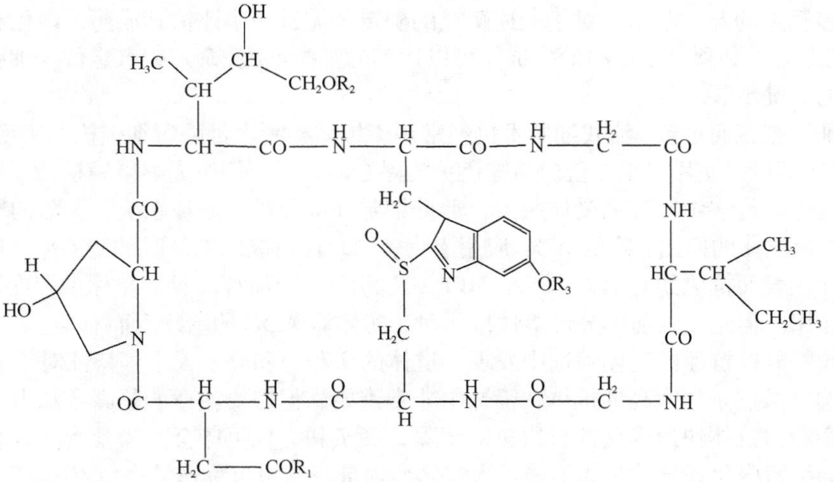

$R_1$= NH—mAb
$R_2$= CO—(CH₂)₄—CONH—mAb
$R_{3a}$=(CH₂)₄—NHCO—(CH₂)₆—CONH—mAb
$R_{3b}$=(CH₂)₄—NHCO—(CH₂)₂—S—S—(CH₂)₂—CONH—mAb
$R_{3c}$=(CH₂)₅—CONH—mAb

图 3-13　毒伞肽与抗体偶联的位点

　　毒伞肽-抗体 ADC 通过细胞内吞进入细胞，在溶酶体中降解，释放毒素或者其衍生物。如图 3-13，$R_1$ 型 β-鹅膏蕈碱衍生物可能和 ε-赖氨酸一起释放，具有与天然鹅膏蕈碱相同的活性。$R_3$ 型连接子醚键不可以降解，$R_{3b}$ 型其释放毒素为硫醇的衍生物，$R_{3a}$ 和 $R_{3c}$ 可以释放毒素和完整的连接子。毒伞肽的亲水性良好，在水介质中便于偶联，毒伞肽与免疫球蛋白的偶联不会引起 ADC 聚集，而疏水的毒素在偶联免疫球蛋白时会出现聚集。毒伞肽在肿瘤细胞内发挥效果后可以继续降解，产生的代谢产物通过尿液快速排泄，不会蓄积。虽然毒伞肽具有上述的优点，但由于其肝脏毒性，在临床应用还需更多的改善。

**3. 抗体选择**　选择合适的靶点，是 ADC 研发的关键因素。根据靶点获得合适抗体也是 ADC 成功设计的重要部分，ADC 抗体筛选对其与抗原的结合和内化程度及其机制有更高的要求。ADC 靶点抗体选择可以分为两种主要途径：靶点优先途径和抗体优先途径（未知靶点途径）。靶点优先途径中，靶点的选择基于靶点的表达方式、丰度、内化属性，抗体获得的重点在分离得到针对靶点的抗体。抗体优先途径（未知靶点途径），利用以结合内化在肿瘤细胞的抗体进行分离，然后进行靶点的溯源鉴定。虽然靶点优先途径在基于已有的靶点属性的合适和明确是否新靶点方面具有更高可信度，但筛选获得内化抗体需要大量工作。未知靶点途径可以快速对内化成分进行假设验证，但这种策略更偏好表达的表面抗原，靶点溯源有时候存在一定难度。

大多数用于 ADC 的靶点的鉴定方法都与肿瘤生物治疗的肿瘤相关表面抗原鉴定的方法近似，但也有一些区别。ADC 是抗体与毒素或者细胞毒性物质的结合，依赖于抗体对于靶点抗原的特异选择提高效果，与非靶向传输相比毒性大大降低。

理想的靶点在肿瘤细胞高表达而在正常组织较少，多种方法用于鉴定靶点差异表达蛋白。在肿瘤样本上的比较包括活组织切片、肿瘤细胞系和患者移植物及与之高度相关的非肿瘤细胞系的比较。使用的方法基于基因组的 CSH 连续堆积杂交、FISH 荧光原位杂交、转录组学及蛋白组技术二维电泳或者质谱及同位素编码和标签（isotope-coded affinity tag，ICAT）在 DNA、mRNA 或者蛋白水平进行。组学的结果常可以分析在肿瘤样本中相比相关正常组织中的表达较高的基因。用上述技术鉴定的肿瘤相关靶点的数量依赖于筛选方法。一般一次可以鉴定上千个靶点。上述技术一般作为多靶点的鉴定起始。对于上述靶点的确定还需进一步评估其成药、内化和其他因素，对于 ADC 靶点分子必须是给药的治疗抗体可以达到的肿瘤细胞，确定靶点定位于细胞膜的细胞外是抗体鉴定的关键步骤。

为了确证细胞表面定位，流式细胞术也经常用于抗体检测大量肿瘤细胞抗原密度情况，FLAG 或者 myc 方法都可以使用，靶点蛋白与绿色荧光融合后，可以用荧光显微镜检测，确定靶点抗原是否从细胞脱落。许多细胞表面受体脱落，部分细胞外部分进入循环系统，脱落的靶点蛋白过多时，将降低治疗抗体的作用，降低 ADC 应用潜力，同时还可能影响肝脏的清除率。这些都可能发生在肿瘤特异性表面抗原如 CA125、PSA、HER2 及其他。一般而言，循环抗原的存在对于 ADC 的传输有降低作用。但是，目前部分可溶性抗原对于实体瘤 ADC 的治疗反而有益。

在对肿瘤特异性抗原的抗体筛选中发现，抗体的亲和力和分子大小等特征对于 ADC 的效果有很大的影响。虽然亲和力高的抗体在筛选中非常重要，但需要注意的是高亲和力不一定与高效率相关，高亲和力抗体快速内化并且快速被清除，高亲和力也可能会因为紧密结合和（或）快速与最先遭遇的细胞内化等导致抗体不能进入实体瘤内部，这也可称作结合位点障碍。在 HER2 系列抗体研究中发现不同的亲和力进入实体瘤的能力不同。这些不同的受试抗体都针对同一 HER2 的表位，但在亲和力方面存在指数级差异。低亲和力的（~200nmol/L $K_d$）抗体有最高的进入肿瘤的效率，但是这种抗体在肿瘤的表面停留时间较短，因为其低亲和力与受体结合不强。相反的，最高亲和力的（<1nmol/L $K_d$）抗体大部分局限在肿瘤的血管周围，这些高亲和力的抗体显示了较低的进入肿瘤的能力，因为他们被最先遭遇的外周细胞快速内化并代谢后排出。而低亲和力的抗体结合力不足暂时不能内化，更能进入肿瘤内部。因此，抗体存在解离常数比受体内化结合常数高，可以避免被细胞快速内化和代谢。研究表明两种速率的平衡有利于抗体的疗效的发挥。为了让毒素有效递送到肿瘤内部，可以通过使用中等亲和力抗体来实现（HER2 抗体研究表明其范围

为 7～23nmol/L），试验模型和实验分析表明分子量和亲和力在治疗抗体进入肿瘤和停留时间有一个平衡。～25kDa 蛋白被肿瘤细胞内吞最少，治疗模型中较小（＜20kDa）和较大（＞100kDa）显示了更好的肿瘤内吞和停留。这是因为小的生物治疗物可以快速进入实体瘤中，高亲和力抗原可以使其停留。虽然这些较小的实体较易进入肿瘤，但经常会在血液中快速清除，半衰期较短。较大的蛋白一般进入肿瘤内部较少，但它们在血液中可以达到较高浓度，半衰期较长，相对而言，中等大小的治疗物（～25kDa）最不合适，因为其进入肿瘤内部困难，半衰期也短。

种属交叉反应也是多数 ADC 抗体研发中需要考虑的，ADC 的研发因为毒理学研究的复杂性更为重要。不同物种的靶点氨基酸序列同源性对于人和其他物种的比较是很有用的。序列一致性可以用于相似性的大致估计，可以获得种属交叉反应的信息，当抗原序列高度一致时，抗体具有较大可能的种属交叉反应。而当靶点序列一致性较低（低于 60%）很难提高种属交叉反应。当筛选潜在的多个靶点时，优先选择高度同源性的靶点，更有利于选择合适的动物模型。序列同源性不同，但其三维蛋白结构有时候会相近，如配体结合位点在不同种属中是高度保守的，但在其他区域可能是低同源性。通常的抗体筛选策略是获得可以结合人和非人类的灵长类和（或）啮齿类动物同源的靶点的抗体。

最后，细胞内吞抗体是抗体效率的关键，评估靶点内化和运载抗体-药物到细胞内适当的小室（如溶酶体）是最为重要的。后面将介绍检测 ADC 的内化与运载。目前 ADC 抗体筛选常使用两种不同的抗体工程技术。

（1）pH 依赖的抗体结合抗体工程：这一抗体工程技术可以使抗体在 pH 6.0 比在中性 pH 有更低的亲和力，用于控制抗体传输进入溶酶体。pH 依赖是通过组氨酸残基的引入在抗体/抗原结合区，这些组氨酸残基在 pH＜6.0 时质子化，在 pH＞6.0 时去质子化，在不同 pH 对结合亲和力有很大影响。针对 PCSK9 和 IL-6R 的抗体已经可以在早期内吞体（pH≤6.0）中与靶点分离，但仍保持与 FcRn 受体的结合，并将它们呈递到细胞表面，防止在溶酶体降解。近似的策略用于提高抗体运载到细胞溶酶体中，其缺少内吞体 FcRn 的表达，有希望作为 ADC 传输后的降解和药物释放。但肿瘤微环境是弱酸性，可能降低 pH-敏感的 ADC 细胞表面结合。需要更多的研究如何优化靶向实体瘤的 pH 依赖的抗体工程技术。

（2）Fc 结合介导抗体工程：Fc-介导的效应在未偶联抗体的肿瘤治疗中影响体内治疗效率，但是 Fc 效应物在 ADC 药物临床试验中其抑制肿瘤生长的作用还不明确，不同的方法用于增强未偶联的抗体免疫介导效应物的效果，抗体糖基化和在抗体 Fc 区域的突变，可以增强 FcγR 结合，放大抗体依赖的细胞介导细胞毒性。这些方法可以提高 ADC 的作用潜力，但效应子机制也可能导致不可预期的不良反应，如交联竞争的效果、细胞因子风暴及血小板聚合。因而，效应子作用在靶向传输药物达到抗肿瘤活性的同时也可能带来不可预期的后果。抗体亚型 IgG2 和 IgG4 天然具有降低与 FcR II 的结合的能力，这些亚型的 ADC 药物，并未发挥上述效应子作用（如卡其霉素类-ADC）。

作为高效的药物，ADC 使用剂量低（$1.8\sim9mg/m^2$），引发的效应子作用很低。ADC 负载更低潜力的药物时，如微管抑制剂，剂量在较高水平（1～5mg/kg），此时效应子的作用开始出现。在抗体工程中已经可以提高效应物介导的肿瘤细胞毒性效果增强和清除，但在 ADC 介导肿瘤杀伤中效应物作用得还不多。研究有三种不同亚型 IgG1、IgG2 和 IgG4 用于 ADC 的研发。抗-CD70 抗体与 mcMMAF 偶联，比较不同 IgG1、IgG2 和 IgG4 的 ADC 及 FcγR 清除的突变，有趣的是，与原 IgG1 ADC 比较，缺少 FcγIII a 的 IgG1v1-ADC 在临床前研究的肾癌和胶质瘤试验中最有效，这一突变显示增强药物暴露提高了在小鼠中的治疗指数，但其引起 ADC 介导的肿瘤杀伤效应物作用原理还不明确。

全细胞免疫多年来可以用于鉴定细胞表面的抗原。白细胞分化抗原分离系统就是基于表面标志的免疫分型造血细胞抗原，通过相应抗体鉴定不同生长时期的细胞。可以使用与肿瘤细胞免疫产生的杂交瘤细胞鉴定靶点,很多肿瘤抗原如前列腺特异性膜抗原和 LewisY 都是使用这种方法鉴定的。在肿瘤细胞和非肿瘤细胞差异结合筛选可以使用 ELISA 或者流式细胞术,全细胞免疫方法鉴定肿瘤抗原的效率可以使用消减免疫技术等方法提高。消减免疫是一种用于生产针对特异性抗原的单克隆抗体,抗原在蛋白的混合物中浓度低,因为较低抗原表位的存在,免疫原性较低。在胸腺选择形成前,新生小鼠注射非肿瘤来源组织形成耐受后,再在小鼠免疫系统成熟后注射肿瘤组织免疫。

噬菌体展示用于多种肿瘤细胞系、肿瘤分离组织、激光切除肿瘤组织细胞及肿瘤患者的原发灶等表面抗原的抗体筛选,为了鉴定肿瘤特异抗体,筛选库一般暴露于非靶向负载细胞,如非肿瘤细胞、从同一组织分离的正常细胞、同一组织的不同肿瘤类型等。肿瘤细胞结合噬菌体分离方法较为简单的有常用 pH 和高 pH 缓冲液洗脱,使用有机溶剂从未结合噬菌体中分离细胞,检测内化。内化肿瘤细胞的噬菌体筛选抗原去除非肿瘤特异性和非内化靶向的抗体,已经成功应用于多种肿瘤类型。内化噬菌体的筛选允许噬菌体在 4℃结合细胞但不内化,转移到 37℃,15~60min 进行内化,然后使用低 pH 缓冲液洗脱表面结合噬菌体,通过细胞溶解和感染大肠杆菌后恢复内化的噬菌体。优化那些具有高丰度靶向细胞表面的、持续靶向内化的、高亲和力、可以结合多表位的多价噬菌体,进行内化的噬菌体恢复。多价噬菌体展示(通常每个噬菌体 5 个拷贝)比单价展示恢复更多低亲和力克隆,因此,有更高分离度,同时在单价噬菌体从人的 scFv 库筛选中获得更多内化克隆。

下面分别介绍靶点优先途径和未知靶点途径抗体筛选过程。

(1)靶点优先途径用于抗体筛选:靶点明确的情况下,其过程如下所示。

1)用于抗体筛选的靶点的考虑和准备:高质量的组分模板是成功的关键,用于靶点构建的工具是多样的,如靶点 DNA、表达质粒、天然或者构建的细胞系、纯化蛋白、对照或者参考的抗体。筛选组分的发现,靶点同源性是种属交叉反应抗体的结合点。用于 ADC 治疗的靶点分子的遗传特征差别很大,绝大部分表达在细胞表面,或者位于肿瘤血管内皮。作为完整的膜蛋白,他们固着在细胞膜上,包含一到多个穿膜 α 螺旋。这些蛋白可以用表面活性剂、非极性或者变性剂从生物膜中分离。表面部分用作抗体发现和筛选的蛋白抗原被分解成小的可溶性的亚单位,或是细胞表面受体的胞外区,这些片段可以设计为重组表达成分作为免疫原或者筛选成分。靶点抗原的重组表达可以使用原核或者真核生物,这依赖于靶点分子的特性。最重要的是,产物是相同的空间,正确折叠的抗原其关键的表位是可以结合的。为了快速得到产物,选择 HEK293 或者 CHO 细胞的瞬时表达。对很多蛋白,使用标签,如流感病毒血凝素、FLAG、His6,有利于从细胞培养物中纯化。Fc 融合蛋白,由免疫球蛋白 Fc 与靶点抗原融合,也可以使用。Fc 区域折叠可以提高融合分子的水溶性和稳定性,同时也可以提供一个方便的蛋白 A/G 亲和层析的纯化方法。

肿瘤的靶点、转化细胞系表达靶点,这些细胞系是潜在的免疫原产生抗体,在动物中产生强的免疫反应。全细胞是复合抗原,由多种细胞表面蛋白组成,存在很多潜在的抗原。扩展的筛选以针对感兴趣的抗原产生特异抗体。在细胞筛选中,为了降低复杂程度,使用重组过表达细胞系。全长的靶点抗原在 HEK293 或者 CHO 细胞表达,非转染的母代细胞表达低的或者无靶点分子作为对照。为了用全细胞在小鼠中免疫产生最多的特异性抗体,人的靶点抗原在小鼠细胞系中过表达,细胞系来自于转基因小鼠,鼠细胞表达重组抗原展示了去除背景反应的全细胞表面成分。

目前杂交瘤技术仍是目前抗体生产中使用最广泛的,很多市场化的治疗抗体是用传统的杂交瘤细胞研发的,生产效率较低。也有更多有效的方法用于抗体的筛选,如流式细胞术联合荧光标记抗原及 RT-PCR 技术联合用于在免疫啮齿类动物筛选 CD40/CD40L。上述方法主要依赖啮齿类动物或者其他抗体产生的动物。小鼠经常用于免疫是因为其明确的基因组,易于生产,费用低。感兴趣基因敲除小鼠易于对某些高度保守的靶点蛋白产生免疫反应。当基因敲除小鼠不适用时,大鼠或者其他物种可以用于人/小鼠交差反应抗体产生。使用传统杂交瘤技术可以利用人免疫球蛋白转基因啮齿动物提供全人源化单克隆抗体。但也存在免疫反应较弱和费用较高的缺点，需要改进。免疫方法依赖于靶点的特性和抗体产生方法，如果靶点是全新的，可供使用的初始选择方法少，选择难度大些。

在重组蛋白或者工程细胞系应用之前，质粒 DNA 和基因组免疫已经用于抗体生产，DNA 可以使用注射、基因枪或者肌肉内电子穿孔等方法。编码抗原被摄入后，表达并被免疫细胞如 DC 细胞呈递，引起较强的体液和细胞免疫，在粒细胞-巨噬细胞集落刺激因子和 Flt3L 协同使用后可以提高 DC 细胞在免疫注射点的增殖，从而提高抗原特异性反应。最近的 DNA 免疫可以针对 G 蛋白偶联受体和离子通道产生免疫反应，用于抗体生成，虽然一般 DNA 免疫要花费更长时间获得免疫反应，但常规生产免疫原蛋白本身也需要时间。针对多靶点的系列抗体对于 ADC 的靶点鉴定很有用处。啮齿类动物的常规免疫方法需要 2 个月或者更长时间注射才能产生足够的抗体。快速免疫方法如重复免疫、多位点用于缩短产生抗体的时间。2~3 周内皮下多点注射小浓度抗原，收集注射点附近的淋巴结，用于细胞融合，或者 B 细胞抗体筛选。

噬菌体展示可以将抗体按下述筛选：抗体结合肿瘤细胞而不结合正常细胞，抗体结合已知靶点，抗体被迅速内化，也可以结合而未发生内化。噬菌体产生的抗体要比免疫动物产生的抗体亲和力低。如同前述结合位点障碍，中度亲和力抗体可以避免被低表达正常细胞内化，但被高表达肿瘤细内化，亲和力低于高亲和力抗体 100 倍对于 ADC 是合适的。最直接的噬菌体展示方法筛选使用纯化或者重组抗原，筛选结合到肿瘤细胞或者工程细胞表达的表面抗原。这种方法的优点是只需证实结合到细胞表面形成复合物，缺点是这种方法需要生产高质量的抗原蛋白，后续的筛选纯化有时会破坏抗体的识别肿瘤细胞靶点的能力。噬菌体结合细胞筛选，包括肿瘤细胞系、肿瘤组织样本、特异靶点过表达的哺乳动物细胞，可以降低不能结合细胞表面靶点的风险，但细胞表面整体复杂提高后，筛选感兴趣的靶点结合克隆也相对困难。感兴趣的表面蛋白过表达细胞的抗体筛选也是一种分离已知特异靶点抗体的方法。稳定表达的哺乳细胞系构建是比较费时的，也经常使用转染和非转染细胞用于筛选和鉴定抗体，为靶点特异性提供较好的对照。重组细胞系可能会漏过结合低表达靶点的低亲和力抗体，也可能会改变内化的机制，所以确定肿瘤细胞上的抗体自身特点很重要。如果靶点已知，噬菌体筛选可以使用纯化蛋白和细胞提高肿瘤细胞表面结合特异性的筛选。类似的，纯化蛋白和肿瘤细胞内化结合筛选可以将重点放在预期的表型克隆筛选库。较难预测噬菌体展示的 Fab 的 scFv 的筛选则需要更多的处理。

2）内化和细胞内运输的筛选：使用显微镜和流式细胞术筛选，必须选择有效的内化抗体才能构建有效的 ADC，抗体结合和特异性可以通过 ELISA 或者其他蛋白结合实验高通量检测，也可以通过细胞-ELISA 和流式细胞术在靶点表达的细胞系或者肿瘤细胞系低通量检测，内化是通过后续的荧光内化检测方法（图 3-14a）或者抗体传输毒素进入细胞内的检测（图 3-14b）。荧光内化检测，筛选抗体与荧光基团偶联的复合物（Fab 或者脂质体），或者是直接偶联荧光基团。荧光基团标志的二抗是最快检测标记抗体的方法。但是，连接物的大小和多价偶联影响内化效果，二抗的存在影响一抗的内化。抗体通过 NHS-SS-biotin 生物素化，再与链霉亲和素连接的荧光基团形成复合物，这一过程比直接标记更适于高通量筛选，但也改变了抗体与抗原结合的亲和力。荧光基团与抗体的直接连接，只适合于较少的抗体同时进行，可以实时监测内化和细胞内传输，减少了二抗带来的干扰（图 3-14c）。抗体可以直接通过简单的连接方式与随机的赖氨酸或者半胱氨酸直接偶联荧光基团。直接偶联带来了在抗原结合表面荧光基团的出现，也有可能影响结合。因而，需要证实结合亲和力没有受到偶联荧光基团的影响。为了检测内化，荧光抗体加入接种于 96 孔细胞板中的细胞 4℃孵育一段时间用于结合。在一段时间后，未内化抗体被洗脱（使用低 pH 缓冲液或者对于 NHS-SS- biotin 连接的荧光基团，加入相应洗脱液），或者通过荧光抗体猝灭细胞外的荧光。

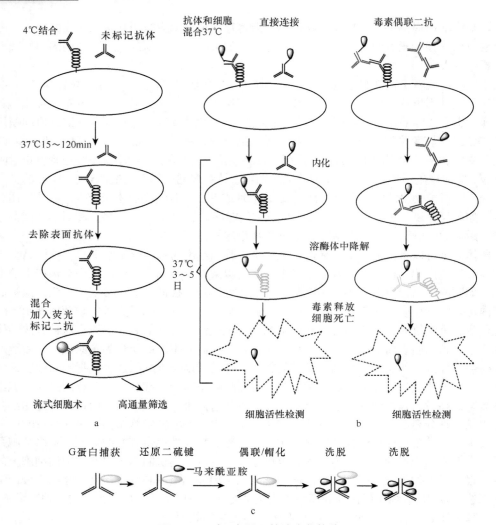

图 3-14　中-高通量筛选内化抗体

a. 荧光内化检测：使用基于荧光方法检测内化，靶细胞与抗体 4℃孵育再加热到 37℃内化，洗脱去除细胞外抗体，使用荧光标记二抗等检测内化抗体。这里未显示，抗体直接偶联荧光基团用于内化，不需要加入二抗。内化可以通过荧光显微镜或者流式细胞仪定量定性检测。

b. 抗体传输毒素进入细胞内的检测：检测细胞内毒素的传输。右边是靶向的毒素传输检测，抗体与毒素直接连接或者二抗直接与毒素连接。连接抗体用于靶细胞作用 3~5 日，检测其毒性。

c. 小量直接偶联：小分子直接偶联抗体，IgG 捕获蛋白 G 小珠，通过马来酰亚胺偶联毒素，可以控制比例的二硫键连接的药物-抗体。

　　内化荧光可以通过高通量荧光检测器或者流式细胞仪定量，设置 4℃对照组。也可以用共聚焦显微镜的高分辨图证实。第二代 ADC 的工程化已经使用不降解的稳定连接方式连接抗体和药物，药物在溶酶体中释放以活化形式作用于细胞。细胞内的传输已经成为最重要的一部分，偶联方法后续进行描述。细胞器标记可以通过传入细胞器的荧光探针标记，通过直接的免疫染色或者荧光基团标记的细胞器底物蛋白异位表达来检测。细胞 4℃暴露于荧光标记的抗体再转移到 37℃。但是，这一方法不需要猝灭非内化的抗体。细胞板在高通量荧光检测器中检测，定量标记抗体和标记细胞器。脂质体也可以用于偶联检测抗体内化，抗体偶联荧光基团标记的脂质体。偶联的脂质体与细胞孵育一段时间后，去除没有内化的抗体和脂质体，未内化细胞被裂解，剩余内化的荧光通过荧光检测器检测。脂质体可以装载细胞毒素或者免疫毒素检测抗体靶向杀伤能力。多个的脂质体连接可能会影响 IgG 的内化和传输能力。

3）细胞内毒素的传输：抗体内化和传输毒素到达目的细胞的检测，多种方法可以用于快速筛选上千种的抗体。一些研究者开始筛选通过噬菌体展示得到的 scFv 融合毒素的内化，在大肠杆菌中的表达使得 scFv 大量筛选，但是融合蛋白的毒性要比新制癌菌素-IgG 低 100 倍，内化抗体效果更好。

**4. 连接子选择** ADC 将抗体与小分子药物连接，ADC 获得了抗体的高度特异性和毒素的毒性。ADC 需要具备抗体良好的药动学和特异性，在血液中 ADC 保持完整并且没有明显毒性，在靶点介导肿瘤细胞内化后，应能释放足够的毒素分子杀死肿瘤细胞。连接子的设计直接影响了 ADC 的疗效和耐受性。在人体循环中，一般连接子需要保持稳定不被降解，但进入肿瘤细胞后要快速高效地降解释放出偶联到抗体上的药物。连接子的应用重点要考虑抗体的连接位点、每个抗体的平均连接点数量、连接子的可降解性（释放药物）及连接子的极性。

目前进入临床试验的绝大多数 ADC 中的连接子可分为可降解和不可降解的。可降解连接子在细胞内释放毒素，在细胞内还原、溶酶体的酸水解或细胞内蛋白酶降解等。不可降解连接子是指连接子本身不降解，但 ADC 的抗体部分蛋白的降解后释放毒素，被释放的毒素分子还带有连接子和抗体降解出来的连接处氨基酸。早期临床试验使用的 ADC，半衰期较短（1～2 日），其连接子是不稳定连接子，如二硫化物和腙。现在使用较多的是在体循环中较为稳定的连接子，包括肽连接子、葡萄糖苷酸及不可降解连接子，不可降解的连接子所连接的抗体在靶细胞内水解后，其连接子仍与药物共价连接。

选择子的选择要首先考虑靶点，形成的抗体-靶抗原复合物内化和降解，偶联物在临床前、临床试验的活性比较都是重要的，小分子药物化学结构则一般决定了连接子的化学偶联方式。ADC 选择的连接子也可以对旁观者效应有很大影响，这在实体瘤治疗中有较大意义。下面对目前常用的连接子的选择使用偶联情况作简单介绍，其中主要是根据连接子的化学降解特性和连接基团来分类。

（1）化学不稳定的连接子：主要是腙和二硫化物连接子。腙连接子 ADC 在内吞体和溶酶体酸性环境降解释放药物，二硫化物 ADC 在细胞质中较高浓度的巯基（如谷胱甘肽）被还原释放药物。一般情况下，该类连接子在血液中不稳定。

1）酸不稳定连接子（腙）：该连接子在体循环的中性（pH 7.3～7.5）环境中稳定，当 ADC 进入细胞后，在内吞体（pH 5.0～6.5）和溶酶体（pH 4.5～5.0）中发生水解释放出药物。该连接子存在非特异性药物释放的缺点。大量早期的 ADC 构建是药物与抗体的糖残基之间连接腙键或者顺式乌头酰基。柔红霉素（daunomycin）是 DNA 复制的抑制剂，通过顺式乌头酰基与抗-T 细胞单克隆抗体的糖羟基偶联，药物分子大量偶联，并且不影响抗体的结合特性。该连接也用于了多柔比星（DOX）与黑色素瘤抗体连接，具有较高的治疗作用，后续有开发 BR96-多柔比星 ADC 进入转移性乳腺癌临床试验（图 3-15）。也有将微管抑制剂长春花生物碱去乙酰长春碱的酰肼衍生物与抗体的糖残基偶联。

上述 ADC 使用的细胞毒性分子效力相对低，在后续的研究中未达到很好的治疗效果。研究者开始使用更高效力的药物如卡其霉素，其诱导细胞凋亡效力是绝大多数标准化疗药物的 100 倍以上。利用腙键连接子与抗体连接，半衰期为 48～72h。吉妥单克隆抗体-奥加米星（Mylogtarg）使用了腙连接子，由 N-乙酰基-γ-卡其霉素通过双官能团连接子与人源化抗 CD33（IgG4κ）抗体共价连接。4-（4-乙酰苯氧基）丁酸基团为抗体表面的赖氨酸残基提供了偶联位点，形成了酰胺键的 N-乙酰基-γ-卡其霉素二甲基酰肼的酰腙连接。卡其霉素自身结构中有一个二硫键，可以作为释放卡其霉素的另一个位点。每个抗体分子可以连接 2～3 个卡其霉素分子。ADC 经 CD33 阳性靶细胞内化后，在溶酶体中腙键水解，卡其霉素释放，二硫键相邻的两个取代甲基可以稳定二硫键，

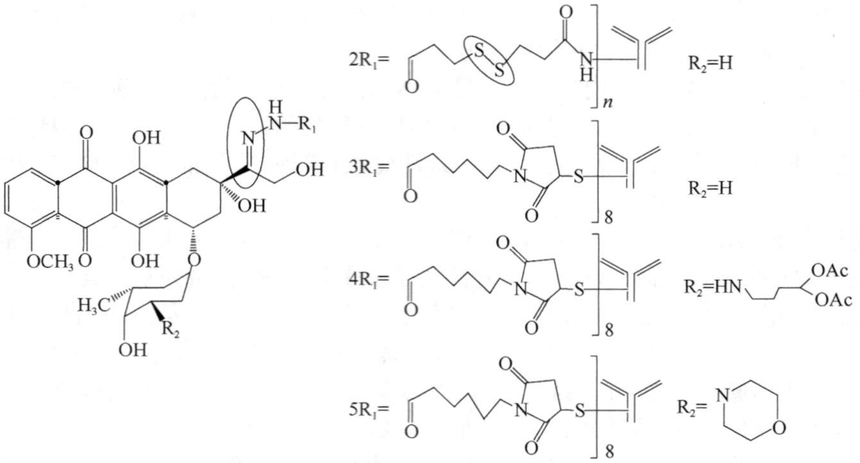

图 3-15　多柔比星的腙衍生物和多柔比星-抗体偶联物 2~5

防止在血液中的二硫键的断裂,过早释放卡其霉素。这是第一个完成全部临床试验的 ADC,在 2000 年获得 FDA 批准用于 60 岁以上的复发性急性髓细胞白血病治疗。但其因为治疗窗窄、缺乏靶向依赖性退出市场。但这一偶联技术仍在应用,人源化抗人 CD22 单克隆抗体通过 4-(4-乙酰苯氧基)丁酸基团,与 N-乙酰基-γ-卡其霉素二甲基酰肼连接(图 3-11),其称为伊珠单克隆抗体-奥加米星(CMC-544),已进入临床 II 期,在人血液中具有良好的稳定性,可以用于难治性或复发性惰性 B 细胞非霍奇金淋巴瘤的治疗,取得了较好的疗效。其他还有利用腙连接卡其霉素的靶向肿瘤抗原的抗体,如靶向 Lewis Y 和癌胚蛋白 5T4。

　　2)二硫化物连接子:二硫化物在生理 pH 条件下稳定,连接子进入细胞后断裂释放药物。细胞质中一般具有还原性更强的环境有利于二硫化物的断裂。其断裂还需要巯基辅助因子如还原型的谷胱甘肽(GSH),谷胱甘肽在细胞质中浓度为 0.5~10mmol/L,大大高于血液中 GSH 或半胱氨酸(约 5μmol/L)。而且在肿瘤细胞中的谷胱甘肽浓度高于正常细胞内浓度。第二代紫杉烷类抗体偶联物使用二硫化物连接子。紫杉烷转化为甲基二硫基烷酰基衍生物,通过 4-巯基-戊酸酯连接子与人表皮生长因子(EGFR)的鼠单克隆抗体上的赖氨酸偶联,其治疗作用显著增强。

　　多种美登素类化合物的二硫化物连接子在研发中显示了较好的活性。如前所述,美登素类化合物细胞毒性为大多数肿瘤化疗药物的 100~1000 倍,美登素类化合物容易转变为含有活性硫醇的衍生物,产生活性巯基,通过双官能团交联剂修饰抗体上的赖氨酸残基,引入吡啶二硫代基团,制备二硫化物连接的美登素偶联抗体。每个抗体分子偶联 3~4 个美登素。研究者在二硫键季位碳原子引入甲基取代基,连接子空间位阻的变化影响药物生物学活性。经过筛选后,最后选择了 DM1 和 DM4(图 3-16)作为抗体偶联的先导分子。当 ADC 在抗原介导内吞后,ADC 由内吞体进入溶酶体,抗体在此过程中可以被降解为氨基酸。在细胞内二硫化物也可以通过胞内甲基转移酶所催化巯基甲基化断裂,DM1 和 DM4 释放。亲脂性 S-甲基-美登素代谢产物不带有电荷,可以移出肿瘤细胞再次进入邻近的没有特定抗原的阴性细胞,发挥旁观者效应。CD242-DM1 是 ImmunoGen 开发的第一代含美登素的 ADC(使用 TAP 肿瘤活化前体药物偶联药物),其靶点为 CanAg。人源化抗体 huCD242 与美登素 DM1 偶联生成 ADC。huC242-DM1 对异质性抗原表达的肿瘤具有很好的杀伤作用,具有很好的旁观者效应。huC242-DM1 的抗体组分在小鼠体内的半衰期约为 100h,而 DM1 半衰期仅约 25h,huC242-DM1 在体循环中释放 DM1 缓慢。临床 I 期试验结果也显示 huC242-DM1 ADC 和 DM1 的终末半衰期分别为 100h 和 24h。细胞内 DM1 的释放可能是二硫化物与胞内巯基物质交换。后续使用 DM4 取代 DM1,生成 huCD242-DM2 显示了更好的稳定性,可能因为二硫键附近的空间位阻增大导致。huCD242-DM2 在部分移植瘤模型中显示了较好的疗效。后续临床开发中已选用 huCD242-DM2。美登素类化合物已经成功与多种抗体形成二硫化物连接，包括 CD19、CD33、CD56、CD79、CD138、HER2、PSCA、PSMA 等，一些已经进入临床试验。

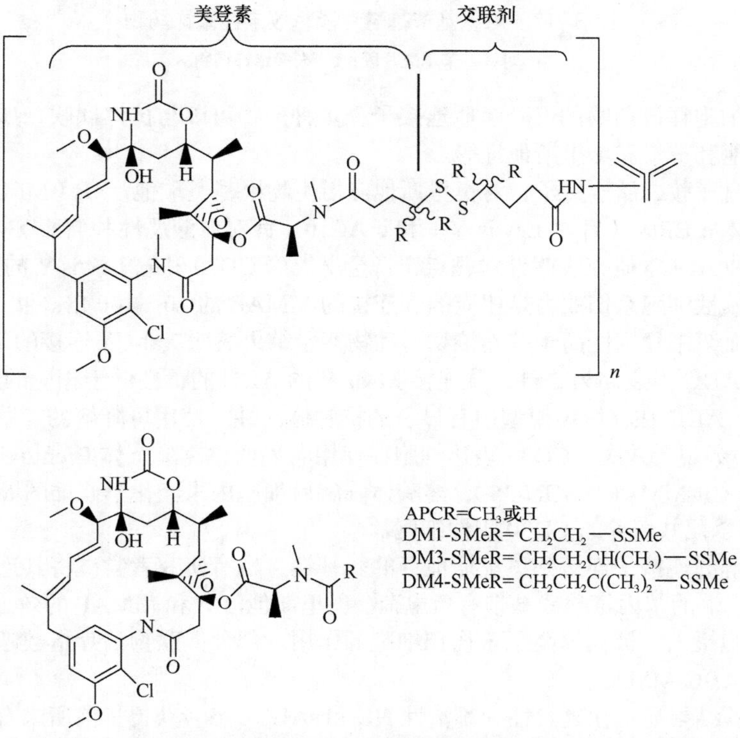

APCR=CH₃或H
DM1-SMeR= CH₂CH₂ —SSMe
DM3-SMeR= CH₂CH₂CH(CH₃) —SSMe
DM4-SMeR= CH₂CH₂C(CH₃)₂ —SSMe

图 3-16　二硫键孪位碳原子引入不同程度甲基取代基的美登素 ADC

（2）酶催化裂解的连接子：该类连接子主要包括肽连接子和 β-葡糖苷酸连接子。

1）肽连接子：如前所述，化学不稳定连接子腙和二硫化物，在血液中有可能降解，使用肽连接子可能更有利于保持稳定性。血液中存在内源性抑制剂，pH 也高于细胞的内吞体和溶酶体，蛋白酶活性低，肽连接在血液中较为稳定。临床前的动物实验结果表明，肽连接子的半衰期为 7～10 日。药物从抗体的释放基本上由溶酶体蛋白酶降解所致，这些蛋白酶在某些肿瘤组织中表达可能上升，有利于药物在肿瘤细胞内释放。

早期的溶酶体裂解肽，如 Gly-Phe-Leu-Gly 和 Ala-Leu-Ala-Leu，研究中发现药物释放速度慢，可能是因为四肽和毒素分子的疏水性导致聚合。开发优化的二肽连接子 Val-Cit 和 Phe-Lys，在生理条件下可保持稳定，但在组织蛋白酶 B 和溶酶体萃取物处理后，发生水解反应。组织蛋白酶是一种半胱氨酸蛋白酶，药物直接连接到肽连接子，蛋白水解后释放出药物和部分氨基酸的连接物，可能会影响药物的活性。因此设计一种自切除间隔基，将药物与酶切位点分隔，插入的间隔基发生自动消除，偶联物在酰胺键水解作用后，释放出完整的未经过化学修饰的药物。最常用的间隔基为双功能性对氨基苄醇基团，通过氨基与肽相连，形成酰胺键，含有胺的毒素分子通过氨基甲酸酯官能团与连接子的苄基羟基相连。蛋白酶降解后，前体药物被激活，释放出未经修饰的药物及其他产物（图 3-17）。

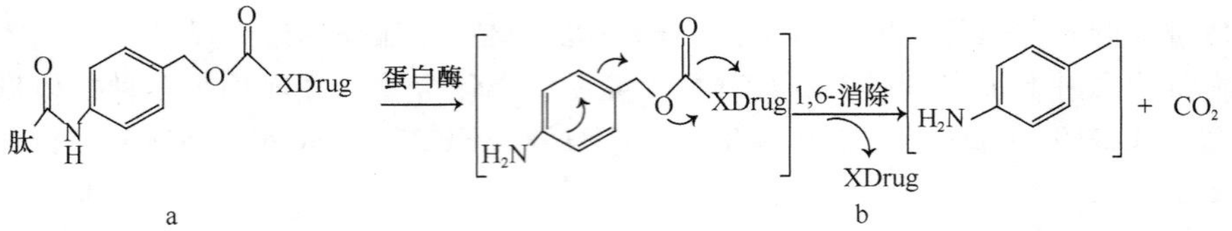

图 3-17　对氨基苄基醚片段释放未经修饰药物

a. 对氨基苄基醚片段；b. 未经修饰药物

利用可以在细胞释放药物的可降解肽连接子，多种药物可以与抗体偶联，如多柔比星、丝裂霉素、喜树碱、他利霉素和奥里斯他汀等。

利用含马来酰亚胺二肽连接子，对奥里斯他汀衍生物甲基奥瑞他汀 E（MMAE）进行修饰，分别于嵌合型抗体 c BR96（针对 Lewis Y）和 c AC10（针对血液恶性肿瘤 CD30）的半胱氨酸残基连接，形成两种 ADC。研究表明针对靶点霍奇金淋巴瘤 CD30 和癌 Lewis Y 的肽连接的 MMAE 偶联物的免疫依赖性细胞杀伤效力是相应的腙连接的 MMAE 的 10～100 倍。肽连接 MMAE 偶联物在缓冲液和人血浆中稳定性高于腙连接物。动物实验结果表明 Val-Cit 连接的 ADC 体内半衰期为 6 日，腙连接 ADC 半衰期为 2 日，肽连接 MMAE 的 ADC 的毒性低于相应的腙连接的 ADC。肽连接的 MMAE ADC 在移植瘤模型中有显著的抗肿瘤活性。使用可降解的二肽连接的奥里斯他汀 ADC 也能获得旁观者效应。CD30 表达细胞在使用布妥西单克隆抗体 Brentuximab Vedotin（抗 CD30 c AC10-Val-Cit-MMAE，SGN-35），溶酶体降解后细胞内未经化学修饰的 MMAE 释放出来，MMAE 可以外流杀死共培养的 CD30 阴性细胞。

除了将可降解的连接子连接到奥里斯他汀的氨基端，也有研究者尝试将其连接到奥里斯他汀的羧基端上，羧基端的苯丙氨酸残基带有负电荷，奥里斯他汀 F 和 MMAF 的效力减弱，但内化抗体后，促进了细胞摄入，极大提高了杀伤靶细胞的作用。部分偶联物治疗指数超过了氨基端连接的 mAb-Val-Cit-PABC-MMAF。

因为临床试验结果显示在复发性和难治性 HL 和 sALCL 患者获得了前所未有的高应答率及良好的耐受性和可控毒性，FDA 2011 年加速批准了布妥西单克隆抗体（Brentuximab Vedotin）SGN-35（AdcetrisTM）用于复发性或难治性霍奇金淋巴瘤及复发性或难治性系统间变性大细胞淋巴瘤的治疗。这是第二个获得药物监管部门上市许可的 ADC。

目前多种含酶裂解二肽连接的奥里斯他汀的 ADC 已经进入临床试验如 SGN-75（抗 CD70，Val-Cit-MMAF）（Ⅰ期）、Glembatumumab（CDX-011）（抗 NMB，Val-Cit-MMAE）（Ⅱ期）、PSMA-ADC（抗 PSMA，Val-Cit-MMAE，PSMA-ADC-1301）（Ⅰ期）。含肽连接子也成功用于 DNA 烷化剂（DNA MGBA）类药物的连接，包括多卡米星、CC-1065 等。

2）β-葡糖苷酸连接子：该连接子在溶酶体酶 β-葡糖苷酸酶裂解 β-葡糖苷酸糖苷键后，活性药物释放（图 3-18）。这种酶在溶酶体中大量存在，一些肿瘤细胞中表达更多。该酶在细胞外活性很低，可以保持 ADC 在循环中的稳定性和胞内快速释放。亲水性 β-葡糖苷酸的引入，有助于消除高度疏水性药物的聚合。

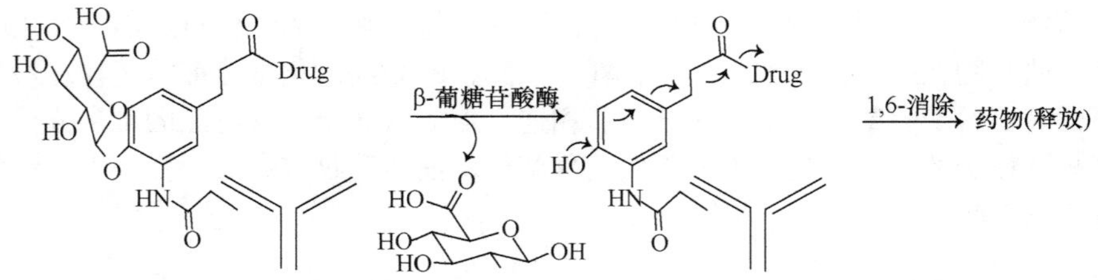

图 3-18　药物被 β-葡糖苷酸酶从含 β-葡糖醛酸连接子的 ADC 的释放

制备了 β-葡糖苷酸连接的 MMAF，其半衰期为 81 日，肽连接子 Val-Cit 二肽连接的 MMAF 半衰期约为 6 日。已被用于制备多种药物的抗体偶联物，如奥里斯他汀、喜树碱、多柔比星类似物、CBI 小沟结合剂等。

（3）不可降解的连接子：这类连接子的降解发生在细胞内化 ADC 后，在溶酶体中蛋白水解酶将抗体降解为氨基酸，药物释放。其不可降解是指连接子本身没有降解，最后释放的是药物衍生物，由细胞毒性药物、连接子和与连接子共价连接的氨基酸残基共同组成。释放的药物代谢产物能发挥靶细胞杀伤。不可降解连接子构建的 ADC 可能存在的缺点是此类 ADC 只能用于特定的靶细胞，需要良好的内化过程，ADC 才能在细胞内降解激活，在细胞外不能降解，并且由于产生的代谢物氨基酸-药物亲水性较好，膜通透性大大下降，旁观者效应降低，非特异毒性降低。此类连接子最大的优点是在循环中稳定性高于前述的可降解连接子，在一定程度上可以改善细胞毒性药物的治疗指数和耐受性。

含不可降解连接子的偶联物早期包括甲氨蝶呤、柔红霉素、长春花生物碱、丝裂霉素、伊达比星和乙酰基美法仑的免疫偶联物，它们通过酰胺或者丁二酰亚胺间隔基团与鼠单克隆抗体连接。每个抗体平均偶联 2～8 个分子，可以保留抗体的识别结合能力，但其稳定性过高导致了药物效力的降低。

目前抗体偶联药物中最常用的不可降解的连接子为丁二酰亚胺-硫醚键，该连接子由马来酰亚胺与硫醇反应得到，应用于美登素和奥里斯他汀的连接。

HER2 靶向的曲妥珠单克隆抗体-MCC-DM1，是一种由曲妥珠单克隆抗体（T）与美登素 DM1 连接而成的 ADC，借助于双异官能团 SMCC 作为抗体赖氨酸残基与 DM1 的巯基之间的交联剂连接而成。与二硫化物连接的美登素 ADC 相比，其耐受性、药动学特征和安全性均较好。同时，硫醚连接的曲妥珠单克隆抗体-MCC-DM1 具有更好的体外和体内活性，其分布和传输是合适的。在 HER2 阳性转移性乳腺癌患者临床试验中取得了较好的治疗效果。

为了逃避肿瘤的多药耐药蛋白 1（MDR1）作用，使用美登素 DM1 通过马来酰亚胺的亲水性连接子 PEG4Mal 与不同抗体（抗 EpCAM、抗 EGFR 和抗 CanAg）偶联，细胞摄入后，含 PEG4Mal 连接子的偶联物经过处理，生成了细胞毒性代谢产物（赖氨酸-PEG-4Mal-DM1），在 MDR1 表达细胞中浓度高于非极性 SMCC 连接子的偶联物的代谢产物（赖氨酸-SMCC-DM1）。耐受性类似，杀伤 MDR1-高表达的细胞效力明显提高，对移植瘤模型有更好的治疗效果。含聚乙二醇连接子的美登素偶联抗体显示了较高的治疗指数，对 MDR1 表达细胞和阴性细胞具有细胞毒性。

不可降解的硫醚连接子也被用于奥里斯他汀衍生物与单克隆抗体连接。奥里斯他汀衍生物 MMAF 末端带有苯基丙氨酸（一种带有负电荷促进细胞膜通透性），促进抗原阳性细胞的药物摄取，是游离药物效力的 2000 倍以上。将 MMAF 与抗体（CD30 和抗 Lewis Y）通过硫醚键连接，获得了比二肽连接子偶联 ADC 更高效的杀伤靶细胞效力，治疗指数提高。MMAF 的氨基端的较多修饰后仍可以保持活性，但大多数药物如 MMAE、多柔比星在修饰较多后，活性丧失。这是该方法使用时要注意的。

使用不可降解的马来酰亚胺己酰（mc）连接子可能会降低非靶细胞毒性，在靶向阳性细胞中药物选择性释放增强，与抗 CD70 抗体偶联后 ADC 最大耐受剂量提高，提高了治疗指数。选择 SGN-75 的 h1F-mcMMAF 的偶联物（每个抗体平均偶联 4 个 mcMMAF 分子）用于实体瘤，转移性肾癌及复发性/难治性非霍奇金淋巴瘤的临床试验。目前认为不可降解的连接子偶联奥里斯他汀-抗体药物具有很好的应用前景。

（4）研发中连接子偶联注意事项：抗体与药物偶联后不能破坏抗体完整性，不能破坏抗原抗体结合特性，达到靶细胞后要能发挥药物生物学活性。在体内循环中其药效力学要类似于未偶联的单克隆抗体药效学特征，注意偶联技术的优化。目前的偶联技术关注于将细胞毒性药物与抗体上的赖氨酸侧链的胺或者半胱氨酸巯基连接，药物激活通过还原链间二硫键。在连接中会产生异质性 ADC，每个药物分子上连接的药物分子数量是不均一的。药物取代后产生的同分异构体可以超过 100 种。连接在抗体上的药物分子数少，ADC 效力降低，连接的药物分子数多则靶点药物浓度升高。当抗体过度修饰后，可能影响抗体与靶抗原的亲和力，影响抗原抗体的结合，还可能导致抗体聚集、沉淀，降低 ADC 的稳定性，加快 ADC 的清除。需综合考虑偶联合成的可行性，所生成的偶联物的溶解度，抗原-抗体亲和力的影响，ADC 的抗原特异细胞毒性及非靶细胞毒性，在动物模型的活性、药动学特征和全身毒性。

但是不同药物的偶联后上述特征有不同，如奥里斯他汀与抗体偶联，平均每个抗体上偶联 4 个药物分子与偶联 8 个药物分子的活性是相近的，这是因为较高负载的 ADC 被清除更快，暴露量下降，较高负载的 ADC 带来的全身毒性较高，所以偶联 4 个药物分子的 ADC 治疗指数更高。这说明良好的药动学比单纯提高药物偶联率更行之有效。目前进入临床试验中的绝大多数的偶联物平均每个抗体偶联 2～4 个药物分子。此外在设计偶联时注意偶联位点的选择，减少对抗体的影响。

（5）偶联工艺的放大：一个新的、有前景的 ADC 在研发阶段就已经设计好合成生产工艺，典型的 ADC 抗体修饰工艺流程如图 3-19 所示。但工艺开发和放大对项目的临床应用和上市有着更高的要求。在 ADC 生产工艺中，抗体的生产工艺不阐述，这里只对抗体与药物偶联工艺放大进行描述。

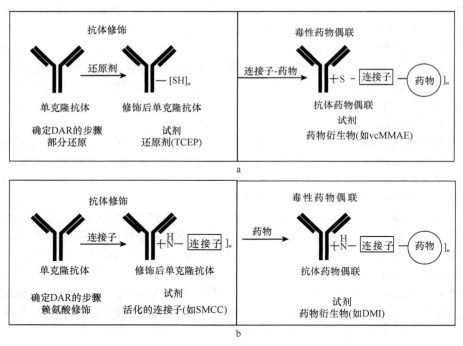

图 3-19　典型的 ADC 抗体修饰工艺流程

a. 半胱氨酸；b. 赖氨酸

一个较为公认的 ADC 工艺流程如表 3-10 所示。

表 3-10　ADC 工艺开发流程

| 熟悉阶段 | 工艺开发 | | 临床供应 | 工艺表征 | 商业供应 |
|---|---|---|---|---|---|
| 试剂滴定 | 正交试验设计 | 纯化工艺 | 用于毒理学、临床研究的批次 | 工艺设计 | 商业化批次 |
| 毫克级水平 | | 克级水平 | 百克级水平 | 克、毫克级水平 | 千克级以上水平 |

　　第一阶段是按照设计的思路对初始偶联工艺参数进行试验和评估,在开发阶段进行参数改进,使用如正交试验模式进行评估。第二个阶段需要多种验证试验对优化的工艺参数进行检验,在毫克级工艺模型多次验证成功后,可尝试使用抗体的克级以上水平,纯化等。工艺放大到100g水平,可以生产足以供应临床前毒理学和早期临床研究的药物。在面向商业化供应时,需要工艺确证,对ADC全部生产流程进行研究和验证,确定最终工业生产工艺。

　　**5. ADC的制剂处方**　为了获得高质量稳定的ADC,ADC制剂处方研究非常重要。ADC的质量属性要从ADC的组成部分及其整体出发,包括上述偶联工艺、分离工艺等方面。其制剂处方主要考虑其物理稳定性、化学稳定性及其检测方法等。

　　(1)物理稳定性:单克隆抗体在储存过程中容易发生非共价聚合,首先发生二聚化,然后继续形成寡聚物。ADC是不均一的。每个抗体带有的药物分子不同,其出现的聚合现象不同于单纯的抗体分子的聚合。偶联导致的疏水性改变和空间结构改变影响了抗体的聚合过程。使用相同方法平行检测偶联和非偶联药物及部分偶联药物的混合物等,可以找到影响聚合的相关因素及聚合的速度。可以通过差热显示技术对比偶联抗体与裸抗体起始熔解稳定或熔点稳定的变化,比较聚合前后及其聚合程度对药物安全性和有效性的影响。

　　(2)化学稳定性:ADC的化学稳定性与抗体部分紧密联系。裸抗体的化学变化很可能体现在ADC上面。当降解发生在抗原结合区的氨基酸残基上,显然对产品的药效影响很大。评估蛋白质的一级结构中蛋白质在溶液中结合区域的暴露和折叠方式,一级结构中其他可能发生的化学修饰位点都可能影响ADC的化学稳定性,从而影响其药物的效力,但显然前者的变化影响程度明显强于后者。ADC也可能发生化学降解产生新片段,主要发生在抗体内,如重链肽段在接近铰链区的断裂,导致游离的Fab及Fab+Fc碎片的产生。这需要测试碎片产生对活性的影响。

　　ADC的偶联的药物分子连接子也可能有降解,可以通过分子排阻高效液相色谱法分析分子异质性,通过反向高效液相色谱检测小分子药物中可能脱落的高疏水性基团从而检测脱落的小分子,小分子药物-连接子空间异构体也可能在手性中心发生外消旋作用。药物抗体偶联比率的下降也是化学稳定性下降的主要因素之一,可以通过疏水作用色谱法进行检测和计算。

　　ADC在临床给药时采用注射的方式,注意其配伍。一般而言,ADC中小分子药物比例越高,其带来的较强的疏水性可能在生理盐水中容易形成溶解的高聚体或者不溶性微粒。可以考虑使用不同的注射缓冲液如葡聚糖、半生理浓度盐水或者使用其他辅料的稀释液体。总之,ADC的处方选择需要考虑pH、缓冲液种类、浓度、稳定剂、包装容器、液体或者冻干粉剂型等。可以参考裸抗体的剂型,但需要两者相比较再探索。ADC剂型采用冻干粉剂型可能更有利于储存和使用。

　　**6. ADC的药动学**　ADC的药物代谢动力学(pharmacokinetics,PK)和吸收、分布、代谢与排泄(ADME)有着独特的方面,了解其特征可以为先导化合物选择、优化和临床开发提供关键信息,将有助于ADC的靶点选择、抗体设计、连接子技术选择和药物抗体偶联率优化,合理开发具有安全性高和疗效显著的ADC。

　　(1)ADC的药动学:ADC由抗体和细胞毒性小分子药物组成,其中抗体组分按照相对分子质量计算,约占98%,抗体作为骨架,也代表了ADC的药动学主要特征。反映在靶点特异性结合、新生Fc受体依赖性循环、Fc效应子上。ADC的吸收、分布、代谢与排泄特征与未偶联的抗体特征相近,主要包括缓慢消除、半衰期长、分布容积低及蛋白水解的分解代谢。其缺点也相近,如口服利用度差、肌内或皮下注射给药后吸收不完全、有免疫原性、非线性分布和消除等。但由于小分子药物的偶联也带来了新的变化,如小分子组分、偶联工艺和ADC生物转化方式。ADC是多种分子的异质混合物。表3-11是ADC、单克隆抗体和小分子药物的药动学特征比较。

表 3-11　ADC、单克隆抗体和小分子药物的药动学特征比较

| 性质 | 小分子药物 | ADC | 单克隆抗体 |
|---|---|---|---|
| 分子质量/Da | 一般<1000 | 约 150 000 | 约 150 000 |
| 药动学试验 | SMD 和相关的代谢药物 | 偶联物、所有的抗体及未偶联细胞毒性药物 | 所有的抗体 |
| 免疫原性 | 无 | 有 | 有 |
| 分布 | 高 $V_d$、宽范围、可能超过血液和良好灌注组织的实际体积 | $V_c$ 接近血浆体积有限的组织分布 | $V_c$ 接近血浆体积有限的组织分布 |
| 代谢 | Ⅰ相和Ⅱ相代谢、CYP450 代谢约为药物的 75% | 蛋白水解分解代谢和 CYP450 代谢组合 | 通过蛋白水解、胞吞和吞噬作用分解代谢 |
| 排泄 | 主要通过胆汁分泌和肾脏排泄 | 预计为 SMD 和单克隆抗体组合 | 短肽和氨基酸重复使用或通过肾小球过滤消除 |
| 半衰期 | 短（h） | 长（抗体）；持续传输 SMD | 长（数日和数周）；FcRn 结合延长半衰期 |
| 清除 | 低剂量：线性；高剂量：非线性 | 低剂量：非线性；高剂量：线性 | 低剂量：非线性；高剂量：线性 |

注：$V_d$，分布容积；$V_c$，中央室的分布容积；SMD，小分子药物

（2）ADC 药动学分析的选择和参数：ADC 是一种复合物，具有高度的异质性。偶联过程中抗体与不同数量的连接子及小分子药物连接，每个抗体连接的药物分子数量不同，连接位点也不同。ADC 进入血液和细胞内化后去偶联和降解生成物也不同。ADC 的体内分布和药动学，需要检测多种产物。包括检测总抗体（偶联和未偶联抗体）、偶联抗体、ADC、未偶联抗体和未偶联的游离药物。在图 3-20 中给出了分析总抗体和偶联抗体的 ELISA 法。表 3-12 中汇总了各种分析物的分析方法、测定对象及其生物学意义。检测多种分析物有助于获取这些复合物分子的多方面信息，如 ADC 的药物损失率（即连接子稳定性）、偶联对 ADC 清除的影响及最终暴露-响应关系。全面的评估期望必须在可操作、技术与试剂的方便使用性和研究的最终目的等之间取得平衡。从 ADC 药动学研究测得的药动学参数——清除率和分布容积，有助于阐述 ADC 与生物的相互作用。

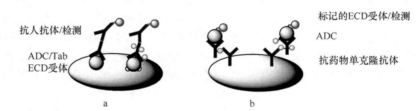

图 3-20　用于 ADC 分析的常规 ELISA 法

a. 总抗体分析，采用抗原或者靶细胞为捕获 ADC 抗体，采用 ADC 抗体的标记抗体检测；b. 偶联抗体分析，采用抗细胞毒性药物抗体捕获 ADC，采用标记抗原或者细胞外检测

表 3-12　ADC 药动学鉴定的分析物、分析方法及其生物学意义的比较

| 分析物/分析方法 | 测定对象 | 生物学意义 |
|---|---|---|
| 总抗体（Tab）ELISA | ADC 的偶联抗体和未偶联抗体 | 对 ADC 抗体相关药学行为最佳评估方法 |
| 偶联抗体 ELISA | 与至少一个细胞毒性药物偶联的抗体 | 估算活性 ADC 的浓度，是大多数 ADC 药动学分析的基础 |
| 偶联药物 LC-MS/MS | 与抗体共价键结合的细胞毒性药物总量 | 估算抗体相关的活性药物；同时反映 ADC 从体循环的清除及抗体上细胞毒性药物的丢失 |
| 游离药物 LC-MS/MS | 全身暴露的从 ADC 释放的游离药物种类 | 最常见和最强效药物种类的理论评估；可能反映全身毒性的评估 |

1）清除：一般是两个并行过程的总和。ADC 的损失（去偶联）和 ADC 的分解代谢。通过抗体代谢的清除，主要是分解代谢中特异性的、可饱和抗原介导的吸收和清除；非特异性的清除通过单克隆抗体 Fc 区与 Fc 受体间相互作用进行的蛋白水解完成。后一种途径是大多数治疗剂量水平的 ADC 的清除途径，同时以线性方式清除 ADC。与抗体比较，ADC 清除率一般会升高，半衰期缩短，这是由偶联物三级结构不稳定及与清除途径的相互作用改变引起的。

2）分布容积：ADC 骨架是抗体，其分布也与未偶联抗体类似。初始分布一般局限在血管中，中央室与血浆体积（约 50ml/kg）相似。分布随着时间延伸到组织间隙中，稳态分布容积为 100～150ml/kg。与未偶联抗体相似，ADC 分布还受到靶抗原表达和内化的影响。偶联的细胞毒性药物的分布对于全身毒性更为重要。未偶联抗体通过抗原-非特异性或抗原-特异性过程在非靶细胞组织的分布，基本不具备药理学效应，但是 ADC 在相同组织的分布与蓄积具有显著的药理学/毒理学效应，ADC 吸收进入细胞中，随后释放细胞毒性药物及其分解代谢产物，引起了相关的毒性作用。

（3）ADC 优化与开发中药动学的应用：在不同的研发阶段，药动学研究具有不同的目的。表 3-13 列出在 ADC 不同开发阶段的重大事件和研究总结。药动学研究的重点是为了 ADC 的选择与优化。多种 ADC 候选药物和未偶联抗体进行临床前研究，有助于全方面了解 ADC，包括与靶点 ADC 相应作用（如靶点清除）、药物偶联对抗药动学的影响、连接子稳定性、最佳 DAR 及可能的药动学-药效学关系。确定选择的分子后，临床试验申请研究的重点将转移到全面鉴定其药理学活性，包括有效性和安全性研究中的药动学暴露、药动学-药效学关系及分布/代谢。在临床开发期间对 ADC 继续进行药动学评价。

**表 3-13　在 ADC 不同开发阶段的重大事件和研究过程**

| 研究 | IND 前研究 | IND 获批 | Ⅰ～Ⅳ期临床研究 |
|---|---|---|---|
| 靶点特征： | 最佳安全性/疗效和期望的药动学 | 相关种属的 SD/MD 药动学-药效学； | 患者 SD 和 MD TK 支持长期毒理学研究的 TK |
| 单克隆抗体、连接子和细胞毒性药物选择； | 最佳药物抗体偶联比（DAR） | SD/MD TK 安全性研究生物分析和免疫原性 | 细胞毒性药物的全身分布；治疗窗口（MTD/DLT）； |
| 偶联的影响：结合、效力、稳定性、药动学、安全性和疗效 | | 转换性药动学-药效学；ADC 的分布/代谢 | 药动学参数的变异性，影响暴露疗效/安全性的协变量；病患群药动学；免疫原性；临床批次可比性；药物-药物相互作用潜在性 |
| | 最佳 ADC 的选择 | ADC 鉴定 | |

注：SD：单次给药；MD：多次给药；IND：新药临床试验申请；TK：毒代动力学；PD：药效学；MTD：最大耐受剂量；DLT：剂量限制毒性

多个 ADC 分析物检测结果得出的药动学信息，可以为 ADC 的优化提供关键信息。ADC 的动力学关键是 ADC 的损失率可以反映连接子的稳定性。通过比较 ADC 分析物、总抗体及偶联抗体或 ADC，可定性评估连接子的稳定性。对总抗体与偶联抗体进行比较时，常可见偶联抗体的浓度下降比总抗体浓度下降快（图 3-21）。曲线的离散程度说明了 ADC 的完全药物损失率，这是由偶联抗体实验自身性质造成的。偶联抗体药动学相对于总抗体药动学的分散程度变大，说

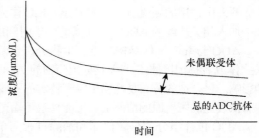

**图 3-21　未偶联抗体（抗体给药后）与总抗体（ADC 给药后）的血清或血浆浓度曲线比较**

总抗体（Tab）浓度下降较快，说明 ADC 的药动学受偶联影响

明 ADC 的药物损失更快。

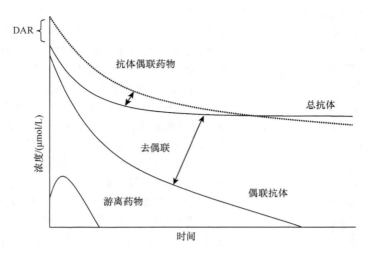

图 3-22　ADC 给药后的分析物的浓度

总抗体为抗体典型的代谢曲线。偶联抗体的浓度下降较快，这是由抗体消除和细胞毒性药物去偶联造成的。偶联药物在开始阶段的浓度比总抗体高，反映了其 DAR 特征，随后则比总抗体下降快，这是由抗体消除和细胞毒性药物去偶联造成的。游离药物的浓度更低，开始随时间增加（ADC 去偶联的延迟），然后随时间下降

　　如图 3-22 以摩尔浓度单位进行总抗体与偶联药物浓度的比较，更加清楚地看到并评估不同相对分子质量分析物的浓度-时间曲线。总抗体与抗体偶联药物浓度关系的解释，可能不如偶联抗体直观。抗体偶联药物的浓度下降比总抗体浓度快，因为偶联药物的浓度下降是通过两个消除过程达到的，即 ADC 的药物损失和 ADC 消除，而总抗体浓度变化是仅由 ADC 和未偶联抗体消除引起的。可以采用浓度下降的差异，推断 ADC 药物损失率。在给药时，摩尔浓度的差异反应起始的平均 DAR，给药一段时间后，当平均 DAR 等于 1 时，两个浓度可能相交。通过比较多种分析物，可定量评估多个优化参数的总体影响，如连接子的稳定性、偶联位点和 DAR，可提供 ADC 选择与优化的关键信息。这也是反映该 ADC 的药动学的重要参数。

　　ADC 含有细胞毒性药物，其代谢产物可能具有潜在的药物-药物相互作用（drug-drug interactions，DDI）。ADC 的 ADME 特性需要知晓下述内容：连接子在血浆中的稳定性、ADC 组织分布和蓄积、偶联后药物与未偶联药物分布的比较、组织中偶联物主要代谢产物、主要分解代谢产物及其生物活性、主要的消除途径、分解代谢产物消除、细胞毒性药物及其主要代谢产物的 DDI 潜在性。

　　由人源化 IgG4 与卡其霉素偶联的 Mylotarg 用于治疗急性骨髓性白血病，但因为后来发现有无法接受的毒性且临床获益不明显被迫撤市，可能是因为 ADC 连接子稳定性差导致药物提前释放。目前临床开发中采用的缬氨酸-瓜氨酸或者 MCC 作为连接子的 ADC，在血浆中稳定性较好，可以通过向血浆中加入相关浓度的 ADC，37℃孵育一段时间后，分析游离细胞毒性药物释放及其分析物。

　　ADC 与 IgG 抗体结构相近，生物分布也基本一致。在荷瘤小鼠或大鼠中使用抗体标记的未偶联抗体或者标记抗体（$^{125}$I）及标记药物的 ADC，测定组织或者血浆的放射性，评估偶联对抗体分布的影响。最合适的分布是药物传输到特定的肿瘤靶点，在正常组织中不蓄积或持续存在。但在正常组织有低表达的靶抗原的情况下，可能导致传输至肿瘤 ADC 减少，在正常组织中细胞毒性药物增加。

　　ADC 抗体组分的分解代谢和消除过程与单克隆抗体相似。抗体的分解代谢和消除主要是通过受体介导的胞吞或胞饮，然后进入溶酶体，被酶作用降解，主要发生在肝脏、脾脏、淋巴结、肠道和肾脏器官中，抗体降解为氨基酸或无活性的肽类。ADC 有相似的分解代谢过程（图 3-23）。但因为其偶联细胞毒性药物，ADC 在蛋白酶水解后可能保留了高细胞毒效力的分解代谢产物。连

接子去偶联或抗体在细胞内的分解代谢，均有可能产生含细胞毒性药物的代谢产物，并与连接子的特异性有关。采用可降解连接子的 ADC，如单克隆抗体-SPP-DM1（二硫键）或者单克隆抗体-vc-MMAE，在连接子降解时释放细胞毒性药物；不可降解的连接子的 ADC，如单克隆抗体-MCC-DM1 和单克隆抗体-mc-MMAF，一般生产含有与氨基酸偶联的连接子-药物的分解代谢产物（lys-MCC-DM1 或 cys-mc-MMAF）。

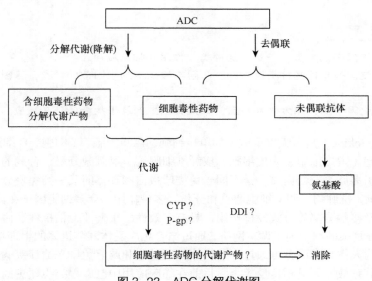

图 3-23　ADC 分解代谢图

ADC 含有细胞毒性药物的代谢产物的形成有两个同时进行的过程：去偶联和分解代谢。去偶联包括 ADC 通过酶或化学过程释放含有细胞毒性药物产物和未偶联抗体，同时保留抗体骨架。分解代谢包括抗体的蛋白水解和含有细胞毒性药物的分解（游离药物或者药物-氨基酸偶联物）。

部分连接子-药物可以转移到血浆蛋白上。例如，mc-MMAF 的连接子的 ADC 转移到血浆中含有巯基的白蛋白上，释放细胞毒性药物。研究发现偶联位点对半胱-巯基修饰-抗体偶联体内稳定性和治疗活性的影响，其血浆稳定性数据及体内研究数据都证实了，琥珀酰亚胺环水解提高了抗体偶联物的稳定性和治疗活性，与血浆中的巯基反应交换马来酰亚胺则带来相反的作用。体内试验证实了这一结论。

ADC 的分解代谢产物主要消除途径，对于特殊人群如肝或肾损伤患者，需要在动物试验中进行放射性的 ADC 的分布、排泄途径检测。例如，T-DM1 使用放射性标记 T-[³H]DM1 或[³H]DM1，在粪便、尿液和胆汁等排泄物检测放射性，测定排泄速率和排泄途径。一些可以产生旁观者效应的 ADC 如 S-甲基-DM4 和 MMAE 有利于治疗异质性靶点的肿瘤，但可以扩散的细胞毒素对全身毒性可能有影响，可能存在 DDI。

一般而言，ADC 中的抗体的 DDI 风险较低（低于其他单独治疗抗体）。同时 ADC 释放到体循环的游离药物浓度水平极低，在临床相关剂量水平，ADC 的细胞毒性组分基本不影响 CYP 和转运体的活性，在联用其他相似代谢或者消除途径小分子药物时，ADC 的高效力组分暴露水平可能有波动。DDI 的风险取决于释放的细胞毒性药物与疗效/安全性间的暴露相应关系，其评价手段还需要更多的改善。

（黄宏靓）

# 第四章　细胞因子及干扰素类药物

📚 学习要求

1. 掌握　细胞因子的分类，干扰素的种类、作用及临床应用。

2. 熟悉　细胞因子受体的种类及结构，基因工程技术细胞因子的种类，基因工程干扰素的种类及应用。

3. 了解　细胞因子的作用方式和特点，干扰素的生产及干扰素的不良反应。

细胞因子（cytokine）是由免疫细胞（如单核细胞、巨噬细胞、T 细胞、B 细胞、NK 细胞等）和某些非免疫细胞（内皮细胞、表皮细胞、成纤维细胞等）经刺激分泌、合成的一类具有广泛生物学活性的小分子多肽类或蛋白质，是不同于免疫球蛋白和补体的又一类免疫分子。具有调节免疫、抗炎、抗病毒、抗肿瘤、调节细胞增殖和分化等多种作用。众多细胞因子在体内通过旁分泌、自分泌、内分泌及接触分泌等方式发挥作用，具有多效性、重叠性、拮抗性、协同性等多种生理特性，形成了十分复杂的细胞因子调节网络，通过结合相应受体调节机体的生理功能和免疫功能。

细胞因子作为人体自身成分可通过调节机体生理过程和调节免疫来治疗疾病，在低剂量即可发挥作用，因而其疗效显著且不良反应小，目前在临床应用中已取得突飞猛进的发展。最初，细胞因子的生产由细胞产生释放后通过分离、提取、纯化等手段得到，因此需要大量生物样品。20世纪 90 年代以来，随着分子生物学和基因工程技术的飞跃发展，目前大多数细胞因子均可以利用 DNA 重组技术而获得。1986 年，干扰素 α 作为第一个细胞因子药物得到美国 FDA 批准上市，到现在已经有数十项细胞因子基因治疗方案进入到临床。目前已研制成功及正在研制的基因工程细胞因子药物主要有促红细胞生成素（EPO）、集落刺激因子（CF）、干扰素（IFN）、白细胞介素（IL）、肿瘤坏死因子（TNF）、趋化因子、生长因子（GF）和凝血因子（F）等。

## 第一节　概　　述

### 一、细胞因子的命名与分类

#### （一）根据产生细胞因子的细胞种类不同分类

**1. 淋巴因子（lymphokine）**　于 20 世纪 60 年代开始命名，主要由淋巴细胞产生，包括 T 淋巴细胞、B 淋巴细胞和 NK 细胞等。重要的淋巴因子有 IL-2、IL-3、IL-4、IL-5、IL-6、IL-9、IL-10、IL-12、IL-13、IL-14、IFN-γ、TNF-β、GM-CSF 和神经白细胞素等。

**2. 单核因子（monokine）**　主要由单核细胞或巨噬细胞产生，如 IL-1、IL-6、IL-8、TNF-α、G-CSF 和 M-CSF 等。

**3. 非淋巴细胞及非单核-巨噬细胞产生的细胞因子**　主要由骨髓和胸腺中的基质细胞、血管内皮细胞、成纤维细胞等细胞产生，如 EPO、IL-7、IL-11、SCF、内皮细胞源性 IL-8 和 IFN-β 等。

## （二）根据细胞因子主要功能分类

细胞因子根据主要功能可分为以下几种。

**1. 白细胞介素**（interleukin，IL） 于 1979 年第二届国际淋巴因子专题讨论会上被命名。最初被定义为由白细胞产生，在白细胞间发挥作用的细胞因子。虽然后来发现它们的产生细胞和作用细胞并非局限于白细胞，但这一名称仍被沿用。白细胞介素是由淋巴细胞、单核细胞或其他非单个核细胞产生的细胞因子，在细胞间相互作用、免疫调节、造血及炎症过程中起重要调节作用。目前现有已命名的白细胞介素 cDNA 基因克隆和表达均已成功，共有 30 余种（IL-1～IL-38）。

**2. 集落刺激因子**（colony stimulating factor，CSF） 根据不同细胞因子刺激造血干细胞或分化不同阶段的造血细胞在半固体培养基中形成不同的细胞集落，主要包括干细胞生成因子（SCF）、多能集落刺激因子（multi-CSF，IL-3）、巨噬细胞集落刺激因子（M-CSF）、粒细胞集落刺激因子（G-CSF）、粒细胞-巨噬细胞集落刺激因子（GM-CSF）和促红细胞生成素（EPO）。上述集落刺激因子除具有刺激不同发育分化阶段造血干细胞增生分化的功能外，其中有些还能促进或增强巨噬细胞和中性粒细胞的吞噬杀伤功能。

**3. 干扰素**（interferon，IFN）1957 年发现的细胞因子，最初发现某一种病毒感染的细胞能产生一种物质，可干扰另一种病毒的感染和复制，因此而得名。根据干扰素产生的来源和结构不同，可分为 IFN-α、IFN-β 和 IFN-γ，IFN-α/β 主要由白细胞、成纤维细胞及病毒感染的组织细胞产生，称为 Ⅰ 型干扰素。IFN-γ 主要由活化 T 细胞和 NK 细胞产生，称为 Ⅱ 型干扰素。各种不同的 IFN 生物学活性主要有抗病毒、抗肿瘤和免疫调节等作用。

**4. 肿瘤坏死因子**（tumor necrosis factor，TNF） 1975 年 Garwell 等将卡介苗注射荷瘤小鼠，两周后再注射脂多糖，结果在小鼠血清中发现一种能使肿瘤发生出血坏死的物质，称为肿瘤坏死因子。根据其产生来源和结构不同，肿瘤坏死因子分为 TNF-α 和 TNF-β 两种，前者主要由脂多糖/卡介苗活化的单核巨噬细胞产生，可引起恶病质，亦称恶病质素（cachectin）；后者主要由抗原/有丝分裂原激活的 T 细胞产生，又称淋巴毒素（lymphotoxin，LT）。TNF 基本的生物学活性相似，除具有杀伤肿瘤细胞外，还有免疫调节及参与发热和炎症的发生。

**5. 转化生长因子-β 家族**（transforming growth factor-β family，TGF-β family） 由多种细胞产生，主要包括 TGF-β1、TGF-β2、TGF-β3、TGFβ1β2 及骨形成蛋白（BMP）等。

**6. 生长因子**（growth factor，GF） 如表皮生长因子（EGF）、血小板衍生的生长因子（PDGF）、成纤维细胞生长因子（FGF）、肝细胞生长因子（HGF）、胰岛素样生长因子-Ⅰ（IGF-Ⅰ）、IGF-Ⅱ、白血病抑制因子（LIF）、神经生长因子（NGF）、抑瘤素 M（OSM）、血小板衍生的内皮细胞生长因子（PDECGF）、转化生长因子-α（TGF-α）、血管内皮细胞生长因子（VEGF）等。多种细胞因子都具有刺激细胞生长的作用，从这个意义上讲，它们也是生长因子，如 IL-2 是 T 细胞的生长因子，TNF 是成纤维细胞的生长因子。有些生长因子在一定条件下也可表现抑制活性。生长因子在免疫应答、肿瘤发生、损伤修复等方面有重要作用。

**7. 趋化因子家族**（chemokine family） 趋化因子是一组由 70～90 个氨基酸组成的小分子质量的蛋白质（8～10kDa）。几乎所有趋化因子分子的多肽链中都有 4 个保守的丝氨酸残基，并对白细胞具有正向的趋化和激活作用。根据其氨基酸序列中丝氨酸的数量和位置关系，将其分为 4 大类或 4 个亚家族：①C-X-C/α 亚族（α 趋化因子），其近氨基端的两个丝氨酸残基之间被一个任意的氨基酸残基分隔，故称 CXC 趋化因子。主要趋化中性粒细胞，主要的成员有 IL-8、黑素瘤生长刺激因子（GRO/MGSA）、血小板因子-4（PF-4）、血小板碱性蛋白、蛋白水解来源的产物 CTAP-Ⅲ 及 β-thromboglobulin、炎症蛋白 10（IP-10）、ENA-78。②C-C/β 亚族（β 趋化因子），其近氨基端的两个丝氨酸残基是相邻排列的，即 CC 趋化因子。主要趋化单核细胞，这个亚族的成员包括巨噬细胞炎症蛋白 1α（MIP-1α）、MIP-1β、RANTES、单核细胞趋化蛋白-1（MCP-1/MCAF）、MCP-2、

MCP-3 和 I-309。③C 型亚族（γ 趋化因子），只有两个丝氨酸残基，其中一个位于多肽链的氨基端，又被称为趋化因子 C，代表有淋巴细胞趋化蛋白。④CX3C 亚家族（δ 趋化因子），其氨基端的 2 个丝氨酸之间被其他 3 个氨基酸残基分隔，即 CX3C 趋化因子。Fractalkine 是 CX3C 型趋化因子，对单核-巨噬细胞、T 细胞及 NK 细胞有趋化作用。

# 二、细胞因子的受体种类

细胞因子发挥广泛多样的生物学功能是通过与靶细胞膜表面的受体相结合并将信号传递到细胞内部而实现的。因此，了解细胞因子受体的结构和功能对于深入研究细胞因子的生物学功能是必不可少的。随着对细胞因子受体的深入研究，发现了细胞因子受体不同亚单位中有共用链现象，这为众多细胞因子生物学活性的相似性和差异性从受体水平上提供了依据。绝大多数细胞因子受体存在着可溶性形式，掌握可溶性细胞因子受体产生的规律及其生理和病理意义，必将扩展人们对细胞因子网络作用的认识。检测细胞因子及其受体的水平已成为基础和临床免疫学研究中的一个重要的方面。

## 细胞因子受体的结构和分类

细胞因子受体的名称通常是在细胞因子名称后面加 R（receptor）表示，如 IL-2R 代表 IL-2 的受体。根据细胞因子受体 cDNA 序列及受体胞膜外区氨基酸序列的同源性和结构性，可将细胞因子受体分为四种类型：免疫球蛋白超家族（IGSF）、造血细胞因子受体超家族、神经生长因子受体超家族和趋化因子受体。此外，还有些细胞因子受体的结构尚未完全明确，如 IL-10R、IL-12R 等；有的细胞因子受体结构虽已明确，但尚未归类，如 IL-2Rα 链（CD25）。

**1. 免疫球蛋白超家族** 该家族成员胞膜外部分均具有一个或数个免疫球蛋白（Ig）样结构，并可分为几种不同的结构类型，不同 IGSF 结构类型的受体其信号转导途径也有差别。

（1）M-CSFR、SCFR 和 PDGFR：胞膜外区均含有 5 个 Ig 样结构域，其中靠近胞膜区为 1 个 V 样结构，其余 4 个为 C2 样结构。受体通常以二聚体形式与相应的同源二聚体配体结合。受体胞质区本身含有蛋白酪氨酸激酶（proteintyrosinekinase，PTK）结构。

（2）IL-1RtⅠ 和 IL-1RtⅡ：胞膜外区均含有 3 个 C2 样结构，受体胞质区丝氨酸/苏氨酸磷酸化可能与受体介导的信号转导有关。

（3）IL-6Rα 链、gp130 及 G-CSFR：胞膜外区 N 端均含 1 个 C2 样区，在靠近胞膜侧各有 1 个红细胞生成素受体超家族结构域，此外在胞膜外区还含有 2～4 个纤粘连素结构域。gp130 胞质区酪氨酸磷酸化与信号转导有关。这种结构类型的受体其相应配体 IL-6、OSM、LIF 和 G-CSF 在氨基酸序列和分子结构上也有很大的相似性。

**2. 造血细胞因子受体超家族** 造血细胞因子受体超家族（haemopoietic cytokine receptor superfamily）可分为红细胞生成素受体超家族（erythropoietin receptor superfamily，ERS）和干扰素受体家族（interferon receptor family）。

（1）ERS：所有成员胞膜外区与红细胞生成素（erythropoietin，EPO）受体胞膜外区体在氨基酸序列上有较高的同源性，分子结构上也有较大的相似性，故得名。

属于 ERS 的成员有 EPOR、血小板生成素 R、IL-2β 链（CD122）、IL-2Rγ 链、IL-3Rα 链（CD123）、IL-3Rβ、IIL-4R（CDw124）、IL-5Rα 链、IL-5βα 链、IL-5Rβ 链、IL-6Rα 链（CD126）、gp130（CDw123）、IL-7R、IL-9R、IL-11R、IL-1240kDa 亚单位、G-CSFR、GM-CSFRα 链、GM-CSFRβ 链、LIFR、CNTFR 等，此外，某些激素如生长激素受体（GRGR）和促乳素受体（PRLR）亦属于 ERS。

红细胞生成素受体超家族成员在胞膜外与配体结合部位有一个约含 210 氨基酸残基的特征性同源区域，主要特点：①同源区靠近 N 端有 4 个高度保守的半胱氨酸残基 Cysl、Cys2、Cys3、Cys4 和 1 个保守的色氨酸，Cys1 与 Cys2 之间、Cys3 与 Cys4 之间形成两个二硫键。②同源区靠近细胞膜处，在细胞膜外 18～22 氨基酸基处有一个色氨酸-丝氨酸-X-色氨酸-丝氨酸基序，所谓 Trp-Ser-Xaa-Trp-Ser 即 WSXWS 基序，其生物学功能尚不明了。

（2）干扰素受体家族：属于这一家族的成员有 IFN-α/βR、IFN-γR 和组织因子（TF）（为凝血蛋白酶因子Ⅶ的细胞膜受体），其结构与红细胞生成素受体家族相似，但 N 端只含有两个保守性的 Cys，两个 Cys 之间有 7 个氨基酸。近膜处也有两个保守的 Cys，两个 Cys 之间有 20～22 个氨基酸间隔。IFN-α/βR 由两个上述的结构域所组成。

**3. 神经生长因子受体超家族**　除神经生长因子受体（nerve growth factor receptor，NGFR）外，还有 TNF-RⅠ（CD120a）、TNF-RⅡ（CD120b）、CD40、CD27、T 细胞 cDNA-41BB 编码产物、大鼠 T 细胞抗原 OX40 和人髓样细胞表面活化抗原 Fas（CD95）。

NGFR 超家族成员胞膜外有 3～6 个由 40 个氨基酸组成的富含 Cys 结构域，如 NGFR、TNF-RⅠ、TNF-RⅡ有 4 个结构域，CD95 有 3 个结构域，CD30 有 6 个结构域。所有成员 N 端第一个区域中均含 6 个保守的 Cys 及 Tyr、Gly、Thr 残基各一个，其他区域亦含 4～6 个 Cys。TNF-RⅠ、CD95、CD40 分子之间胞质区有 40%～50%同源性。

**4. 趋化因子受体**　1988 年 IL-8 基因克隆成功以来，已形成了称为趋化因子（chemokine）的一个家族。到目前为止，趋化因子家族的成员至少有 19 个。部分趋化因子的受体已基本搞清，它们都属于 G 蛋白偶联受体（GTP-binding protein coupled receptor），由于此类受体有 7 个跨膜区，又称 7 个跨膜区受体超家族（seven predicated transmembrane domain receptor superfamily，STRsuperfamily）。G 蛋白偶联受体（STR）包括的范围很广，除了趋化因子受体外，如某些氨基酸、乙酰胆碱、单胺受体，经典的趋化剂（C5a、fMLP、PAF）受体等都属于 G 蛋白偶联受体（STR）。

目前已发现的趋化因子受体种类有 IL-8RA、IL-8RB、MIP-1α/RANTEsR、NCP-1R 和红细胞趋化因子受体（red blood cell chemokine receptor，RBCCKR）。有人将能与 IL-8 结合的 IL-8RA、IL-8RB 和 RBCCKR（Duffy 抗原）归为 IL-8 受体家族。

# 三、细胞因子的作用方式

天然的细胞因子由抗原、丝裂原或其他刺激物所活化的细胞所分泌，通过内分泌、旁分泌、自分泌及接触分泌的方式发挥作用（图 4-1）。若某种细胞因子作用的靶细胞（细胞因子作用的细胞）也是其产生细胞，则该细胞因子对靶细胞表现出的生物学作用方式称为自分泌，如 T 淋巴细胞产生的白细胞介素-2（IL-2）可刺激 T 淋巴细胞本身生长。若某种细胞产生的细胞因子主要作用于邻近的细胞，则该细胞因子对靶细胞表现出的生物学作用方式称为旁分泌，如树突状细胞产生的 IL-12 促进 T 淋巴细胞增殖及分化。少数细胞因子如 TNF-α、IL-1 在体液中浓度很高时也作用于远处的靶细胞，表现为内分泌方式。

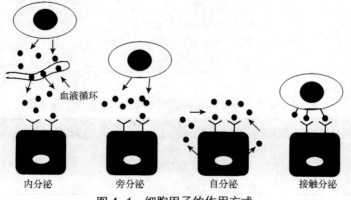

图 4-1　细胞因子的作用方式

# 四、细胞因子作用特点

细胞因子通常具有多效性、重叠性、拮抗性和协同性。

（1）多效性：一种细胞因子可作用于多种靶细胞，产生多种生物学效应，如干扰素可上调有核细胞表达 MHC Ⅰ类分子，也可激活巨噬细胞。

（2）重叠性：几种不同的细胞因子作用于同一种靶细胞，产生相同或相似的生物学效应，如 IL-2 和 IL-4 均可刺激 T 淋巴细胞增殖。

（3）拮抗性：一种细胞因子抑制其他细胞因子的功能，如 IL-4 可抑制 IFN 刺激 Th 细胞向 Th1 细胞分化的功能。

（4）协同性：一种细胞因子强化另一种细胞因子的功能，两者表现协同性，如 IL-3 和 IL-11 共同刺激造血干细胞的分化成熟。众多细胞因子在机体内相互促进或相互抑制，形成十分复杂的细胞因子调节网络。

# 五、基因工程技术细胞因子

利用基因工程技术生产的重组细胞因子作为生物应答调节剂（BRM）治疗肿瘤、造血障碍、感染等疑难病症已收到了良好疗效，成为新一代的药物。重组细胞因子作为药物具有很多优越之处。例如，细胞因子为人体自身成分，可调节机体的生理过程和提高免疫功能，在很低剂量即可发挥作用，因而疗效显著，不良反应小。目前已批准生产的细胞因子药物包括 α、β、γ 干扰素、Epo、GM-CSF、G-CSF、IL-2、IL-11、EGF、bFGF 等；还有一大批细胞因子在进行临床试验。其主要适应证包括肿瘤、感染（如肝炎、获得性免疫缺陷综合征）、造血功能障碍、创伤、炎症等（表 4-1、表 4-2）。

**表 4-1　已批准上市的细胞因子基因工程药物**

| 名称 | 适应证 |
| --- | --- |
| IFNα | 白血病、Kaposi 肉瘤、肝炎、癌症、获得性免疫综合征 |
| IFNγ | 慢性肉芽肿、生殖器疣、过敏性皮炎、感染性疾病、类风湿关节炎 |
| G-CSF | 自身骨髓移植、化疗导致的粒细胞减少症、获得性免疫综合征、白血病、再生障碍性贫血 |
| GM-CSF | 自身骨髓移植、化疗导致的血细胞减少症、获得性免疫综合征、再生障碍性贫血 |
| Epo | 慢性肾衰竭导致的贫血、癌症或癌症化疗导致的贫血、失血后贫血 |
| IL-2 | 癌症、免疫缺陷、疫苗佐剂 |
| IFNβ | 多发性硬化症 |
| IL-11 | 放化疗所致血小板减少症 |
| SCF | 与 G-CSF 联合应用于外周血干细胞移植 |
| EGF | 外用药治疗烧伤、溃疡 |
| bFGF | 外用药治疗烧伤、外周神经炎 |

**表 4-2　正在进行临床试验的部分细胞因子基因工程药物**

| 细胞因子名称 | 适应证 | 公司 |
| --- | --- | --- |
| IL-10 | 炎症、银屑病、Crohn's 病 | Immunex |
| IL-12 | 肿瘤、HIV 感染、Ⅰ 型变态反应 | GI |
| 血小板生成素（Tpo） | 血小板减少症 | Amgen |

续表

| 细胞因子名称 | 适应证 | 公司 |
|---|---|---|
| 转化生长因子β（TGF-β） | 慢性皮肤溃疡，多发性硬化症 | Genzyme |
| OPG（osteoprotegerin） | 骨质疏松 | Amgen |
| Flt3/flk3 配体（FL） | 前列腺癌、黑色素瘤、非霍奇金淋巴瘤、干细胞动员剂 | Immunex |
| B 细胞刺激因子（BlyS） | 免疫缺陷 | HGS |
| 髓样造血祖细胞抑制因-1（MPIF-1） | 肿瘤大剂量化疗 | HGS |
| Mulitkine（白细胞产生的细胞因子混合制剂） | 转移性肿瘤 | CEL-SCI |
| 巨噬细胞炎症蛋白-1α（MIP-1α）变异体 | 肿瘤化疗的骨髓保护作用 | |
| 角质细胞生长因子2（KGF-2） | 促进烧伤、慢性溃疡的伤口愈合；抗癌药物引起的黏膜损伤；炎症性肠道疾病 | HGS |

# 第二节　干　扰　素

　　1957 年英国伦敦国立医学研究所的 Alick Isaacs 和 Jean Lindenman 在进行流感病毒试验时，发现鸡胚中注射灭活流感病毒后生成了一种物质，这种物质具有"干扰"流感病毒感染的作用，于是 Isaacs 将这种物质称为"interferon"，也就是今天我们所说的干扰素。干扰素（interferons, IFNs）是一类重要的细胞因子，它是机体受到病毒感染时，免疫细胞通过抗病毒应答反应，而产生的一组结构类似、功能相近的低分子糖蛋白。干扰素在同种细胞上具有广谱的抗病毒、抗细胞分裂、免疫调节等多种生物学活性。

## 一、干扰素的种类

　　干扰素是由多种细胞产生的具有广泛的抗病毒、抗肿瘤和免疫调节作用的可溶性糖蛋白。干扰素在整体上是不均一的分子，可根据产生细胞分为 3 种类型：用仙台病毒刺激白细胞可产生干扰素 α、用多聚核苷酸刺激成纤维细胞可产生干扰素 β、用抗原刺激淋巴细胞可产生干扰素 γ。人干扰素 α 和人干扰素 β 的种属特异性并不严格，但干扰素 γ 则具有严格的种属特异性。

　　根据干扰素的产生细胞、受体和活性等综合因素将其分为 2 种类型：Ⅰ 型和 Ⅱ 型（表 4-3）。Ⅰ 型干扰素又称为抗病毒干扰素，其生物活性以抗病毒为主。Ⅰ 型干扰素有三种形式：IFN-α、IFN-β、IFN-ω。Ⅱ 型干扰素又称免疫干扰素或 IFN-γ，主要由 T 细胞产生，主要参与免疫调节，是体内重要的免疫调节因子。

　　干扰素有多种亚型，包括 23 种 α、1 种 β、1 种 γ 和 1 种 ω。目前在我国广泛使用的主要是 α1 和 α2 干扰素，包括 α1b、α2a 和 α2b 干扰素。

表 4-3　干扰素的类型

| 干扰素种类 | IFN-α | IFN-β | IFN-γ |
|---|---|---|---|
| 产生细胞 | 白细胞、B 细胞（白细胞型干扰素） | 成纤维细胞（成纤维细胞型干扰素） | 淋巴细胞、T 细胞（免疫型干扰素） |
| 基因数 | >16 | 1 | 1 |
| 活性结构 | 单体 | 二聚体 | 三或四聚体 |
| 同源性比较 | 与 β 有29%同源性 | 与 α 有29%同源性 | 与 α、β 无同源性 |
| 基因定位 | 人 9 号染色体 | 人 9 号染色体 | 人 12 号染色体 |
| 诱导剂 | 前体病毒 | poly I、poly C | 抗原、促细胞分裂剂、病毒、PHA、ConA |
| 产生时间 | 3～12h | 3～12h | 3～24h |
| 内显子 | 无 | 无 | 有 |

## 二、干扰素的化学性质和作用机制

### （一）干扰素的分子结构

IFN-α 及 IFN-β 有 166 个氨基酸（有的为 165 个氨基酸），IFN-γ 有 146 个氨基酸。所有干扰素基因都具有类似的结构特点（图 4-2），由 5′非编码区、成熟肽编码区、信号肽编码区和 3′非编码区四部分组成。在 5′非编码区有一些保守序列，其功能主要与干扰素基因转录的起始、调控和识别有关，还有一些序列与病毒诱生有关。不同的干扰素其信号肽数目也是不同的，信号肽的作用是通过其疏水性氨基酸的作用使干扰素前体与细胞膜结合，然后信号肽被切掉，成熟干扰素即可分泌到细胞外。IFN 的产生受细胞基因组控制，由于细胞 DNA 中 IFN 基因抑制物（IFN suppressor）与干扰素基因结合，抑制复制酶系统，所以一般情况下 IFN 基因处于抑制状态。不同干扰素基因所编码的氨基酸数目、种类不同，结构也有差异，其中 C 端与异种细胞上的抗病毒活性有关，而 N 端与同种细胞上的抗病毒活性有关。

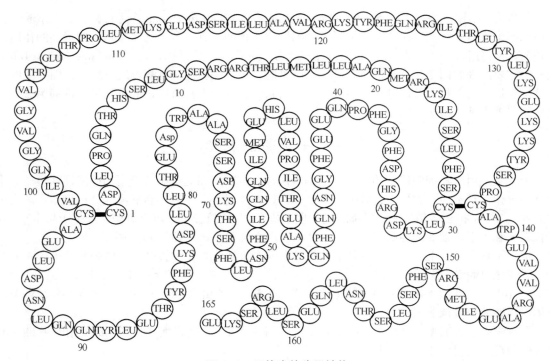

图 4-2　干扰素的分子结构

### （二）干扰素的一般特性

IFN 的分子质量一般为 20～100kDa，不能透过普通透析膜，但可通过滤菌器，比病毒颗粒小。IFN 由多种氨基酸组成，不含核酸，所以不被 DNA 酶或 RNA 酶破坏，对蛋白酶（胰蛋白酶、糜蛋白酶和 V-8 蛋白酶）敏感。Ⅰ型干扰素具有耐酸性，在 pH 2.0 时稳定。Ⅱ型干扰素不耐酸，也不耐热，在 pH 2.0 时不稳定，在 56℃下 30min 会被破坏（表 4-4）。

表 4-4  干扰素的化学性质

| | 干扰素种类 | | |
|---|---|---|---|
| | IFN-α | IFN-β | IFN-γ |
| 分子质量 | 1.8～2.0kDa | 2.0kDa | 1.7～2.5kDa |
| 产生蛋白质的种类 | <14 | 1 | 1 |
| 氨基酸数 | 166 | 166 | 146 |
| 糖链 | 有 | 有 | 有 |
| 等电点 | 5.7～7.0 | 6.5 | 8.0 |
| 抗原性 | α | β | γ |
| 热稳定性 | 稳定 | 稳定 | 不稳定 |
| pH 2.0 | 稳定 | 稳定 | 不稳定 |

## （三）干扰素的生物学活性

干扰素的生物学活性较广泛，主要表现在抗病毒、抗肿瘤及免疫调节等方面（表 4-5）。

表 4-5  干扰素的生物学活性

| | 干扰素种类 | | |
|---|---|---|---|
| | IFN-α | IFN-β | IFN-γ |
| 免疫抑制作用 | 有 | 有 | 强 |
| 抑制细胞生长活性 | 较弱 | 较弱 | 强 |
| 诱导抗病毒速度 | 快 | 很快 | 慢 |
| 与 ConA 结合力 | 小或无 | 结合 | 结合 |
| 受体 | 与 β 作用同受体 | 与 α 作用同受体 | γ 受体 |

**1. 抗病毒作用及机制** Ⅰ型干扰素具有广谱的抗病毒活性，主要通过抑制病毒的复制、增殖和调节免疫功能发挥作用，对多种病毒如 DNA 病毒和 RNA 病毒均有抑制作用。在病毒复制周期中的一个或多个环节，IFN 均可作用于靶细胞（而非病毒），通过阻滞病毒复制，或通过诱导一系列蛋白质干扰病毒复制，以抗病毒感染。IFN 抗病毒感染是一个各类通路信号传导相互交错的过程。

目前已发现的干扰素诱导蛋白有三十多种，与干扰素抗病毒作用最为密切的是 dsRNA 依赖的蛋白激活通路蛋白和 2′，5′-寡腺苷酸合成酶通路蛋白及 Mx 蛋白系统（图 4-3）。

（1）dsRNA 依赖的蛋白激活通路：干扰素与受体结合后，通过 PKR 途径，形成磷酸化的 PKR，继而磷酸化真核生物多肽链开始因子 2α，通过一系列信息传递抑制病毒蛋白质的合成。

（2）2′，5′-寡腺苷酸合成酶（2-5As）通路：在双链 DNA 刺激后，不同的 2′，5′-寡腺苷酸合成酶可诱导产生不同的寡聚腺苷酸，这些寡聚腺苷酸可激活 RNA 酶 L，并对病毒 RNA 降解产物产生反应。

（3）Mx 蛋白系统：1986 年，Staeheli 等发现 Mx 蛋白是具有三磷酸鸟嘌呤核苷（GTP）酶活性的 GTP 结合蛋白，具有内在的抗病毒活性。干扰素与其受体结合后，在 GTP 的参与下被激活，从而抑制病毒 RNA 的转录。

（4）其他：IFNα/β 可直接诱导 P53 表达；对干扰素敏感的细胞受干扰素作用后核内的"抗病毒蛋白"基因活化，产生的抗病毒蛋白可阻止病毒 mRNA 翻译，并促进病毒 mRNA 降解；干扰素能提高细胞表面 MHCI 类分子的表达水平，受到病毒感染的细胞表面 MHC Ⅰ 类分子的增加有助于向 Tc 细胞递呈抗原，引起靶细胞的溶解；干扰素可增强 NK 细胞对病毒感染的杀伤能力。

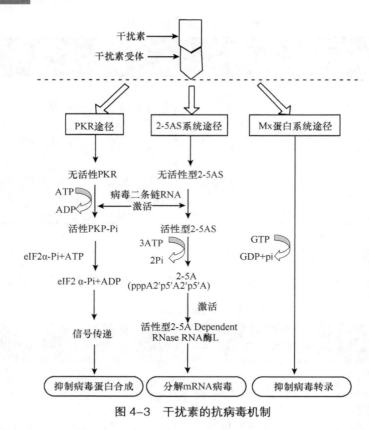

图 4-3　干扰素的抗病毒机制

**2. 抗肿瘤作用及机制**　干扰素主要通过两方面来发挥抗肿瘤作用，一方面是直接对抗肿瘤细胞的增殖；另一方面是通过调节免疫应答间接抗肿瘤，如可增强巨噬细胞的杀伤肿瘤细胞能力，提高 NK 细胞活性抗肿瘤，还能促进主要组织相容性复合物（MHC）的表达，使肿瘤细胞易于被机体免疫系统攻击。

Ⅰ型干扰素能抑制细胞的 DNA 合成，减慢细胞的有丝分裂速度。这种抑制作用有明显的选择性，对肿瘤细胞的作用比对正常细胞的作用强 500～1000 倍。Ⅱ型干扰素也可通过增强机体免疫机制（如增强免疫监督功能）来实现其抗肿瘤效应。

各种细胞对不同类型干扰素的敏感性不同，干扰素对淋巴细胞增殖的抑制最敏感。不同型的干扰素能协同抑制肿瘤细胞的增殖，故可联合使用 IFN-α 和 IFN-β 抗肿瘤；干扰素与其他细胞因子也有协同抗肿瘤活性，如干扰素与 TNF 合用可增强各自的抗肿瘤活性，抗肿瘤所用的剂量较单独使用时降低 20%～30%，此外，联合用药可使药物毒性较单独使用大大降低，还可使两种细胞因子药物单独使用不敏感的细胞株变得敏感。

**3. 免疫调节作用及机制**　干扰素的免疫调节作用表现在对宿主免疫细胞活性的影响，如对巨噬细胞、T 细胞、B 细胞和 NK 细胞等均有一定作用。对整个机体的免疫功能，包括免疫监视、免疫防御、免疫稳定，均有不同程度的调节。

（1）对巨噬细胞的作用：IFN-γ 可使巨噬细胞表面 MHCⅡ类分子的表达增加，增强其抗原递呈能力；此外还能增强巨噬细胞表面表达 Fc 受体，促进巨噬细胞吞噬免疫复合物、抗体包被的病原体和肿瘤细胞。

（2）对淋巴细胞的作用：干扰素对淋巴细胞的作用较为复杂，可受剂量和时间等因素的影响而产生不同的效应。在抗原致敏之前使用大剂量干扰素或将干扰素与抗原同时投入会产生明显的免疫抑制作用；而低剂量干扰素或在抗原致敏之后加入干扰素则能产生免疫增强的效果。

（3）对其他细胞的作用：IFN-γ 对其他细胞也有广泛影响，比如刺激中性粒细胞，增强其吞噬能力；活化 NK 细胞，增强其细胞毒作用；使某些正常不表达 MHC Ⅱ 类分子的细胞（如血管内皮细胞、某些上皮细胞和结缔组织细胞）表达 MHC Ⅱ 类分子，发挥抗原递呈作用；使静脉内皮细胞对中性粒细胞的黏附能力更强并分化，吸引循环的淋巴细胞。

（4）其他：I 型和 Ⅱ 型 IFN 不仅在机体抗病毒中，而且在抗细胞内细菌和寄生虫的宿主防御中也起着关键作用。

# 三、干扰素的生产

## （一）传统的干扰素生产

传统的干扰素是从人体白细胞中通过纯化技术提取的，具有提取量少、多组分、纯度低、成本高、不稳定等缺点。由于提取纯化技术的差异，没有可以遵循的质量标准，使得不同厂家、不同批号干扰素的疗效明显不同，这些问题极大地限制了传统干扰素的生产和发展。

## （二）基因工程干扰素

传统的干扰素生产方式有诸多弊端，而且价格十分昂贵。治疗一个患者的费用高达几万美元，干扰素无法得到普及、推广。基因工程干扰素技术的出现，使得大量、廉价制备单组分干扰素成为可能。

20 世纪 80 年代初，瑞士科学家和美国科学家几乎同时成功研究出第一代基因工程 IFN-α。1981 年初，Pestka 等合成并纯化了 IFN α-2a，并得到 FDA 批准进入临床试验。20 世纪 80 年代中期，第一个基因工程 IFN α-2a 研制成功并上市。随后，第二代基因工程 IFN α-2b 问世，其分子结构与人 IFN 几乎一致，于 1986 年被 FDA 批准用于治疗慢性乙型肝炎。与此同时，中国侯云德等学者也在研究基因工程 IFN 的制备。20 世纪 90 年代，干扰素的聚乙二醇化技术被提出，旨在延长干扰素的半衰期同时保持其生物活性。

基因工程干扰素分为两代，20 世纪 80 年代初率先利用 DNA 重组技术研制的干扰素为第一代基因工程干扰素，随后研制的 IFN α-2b 获得了十五项欧美专利，为了第二代基因工程干扰素。研制基因工程干扰素的目的有两个：一是使生产规模化，满足临床需要；二是克服人白细胞干扰素的缺陷，使制品具有更加优良的质量特性。但是，由于受当时生物技术发展水平的限制，第一代基因工程干扰素只克服了人白细胞干扰素的部分缺陷，未能彻底解决全部缺陷。同时，又带来了基因工程本身的一些问题。而第二代基因工程干扰素彻底解决了第一代基因工程干扰素遗留的缺陷。两代基因工程干扰素制备工艺在采用的基因工程的表达系统（工程菌或受体细胞）、纯化提取原理及方法和制剂中加入的保护剂三个方面均不同。

基因工程干扰素的制备工艺基本流程为：从人白细胞中获得 IFN 基因，将 IFN 基因插入载体中，将载体导入受体细胞，IFN 基因在受体细胞中表达 IFN，提取精制得到 IFN 原液，配液调剂得到 IFN 成品制剂。具体操作过程如下所示。

（1）克隆干扰素基因及构建基因文库：用诱导剂对可以产生干扰素的肿瘤细胞株进行诱导，从中提取 mRNA，通过 RT-PCR 技术进行扩增，产物与质粒连接后导入宿主菌进行大量扩增。

（2）调用基因文库：根据干扰素的基因编码人工合成用同位素标记的 DNA 探针，与噬菌体文库进行杂交，将调出的片段进行酶切，纯化后与载体连接，得到干扰素的亚克隆基因文库。

（3）使用宿主菌进行干扰素基因表达：长期以来，大肠杆菌一直被用作表达外源基因的宿主菌，并成功表达了多种外源蛋白，但是它不能表达结构复杂的蛋白质，且分泌表达产量较低。近年来，酵母菌作为常用的表达宿主得到了广泛应用。它既具有原核生物易于培养、繁殖快、便于基因工程操作和高密度发酵等特性，又具有适于真核生物基因产物正确折叠的细胞内环境和糖链加工系统，还能分泌外源蛋白到培养液中，利于纯化。

（4）干扰素的提取纯化及鉴定：对干扰素的提纯可分为粗提和进一步纯化，粗提的实验方法包括离心、透析等方法分离杂蛋白；如果要进一步纯化，可用单克隆抗体进行亲和层析，以及对干扰素进行分离浓缩。

（5）干扰素的活性检测：尽管各种干扰素的理化和生物学特点有所差异，但检测的基本方法相同。需要注意的是不同类型的干扰素各有相应的标准品，应选择相应的标准品作为对照。常用的方法有：①测定干扰素抑制细胞病变活性。先用干扰素处理细胞，使细胞建立抗病毒状态，再用一定量病毒攻击细胞；正常细胞被病毒感染发生病变并死亡，而干扰素处理后的细胞不发生病变。抗病毒状态的细胞数与干扰素的浓度成正比，由此可根据细胞病变的百分比确定干扰素的活性单位。②病毒蚀斑形成实验。用干扰素样品处理细胞，使细胞建立抗病毒状态，再用一定量病毒短时间攻击细胞，在单层细胞上面覆盖琼脂固定细胞，继续培养。最后计数病毒感染细胞死亡后形成的蚀斑，根据50%病毒蚀斑形成的样品稀释度决定样品中干扰素的活性。

**知识拓展**

第二代基因工程干扰素的研制成功，降低了使用生物制品传染血液病毒性疾病的风险，是生物技术发展的又一里程碑。其特性为：①杜绝了任何血液提取成分及异源蛋白物质的污染；②表达系统以天然活性的可溶性蛋白形式表达干扰素，其活性和纯度为同类产品最高；③与人体天然干扰素分子结构一致，抗原性低，不良反应小；④是抗病毒活性最强、适应范围最广、中和抗体产生率最低的 α-2b 型干扰素。以上这些优良的质量特性，使第二代基因工程干扰素成为目前临床最安全、有效的干扰素制品。

# 四、基因工程干扰素的种类及应用

**案例 4-1**

聚乙二醇干扰素 α-2a 联合利巴韦林治疗丙型病毒性肝炎（hepatitis Clirus，HCV）效果明显优于普通干扰素 α-2a 联合利巴韦林，病毒持续应答率分别为 56%、45%。因此，FDA 最近推荐聚乙二醇干扰素 α-2a 联合利巴韦林用于 HCV 治疗。

**问题：**

1. 什么是长效聚乙二醇化干扰素？
2. 长效聚乙二醇化干扰素与传统的干扰素相比有何优点？

## （一）基因工程干扰素的种类

干扰素相对分子质量较小，易被肾小球滤过，体内不稳定，易被血清蛋白酶降解，血浆半衰期短而治疗周期长，需要频繁注射给药，患者依从性降低。因此，改善重组 IFN 代谢动力学及药效学特征的研究正在广泛进行。主要技术手段有化学修饰技术、基因融合技术、定点突变技术及药物传输系统。

**1. 聚乙二醇修饰的长效干扰素** 聚乙二醇（PEG）是由环氧乙烷聚合而成，被 FDA 批准可用于药物、食品和化妆品的聚合物。PEG 化就是将 PEG 通过生物制药技术连接到具有活性的蛋白质分子上，从而改变蛋白质活性，使其相对分子质量更大，吸收更缓慢，而且由于有了 PEG 分子的保护，药物与蛋白酶接触的机会将变少，使药物在血液内的代谢更缓慢，浓度更稳定，半衰期更长，这样用药间隔可以得到延长，用药更方便，疗效更稳定。

PEG 共价链接到 IFN 表面，使 IFN 相对分子质量增大，减少了肾小球的滤过，保护 IFN 不被蛋白酶降解，同时挡住 IFN 表面的抗原决定簇，降低免疫原性。目前已有 8 种 PEG 化药物获得 FDA 批准上市，还有十几种药物处于临床或临床前研究。FDA 目前批准的 PEG 化干扰素有 PEG-Intron 和 Pegasys，分别为 PEG 修饰的 IFN-α2b 和 IFN-α2a，用于慢性丙型肝炎和慢性乙型肝炎的治疗，两者生物性状比较见表 4-6。

**表 4-6 PEG-Intron 与 Pegasys 比较**

| | PEG-Intron | Pegasys |
|---|---|---|
| 中文名 | 佩乐能 | 派罗欣 |
| 通用名 | PEG-alpha interferon 2b | PEG-alpha-interferon 2a |
| PEG 分子质量 | 12kDa | 40kDa |
| PEG 结构 | 直链 | 支链 |
| PEG 修饰后活性保留 | 28% | 7% |
| 用药剂量 | 0.5~1.0μg/（kg·w） | 180μg/（kg·w） |
| $T_{max}$（h）[1] | 48~72 | 80 |
| 清除半衰期（h） | 40 | 65 |
| 给药间隔 | 1 周 | 1 周 |
| 48 周单药 SVR[2] | 23% | 36%~39% |
| 48 周联合利巴韦林 SVR | 54% | 56% |

注：1. $T_{max}$（h）为血清中药物达到最大浓度所需时间；2. SVR 为持续应答率

**2. 蛋白融合** 是指通过基因重组手段将药物蛋白质基因与特定的载体蛋白基因融合，由同一调控序列控制基因表达产物，是以基因工程手段人工创造的新分子。为使蛋白获得长效的目的，目前采用最多的载体是 HSA 和抗体 Fc 片段。

**3. 糖基化修饰的长效干扰素** 通过糖基化使 IFN-α 表面增加了侧链，阻碍了蛋白酶对蛋白药物的降解作用，同时减少了肾小球滤过，延长了半衰期。Ceaglio 等利用定点突变技术引入 N 糖基化位点，并在该位点加上相同的寡糖，获得 14 种 IFN-α2b 突变体，小鼠皮下注射给药研究发现，4N 糖基化突变体和 5N 糖基化突变体表现出相似的药动学特征，与非糖基化的 IFN-α2b 相比清除半衰期提高 25 倍，体内清除率降低 20 倍，生物利用度提高 10 倍，显示了良好的生物活性。Fc 片段结构复杂，这类融合蛋白一般需要在哺乳动物细胞或在人源化酵母表达系统中进行重组表达，而哺乳动物细胞表达系统价格昂贵，人源化酵母表达系统目前尚不成熟，因此，产业化要考虑到降低制备成本等问题。

**4. 定点突变技术** 利用定点突变技术，如寡核苷酸引物、PCR 介导的定点突变及盒式突变等方法使蛋白药物中蛋白酶位点改变成对蛋白酶不敏感的其他氨基酸，从而减少血液中的酶对其降解，延长体内半衰期。

**5. 缓释给药系统** 已广泛用于改善蛋白药物药动学特性和稳定性等方面。用微囊包埋蛋白质药物可用于制备长效皮下注射等制剂。蛋白药物包封于聚合层中，通过皮下或肌内给药，聚合层随时间减少，使药物从微囊中缓慢持续释放，这有利于稳定药物，减少胃肠道酶的破坏，延长药物体内半衰期。

---

**案例 4-1 分析**

1. 通过生物制药技术将聚乙二醇与干扰素连接起来，称为长效聚乙二醇化干扰素。

2. 与传统干扰素相比，聚乙二醇化后干扰素相对分子质量变大，吸收及代谢均较为缓慢，从而使药物在血液内的浓度更稳定，半衰期更长，药物浓度稳定，而且用药间隔可以得到延长，用药更方便，疗效更稳定。

案例 4-2

慢性粒细胞白血病化疗后中位生存期为 39～47 个月,一旦进入加速期或急变期,则预后很差。为此,控制 CML 慢性期,防止急变和加速非常重要。用羟基脲加 IFN-α2b 方案治疗慢性粒细胞白血病第 1 次慢性期患者 25 例,其中男性 15 例,女性 10 例,中位年龄 52.5 岁。治疗方案为给予 IFN-α2b 300 万 IU/次,隔日 1 次,肌内注射;羟基脲 3g/d,分 3 次,口服,待白细胞减至 $20.0\times10^9$/L 左右,减半量,白细胞减至 $10\times10^9$/L 时,改为小剂量($0.5\sim1g/d$)维持治疗。同时以单用羟基脲组作为对照。观察到羟基脲加 IFN-α2b 方案组完全血液学缓解率为 96%,治疗组 5 年生存率为 72%;而单用羟基脲组完全血液学缓解率为 76.19%,治疗组 5 年生存率为 42.86%,证明 IFNα-2b 具有抑制恶性白血病细胞克隆增殖的作用,临床疗效较好。

问题:

1. IFN 的抗肿瘤机制有哪些?

2. IFN 除了抗肿瘤,还有哪些重要的临床应用?

## (二)干扰素的临床应用

**1. 抗肿瘤**　目前已有超过十种的 IFN 用于肿瘤的治疗,其作用机制主要是通过抑制肿瘤细胞的生长,肿瘤病毒的繁殖及调节机体免疫系统来杀伤肿瘤细胞,疗效较好,很多种类的肿瘤疾病在治疗后有所缓解(表 4-7)。具体治疗肿瘤分类如下所示。

表 4-7　干扰素对肿瘤治疗效果

| 干扰素治疗肿瘤的疗效(包括合用化疗) | 肿瘤缓解率 |
| --- | --- |
| 毛细胞白血病 | 70%～90% |
| 慢性髓细胞性白血病早期 | ＞70% |
| 慢性髓细胞性白血病晚期 | 25% |
| 非霍奇金淋巴瘤 | 低度 40%～50%;中、高度 10%～15% |
| T 细胞淋巴瘤 | 未治疗＞90%;顽固性 45%～70% |
| 多发性骨髓瘤 | 未治疗＞50%;顽固性 15% |
| 表面膀胱癌 | ＞50% |
| Kaposis 肉瘤 | 30%～40% |
| 卵巢癌 | 18% |
| 肾细胞癌 | 14% |
| 恶性黑色素细胞癌 | 10%～15% |
| 神经胶质瘤 | 17% |
| 乳腺癌 | 10% |
| 晚期直肠癌 | 部分改善 |
| 食道癌 | 部分改善 |
| 非小细胞性肺癌 | 部分改善 |
| 小细胞性肺癌 | 部分改善 |

(1)白血病:治疗效果最好的是毛细胞白血病(hairy cell leukemia, HCL)。Fdeierco 等对 48 例未接受治疗的 HCL 患者,用 IFN-α $3\times10^6$U 治疗,共 12 周,结果有效率为 63%,其中 15% 完全缓解、48% 部分缓解、23% 轻度缓解。谷乍凯用 IFN 加脾切除治疗 1 例儿童毛细胞白血病,结果完全缓解。目前认为 IFN 更适用于脾切除困难者。IFN 对血液系统其他恶性肿瘤也有效,如骨髓

增生性疾病，包括慢性粒细胞性白血病（慢粒）、特发性血小板增多症、真性红细胞增多症等。α型干扰素治疗毛细胞白血病有 90%左右的疗效。但是，大约有 50%的患者在停药后复发，不过大部分复发的患者对 IFN 重新治疗仍然有反应。最近报道，IFN 长期治疗可使 82%的患者有长达 6 年的存活期。IFN-α 治疗毛细胞白血病的机制目前尚不清楚，可能与 IFN 可影响细胞分化、抑制细胞周期和促进凋亡相关。

（2）多发性骨髓瘤：IFN 治疗多发性骨髓瘤的临床效果与马法兰单用时相当，对过去经过治疗的患者，有 15%～20%的治疗反应率。对于过去未经治疗的患者，其治疗反应率要高得多。传统的化疗对多发性骨髓瘤也有较好的疗效，所以，现在常将 IFN 与化疗联合应用治疗多发性骨髓瘤。

（3）胰腺癌：瑞典研究人员将 IFN-α 用于胰腺癌患者的治疗中，发现客观有效率 7%，有效期平均为 8.5 个月，6 名有效者肿瘤体积缩小。

（4）肝癌：IFN-α 治疗原发性肝癌 6 例，结果腹水、黄疸及肝功能均有不同程序的改善，B超、同位素及 CT 均显示肝内肿块有不同程度缩小，平均存活 20 个月，其中 1 例为 42 个月，比对照组延长 14 倍。

（5）肺癌：IFN 肌内注射可提高疗效，降低骨髓抑制程度，减慢肿瘤的生长速度及缩短化疗的间期。

（6）消化道癌：IFN 与 5-Fu 联用治疗结肠癌比单纯化疗的效果更好。

（7）肾癌：国外研究表明，增殖速度较慢的肾癌在单独用 α 型干扰素治疗后有 10%～20%患者得到缓解。

（8）黑色素瘤：目前，晚期恶性黑色素瘤的化疗结果并不令人满意。经典的化疗药物 dacarbazine治疗黑色素瘤的总反应率仅为 17%，完全反应率为 4%。单独干扰素治疗黑色素瘤的反应率为 16%。干扰素与化疗药物联合应用的疗效报道不一。Ⅱ期临床治疗试验令人鼓舞，但Ⅲ期临床试验结果的报道有矛盾。

（9）其他肿瘤：IFN 对血管瘤、淋巴瘤、转移性肾癌、转移性乳腺癌、转移黑色素瘤、癌性胸膜炎、脑癌、膀胱乳头状瘤、头颈部肿瘤和宫颈癌等均有较好疗效，IFN 若与放疗和化疗联合应用，效果更佳。

**2. 抗病毒治疗**

（1）乙型肝炎：干扰素在治疗乙型肝炎的研究中已取得了一定成效，目前主要用于临床治疗的是 IFN-α。IFN-α 治疗慢性乙型肝炎的机制除了抗病毒机制外，还有免疫调节、抗细胞增殖和抗纤维化作用。IFN 治疗慢性乙型肝炎的剂量为 3～10mU，每周 3 次，3 个月为一疗程。大约有 40%的患者氨基酸转移酶（如谷丙转氨酶）转为正常，肝组织病理学改善，HBv-DNA 被清除，HBe抗原转阴，抗 HBe 抗体转阳。在治疗停止后几个月或数年大约 15%患者的 hbs 抗原转阴，导致携带病毒状态的终止。这些转变是由细胞免疫系统介导的。

1992 年初及同年 7 月，我国和美国 FDA 均先后批准 IFN-αlb 和 IFN-α2b 用于治疗慢性乙型肝炎，现有 19 个国家批准采用 IFN 治疗乙型肝炎。乙型肝炎与肝细胞癌有密切的关系，hbvx 蛋白的反式激活作用可能与癌变有关；而干扰素可以控制这一过程。

有许多学者对 IFN 治疗乙型肝炎进行了临床研究，应用 IFN 治疗乙型肝炎应考虑如下诸因素。①首先针对机体的不同特点选择是否使用 IFN，通过对 IFN 治疗乙型肝炎的效果进行比较，结果表明：HBeAg 阴性患者对 IFN 治疗应答率高于 HBeAg 阳性患者，且长期效果明显。另外，IFN治疗显示良好的长期应答，因此延长治疗时间也可以成为提高 IFN 作用的一种手段。②可以针对IFN 的剂量进行改进，目前多数专家认为 IFN 在一定剂量范围内有明显的量-效关系，主张大剂量长疗程疗法，即在无毒副作用或不良反应较轻时应尽量提高 IFN 的使用剂量。另外，用 IFN 治疗慢性乙型肝炎在一定剂量范围内剂量增大效果会更好，可提高病情稳定率，并改善预后转归。但远期稳定和预后影响尚需通过增加病例数量和延长随访来证实，还有待进一步研究。③与其他药物合用可以在一定程度上增强 IFN 的作用，并减轻其毒副作用，这些药物应是与 IFN 有协同作用的药物，如与苦参素联合治疗慢性乙型肝炎。

（2）丙型肝炎：丙型肝炎病毒（hepatitis C virus，HCV）是于 1988 年发现的。全球约有 1 亿 7000 万丙型肝炎病毒携带者。丙型肝炎可导致肝硬化，肝癌和肝衰竭。美国有 400 万丙型肝炎患者，丙型肝炎是进行肝移植的主要适应证。IFN 是目前治疗慢性丙型肝炎最有效药物，第一阶段表现为抗病毒效应，第二阶段表现为调节机体免疫防御系统，即首先是抑制 HCV-RNA 复制，使血清 HCV-RNA 水平迅速下降，促进恢复血清水平至正常，从而改善肝脏病理损害。目前主要用于丙型肝炎。研究的干扰素标准治疗方案是聚乙二醇 IFN（α-2a 或 α-2b）联合利巴韦林。

（3）丁型肝炎：丁型肝炎的 IFN 治疗方案为 9～10mU，每周 3 次，12 个月为一个疗程，暂时性缓解（ALT 正常，HBV-DNA 阴性）率不超过 50%，持久反应率不超过 20%。

（4）艾滋病：IFN-α2b 与 IL-2 联合应用治疗艾滋病正在美国进行。治疗后，由于病毒量减少，所以发病时间可推迟。IFN-α 能抑制在慢性感染的幼单核细胞和 T 淋巴细胞中 I 型人类免疫缺陷病毒的表达，抑制完整 HW 病毒体生成或释放，使分泌出的感染性病毒颗粒数目减少。利用 IFN 可抑制病毒从慢性感染的细胞中释放出来的能力，可联合应用齐多夫定苷治疗。有报道称用 IFN-α 治疗艾滋病相关 Kaopiss 瘤，效果较好。

**3. 其他类型疾病**

（1）神经系统疾病：包括如下几种。①系统性硬化病 Kahan：等对 10 例系统性硬化患者用 IFN-γ 治疗后，9 例皮肤、骨髓、肌肉系统均获明显改善。IFN 可能是通过抑制皮肤成纤维细胞和硬皮病成纤维细胞产生胶原，并对体液和细胞介导免疫具有免疫调节活性。②脊髓灰质炎：IFN 生物学应答缺陷的病毒感染者，用天然的 IFN 治疗可恢复正常。研究表明，治疗初 24h 内，临床疾病不再发展，1～2 日症状开始改善。因此，对病毒引起的进行性麻痹疾病，应早期试用 IFN 治疗。

（2）皮肤科疾病：Rienho 等对 3 例异位性皮炎患者，局部应用皮质类固醇无效后用 IFN-γ 100μg 皮下注射，其后一周注射 3 次，持续 3 周。结果治疗 2 周后皮炎症状有改善，4 周后湿疹几乎消失。认为 IFN 可能通过刺激大量有免疫能力的淋巴细胞直接的细胞毒产生异常的表皮细胞作用于而发挥效应。

（3）治疗类风湿关节炎：据报道，类风湿关节炎患者注射 IFN-α 后，关节肿胀、触痛等症状可明显缓解，且能增加关节活动度。

（4）预防呼吸道感染：鼻内喷 IFN-α2b 季节性预防呼吸道感染。最佳方案：给药 2 次/d，剂量 $2.5 \times 10^6$U，持续＞ 4 周。研究表明，疗效显著且不良反应少。

---

**案例 4-2 分析**

1. 干扰素主要通过两方面的作用机制抗肿瘤。一方面是直接对抗肿瘤细胞的增殖；另一方面是通过调节免疫应答间接抗肿瘤，如可增强巨噬细胞的杀伤肿瘤细胞能力，提高 NK 细胞活性抗肿瘤，还能促进主要组织相容性复合物（MHC）的表达，使肿瘤细胞易于被机体免疫力攻击。

2. 干扰素除了抗肿瘤作用，还有抗病毒作用，临床用来治疗乙型、丙型肝炎及艾滋病，此外，还可用于治疗神经系统疾病、皮肤病、类风湿关节炎及预防呼吸系统感染等。

# 五、干扰素的不良反应

IFN 治疗的常见不良反应有感冒样症状，如发热、寒战、乏力、肌痛、恶心、厌食及体重下降等，停药后可恢复。其原因大概与 IFN 可刺激机体产生 IL-1 相关。在 IFN 治疗同时，应用泼尼松可减少这些不良反应。另有报道 IFN 可诱发心肌病、甲状腺功能亢进，偶有注射 IFN 引起的局部皮肤坏死的报告。故应用 IFN 时应监测甲状腺功能、心电图、肝肾功能、血生化等。

**知识拓展**

**表 4-8　国内、外常用干扰素的种类及商品名称**

| 通用名 | 商品名 |
| --- | --- |
| 重组人干扰素 α-2a 注射剂 | 罗荛愫（Roferon-A）、万复洛、福康泰、贝尔芬、因特芬 |
| 聚乙二醇干扰素 α-2a 注射液 | 派罗欣（Pegasys） |
| 重组人干扰素 α-2a 凝胶 | 忆林 |
| 重组人干扰素 α-2a 栓剂 | 淑润 |
| 重组人干扰素 α-2b 注射剂/冻干粉针剂 | 甘乐能（干扰能，Intron A）、安福隆、隆化诺、利分能、莱福隆、远策素、安达芬、英特龙、万复因、凯因益生 |
| 聚乙二醇干扰素 α-2b 注射剂 | 佩乐能（PEG ylation） |
| 重组人干扰素 α-2b 凝胶 | 尤靖安 |
| 重组人干扰素 α-1b 注射剂/冻干粉针剂 | 赛若金、干扰灵、运德素 |
| 重组人干扰素 α-1b 滴眼液 | 滴宁 |
| α-干扰素栓 | 奥平（Opin） |
| 复合干扰素注射剂 | 干复津（Alfacon-1） |
| 重组人干扰素 β-1a | Rebif 、Avonex |
| 重组人干扰素 β-1b | 倍泰龙（Betaferon） |

（金　越）

# 第五章 白细胞介素

## 学习要求

1. 掌握 白细胞介素的生物活性及其主要种类。
2. 熟悉 重组白细胞介素 2 和白细胞介素 11 的功能及其临床应用。
3. 了解 白细胞介素拮抗剂的作用机制及其临床应用。

案例 5-1

1972 年 Gery 等在人白细胞培养上清中发现一种可促进胸腺细胞增生的生物活性因子，称为淋巴细胞激活因子（lymphocyte activating factor），1979 年正式命名为白细胞介素 1（interleukin 1，IL-1）。2001 年在硅片中发现的一种白细胞介素 IL-1F10，最近改名为 IL-38。到目前为止，IL 已有 38 个成员。

问题：

1. IL 的主要生物学活性有哪些？
2. 在临床应用上，重组 IL 药物可能用于临床治疗哪几类疾病？

## 第一节 概 述

### 一、白细胞介素的基本概念

白细胞介素是由淋巴细胞和巨噬细胞等多种细胞产生、在免疫细胞和非免疫细胞之间发生相互作用的细胞因子。最初是指由白细胞产生且在白细胞之间发挥调节作用的细胞因子，现指一类分子结构和生物学功能已基本明确、具有重要调节作用而统一命名的细胞因子。IL 不仅介导白细胞相互作用，还参与造血干细胞、血管内皮细胞、成纤维细胞、神经细胞、成骨和破骨细胞等其他细胞的相互作用，在机体的多个系统中发挥作用。IL 通过传递信息、激活与调节免疫细胞、介导 T 细胞和 B 细胞成熟、活化、增殖与分化及参与炎症反应等过程，不但参与调节免疫应答，还广泛参与调节机体的生理病理过程。

1972 年在白细胞培养的上清中发现一种生物活性因子，可促进胸腺细胞增生，命名为淋巴细胞激活因子（lymphocyte activating factor，LAF）。此后，陆续发现免疫应答过程中存在多种细胞因子，研究人员各自命名。1979 年，为了避免命名的混乱，第二届国际淋巴因子专题会议将免疫应答过程中白细胞间相互作用的细胞因子统一命名为白细胞介素，按照发现的先后顺序，在名称后加阿拉伯数字编号以示区别，如 IL-1、IL-2 等。新确定的因子依次命名，目前得到正式命名的 IL 成员已达 38 个。

### 二、IL 及其受体的结构

在分子结构和生物学功能已基本明确的 IL 中，绝大多数为小分子分泌型多肽，少数为可与细胞表面结合的膜结合形式。在肽链结构上，大部分为单体结构，少部分为二聚体结构，其中 IL-5、IL-8、IL-10、IL-25、IL-37 等为同源二聚体，而 IL-12、IL-23、IL-27、IL-28、IL-35 等则为异源二聚体，两条肽链分别由不同的基因编码。在化学结构上，绝大部分为糖蛋白，含有不同程度的糖基侧链，尽管在多数 IL 中糖基的存在与否并不影响其生物学活性，但与 IL 在体内的半衰期密切相关。在蛋白质一级结构上，不同 IL 的氨基酸序列差别很大。但是许多 IL 基因的调控序列存在着许多共同之处，表明其表达调控受到相同因素的影响。在染色体定位上，一些 IL 基因是连锁的，如 IL-5、IL-9、IL-13 等均位于第 5 对染色体长臂上。

IL 生物学活性的实现，主要是通过与靶细胞膜表面上的特异性 IL 受体相结合、并将信号传递到细胞内部来完成的。IL 受体与其他细胞膜表面受体结构相同，由胞外区（IL 结合区）、跨膜区（疏水性氨基酸富含区）和胞质结构区（信号转导区）3 个功能区组成。IL 受体存在单体、二聚体和三聚体等形式。在二聚体和三聚体形式中，多个 IL 的受体含有相同的一条单体肽链，如 IL-2、IL-4、IL-7、IL-9 和 IL-15 等的受体共同含有一条 IL-2 受体单体肽链。

# 三、IL 的生物学活性

IL 的生物学活性非常广泛，如促进靶细胞的增殖和分化、增强抗感染和细胞杀伤效应、促进或抑制其他细胞因子的膜表面分子的表达、促进炎症过程、影响细胞代谢等。IL 的作用具多相性和网络性，构成了复杂的细胞因子免疫调节网络。行使功能时具有高效性，在极微量水平时，通过旁分泌或自分泌方式发挥生物学效应，因此其作用通常是一时性的，并且只在局部范围发挥作用。

## （一）免疫应答

免疫细胞之间存在错综复杂的调节关系，属于细胞因子的 IL 是传递调节信号、参与免疫应答的必不可少的信号分子。一些免疫细胞可通过分泌 IL 调节其他免疫细胞分泌不同的 IL，进一步影响后续的免疫细胞。例如，T 细胞与 B 细胞之间，T 细胞可产生 IL-2、IL-4、IL-5、IL-6、IL-10 和 IL-13 等，刺激 B 细胞分化、增殖和产生抗体；而 B 细胞又可产生 IL-12，调节 Th1 细胞活性。一些免疫细胞还可通过分泌 IL 产生自身调节作用。如 T 细胞产生的 IL-2 可刺激 T 细胞表达 IL-2 受体和进一步地分泌 IL-2。对 IL 在免疫应答网络中位置和作用的研究，有助于理解免疫系统的调节机制和指导 IL 在免疫性疾病治疗中的临床应用。

## （二）促炎症反应

炎症是临床常见的一个病理反应过程，可以发生于机体不同的组织和器官，症状表现为局部的红肿热痛和功能障碍，同时常伴有发热、白细胞增多等全身反应。在炎症部位出现大量炎症细胞，主要有淋巴细胞、单核-巨噬细胞和粒细胞等。在这个过程中，包括 IL 在内的一些细胞因子起到重要的促进作用，其中 IL-1、IL-6、IL-8 等可促进炎症细胞的聚集、活化和炎症介质的释放，可直接刺激发热中枢引起全身发热，其中 IL-8 还可趋化中性粒细胞集中到炎症部位，加重炎症症状。例如，银屑病是免疫介导的炎症性皮肤病，其发病与炎症细胞浸润和包括 IL-17 在内的细胞因子有关。

## （三）刺激造血功能

IL 与其他细胞因子相互协调、相互作用、共同完成造血功能，在从骨髓造血干细胞到成熟免疫细胞的分化发育过程中发挥重要作用。例如，IL-3 与干细胞因子（stem cell factor，SCF）可直接促进早期原始造血干细胞的增殖和分化，粒细胞-巨噬细胞集落刺激因子（granulocyte-macrophage colony-stimulating factor，GM-CSF）作用于稍晚阶段的髓系造血祖细胞，IL-7 可选择性诱导淋巴系造血细胞的增殖和分化，IL-6、IL-11 和血小板生成素（thrombopoietin，TPO）可作用于巨核系造血细胞。

## （四）其他

IL 除参与免疫调节和造血功能后，还参与一些其他功能。例如，IL-1 可刺激破骨细胞和软骨细胞的生长，IL-6 可促进肝细胞产生急性期蛋白，IL-8 可促进新生血管的形成。

# 四、IL 的 种 类

自 1972 年发现 IL-1 至今，IL 已有 38 种。本节主要介绍已有相关生物技术药物上市的 IL 种类，包括 IL-1、IL-2、IL-6、IL-11、IL-12、IL-7 和 IL-23 等。

## （一）IL-1

IL-1 又名淋巴细胞刺激因子，是最早发现的 IL。

**1. LI-1 的产生**　主要由活化的单核-巨噬细胞产生，还包括几乎所有的有核细胞，如 B 细胞、NK 细胞、体外培养的 T 细胞、角质细胞、树突状细胞、星形细胞、成纤维细胞、中性粒细胞、内皮细胞及平滑肌细胞。正常情况下 IL-1 通常只存在于皮肤、汗液和尿液中，但在受到外来抗原或有丝分裂原刺激后，绝大多数细胞可合成和分泌 IL-1。

**2. IL-1 的分子结构**　人 IL-1 有两种不同的分子形式 IL-1α 和 IL-1β，分别由 159 和 153 个氨基酸残基组成，由定位于第 2 号染色体上的不同基因编码，在氨基酸顺序上同源性仅为 26%，但可与相同的细胞表面受体以同样的亲和力结合，发挥相同的生物学作用。

**3. IL-1 的生物学活性**　IL-1 具有多种生物学活性，主要表现在免疫调节和造血作用等方面。

（1）免疫调节作用：IL-1 具抗原协同作用，可使 CD4+T 细胞活化，促进 IL-2R 表达；促进 B 细胞生长和分化及抗体的形成；与 IL-2 或 IFN 协同作用增强 NK 细胞活性；促进中性粒细胞活化，增强杀伤病原微生物的能力；吸引中性粒细胞，引起炎症介质释放；促进单核-巨噬细胞等 APC 的抗原递呈能力；可刺激多种不同的间质细胞释放蛋白分解酶，产生相应效应，如导致类风湿关节炎的滑膜病变。

（2）造血作用：IL-1 可与 CSF 协同作用促进骨髓造血祖细胞增殖能力，促进造血细胞定向分化。

（3）致热作用：IL-1 的大量分泌或注射可作用于下丘脑引起发热，致热曲线为单向，潜伏期200min 左右，但 IL-1 对热敏感，易被破坏。

（4）IL-1 还对软骨细胞、成纤维细胞和骨代谢有一定影响。

**4. IL-1 的功能**　IL-1 是一种多功能细胞因子，可激活免疫系统和刺激造血系统。在中枢神经系统，可引起发热；在脉管系统，引起血管扩张，诱导黏附分子和趋化因子表达，促进中性粒细胞外渗；在肝脏中，可诱发急性时相蛋白合成；在结缔组织中，可致骨吸收和胶原酶合成，促进成纤维细胞、角质细胞增殖和组织重建。

IL-1 在局部低浓度时主要通过自分泌和旁分泌方式发挥免疫调节作用，而在大量产生时则有内分泌效应，诱导肝脏急性期蛋白合成，引起发热和恶病质。IL-1 正常活性表现为对感染或损伤做出的有益反应，但 IL-1 的异常调控则对机体产生不利影响。例如，IL-1 在类风湿关节炎（rheumatoid arthritis，RA）（特别是慢性风湿关节炎）、儿童和成年早发性多系统炎症疾病（neonatal-onsetmultisystem inflammatory disease，NOMID）和冷吡啉蛋白-相关周期性综合征（cryopyrin-associated periodic syndrome，CAPS）等炎症中发挥关键作用。2009 年 FDA 批准人抗

IL-1β 单克隆抗体药物上市用于治疗 CAPS。

**5. IL-1 受体**　IL-1 受体（IL-1 receptor，IL-1R）几乎存在于所有有核细胞的表面，但每个细胞上的 IL-1R 数目不等，少则几十个（如 T 细胞），多则数千个（如成纤维细胞）。GM-CSF、G-CSF 及 IL-1 可提高细胞 IL-1R 的表达水平，而 TGF 及皮质类固醇能降低 IL-1R 的表达。IL-1R 存在 IL-1R1 和 IL-1R2 两种类型。

IL-1R1 主要由成纤维细胞、平滑肌细胞表达，其分子在胞内的胞质结构区肽链部分较长，由 213 个氨基酸残基组成，含有丝氨酸和苏氨酸残基。当 IL-1 与 IL-1R1 结合后丝氨酸和苏氨酸很快被磷酸化，发挥传递活化信号的作用。

IL-1R2 主要分布于 EBV 转化的 B 细胞、巨噬细胞、T 细胞和骨髓细胞，与 IL-1R1 的同源性为 28%，跨膜区同源性更高，其胞质结构区肽段较短，仅由 29 个氨基酸残基组成，不能有效地传递信号。当 IL-1R2 与 IL-1 结合后，经蛋白酶水解后将胞外区肽链释放到细胞外液中，形成可溶性的 IL-1 结合蛋白（soluble IL-1 binding protein，sIL-1BP），分子质量为 46kDa，以游离形式与 IL-1 结合，发挥反馈抑制作用。

**6. IL-1 受体拮抗物**　在某些白血病患者的血清和尿中及单核细胞培养液上清中发现一种可特异性抑制 IL-1 生物活性的多肽因子，称为 IL-1 受体拮抗物（IL-1 receptor antagonist，IL-1Ra），又称 IL-1 受体拮抗蛋白（IL-1 receptor antagonist protein，IRAP）。

（1）IL-1Ra 的产生：在体外可由脂多糖（lipopolysaccharides，LPS）刺激的单核细胞和 PMA、PHA、CSF 等刺激的单核细胞系产生。

（2）IL-1Ra 的分子结构：未成熟的 IL-1Ra 分子由 177 个氨基酸残基组成，N 端 25 个氨基酸多为疏水性氨基酸，为信号肽部分。成熟分子由 152 个氨基酸残基组成，分子质量为 17kDa，糖基化后分子质量为 25kDa，但糖基对 IL-1Ra 活性并非必需。在第 65、68、116 及 122 位上有 4 个保守的半胱氨酸残基，其中第 65 位与第 116 位、第 68 位与第 122 位之间形成 2 个链内二硫键。IL-1Ra 与 IL-1α 和 IL-1β 的同源性分别为 19% 和 26%。人的 IL-1Ra 基因定位与 IL-1α 和 IL-1β 相同，位于第 2 号染色体上。

（3）IL-1Ra 的生物学活性：IL-1Ra 并不与 IL-1 直接结合，而是通过与 T 细胞表面 IL-1R 的竞争性结合，特异性地抑制 IL-1R 与 IL-1 结合。IL-1Ra 与 IL-1R1 和 IL-1R2 都能结合，但与前者结合的亲和力要高于后者。IL-1Ra 能抑制 IL-1 刺激滑膜细胞分泌前列腺素 E2 和软骨细胞合成胶原酶，抑制胸腺细胞的增殖及中性粒细胞、嗜酸性粒细胞与内皮细胞的黏附。在体内还可抑制 IL-1 引起的发热。

（4）IL-1Ra 与临床应用：IL-1Ra 在正常人血清中水平很低，而在感染、炎症或内毒素血症患者血清中升高了 40 倍，表明 IL-1Ra 在其中发挥重要作用。类风湿关节炎是一种自身免疫疾病，关节囊内巨噬细胞受到刺激和活化后可分泌 IL-1，刺激滑膜细胞、软骨细胞和成纤维细胞分泌大量前列腺素 E2、胶原酶和中性蛋白酶等，从而使局部血管通透性增加，关节中的胶原组织降解和骨质吸收，造成滑膜表面及关节软骨受损，直接参与关节的病理损伤。目前已有重组 IL-1Ra 多肽药物上市，用于临床治疗类风湿关节炎。

## （二）IL-2

IL-2 又称 T 细胞生长因子（T cell growth factor，TCGF），主要由 T 细胞产生，为体内最强和最主要的 T 细胞生长因子。

**1. IL-2 的产生**　主要由 T 细胞（特别是 CD4+T 细胞）受抗原或有丝分裂原刺激后合成；B 细胞、NK 细胞及单核—巨噬细胞也能合成 IL-2。

**2. IL-2 的分子结构**　人 IL-2 是一种糖蛋白，由 133 氨基酸残基组成，分子质量（不含糖基）为 15.5kDa。糖基位于 IL-2 的 N 端，对生物学活性无明显影响。IL-2 分子的第 58、105 和 125 位存在 3 个半胱氨酸，其中第 58 位与第 105 位之间形成链内二硫键，对 IL-2 生物学活性起重要作用。在 IL-2 多肽的提纯和复性过程中，二硫键配错或在分子间形成二硫键都会降低 IL-2 的活性。如将第 125 号位半胱氨酸突变为亮氨酸或丝氨基，分子间只能形成一种二硫键，可保证在 IL-2 复性过程的活性。一种重组 IL-2，第 125 位半胱氨酸突变为丙氨酸，改构后的 rIL-2 活性明显高于天然 IL-2。人 IL-2 基因长约 5kb，由 4 个外显子和 3 个内含子组成，定位于第 4 号染色体。人和小鼠 IL-2 基因序列同源性为 63%。

**3. IL-2 受体**　IL-2 受体（IL-2 receptor，IL-2R）存在 T 细胞、NK 细胞、B 细胞及单核—巨噬细胞等 IL-2 靶细胞表面上，由 α 链、β 链和 γ 链组成。

（1）IL-2Rα 链是由 272 个氨基残基组成、分子质量为 55kDa 的糖蛋白，信号肽含 21 个氨基酸残基，成熟分子由 251 个氨基酸残基组成，含有多个半胱氨酸和 2 个 N-糖基化位点，跨膜区和胞质结构区分别含 19 和 13 个氨基酸残基。人 IL-2Rα 链基因长约 25kb，包含 8 个外显子和 7 个内含子，定位于第 10 号染色体。

（2）IL-2Rβ 链为由 525 个氨基残基组成、分子质量为 70kDa 的蛋白，含 5 个 N-糖基化位点。胞外区含 214 个氨基酸残基，包括 8 个半胱氨酸，含有 1 个红细胞生成素（EPO）受体超家族特征性的结构域和 1 个 III 型纤维粘连蛋白结构域。跨膜区由 25 个氨基酸残基组成。胞质结构区含有 286 个氨基酸残基，与 EPO 受体胞质结构区有一定的同源性。人 IL-2Rβ 链基因定位于 22 号染色体。

（3）IL-2Rγ 链为含 347 个氨基酸、分子质量为 64kDa 的糖蛋白。胞膜结构特征属于红细胞生成素家族成员，胞质结构区含 86 个氨基酸。

在 IL-2R 的三条链中，IL-2Rα 链的胞内区较短，不能向细胞内传递信号，而 β 链和 γ 链的胞内区较长，具有传递信号的能力。单独 IL-2Rγ 链不能与 IL-2 结合，但对于中亲和力的 IL-2R（βγ链）和高亲和力的 IL-2R（αβγ 链）的组成、IL-2 的内化及信号转导是必需的。

IL-2R 还存在一种可溶性形式的 IL-2R（solubleIL-2 receptor，sIL-2R），它是膜结合形式 IL-2Rα 链的脱落物，分子质量为 45kDa，可与膜表面 IL-2R 竞争结合 IL-2，是一种 IL-2 的免疫抑制物质。在正常人血清和尿液中可检出少量 sIL-2R，在某些恶性肿瘤、自身免疫病、病毒感染性疾病及移植排斥等患者中明显增高。

**4. IL-2 的生物学活性**　IL-2 生物学功能很广泛，能够对 T 细胞、B 细胞、NK 细胞、巨噬细胞和少突神经胶质细胞等多种细胞类型产生作用，其中最显著的作用是影响 T 淋巴细胞的生长。

（1）活化 T 细胞，促进细胞因子产生。静止的 T 细胞不表达 IL-2R，对 IL-2 没有反应；受抗原或有丝分裂原刺激活化后表达 IL-2R，才能成为 IL-2 的靶细胞。活化后的 T 细胞在存在 IL-2 的条件下进入 S 期，维持细胞的增殖潜力。在体内，IL-2 对 CD4$^+$T 细胞的作用是通过自分泌途径实现的，因为活化的 CD4+T 细胞能够产生大量的 IL-2；而 CD8$^+$T 细胞则通过旁分泌途径来维持细胞的生长。接受预刺激信号的 CD8+T 细胞可以受 IL-2 的作用活化为细胞毒性 T 淋巴细胞（cytotoxic lymphocyte，CTL），发挥细胞毒作用；在一定条件下，CD4+T 细胞也可受 IL-2 的诱导而具有杀伤作用。IL-2 可刺激 T 细胞产生 IFN-γ、IL-4、IL-5、IL-6、TNF-β 和 CSF 等多种淋巴因子。

（2）刺激自然杀伤细胞（natural killer cell，NK）增殖，增强 NK 细胞杀伤活性及产生细胞因子，诱导淋巴因子激活的杀伤细胞（lymphokine activated killer cells，LAK）产生。NK 细胞是唯一在正常情况下可表达 IL-2R 的淋巴细胞，对 IL-2 始终保持反应性，但在静止时只表达 IL-2Rβ 链和 IL-2Rγ 链，形成中亲和性受体，对 IL-2 的亲和力低，只对高浓度的 IL-2 产生反应。一旦 NK 细胞活化，表达 IL-2Rα 链，与 IL-2Rβ 链和 IL-2Rγ 形成高亲和力的受体。大量的 IL-2 可刺激 NK 细胞发生增殖，产生 IFNγ、TNFβ 和 TGFβ 等细胞因子，促进非特异性细胞毒素产生。IL-2 还可诱导 NK 细胞或 T 细胞成为 LAK 细胞，LAK 细胞可以杀伤多种对 CTL、NK 细胞不能杀伤的肿瘤细胞，并只有在 IL-2 存在时才能发挥作用。

（3）促进 B 细胞增殖和分泌抗体：IL-2 对 B 细胞的生长及分化均有一定的促进作用。IL-2 对 B 细胞的调节作用除通过刺激 T 细胞分泌 B 细胞增殖和分化因子外，由于活化的 B 细胞表达 IL-2R，还可直接作用于 B 细胞。活化的或恶变的 B 细胞表面存在高亲和力 IL-2R，但是密度较低；较高水平的 IL-2 可诱导 B 细胞生长繁殖和分化，促进抗体分泌，并诱使 B 细胞由分泌 IgM 向着分泌 IgG2 转换。

（4）活化巨噬细胞：单核-巨噬细胞在正常时仅表达少量 IL-2Rβ 链，但是受到 IL-2、IFNγ 或其他活化因子作用后，可表达高亲和力 IL-2R。单核-巨噬细胞受到 IL-2 的持续作用后，其抗原递呈能力、杀菌力和细胞毒性均明显增强，分泌某些细胞因子的能力也得到加强。

（5）IL-2 对肿瘤细胞的作用：IL-2 的抗肿瘤作用除与 LAK、TIL 有关外，还与其诱导 NO 的产生有关。实验发现对 LAK 无效的 Meth A 小鼠皮肤癌，用 IL-2 治疗可见存活期延长，且小鼠尿中 NO 含量较对照组高 8 倍；如同时应用 NO 诱导抑制剂 L-NMMA，使尿中 NO 含量下降 60%，同时使 IL-2 组的存活期大大缩短，提示 IL-2 诱导 NO 合成，是其抗肿瘤作用机制之一。

IL-2 体内的半衰期只有 6.9min。使用 PEG 修饰 IL-2，对生物学活性无影响，但可延长半衰期 7 倍左右。

**5. IL-2 与临床应用**

（1）抗肿瘤作用：LAK 与 IL-2 合用，对原发性及转移性肿瘤，均有明显抗肿瘤作用，如对肾细胞癌、黑素瘤、非霍奇金淋巴瘤、结肠直肠癌有较明显疗效，对肝癌、卵巢癌、头颈部鳞癌、膀胱癌、肺癌等有不同程度的疗效。肿瘤病人经 IL-2 治疗后，血中 NK 细胞数量明显增加。目前已有重组 IL-2 药物上市用于临床治疗成人转移性肾细胞癌或成人转移性黑色素瘤。

（2）抗感染作用：IL-2 是通过增强 CTL、NK 活性及诱导 IFN-γ 产生而介导抗病毒感染的，可用于病毒、细菌、真菌或原虫导致的感染。例如，rIL-2 明显延长结核杆菌 H37RV 株感染小鼠和豚鼠的半数死亡时间，降低死亡率，减少感染动物脾、肺组织内的结核杆菌数。

（3）免疫佐剂作用：IL-2 可作为佐剂，与免疫原性弱的亚单位疫苗联合应用，刺激机体的免疫应答，提高免疫应答水平。

## （三）IL-6

IL-6 是由淋巴细胞、非淋巴细胞及肿瘤细胞产生的一种多功能细胞因子。

**1. IL-6 的产生** 由 T 细胞、B 细胞、成纤维细胞、单核-巨噬细胞、内皮细胞及多种瘤细胞所产生。不同组织 IL-6 的产生需要不同刺激因子的诱导，这些刺激因子包括多种抗原和非抗原性物质，如病毒感染、细菌内毒素、IL-1 和 TNF-a 等。

**2. IL-6 的分子结构** 人 IL-6 由 212 个氨基酸残基组成，包括 28 个氨基酸残基的信号肽。成熟 IL-6 是由 184 氨基酸残基组成的、分子质量为 26kDa 的糖蛋白。IL-6 由 4 个 α 螺旋反平行束组成，C 端（175～181 位氨基酸）为受体结合点，其中第 179 位精氨酸残基对于与受体的结合至关重要。IL-6 中糖基对生物学活性并非必需，N 端 23 个氨基酸残基虽然与生物学活性不直接相关，但对整个分子起稳定作用。IL-6 与 G-CSF 和 IFN-β 间有较高同源性。人 IL-6 基因位于第 7 号染色体上。人 IL-6 氨基酸序列与小鼠 IL-6 有 42%同源性。

**3. IL-6 受体**（IL-6 receptor，IL-6R） 广泛存在于多种细胞表面，与 IL-6 结合后，通过活化胞内一系列信号蛋白分子实现信号转导。IL-6R 由高亲和力的特异性配基结合链 IL-6Rα 和信号转导链 IL-6Rβ（gpl30）两种不同的膜蛋白组成。

人 IL-6Rα 由 468 个氨基酸残基组成，成熟分子为 449 氨基酸残基组成、分子质量为 80kDa 的糖蛋白，存在 6 个 N-糖基化位点，表达局限于肝细胞、中性粒细胞、巨噬细胞及某些淋巴细胞等特定组织细胞。其胞外区、跨膜区和胞质结构区分别包含 339、28 和 82 个氨基酸残基。胞质结构区较短，无酪氨酸激酶活性，不具备 IL-6 信号转导的功能。

IL-6Rβ 为分子质量 130kDa 的糖蛋白,有 14 个潜在 N-糖基化位点,几乎存在于所有细胞表面。其胞外区、跨膜区和胞质结构区分别有 597、22 和 277 个氨基酸。单独的 IL-6Rβ 不能与 IL-6 直接结合,需要 IL-6α 首先与 IL-6 结合形成 IL-6/IL-6Rα 复合物后,再与 IL-6Rβ 形成高亲和力复合物,启动信号转导。

IL-6R 还存在一种可溶形式 IL-6R(soluble IL-6 receptor, sIL-6R),源于膜结合型 IL-6R 从细胞膜上水解脱落,包括 sIL-6Rα 和 sIL-6Rβ 两种。其中 sIL-6Rα 结合 IL-6 后,可与细胞膜表面 IL-6Rβ 结合,增强 IL-6 的刺激活性,而 sIL-6Rβ 竞争结合 sIL-6Rα/IL-6 复合物,从而抑制 IL-6 的活性。sIL-6Rα 水平的升高与某些自身免疫性疾病有关。

**4. IL-6 的生物学活性** IL-6 具有多种生物活性。

(1)刺激细胞增殖:IL-6 可促进 B 细胞、T 细胞、胸腺细胞和造血干细胞等多种细胞的增殖。

(2)促进细胞分化:促进 B 细胞活化和分泌抗体,刺激 T 细胞 CTL 分化,诱导巨噬细胞、神经细胞和 NK 细胞分化,增加 T 细胞 IL-2 产生和 IL-2R 表达,协同 IL-2 增强 CTL 中穿孔素基因的表达,协同 IL-3 促进干细胞分化和巨核细胞的成熟。

(3)诱导肝细胞急性期蛋白合成:作为肝细胞刺激因子,在感染或外伤引起的急性炎症反应中,诱导急性期反应蛋白的合成,其中以淀粉样蛋白 A、C 反应蛋白增加尤为明显。

**5. IL-6 与相关疾病** IL-6 作为一种多效的细胞因子,表现出"双刃剑"特点,在增强免疫功能、抗肿瘤和造血细胞增殖分化等多种重要生理功能中发挥作用,又参与多种病理损伤过程,在许多临床疾病的发生发展中充当着重要角色。

(1)类风湿关节炎(RA):类风湿关节炎是一种常见的自身免疫性疾病,表现为滑膜持续炎症、骨骼破坏及软骨降解过程。IL-6 有助于类风湿关节炎的发生发展,在类风湿关节炎患者关节滑液中 IL-6 及 sIL-6R 水平与局部关节慢性滑膜炎症状及关节破坏的严重程度显著相关。类风湿关节炎患者的 T 细胞、B 细胞、滑膜细胞及软骨细胞均可产生 IL-6。目前已有 IL-6R 单抗药物上市,用于治疗类风湿关节炎。

(2)巨大淋巴结增生症(castleman's disease, CD):IL-6 参与 CD 发病过程,如 IL-6 基因转入小鼠的造血干细胞,获得类似于 CD 的病理模型。CD 患者淋巴结发生中心区域 B 淋巴细胞可分泌产生大量的 IL-6,在病变位置切除后病情改善,血清中增高的 IL-6 水平下降。

(3)肿瘤:IL-6 与许多肿瘤的癌变过程相关。在人类前髓细胞性白血病、星形细胞瘤、胶质母细胞瘤、肝癌等多种肿瘤细胞上均发现有 IL-6R 的高表达。在胶质瘤中肿瘤组织 IL-6 的表达明显高于其他部位的脑组织,并与患者的生存期呈负相关。

## (四)IL-11

IL-11 是从骨髓基质细胞株中发现的血小板生长因子,具有促使干细胞和巨核细胞前体细胞增殖和刺激巨核细胞成熟、增加血小板数量的功能。

**1. IL-11 的产生** 主要由间充质来源的黏附细胞产生,包括骨髓基质细胞、基质成纤维细胞、人胚肺成纤维细胞和滋养层细胞等。

**2. IL-11 的分子结构** IL-11 前体蛋白由 199 个氨基酸残基组成,包含 21 个氨基酸的信号肽,成熟蛋白由 178 个氨基酸残基组成。IL-11 富含脯氨酸残基(12%)和碱性氨基酸,不含半胱氨酸残基,无二硫键和 N-糖基化位点。IL-11 分子结构改变影响其生物学活性。例如,第 58 位蛋氨酸的烷化化学修饰导致其体外生物活性降低 25 倍,第 41 和 98 位赖氨酸的化学修饰可使生物活性降低 3 倍;当 C 末端缺乏 8 个以上氨基酸时,IL-11 将完全丧失活性。人基因组序列长约 7kb,包括 5 个外显子和 4 个内含子。人 IL-11 定位于 19 号染色体长臂 13 区。人 IL-11 cDNA 结构与灵长类有 97% 的同源性,氨基酸差别仅为 11 个。人和鼠 IL-11 cDNA 结构 86% 同源,氨基酸序列 88% 同源。

**3. IL-11 受体**（IL-11 receptor，IL-11R） 分子质量为 150kDa，PU34 细胞的每个细胞上存在 138 个 IL-11 结合位点。IL-6 信号转导亚单位 gp130 也是 IL-11R 的信号转导亚单位，gp130 为 IL-11R 及 IL-6R、LIFR、OSMR、CNTFR 所共有。IL-11 可诱导靶细胞的酪氨酸磷酸化，gp130 中和活性抗体可抑制 IL-11 诱导的酪氨酸磷酸化。小鼠 IL-11Rα 链 cDNA，与 IL-6Rα 链有 24%同源，属于造血因子受体家族。

**4. IL-11 的生物学活性** IL-11 是造血微环境中一个多功能的调节因子，具有多种生物学活性。

（1）促进造血干细胞增殖：IL-11 可促进造血干细胞的生长和分化，其与 IL-3、IL-4 及 G-CSF 等协同作用于干细胞，缩短干细胞细胞周期的 G0 期，促进干细胞的扩增，并与造血微环境其他细胞因子共同促进干细胞分化。

（2）促进巨核细胞和血小板的生成：在 IL-3、TPO 和 SCF 等因子协同作用下，IL-11 可作用巨核细胞和血小板生成过程中的不同阶段，促进它们的生成。

（3）促红细胞生成作用：IL-11 单独或与 IL-3、SCF 和 EPO 等因子协同作用，可显著刺激原始多系造血细胞、前 CFC 及红细胞分化不同阶段的前体细胞。同 EPO 协同作用，IL-11 能进一步刺激红细胞的增殖。

（4）促进骨髓细胞的生成：IL-11 能调节骨髓祖细胞的分化和成熟。

（5）促进淋巴细胞的生成：IL-11 和 SCF、IL-4 等因子协同作用，有效刺激 B 细胞的产生，消除 IL-3 对早期 B 淋巴细胞生成的抑制作用。

（6）对非造血细胞的作用：包括调节肠道上皮细胞生长，破骨细胞增殖，神经生成，刺激体内外急性反应，抑制脂肪形成和诱导发热反应等。

**5. IL-11 与临床应用**

（1）造血调控作用：IL-11 可促进造血干细胞的生长和分化，特异性缩短造血干细胞细胞周期中的 G0 期，促进巨核细胞、血小板生成和淋巴细胞的生成，调节骨髓成纤维细胞的生长。目前已有重组 IL-11 药物上市，用于临床治疗严重血小板缺少症。

（2）对上皮细胞的作用：在呼吸道病毒感染时肺泡及支气管上皮细胞合成大量的 IL-11，说明其参与肺部炎症反应；IL-11 可调节肠上皮细胞的生长，促进胃肠道黏膜损伤愈合，还可改善或减轻牛皮癣患者皮肤的炎症性损伤。

（3）免疫调节作用：IL-11 参与原发性和继发性的免疫反应，调节特异性抗原抗体反应。在体外，IL-11 能促进 IL-6 依赖的浆细胞瘤细胞增殖和 T 细胞依赖性 B 细胞的发育。在含 IL-11 和 EPO 的培养基中前体细胞可分化成单核细胞和巨噬细胞。

## （五）IL-12

IL-12 是一种具有多种免疫调节功能的促炎症性细胞因子，1989 年在人的淋巴细胞中发现，1991 年被成功克隆和表达。IL-12 所属的细胞因子家族还包括其他异二聚体细胞因子，如 IL-23、IL-27 和 IL-35 等。

**1. IL-12 的产生** 主要由巨噬细胞及树突状细胞产生。

**2. IL-12 的分子结构** IL-12 是由二硫键连接的异源二聚体，由 p35（分子质量 35kDa）和 p40（分子质量 40kDa）两个亚基组成。人 IL-12p35 亚基包括 197 个氨基酸残基，含 7 个半胱氨酸和 3 个 N-糖基化位点，p40 亚基由 306 个氨基酸残基组成，含 10 个半胱氨酸和 4 个 N-糖基化位点。小鼠 IL-12p35 含 193 个氨基酸残基，与人 p35 同源性为 66%，小鼠 p40 有 313 个氨基酸残基，与人 p40 同源性为 70%。在生理情况下，两个亚基中的半胱氨酸残基间可形成复杂的分子间二硫键结构。人 p40 和 p35 分别由两个基因编码，p40 基因定位于染色体 5q31~q33 区，p35 基因定位于染色体 3p12~3q13 区。

**3. IL-12 受体**（IL-12 receptor，IL-12R） 主要位于活化的 T 细胞和 NK 细胞表面，是由

IL-12Rβ1 和 IL-12Rβ2 两条多肽链构成的二聚体。IL-12Rβ1 由 662 个氨基酸残基组成，含由 24 个氨基酸残基组成的 N 端疏水信号肽，成熟肽为 638 个氨基酸组成，分子质量为 70kDa。IL-12Rβ1 属于 I 型转膜蛋白，跨膜区由 31 个氨基酸组成，胞外区含 516 个氨基酸，包括 6 个 N-糖基化位点，具有细胞因子受体超家族的特征。胞内结构区含 91 个氨基酸残基，包括 3 个蛋白激酶 II 作用的磷酸化位点及有 β 型亚单位特征性结构的保守 box1 和 box2 基序。IL-12Rβ2 由 862 个氨基酸残基组成，也属于 I 型转膜蛋白，分子质量为 97kDa（含信号肽）或 94kDa（成熟蛋白）。胞外区、跨膜区和胞内结构区分别含有 595 个、24 个和 216 个氨基酸，其中胞内结构区含 3 个酪氨酸残基和保守的 box1 和 box2 基序。鼠的 IL-12Rβ2 链与人 IL-12Rβ2 链同源性为 68%。IL-12Rβ1 为 IL-12R 和 IL-23R 共享，而 IL-12Rβ2 为 IL-12R 和 IL-35R 共享。

**4. IL-12 的生物学活性**　IL-12 主要作用于 T 细胞和 NK 细胞，曾被命名为细胞毒性淋巴细胞成熟因子（cytotoxic lymphocyte maturation factor，CLMF）和自然杀伤细胞刺激因子（natural killer cell stimulation factor，NKSF），具有多种多生物活性。

（1）激活 T 细胞和 NK 细胞：IL-12 可明显刺激静止或激活的外周血 T 淋巴细胞、NK 细胞分泌 IFN-γ，并与 IL-2 有协同作用。内源性 TNF-α 的产生也与 IL-12 诱导的 LAK 活性有关。

（2）对 Th1 细胞的诱导和对 Th2 细胞的抑制作用：促使 CD4$^+$初始 T 细胞向 Th1 细胞分化，抑制 Th2 细胞合成 IL-4，并选择性地抑制 IL-4 诱导的 IgE 合成，但能促进 IFN-γ、TNF-α 和 IL-2 的合成。

（3）抑制肿瘤组织新生血管的生成：IL-12 通过 IFN-γ 作用于其受体，引起肿瘤细胞产生具有抗血管生成活性细胞因子 IP-10，抑制肿瘤新生血管的生成。

**5. IL-12 与相关疾病**　自身免疫性疾病（autoimmune diseases，AID）是由于机体正常的免疫耐受功能受损，导致自身的免疫系统对组织结构和功能的破坏。包括作为效应最强的 NK 细胞激活因子和 T 淋巴细胞诱导因子——IL-12 在内的多种细胞因子参与其发病过程。

（1）银屑病（psoriasis）：是一种在各种环境因素刺激下由遗传背景控制的免疫失衡性疾病，其致病机制尚不完全清楚，但与 T 淋巴细胞和角质形成细胞的相互作用相关，而 IL-12 是参与 T 淋巴细胞免疫活动的重要细胞因子。银屑病患者血清中 IL-12 水平高于正常人，并与其病情严重程度相关。目前已有抗 IL-12 的单克隆抗体药物上市，用于临床治疗银屑病和银屑病关节炎。

（2）类风湿关节炎（RA）：是一种以滑膜组织炎性增生关节软骨进行性破坏为主要特征的慢性炎症性自身免疫性疾病。类风湿关节炎患者病情静止期的外周血单个核细胞上清液中 IL-12 水平高于正常人，而活动期更明显高于静止期，表明 IL-12 参与类风湿关节炎的发病过程，并与疾病的活动度密切相关。

（3）系统性红斑狼疮（systemic lupus erythematosus，SLE）：SLE 是一种以多克隆 B 细胞高度增殖活化、免疫球蛋白增多和多种自身抗体的生成及细胞免疫紊乱为特征的自身免疫性疾病。SLE 患者的血清中 IL-12 及 IL-12p40 的水平低于正常人群，其表达水平与 SLE 疾病活动度呈负相关。

（4）强直性脊柱炎（ankylosing spondylitis，AS）：是一种慢性自身免疫炎症性疾病，引起脊椎和中轴关节病变。强直性脊柱炎患者血清中 IL-12 表达量高于正常人，表明血清中 IL-12 水平增加与强直性脊柱炎发病相关。

（5）克罗恩病（crohn's disease，CD）：是肠道炎症性疾病，其病因及发病机制至今尚未明确。克罗恩病患者中 IL-12p70 表达量较对照组明显增加，并且在克罗恩病患者肠道黏膜检测到大量的 IL-12mRNA，提示 IL-12 水平与克罗恩病的发病密切相关。

## （六）IL-17

IL-17 是 T 细胞来源细胞因子，具有强大的促进炎症效应。

**1. IL-17 的产生**　主要由 Th17 细胞分泌，在胸腺细胞、上皮细胞、血管内皮细胞均有不同程度的表达。

**2. IL-17 的分子结构**　人 IL-17 是一种由二硫键连接的同源二聚体组成的糖蛋白，单体由 155 个氨基酸残基组成，分子质量为 15～22kDa，N 端为 19～23 个残基组成的信号多肽，C 端区域有 5 个空间上保守的半胱氨酸残基，形成 IL-17 家族典型的半胱氨酸结节。人 IL-17 基因定位于第 2 号染色体 31 区。

**3. IL-17 受体**　人 IL-17 受体（IL-17 receptor，IL-17R）由 866 个氨基酸组成，属于 I 型跨膜蛋白，胞外区含 320 个氨基酸残基，跨膜区含 21 个，胞内结构区含 525 个且其序列具有独特性。IL-17R 分布广泛，几乎所有类型的细胞均有所表达，但以脾脏和肾脏最为丰富。人 IL-17R 基因定位于 22 号染色体。

**4. IL-17 的生物学活性**　IL-17 是一种主要由活化的 T 细胞产生的致炎细胞因子，当与其受体结合后可促进 T 细胞的激活和刺激上皮细胞、内皮细胞、成纤维细胞等表达多种细胞因子如 IL-6、IL-8、PGE2、G-CSF 和细胞黏附分子 1（cellular adhesion molecule 1，CAM-1），这些细胞因子在造血、炎症、免疫的不同阶段具有不同的功能。

IL-17 在局部组织炎症中，主要是通过诱导细胞释放前炎症因子及动员中性粒细胞的细胞因子而发挥作用。通过招募炎症细胞尤其是中性粒细胞，有效地介导中性粒细胞动员的兴奋过程，促进组织的炎症反应。

**5. IL-17 与相关疾病**　IL-17 在自身免疫性疾病的发生、发展中具有一定的影响和作用，与银屑性、类风湿关节炎和多发性硬化病等密切相关。

（1）银屑病：在银屑病患者皮损处，Th17 细胞和 IL-17 mRNA 显著高于正常皮肤。从银屑病皮损处分离的树突状细胞也能显著促进 T 淋巴细胞 IL-17 的产生。表明 IL-17 参与银屑病的发病过程。

（2）类风湿关节炎（RA）：在类风湿关节炎患者关节液、血清及关节滑膜中，IL-17 的表达水平明显高于正常人。在类风湿关节炎活动期 IL-17 的表达增高，与疾病活动相关。

## （七）IL-23

IL-23 是一种促炎性的异二聚体细胞因子，属于 IL-12 分子家族，具有十分复杂的生物学功能。

**1. IL-23 的产生**　IL-23 主要由巨噬细胞及树突状细胞产生。

**2. IL-23 的分子结构**　IL-23 是一种异源二聚体，一个亚基为与 IL-12 共用的 p40，另一个亚基为与 IL-12p35 具同源性的 p19。人和鼠 p19 分别由 189 和 196 个氨基酸残基组成，分子质量分别为 187kDa 和 198kDa，均含有 5 个半胱氨酸位点，无 N-糖基化位点。人 p19 基因定位于 12 号染色体 13 区。

**3. IL-23 受体**（IL-23 receptor，IL-23R）　复合物由两个亚基组成，一个为与 IL-12 共享的 IL-12Rβ1 亚基，另一个为其特异性的亚单位 IL-23R。IL-23R 由 629 个氨基酸残基组成，包括胞外区、跨膜区和胞内结构区。与 IL-12Rβ2 胞外区相似，IL-23R 包含一个 N 端 Ig 类似结构域和 2 个细胞因子受体功能域；而与 IL-12Rβ2 不同，IL-23R 并不包含 3 个胞膜近侧纤维蛋白原Ⅲ型功能域。IL-23R 属于和 IL-12Rβ2 和 gp130 相关的促红细胞生成素受体家族。

**4. IL-23 的生物学活性**　IL-23 是一种促炎性细胞因子，它与 IL-12 和 IL-27 共同组成 IL-12 分子家族，具有十分复杂的生物学功能。

（1）作用于 T 细胞：IL-12 可同时引起幼稚 T 细胞和记忆性 T 细胞的增殖，而 IL-23 只能促进记忆性 T 细胞的增殖。IL-23 还可促进 T 细胞和 NK 细胞分泌 IFN-γ，但其诱导 IFN-γ 产生的水平低于 IL-12。

（2）作用于树突细胞：IL-23 与 IL-12 均能诱导树突细胞分泌 IL-12 和 IFN-γ。

（3）抗肿瘤活性：IL-23 具有与 IL-12 相当的抗肿瘤活性，但两者作用明显不同，IL-12 能迅速引起肿瘤的消退，而 IL-23 是在一段时间后才能出现效果。这可能是由于其诱导 IFN-γ 的能力较 IL-12 低，发挥作用的效应细胞是 CD8$^+$T 细胞，而不是 CD4$^+$T 细胞或 NK 细胞。

**5. IL-23 与相关疾病**　IL-23 作为一种促炎性细胞因子，与银屑病等自身免疫疾病的发生密切相关。IL-23 在 Th1 介导的疾病中能募集炎症细胞，在银屑病中的作用比 IL-12 更重要。例如，银屑病皮损处 p19 mRNA 显著高于未受损处，其中单核细胞和成熟树突细胞 p19 mRNA 高表达。此外，IL-23 表达可能引起 IL-17 在感染皮肤中表达增多，而 IL-17 基因过度表达与银屑病的损伤相关。IL-23 目前已成为炎症性皮肤疾病如银屑病的治疗靶点。

# 第二节　重组 IL 药物

**案例 5-2**

　　到目前为止，IL 种类已达 38 种，用于临床治疗应用的重组 IL 只有两种。第一个为 1992 年 FDA 批准的重组 IL-2 药物 Aldesleukin（阿地白细胞介素），临床用于治疗成人转移性肾细胞癌或成人转移性黑色素瘤。第二个为 1997 年 FDA 批准的重组 IL-11 药物 Oprelvekin（奥普瑞白细胞介素），临床用于治疗严重血小板缺少症。

**问题：**

　　1. 阿地白细胞介素（重组 IL-2）临床应用的作用机制是什么？

　　2. 奥普瑞白细胞介素（重组 IL-11）临床应用的作用机制是什么？

　　IL 是由淋巴细胞和巨噬细胞等多种细胞产生、在免疫细胞和非免疫细胞之间相互作用的细胞因子，其生物学活性包括促进靶细胞的增殖和分化、增强抗感染和细胞杀伤效应、促进或抑制其他细胞因子和膜表面分子的表达、促进炎症过程、影响细胞代谢等多种作用。它与血细胞生长因子相互协调，相互作用，共同完成免疫调节和造血功能。到目前为止，虽然多达 38 个 IL 成员已被发现，但是由于它们的分子作用网络极其复杂，大多数 IL 分子作用网络和代谢途径并未完全清楚，因此直接用于临床应用的 IL 研发成果并不多，仅有少数 IL 成员相关药物成功研发后上市，包括抗肿瘤的重组 IL-2 药物和促血小板生长的重组 IL-11 药物两类。

## 一、抗肿瘤重组 IL-2 蛋白

　　已上市的抗肿瘤生物技术药物重组 IL-2 药物，包括 FDA 批准的阿地白细胞介素（Aldesleukin）和地尼白细胞介素（Denileukin diftitox）（表 5-1）及国家食品药品监督管理总局批准的长生安、路德生和欣吉尔等（表 5-2）。

**表 5-1　FDA 批准临床使用的重组 IL-2 药物**

| 通用名 | 阿地白细胞介素（Aldesleukin） | 地尼白细胞介素（Denileukin diftitox） |
|---|---|---|
| 商品名 | Proleukin | Ontak |
| 产品名称 | 注射用重组白细胞介素 2 | IL-2-白喉毒素融合蛋白 |
| 生产公司 | 美国 Chiron | 卫才制药 Eisai |
| 批准时间 | 1992 | 1999，2008 |
| 类型 | 重组蛋白 | 融合蛋白 |
| 适应证 | 成人转移肾癌细胞、成人转移黑色素瘤 | 皮肤 T 细胞淋巴瘤 |

表 5-2　国家食品药品监督管理总局批准临床使用的重组 IL-2 药物

| 批准文号 | 产品名称 | 商品名 | 生产公司 |
|---|---|---|---|
| S20063101、S20063102、S20063103、S10970060、S10970061 | 注射用重组人白细胞介素-2 | 长生安 | 长春生物制品研究所有限责任公司 |
| S10970015、S10970016、S10970017、S10970018、S10970019 | 注射用重组人白细胞介素-2 | 德路生 | 北京四环生物制药有限公司 |
| S10970073、S10980067、S10980068、S10980069 | 注射用重组人白细胞介素-2 | 远策欣 | 北京远策药业有限责任公司 |
| S10970090、S10970091，S10970092 | 注射用重组人白细胞介素-2 | 安特鲁克 | 长春长生基因药业股份有限公司 |
| S10970054、S10970055、S10970056、S10970057、S10970058 | 注射用重组人白细胞介素-2 | 因特康 | 江苏金丝利药业有限公司 |
| S19980025、S20030043、S20030044、S20043031、S20053001 | 注射用重组人白细胞介素-2 | 金路康 | 山东金泰生物工程有限公司 |
| S10970041、S10970042、S10970044、S10970045 | 注射用重组人白细胞介素-2 | 辛洛尔 | 上海华新生物高技术有限公司 |
| S10980046、S10980047、S10980048、S10980049、S10980050 | 注射用重组人白细胞介素-2 | 悦康仙 | 深圳科兴生物工程有限公司 |
| S10970083、S10970084、S10970085、S10970086 | 注射用重组人白细胞介素-2 | 英路因 | 沈阳三生制药有限责任公司 |
| S20010070、S20020053、S20020054 | 注射用重组人白细胞介素-2 | 安捷素 | 威海安捷医药生物技术有限公司 |
| S20040005、S20040007、S20040008、S20040018 | 重组人白细胞介素-2 注射液 | 新德路生 | 北京四环生物制药有限公司 |
| S19991007、S19991008、S19991009、S19991010、S20040020、S20060054 | 注射用重组人白细胞介素-2（125Ala） | 欣吉尔 | 北京双鹭药业股份有限公司 |
| S20030011、S20053011、S20053012、S20053013 | 注射用重组人白细胞介素-2（125Ser） | 英特康欣 | 深圳市海王英特龙生物技术股份有限公司 |
| S20020008、S20020046、S20020047、S20020048、S20020049、S20053057 | 注射用重组人白细胞介素-2（Ⅰ） | 赛迪恩 | 辽宁卫星生物制品研究所（有限公司） |
| S20010060、S20020004、S20020005、S20020006 | 注射用重组人白细胞介素-2（Ⅰ） | 泉奇 | 山东泉港药业有限公司 |
| S20050010、S20050011、S20050012、S20050013、S20050014 | 注射用重组人白细胞介素-2（125Ser） | 洛金 | 广东卫伦生物制药有限公司 |

　　**1. 阿地白细胞介素**（Aldesleukin）　是 FDA 在 1992 年批准上市的第一个重组 IL 药物，由美国 Chiron 公司研制，主要成分为重组 IL-2 多肽，分子质量为 15.3kDa，为多肽类免疫增强剂。与天然 IL-2 不同的是，它在大肠杆菌中表达，是一种非糖基化蛋白，N 末端没有丙氨酸，第 125 位用丝氨酸取代半胱氨酸，并且聚合状态可能不同于天然 IL-2。阿地白细胞介素在人体内可与专一性、高度亲和力的细胞表面受体结合产生多种免疫学效应，包括激活细胞免疫、淋巴细胞增多、嗜酸性细胞增多、血小板减少及产生 TNF、IL-1 和 IFN-γ 等。目前，该药在临床上主要用于治疗成人转移肾癌细胞和成人转移黑色素瘤。

　　**2. 地尼白细胞介素**（Denileukin diftitox）　是一种 IL-2 和白喉毒素的融合蛋白，由北美 Eisai Corporation 公司研制。它由 IL-2 与白喉毒素活性的 A 片段和膜转运 B 片段融合而成，在大肠杆菌中表达，分子质量为 58kDa。靶向作用于 T 细胞表面具有中度或高度亲和力的 IL-2 受体，通过受体介导的内吞作用迅速内化，白喉毒素的活性片段 A 随后释放到细胞内，抑制蛋白质合成，引发细胞死亡。临床用于治疗复发性或持续性的皮肤 T 细胞淋巴瘤。

　　**3.** 国产注射用重组人 IL-2 药物有十多种，如长生安、德路生和欣吉尔等，可促进细胞毒性 T

细胞、自然杀伤细胞和淋巴因子活化的杀伤细胞增殖并使其杀伤活性增强，促进淋巴细胞分泌抗体和干扰素，具有抗病毒、抗肿瘤和增强机体免疫功能等作用。临床适应证包括：①肾细胞癌、黑色素瘤、乳腺癌、膀胱癌、肝癌、直肠癌、淋巴癌和肺癌等恶性肿瘤的治疗，用于癌性胸腹水的控制，也可以用于淋巴因子激活的杀伤细胞的培养；②手术、放疗及化疗后的肿瘤患者的治疗，可增强机体免疫功能；③先天或后天免疫缺陷症的治疗，提高患者细胞免疫功能和抗感染能力；④各种自身免疫病的治疗，如类风湿关节炎、系统性红斑狼疮、干燥综合征等；⑤对某些病毒性、杆菌性、胞内寄生菌感染性疾病，如乙型肝炎、麻风病、肺结核、白色念珠菌感染等具有一定的治疗作用。

## 二、促血小板生成重组 IL-11 蛋白

已上市的促血小板生成生物技术药物重组 IL-11 蛋白，包括 FDA 批准的奥普瑞白细胞介素（Oprelvekin）及国家食品药品管理总局批准的迈格尔、依星、欣美格、巨和粒和吉巨芬等（表 5-3）。

表 5-3　国家食品药品监督管理总局批准临床使用的重组 IL-11 药物

| 批准文号 | 产品名称 | 商品名 | 生产公司 |
| --- | --- | --- | --- |
| S20030014、S20030015 | 注射用重组人白细胞介素-11 | 迈格尔 | 北京双鹭药业股份有限公司 |
| S20030016、S20030017、S20053046 | 注射用重组人白细胞介素-11 | 巨和粒 | 齐鲁制药有限公司 |
| S20030034 | 注射用重组人白细胞介素-11 | 依星 | 成都地奥九泓制药厂 |
| S20030077、S20063110、S20060062 | 注射用重组人白细胞细胞介素-11 | 吉巨芬 | 杭州九源基因工程有限公司 |
| S20050036、 S20050037、 S20050038、 S20050039、S20050040 | 注射用重组人白细胞介素-11 | 特尔康 | 厦门特宝生物工程股份有限公司 |
| S20050046、S20070002 | 注射用重组人白细胞介素-11 | 欣美格 | 上海中信国健药业股份有限公司 |
| S20080009 | 注射用重组人白细胞介素-11（Ⅰ） | 百杰依 | 山东阿华生物药业有限公司 |

**1. 奥普瑞白细胞介素（Oprelvekin）**　是 FDA 在 1997 年批准上市的第二个重组 IL 药物，也是第一个血小板生成的细胞因子类药物，由美国 Genetics Institute（GI）公司研制成功。它是通过 DNA 重组技术在大肠杆菌中表达得到的 rhIL-11，为非糖基化蛋白，分子质量为 19kDa，由 177 个氨基酸组成，与天然成熟的 IL-11 相比在 N 端少了一个脯氨酸，但并未影响其生物学活性。其主要造血活性是刺激巨核细胞和血小板的生成，成熟的巨核细胞超微结构正常，生成的血小板形态和功能正常，有正常的寿命。临床适应证为严重血小板减少症的非髓性恶性病成年患者进行骨髓抑制性化疗后预防严重血小板减少的治疗。

**2. 国产注射用重组人 IL-11 药物**　有 8 种，如迈格尔、巨和粒和吉巨芬等，可直接刺激造血干细胞和巨核祖细胞的增殖，诱导巨核细胞的成熟分化，增加体内血小板的生成，从而提高血液中血小板数量，血小板功能无明显改变。临床适应证用于实体瘤、非髓性白血病患者化疗后Ⅲ、Ⅳ度血小板减少症的治疗，以减少患者因血小板减少引起的出血和对血小板输注的依赖性。

## 第三节　IL 拮抗剂药物

**案例 5-3**

　　2001 年，FDA 批准的第一个 IL 拮抗剂药物——重组白细胞介素 1 受体拮抗剂 Anakinra（阿那白滞素）上市，临床用于治疗类风湿关节炎。2008 年 FDA 批准靶向 IL-1 受体阻断剂利洛

纳塞（Rilonacept）上市，临床用于治疗冷吡啉相关周期性综合征。2009 年 FDA 批准人抗白细胞介素-1β 单克隆抗体 Canakinumab（卡那奴单克隆体抗）上市，临床用于治疗严重型儿童关节炎。

**问题：**

1. 为什么要研发拮抗药物中和 IL 生物学活性？
2. 阿那白滞素、利洛纳塞与卡那奴单克隆抗体等 IL-1 相关药物临床应用的作用机制有什么不同？

　　IL 是由淋巴细胞和巨噬细胞等多种细胞产生并作用于多种细胞的细胞因子，在免疫细胞的成熟、活化、增殖和免疫调节等一系列过程中均发挥重要作用，此外还参与机体的多种生理及病理反应。IL 是介导炎症发生的关键性因子，通常在宿主免疫系统的抗感染和抗肿瘤效应中发挥作用，但过量产生时与其他炎性因子一起介导多种免疫病理损伤。IL 的过量表达在多种自身免疫性疾病的发生发展中起重要作用，如 IL-1 与类风湿关节炎、早发性多系统炎症性疾病、冷吡啉蛋白-相关周期性综合征（CAPS）和严重型儿童关节炎等密切相关，IL-6 与类风湿关节炎和多中心型巨大淋巴结增生症等有直接关系，IL-12、IL-17 和 IL-23 在银屑病和银屑病关节炎发病过程发挥作用。随着基因重组技术和单克隆抗体技术的发展，制药公司研发出可中和 IL 活性的重组 IL 受体拮抗剂或融合蛋白及抗 IL 或 ILR 的单抗，同 IL 或 ILR 结合，阻断 IL 与细胞表面 ILR 结合，从而抑制其生物学活性。目前，美国 FDA 批准上市的 IL 拮抗剂包括 ILR 拮抗剂和抗 IL 单抗两类，疗效明显。

# 一、重组 IL 受体拮抗剂

　　已上市的重组 IL 受体拮抗剂药物包括阿那白滞素（Anakinra）和利洛纳塞（Rilonacept）等（表5-4），它们与细胞膜表面的 IL-1R 特异性结合，抑制 IL-1 与 IL-1R 结合，中和 IL-1 的生物活性，从而阻断 IL-1 信号传导，抑制炎症反应，以减轻体征和症状。

**表 5-4　FDA 批准临床使用的 IL-1R 拮抗剂药物**

| 通用名 | 阿那白滞素 | 利洛纳塞 |
|---|---|---|
| 商品名 | Kineret | Arcalyst |
| 生产公司 | 安进（Amgen） | 再生元（Regeneron） |
| 批准时间 | 2001，2013 | 2008 |
| 类型 | 重组人 IL-1R 拮抗剂 | 重组人 IL-1R 组分-IgG1Fc 融合蛋白 |
| 适应证 | 中重度活动性类风湿关节炎（RA），早发性多系统炎症性疾病（NOMID） | 冷吡啉相关周期性综合征（CAPS），包括家族性冷自身炎症综合征（FCAS）和穆-韦二氏综合征：淀粉样变性-耳聋-荨麻疹-肢痛综合征（Muckle-Wells，MWS）） |

　　**1. 阿那白滞素**　是一种重组人 IL-1 受体拮抗剂药物，由美国 Amgen 公司研制，在大肠杆菌系统中表达，为非糖基化的重组 IL-1Ra 多肽，由 153 个氨基酸组成，分子质量为 17.3kDa，与天然人 IL-1Ra 不同，N 末端增加一个蛋氨酸残基。IL-1 是类风湿关节炎（RA）的促炎因子，RA 患者滑膜和滑囊液中天然产生的 IL-1Ra 水平不足以对抗局部产生的 IL-1 量的增加。阿那白滞素可竞争性地抑制 IL-1 与 IL-1R 相结合，阻断 IL-11 信号传导，抑制促炎反应。尽管 1990 年已获得 IL-1Ra 基因克隆，但重组 IL-1Ra 药物直到 2001 年才由 FDA 批准上市，用于临床治疗类风湿关节炎（RA）。2013 年 FDA 又批准用于治疗儿童和成年早发性多系统炎症性疾病（NOMID），这是第一种美国 FDA 批准用于治疗 NOMID 的药物。

　　**2. 利洛纳塞**　是一种靶向性长效型 IL-1 受体阻断剂重组二聚体融合蛋白，由 Regeneron 公司研制，在重组中国仓鼠卵巢（CHO）细胞内表达，由人 IL-1R 组分（IL-1R1）的胞外部分配体-结合结构区与 IL-1 受体辅助蛋白（IL-1RAcP）及人 IgG1 的 Fc 部分等 3 部分线性连接组成，曾被称为 IL-1 陷阱（IL-1 Trap），分子质量为 251kDa。利洛纳塞以水溶性诱饵受体的作用方式与 IL-1β 结合，阻止后者与细胞表面 IL-1R 相互作用来阻滞 IL-1β 的信号传递，同时还可与 IL-1α 和 IL-1Ra 结合来降低其亲和性，减轻炎症反应。2008 年 FDA 批准用于临床治疗一种罕见病——冷吡啉相关周期性综合征（CAPS），这是一种终生疾病，包括家族性寒冷型自身炎症性综合征（familial cold auto-inflammatory syndrome，FCAS）、穆-韦二氏综合征（Muckle-Wells syndrome，MWS）即淀粉样变性-耳聋-荨麻疹-肢痛综合征。CAPS 由一种基因突变引起，导致产生过量 IL-1β，引起持续的发炎症状与组织损害，长期发展将产生耳聋、骨关节畸形、视觉损害、肾衰竭、死亡等严重或致命性后果，其特点为终生反复发作皮疹、发热/寒战、关节痛、眼睛发红/眼睛疼痛和疲劳等症状。2012 年 Regeneron 公司开展利洛纳塞用于初始降尿酸治疗预防痛风急性发作的扩大应用申请，但未获 FDA 批准。

# 二、IL 单克隆抗体

已上市的 IL 单克隆抗体包括卡那奴单克隆抗体（Canakinumab）、西妥昔单克隆抗体（Siltuximab）、优特克单克隆抗体（Ustekinumab）、苏金单克隆抗体（Secukinumab）和托珠单克隆抗体（Tocilizumab）（表 5-5），它们分别与可溶性和跨膜的 IL 或细胞膜表面的 ILR 特异性结合，抑制 IL 与 ILR 结合，中和 IL 的生物活性，从而阻断 IL 信号传导及减轻后续的病理过程。

**表 5-5　FDA 批准临床使用的 IL 单抗药物**

| 通用名 | 卡那奴单克隆抗体 | 托珠单克隆抗体 | 西妥昔单克隆抗体 | 优特克单克隆抗体 | 苏金单克隆抗体 |
|---|---|---|---|---|---|
| 商品名 | Ilaris | 雅美罗 Actemra | Sylvant | Stelara | Cosentyx |
| 类型 | 人抗 IL-1β 单克隆抗体 | 重组人源化抗-IL-6R 单克隆抗体 | 抗 IL-6 单克隆抗体 | 抗 IL-12 和 IL-23 亚基 p40 人 IgG1κ 单克隆抗体 | 抗 IL-17 单克隆抗体 |
| 生产公司 | 诺华（Novartis AG） | 基因泰克（Genentech）、罗氏（Roche） | 强生杨森（Janssen） | 强生森托科（Centocor） | 诺华（Novartis AG） |
| 批准时间 | 2009 | 2010 | 2014 | 2009 | 2015 |
| 适应证 | 冷吡啉相关周期性综合征 | 类风湿关节炎 | 多中心型巨大淋巴结增生症 | 银屑病、银屑病关节炎 | 中度至严重斑块性银屑病 |

**1. 卡那奴单克隆抗体**　是一种人源化抗人 IL-1β 单克隆抗体药物，由诺华公司研制，属 IgG1κ 子类，在小鼠骨髓瘤细胞株中表达。由两条 447 或 448 个残基重链和两条 214 个残基轻链组成，分子质量为 145kDa（不含糖基），两条重链均含寡糖链，与第 298 位天冬酰胺相连接。可与人 IL-1 结合阻断其与 IL-1β 受体的相互作用而中和 IL-1 活性，且体内半衰期长，对 IL-1 的抑制作用可持续几个月。该药在临床上主要用于治疗一种罕见的致命性先天性自体发炎性疾病——冷吡啉相关周期性综合征（CAPS），包括家族性寒冷自身炎症性综合征（FCAS）和穆-韦二氏综合征（MWS）。

**2. 托珠单克隆抗体**　是一种人源化抗人 IL-6R 拮抗剂药物，由美国 Genentech 公司和 Roche 公司联合研发，为 IgG1（γ1，κ）子类，使用中国仓鼠卵巢（CHO）细胞株表达。为典型的 H2L2 多肽结构，轻链和重链分别由 214 和 448 个氨基酸残基组成，分子质量为 148kDa。四条多肽链通过分子内和分子间二硫键连接。可特异性结合至可溶性和膜结合 IL-6R（包括 sIL-6R 和 mIL-6R），抑制通过 IL-6R 所介导的信号转导，阻断后续的炎症发生过程。2005 年 6 月首先在日本获准用于治疗巨大淋巴结增生症（castleman's disease），2008 年 4 月再次获准治疗类风湿性关节炎、幼年特发性关节炎和全身型幼年特发性关节炎。2009 年 1 月在欧盟获准上市（商品名 RoActemra），2010年 1 月获得美国 FDA 批准。2013 年国家食品药品监督管理局批准用于治疗对改善病情的抗风湿药物（DMARDs）治疗应答不足的中到重度活动性类风湿关节炎的成年患者。

**3. 西妥昔单克隆抗体** 是一种抗 IL-6 单克隆抗体药物，由强生（JNJ）旗下杨森研发单元（Janssen）研制成功，通过靶向 IL-6 发挥作用，阻断刺激免疫细胞的异常生长。该药用于治疗 HIV 阴性和人类疱疹病毒-8（HHV-8）阴性的多中心型巨大淋巴结增生症（multicentricCastleman's disease，MCD）。该药是 FDA 批准的首个 MCD 治疗药物。

**4. 优特克单克隆抗体** 是一种抗人 IL-12 和 IL-23 的拮抗剂，由强生 Centocor 公司研制，单克隆抗体由 1326 个氨基酸残基组成，分子质量为 148 或 149kDa，通过与 IL-12 和 IL-23 所共有的 p40 亚基相结合，阻止其与细胞表面的受体 IL-12 β1 相结合，干扰 IL-12 和 IL-23 介导的信号和细胞因子级联反应，从而抑制这两种促炎性细胞因子的生物活性。目前，该药已获 74 个国家批准用于银屑病的治疗，包括中度至严重斑块银屑病（plaque psoriasis，Ps）和活动性银屑病关节炎（active Psoriatic arthritis，PsA）。

**5. 苏金单克隆抗体** 是一种抗 IL-17 的 gG1κ 单克隆抗体，由诺华公司研制，在中国仓鼠卵巢（CHO）细胞株中表达，分子质量为 151kDa（不含糖基），两条重链含有寡糖链。可选择性结合到 IL-17，抑制其他与 IL-17R 相互作用，阻断 IL-17 信号转导，从而中和 IL-17 的作用。该药在临床上用于治疗中度至重度斑块型银屑病（plaque psoriasis，Ps）。目前，还有 2 个抗 IL-17 单克隆抗体药物——安进与阿斯利康公司研发的 Brodalumab 和礼来公司研发的 Ixekizumab 处于 III 期临床试验阶段用于治疗斑块状银屑病，另外一个针对 IL-17 和 TNF 的双特异性抗体——AbbVie 公司研发的 ABT122，处于 II 期临床试验阶段用于治疗风湿关节炎。

# 第六章　肿瘤坏死因子

## 学习要求

1. 掌握　肿瘤坏死因子的种类、结构和生物活性及其受体。
2. 熟悉　肿瘤坏死因子的抗肿瘤作用及其临床应用。
3. 了解　肿瘤坏死因子拮抗剂的作用机制及其临床应用。

**案例 6-1**

　　19 世纪末，美国医生威廉姆·克里注意到一名颈部短时间内长满肉瘤的德裔油漆工，后链球菌感染，感染消失后肉瘤消退只留下疤痕。1975 年 E.A. Carswell 等人发现小鼠注射细菌脂多糖后，血清中出现一种能使多种肿瘤发生出血性坏死的蛋白质物质，将其命名为肿瘤坏死因子（tumor necrosis factor，TNF）。1984 年美国 Genetech 公司首次表达人 TNF，并于次年开始作为抗肿瘤药的临床实验研究。1996 年，Eggerrnont 等成功用 TNF-α 治疗高分级软组织肉瘤患者。1999 年 4 月，欧洲 EMEA 批准德国生产的重组肿瘤坏死因子 Tasonermin（商品名 Beromun）上市，临床仅用于轻度热疗离体肢端灌流。

**问题：**

1. 为什么 TNF 引起人们将其做为抗肿瘤药物的兴趣？
2. 为什么 TNF 的抗肿瘤临床研究进展缓慢？

## 第一节　概　　述

### 一、肿瘤瘤坏死因子的基本概念

　　肿瘤坏死因子是具有广泛生物学功能的可溶性多效细胞因子，主要由单核-巨噬细胞和淋巴细胞产生，在免疫、炎症和细胞增殖及诱导细胞凋亡方面有重要作用。它可以直接杀伤或抑制肿瘤细胞，也在促进肿瘤发生、发展的过程中起到重要作用。

　　人们对 TNF 的最早兴趣始于它的抗肿瘤活性，这可以追溯到 19 世纪末。一位美国医生威廉姆·克里注意到一些癌症患者在得了严重的细菌感染后，体内的肿瘤反而能消退。1975 年，E.A. Carswell 首次报道经卡介苗注射或细菌内毒素感染的小鼠血清中含有一种可引起荷瘤动物的肿瘤组织出血坏死的物质，该物质对体外培养的多种肿瘤细胞株具有细胞毒性作用，但对正常细胞无杀伤作用，将其命名为肿瘤坏死因子。

### 二、TNF 的种类及其分子结构

　　1985 年，Shalaby 把单核-巨噬细胞产生的 TNF，一种单核因子，命名为 TNF-α；把 T 淋巴细胞产生的 TNF，一种淋巴毒素（lymphotoxin，LT），命名为 TNF-β。虽然 TNF-α 与 TNF-β 仅有约 30% 的同源性，但有共同的受体。人 TNF-α 与 TNF-β 基因均位于第 6 号染色体上，紧密相连，中间仅隔 1100 个碱基对,两者均含有 3 个内含子。TNF-α 的生物学活性占 TNF 总活性的 70%～95%,同时对 TNF-α 的研究要远远多于 TNF-β,因此目前常说的 TNF 多指 TNF-α。

人 TNF-α 基因长约 2.76kb,由 4 个外显子和 3 个内含子组成,与主要组织相容性复合物( MHC )基因群密切连锁,位于第 6 对染色体短臂上。鼠 TNF-α 基因为 2.78kb,与人的结构非常相似,定位于第 17 对染色体短臂上。人、鼠、兔的 TNF-α 基因具有高同源性,其中外显子的同源性在 80%以上,内含子的同源性大于 50%。外显子功能蛋白编码区的高度保守性说明 TNF-α 在多种动物体内具有共同的生物学功能。人 TNF-α 前体由 233 个氨基酸残基组成,包括 76 个氨基酸残基的信号肽。在 TNF 转化酶的作用下切除信号肽后,成熟的 TNF-α 由 157 个氨基酸残基组成,分子质量为 17kDa。TNF-α 没有蛋氨酸残基,故不存在糖基化位点,其第 69 位和 101 位两个半胱氨酸形成分子内二硫键。TNF-α 在体内以两种形式存在:17kDa 的分泌状态的可溶性的 TNF-α（sTNF-α）和 26kDa 的膜相关的 TNF-α（mTNF-α）。

人 TNF-β 基因位于 TNF-α 基因的 5′端,长约 3kb,同样包含 4 个外显子和 3 个内含子。其中第 4 个外显子与 TNF-α 高度同源,编码 80%～90%的成熟蛋白质,提示这两个基因来自同一个祖先;其他 3 个外显子和 3 个内含子与 TNF-α 不同源,且调节基因复制的 5′端序列存在也有很大区别。TNF-β 由 205 个氨基酸残基组成,含 34 个氨基酸残基的信号肽,成熟型 TNF-β 分子为 171个氨基酸残基,分子质量为 25kDa。人 TNF-β 与 TNF-α 的 DNA 水平上同源序列达 56%,氨基酸水平上同源性为 36%。

单体 TNF 是非生物活性形式,发挥生物学效应的天然 TNF-α 与 TNF-β 分子均为同源三聚体。3 个 TNF 单体通过非共价键形式连接,以轴对称的三折叠形成一个紧密的钟形结构。X 射线晶体衍射技术显示,三个相同的单体亚单位组成致密三聚体,单体亚单位呈楔形,每个 TNF 单体含有大量的反向 β 折叠,由 β 片层折叠形成 β 夹心结构（β-sandwich structure）。

## 三、TNF-α 的来源与分布

TNF-α 来源极其广泛,体内的多种细胞均具有产生和释放 TNF-α 的能力,如单核-巨噬细胞、淋巴细胞、平滑肌细胞、成纤维细胞、内皮细胞、表皮细胞、角质细胞、星形细胞和成骨细胞等。目前认为心、肝、肺、肾是 TNF-α 的生物合成场所。TNF-α 的主要刺激因素是脂多糖（LPS）、病毒、真菌、过敏毒素、IL-1 和免疫复合物等,而 PGE 则有抑制作用。

体内 TNF-α 的表达具有高度的组织特异性。在生理条件下,心、脾、肝、肺、胸腺、肾脏组织均有 TNF-α mRNA 的表达;而在脂多糖刺激后,心脏、胰腺、子宫及输卵管等多脏器均快速表达 TNF-α mRNA 及蛋白质。如在内毒素的刺激下,心肌细胞和巨噬细胞几乎产生同样多的 TNF-α。脑内也存在大量结构和功能与巨噬细胞相似的细胞如小胶质细胞、神经元、血管内皮细胞,它们在生理状态下均可合成与分泌 TNF-α、IL-6 等细胞因子,并且在炎症情况下,这些因子水平多显著升高。

## 四、TNF-α 受体

TNF-α 的生物学活性主要是通过细胞膜上的 TNF-α 受体（TNF-α receptor,TNFR）传递信号而实现的。TNFR 分布十分广泛,几乎存在于所有有核细胞表面。TNFR 具有抗 TNF、抗细胞毒、抗炎等多种主要的生理作用。

TNFR 包括分子质量为 55kDa 的 TNFR1（CD120a,p55）和分子质量为 75kDa 的 TNFR2（CD120b,p75）两种受体（表 6-1）,存在于多种正常细胞及肿瘤细胞表面。TNFR1 由 426 个氨基酸残基组成,而 TNFR2 由 439 个氨基酸残基组成,后者含有 4 个 30～42 氨基酸组成的保守的、富含半胱氨酸的结构域。TNFR1 和 TNFR2 是糖蛋白，分别存在 3 个和 2 个糖基化位点。TNFR1 和 TNFR2 也是膜蛋白，两者的胞外区域的氨基酸顺序高度相似，但胞内区域则完全不同。因此，两者除相对分子质量不同外，在配体结合力、糖基化程度和免疫反应性等方面均有差异，有着不同的信号传递机制。2～3 个 TNFR 能够结合一个 TNF-α 或 TNF-β 的三聚体，二聚体形式的 TNFR 与 TNF 的亲和力比单体高 50 倍，受体的聚集和交联是受体活化和信号传递的重要途径。由于各种细胞表达 TNFR 存在差异，使得 TNF-α 对各种细胞产生的作用不同，从而表现出 TNF-α 功能的多样性。

表 6-1　两类 TNFR 的分子结构特征

| 受体名称 | TNFR1 | TNFR2 |
| --- | --- | --- |
| 分子质量 | 55kDa | 75kDa |
| 前体肽链总长 | 455aa | 461aa |
| 信号肽 | 29aa | 22aa |
| 胞外结构区 | 182aa（含 24 个 Cys） | 235aa（含 22 个 Cys） |
| 跨膜区 | 21aa | 28aa |
| 胞质结构区 | 233aa | 176aa |
| N-糖基化位点 | 第 14、105、111 位 | 第 149～151、171～173 位 |

　　可溶性的 TNF-α 在调节炎症反应及调节细胞生存或死亡方面起着重要作用。TNF-α 与其受体结合后，首先，启动细胞中的肿瘤坏死因子受体相关死亡域蛋白 TRADD（TNF receptor-associated death domain，TRADD）与 TNF-α 受体的胞内部分结合。然后，再活化另外 2 个受体相关蛋白——肿瘤坏死因子受体相关因子 2（TNF receptor-associated factor 2，TRAF2）和 Fas 相关死亡域蛋白（fas-associated death domain，FADD），从而激活多条信号通路，如 NF-κB、JNK、MAP 及细胞凋亡信号通路来实现 TNF-α 的调节功能（图 6-1）。TNFR1 引起的作用非常广泛，它包括杀细胞活性、抗病毒活性、诱导白细胞介素的表达、促进成纤维细胞增殖及细胞程序化死亡、激活 NF-κB 等多种生物活性物质的信号传递；TNFR2 主要传递胸腺细胞和 NK 等淋巴细胞的增殖信号，通过促进 TNF-α 结合 TNFR1 而增加 TNFR1 诱导的作用，同时也增加 ICAM-1 的表达。

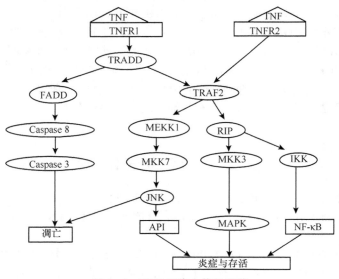

图 6-1　TNF 细胞内信号通路

　　TNFR 存在可溶性形式（soluable TNFR，sTNFR），包括 sTNFR1 和 sTNFR2，是通过蛋白酶从细胞膜上水解下来的可溶性受体片段，存在于人的各种体液中。这些可溶性的 TNFR 可与 TNF结合，又称为 TNF 结合蛋白（TNF-BP1 和 TNF-BP2）。它们通过与 TNF-α 结合而影响 TNFR 和TNF-α 的功能及其含量变化，从而限制 TNF-α 的活性，可以做为 TNF- 的拮抗剂。

## 五、TNF 的生物活性

　　TNF-α 具有广泛的生物学活性，具有强大的抗肿瘤作用，是迄今发现的抗癌作用最强的细胞因子。TNF-α 的抗肿瘤机制是多方面的，发现的主要有诱导凋亡、影响肿瘤血管系统和增强宿主免疫力等方面。TNF-α 与细胞表面的 TNFR 高亲和性结合，然后通过细胞内一系列的受体相关蛋白参与反应，来激活多条信号通路相互作用引起细胞凋亡。TNF-α 还能增大肿瘤周围的上皮组织间隙，改变血管通透性。TNF-α 通过影响免疫效应细胞的增殖、分化、趋化等功能，调节机体免疫反应。TNF-α 可有效刺激 T 细胞和 B 细胞分化和增殖，激活巨噬细胞，促进 IL-1、IL-2、IL-6和 IL-8 等多种免疫调节物质的产生及分泌。TNF-α 参与炎症反应，主要表现在促进嗜中性粒细胞、嗜酸性粒细胞和其他炎性白细胞的活化，同时诱导血管内皮细胞表面各种黏性分子的表达，这些分子作为白细胞的停泊点，使白细胞向炎症部位渗出和聚集，诱导其他炎性细胞因子的合成。TNF-α 可抑制病毒蛋白合成，干扰病毒蛋白复制，并诱导 IFN 产生，与 IFN 具有协同抗病毒作用。此外，TNF-α 可诱导机体毛细血管增生和促进细胞增殖等一系列组织修复过程。

　　TNF-α 具有双重生物学效应，在浓度较低（$10^{-10}$mol/L）时，TNF-α 以自分泌及旁分泌方式作用于局部，主要调节白细胞和内皮细胞物，参与抵抗细菌、病毒和寄生虫的感染，促进组织修复及调节炎症反应，引起肿瘤细胞凋亡等。这时 TNF-α 的主要活性与免疫和炎症的调节相关。在高浓度（$\geq 10^{-8}$mol/L）时，如在严重的革兰阴性菌感染时，过量的 TNF-α 在体内的大量产生和释放。这时，TNF-α 进入血清，以内分泌的方式发挥作用，破坏机体的免疫平衡，与其他炎症因子一起产生多种病理损伤。TNF-α 的这种不局限于特定区域或器官的系统效应，包括严重的休克在内，多为有害的。

　　TNF-α 可对众多的组织器官产生生物学效应，提示它可能是细胞因子网络中一个重要的多功能成员，是机体维持内部自稳、抵御各种致病因子必不可少的免疫调节因子。

## 六、TNF 相关疾病

　　TNF-α 表现出强大的抗肿瘤活性。当人们正努力利用其抗肿瘤活性治疗肿瘤的时，又发现了TNF-α 矛盾的促肿瘤作用。同时，TNF-α 在许多疾病，如心血管疾病、自身免疫性疾病、恶病质、败血症休克和移植物抗宿主病等多种疾病的病理生理过程中起着重要的介质作用。

### （一）肿瘤

　　肿瘤是最早发现与 TNF-α 密切相关的疾病。TNF-α 除了对肿瘤细胞本身具有细胞毒性之外，可以促进肿瘤组织微血管损伤和抑制肿瘤血管形成，从而引起肿瘤组织出血、坏死、消退或消失。超过一定浓度的 TNF-α 具有明显的抗新生血管形成作用。TNF-α 能明显降低实体瘤周围间隙组织的压力，扩大肿瘤周围上皮组织的间隙，改变周围血管的通透性，使化疗药物到达靶组织周围。另外，TNF-α 通过对人体免疫系统的调节从而加强自身的抗肿瘤作用。

　　TNF-α 不仅具有抗肿瘤作用，还对表现对肿瘤的促进作用。健康人血清中的 TNF-α 水平通常很低，而在乳腺癌、肝癌、胃癌、宫颈癌、前列腺癌和慢性淋巴细胞性白血病等患者的血清中检测到 TNF-α 明显高于正常人或良性病组，在肺癌患者的肺癌组织中检测到 TNF-α 表达明显高于正常和肺良性病变组织。这说明 TNF-α 在一定范围内升高往往与上述肿瘤的转移、复发、预后差和恶病质相关。相关动物实验表明，在小鼠体内，肿瘤细胞中内源性 TNF-α 通过诱导恶性乳腺上皮细胞等肿瘤细胞增殖，促进血管再生、肿瘤细胞侵袭和转移等引起肿瘤发生发展。此外，在肿瘤微环境中一定量的 TNF-α 能够促进动物胸腔、皮肤和肠道肿瘤的生长和扩散。对于小鼠胰腺癌原位移植模型，使用 TNF-α 治疗反而导致肿瘤显著的生长和转移；而用 TNF 拮抗剂，则可抑制了胰腺癌细胞的增殖和侵袭。

目前，TNF-α 促进肿瘤生长的机制尚未完全清楚，可能通过多种机制促进肿瘤侵袭和转移。例如，TNF-α 与其受体结合通过多条信号通路抑制细胞凋亡及促进细胞增殖，可以调节端粒酶活性，通过转录因子 NF-κB p65 调节人类端粒酶催化亚基（hTERT）从胞质易位到核，促进细胞无限增殖。还可能通过上调炎性细胞因子及趋化因子网络、引起 DNA 损伤、诱导上皮-间质转化、单核细胞-内皮细胞表型转变和促进免疫逃逸等机制起到促癌作用。

## （二）心血管疾病

TNF-α 可导致与心血管疾病相关的心肌功能障碍，如钙平衡的改变、直接的细胞毒作用、氧化张力、兴奋-收缩偶联破坏和心肌细胞凋亡等。在严重的充血性心力衰竭、心肌梗死、心肌炎、扩张性心肌病、心脏移植排斥反应和进行心肺旁路手术患者的血浆中，可检测到 TNF-α 水平显著高于正常水平。

## （三）自身免疫性疾病

TNF-α 和 TNFR 与其他细胞因子一起共同构成一个复杂的免疫网络，相互作用，参与了类风湿关节炎、克罗恩病、强直性脊柱炎、自身免疫性心肌炎、银屑病关节炎、糖尿病、多发硬化症等多种自身免疫性疾病的发生和发展。

## （四）其他疾病

TNF-α 与败血性休克密切相关，是最早释放和发挥关键作用的细胞因子，它启动败血症的炎症反应，并在发展过程中起放大作用。TNF-α 还与肥胖、慢性阻塞性肺疾病、脑血管疾病、皮肤病、酒精性肝炎、脑型疟疾、溶血尿毒症综合征、先兆子痫和妊娠期高血压等疾病密切相关。

# 第二节　TNF 抗肿瘤药物

## 一、重组 TNF

恶性肿瘤是对人类威胁最大的疾病之一。临床上一般发现恶性肿瘤时大部分已为中晚期，常规的手术、放疗、化疗等治疗方法效果不太理想。TNF-α 是迄今为止抗肿瘤活性最强的细胞因子，它一被发现即引起人们将其作为抗肿瘤药物的强烈兴趣，掀起了一轮研究热潮。尽管 TNF-α 不能诱导所有类型的肿瘤细胞死亡，但在体外对多种肿瘤细胞株有明显的细胞毒性，对老鼠肿瘤模型也具有较好的抑制作用。欧美在 20 世纪 80 年代初相继开展了 TNF-α 肿瘤治疗的临床试验。1984年美国 Genetech 公司首次采用基因工程方法表达人 TNF，并于 1985 年开始用重组 TNF-α 作为抗肿瘤药物的临床实验研究。由于 TNF-α 临床前抗癌效果理想，且对小鼠具有较低毒性，当时被认为是一个有希望的癌症治疗药物。然而相当不幸的是，Ⅰ、Ⅱ期临床试验结果显示，TNF-α 在人体内半衰期很短，难以观察到其抗肿瘤效应，治疗人恶性癌症效果并不理想。同时，在治疗相关剂量下的全身给药经常伴随严重的毒副作用。1989 年 Moritz 等用重组人 TNF-α 治疗 19 位不同的癌症患者，发现该治疗伴有寒战、发热、头痛、恶心、呕吐和显著低血压等现象。

　　由于治疗剂量下的 TNF-α 全身给药具有严重的全身毒性，导致临床实验进展缓慢。人们转而将其用于局部治疗，发现局部治疗疗效显著且毒性低。1996 年，Eggerrnont 等使用 TNF-α 联合抗肿瘤化学药物美法伦（左旋苯丙氨酸氮芥）或 γ-干扰素，对 186 例不能手术切除的高分级软组织肉瘤患者，进行隔离性肢体灌流治疗，总缓解率达到了 82%，且毒性较小，取得了巨大的成功。此后，欧洲大量的临床试验也证实了 TNF-α 对软组织肉瘤及转移性黑色素瘤的安全有效性。如果单独使用美法伦治疗转移性黑色素瘤，完全缓解率为和总缓解率分别约为 50% 和 80%；而与 TNF-α 联合使用，完全缓解率达到 70%～90%，总缓解率达到 95%～100%。1998 年，欧洲药品评价局（European Medicines Uation Agency EMEA）批准了 TNF-α 在隔离性肢体灌流法治疗 II～IV 级软组织肉瘤上的应用。1999 年 4 月，欧洲 EMEA 批准德国生产的重组肿瘤坏死因子 Tasonermin（商品名 Beromun）临床常用离体肢端灌流，治疗人类黑色素瘤和软组织肉瘤。

**知识拓展**

### 重组肿瘤坏死因子 Tasonermin

生产商：Boehringer Ingelheim international GmbH 公司

批准日期：1999 年 4 月 13 日，欧洲 EMEA

描述：1mg/5ml 粉剂和溶液为静脉输注用。

组成：含活性成分 TNF-α 1a、Tasonermin 为同源三聚体，是用重组 DNA 技术从大肠杆菌生产的非糖基化细胞因子。Tasonermin 蛋白含三个相同的 157 个氨基酸残基的多肽链，结合形成紧密的、钟形同源三聚体。单个亚单位分子质量为 17.35kDa。

适应证和用途：作为手术切除肿瘤前的辅助治疗，预防或延缓截肢手术，或对不能切除的肢体软组织肉瘤的姑息治疗，与美法仑合用，经轻度热疗离体肢体灌注。

## 二、重组改构 TNF

**案例 6-2**

　　重组肿瘤坏死因子 Tasonermin 上市后，由于治疗相关剂量下的全身给药经常伴随严重的不良反应，仅采用离体肢端灌流方法。2003 年 7 月和 2004 年 7 月，中国国家食品监督管理局批准全球首个注射用重组改构人肿瘤坏死因子（rmhTNF）上市，采用静脉推注方法，用于治疗晚期非小细胞肺癌患者和晚期非霍奇金淋巴瘤患者。

**问题：**

　　重组改构人肿瘤坏死因子的上市对于新药研发有什么启示？

　　20 世纪 80 年代后期，在欧美开始的天然 TNF 临床研究，但由于其较大的毒副作用，研究进展缓慢。人体对 TNF-α 耐受量仅为其治疗剂量的 1/50～1/10，且 TNF-α 在体内很不稳定，半衰期短。如果希望通过静脉给药获得明显的抗肿瘤效果，需大剂量频繁注射，但这会导致严重不良反应，甚至休克和死亡。因此，全球上市的第一个重组 TNF 药物 Tasonermin 仅限于采用离体肢端灌流，以期获得较高的局部浓度和治疗效果。如何提高 TNF 的治疗效果、降低其毒副作用，成为提高 TNF 抗肿瘤临床应用的关键性问题。

　　研究人员通过基因工程技术对 TNF-α 分子结构的改造，如氨基酸的删减及替换，以期找到理想的 TNF-α 突变体。TNF-α 活性形式为三聚体，是由 3 个 TNF-α 单体形成的紧密钟形结构。TNF-α 的 C 端空间结构稳定，而 N 端具有一定柔韧性，空间结构可变，是改造的首选区域。如将天然 TNF-α 删去 N 端前 7 个氨基酸残基，不影响 TNF-α 三聚体空间结构。在此缺失基础上，再在 N 端增加碱性氨基酸，可以增强其形成活性三聚体的能力，提高 TNF-α 的抗肿瘤活性；或者再将第 8～10 位的 ProSerAsp 改为 ArgLysArg，杀伤肿瘤细胞的活性比天然 TNF-α 高 15 倍以上，同时对小鼠的致死毒性降低。此外，单独将 N 端第 31 位的 Arg 替换成 Leu，生物学活性提高 10 倍左右。TNF-α 的 C 端区域高度同源性且结构稳定，如进行氨基酸缺失改造，会引起活性明显下降。C 端位于 TNF-α 三聚体空间结构的内部，3 个单体亚基的第 157 位氨基酸在氢键和疏水性相互作用下靠得很近，如增加 C 端的疏水性氨基酸时可以提高 TNF-α 的抗瘤活性。

1995 年，第四军医大学张英起教授团队成功筛选出高活性低毒性的 TNF 突变体——重组改造人 TNF（rmhTNF）（表 6-2）。rmhTNF 与天然 TNF 相比，毒性降低了 90 倍，对肿瘤细胞的杀伤活性提高 100～1000 倍，对肿瘤生长抑制率达到了 60%以上。临床实验验表明，rmhTNF 适用于联合化疗对实体瘤进行治疗，不良反应明显降低。经过 500 多名肿瘤患者的临床应用，对胃癌、肠癌、肾癌、黑色素瘤、头颈部肿瘤等恶性肿瘤的治疗有效率达到 27.86%，尤其对非小细胞肺癌的治疗有效率达到 50%。2003 年 8 月，国家食品药品监督管理局批准上海赛达生物药业有限公司生产的纳科思 rmhTNF 上市。

由于 TNF-α 参与了恶病质形成及免疫病理损伤过程，临床所用的天然 TNF-α 治疗用量大，毒副作用严重，尤其是全身性用药，从而限制了其应用范围。纳科思与天然 TNF 相比，有效改变了天然 TNF 毒性大的缺点，明显提高了抗肿瘤活性，可全身给药，具有广泛的临床应用价值。它是世界上第一种获准上市的高活性、低毒性的重组改构 TNF 衍生物，也是我国第一个生产销售的一类基因工程抗肿瘤药物，标志着我国在抗肿瘤基因工程药物研制领域已步入世界先进列。

**表 6-2　注射用重组改造人肿瘤坏死因子（rmhTNF）药物**

| 商品名 | 纳科思 | 天恩福 |
| --- | --- | --- |
| 批准文号 | 国药准字 S20030065、国药准字 S20040090 | 国药准字 S20040048 |
| 研发单位 | 西安第四军医大学 | 上海第二军医大学 |
| 生产单位 | 上海赛达生物药业有限公司 | 上海唯科生物制药有限公司 |
| 批准日期 | 2003-07-23，2004-12-22 | 2004-07-12 |
| 适应证 | 与 NP、MVP 化疗方案联合，可试用于晚期非小细胞肺癌患者；与 BACOP 化疗方案联合，可试用于晚期非霍奇金淋巴瘤患者 | |
| 用法 | 生理盐水稀释，恒速静脉推注 | |

## 三、靶向 TNF

尽管可用于全身给药的 rmhTNF（纳科思和天恩福）已上市，但在其临床中仍存在发热、寒战等一定的不良反应，发生率在 50%左右。这主要是人体对 TNF-α 的耐受量较低。因此，在利用基因工程技术改造获得高效低毒的 rmhTNF 的同时，继续通过构建 TNF-α 融合蛋白，将 TNF-α 导向肿瘤位点，有助于进一步降低治疗剂量和毒副作用。

### （一）TNF-α 肿瘤靶向性位点

TNF-α 肿瘤靶向性位点可以包括肿瘤血管、血管生成相关的因子、定位于肿瘤细胞膜的连接蛋白和定位于肿瘤细胞组织的特异性小分子等。

**1. 肿瘤血管**　由于肿瘤内的新生血管对肿瘤的生长、浸润和转移起着至关重要的作用，肿瘤血管是 TNF-α 肿瘤靶向性位的首选目标。例如，一种新肽 GX-1 能选择性地连接人胃癌血管上，将其与 TNF-α 融合后，能将 TNF 靶向定位于胃癌部位。

**2. 血管生成相关的因子**　包括两类，一类是作用于内皮细胞的增殖和迁移相关因子，包括血管内皮生长因子家族、成纤维细胞生长因子家族、表皮生长因子等；另一类是影响基底膜和胞外基质的相关因子，包括组织因子和尿激酶纤溶酶原活化剂（urokinase-type plasminogen activator, uPA）系统等。例如，uPA 系统与癌细胞的附着、迁移、浸润和转移密切相关，可作为抗肿瘤药物的一个重要的靶点。

**3. 定位于肿瘤细胞膜的连接蛋白** 在癌细胞可异常表达，与其恶性增殖、扩散过程相关的蛋白质成分，如肿瘤特异性抗原、前列腺特异膜抗原、肾癌细胞中表达量显著提高的膜连接糖蛋白 B7-H1、在乳腺癌、卵巢癌、胃癌等多种恶性肿瘤中过量表达的酪氨酸激酶受体家族成员之一的 ErbB2 等，它们定位于肿瘤细胞膜上，同样可以作为靶向治疗的潜在靶点。

**4. 定位于肿瘤细胞组织的特异性小分子** 如产气荚膜梭菌肠毒素羧基端的 30 个氨基酸（CPE290～319）短肽，可将 TNF-α 靶向定位于卵巢癌；位于高迁移家族核蛋白 2 上的归巢肽 F3 短肽，在体内定位到异种移植的人类白血病细胞 HL-60 和人乳房癌细胞 MDA-MB-435；G250 抗体可特异定位于异体移植的肾癌细胞。

## （二）TNF-α 肿瘤靶向性融合蛋白

目前，经典的 TNF-α 肿瘤靶向性融合蛋白主要是通过基因工程技术将 TNF-α 与抗体或配体连接，或者与具有肿瘤靶向性的载体相连。多数 TNF-α 融合蛋白可提升 TNF-α 的抗肿瘤活性，并降低其毒副作用。TNF-α 靶向给药是一种有前途的 TNF-α 治疗策略。

**1. 与抗体或者化学偶联的抗体衍生物连接的 TNF-α 融合蛋白** 例如，抗体片段 L19scFv-小鼠 TNF-α 融合蛋白，在荷瘤小鼠中的抗肿瘤活性比小鼠 TNF-α 明显提高；鼠抗人肝癌单链抗体（mscFV）-人 TNF-α 融合蛋白，对荷肝癌（SMMC-7721）裸鼠的靶细胞具有明确的导向杀伤作用。

**2. 与配体连接的 TNF-α 融合蛋白** 要求与这些配体特异性结合的受体能与肿瘤相互作用或在肿瘤细胞表面大量表达。例如，CNGRC 是肿瘤血管组织表达上调的氨肽酶 N（CD13）的配体，CNGRC-TNF 融合蛋白具有肿瘤血管的靶向活性，对移植淋巴瘤和黑色素瘤动物模型的抗瘤活性增强 10～15 倍，但毒副作用未增加。

**3. 与具有肿瘤靶向性的载体连接的 TNF-α 融合蛋白** 将载体与特异定位于肿瘤细胞组织的小分子肽或肿瘤标志性分子的抗体连接后，再连接 TNF-α。例如，腺相关病毒噬菌体（AAVP）载体整合蛋白配体（RGD 序列-4C 型）后，再与 TNF-α 连接而成的融合蛋白 AVVP-TNF-α，可靶向于肿瘤血管的基因产物，对移植有人黑色素瘤的小鼠 M21 的抗肿瘤活性显著且无明显的毒副作用。

## （三）含有 TNF-α 的药物前体

提高 TNF-a 临床治疗应用的另一种可能策略是构建含有 TNF-a 的药物前体。在这种人工构建的 TNF-α 药物前体中，TNF-α 的生物学活性是被封闭或抑制的，只有到达肿瘤靶点位置后，在特定酶或活性分子作用下释放抑制物，激活 TNF-α 生物活性，发挥治疗肿瘤作用，并且极大限度地减少 TNF-α 到达靶点之前的毒副作用。同时，这种前体中还包含肿瘤靶向性抗体或小分子肽，具有肿瘤靶向性。在 TNF-α 与抑制剂相接的连接肽段上设计特定的蛋白酶酶切位点，这些位点可依据不同肿瘤组织中选择性表达或表达量上调明显的一些酶类而选择，以确保前体到达肿瘤目标后才将抑制剂释放。例如，一种由靶向的抗体片段（scFv）-连接肽-人 TNF-α-对蛋白酶敏感的连接肽-TNFR1 胞外结构域等五部分组成的融合蛋白药物前体，其中 TNFR1 ECD 为 TNF-α 的天然抑制剂，与 ECD 片段相连的连接肽含有凝血酶、uPA、tPA 的酶切位点，抗体片段（scFv）可特异性结合肿瘤间质成纤维细胞中酪氨酸磷酸酶（FAS-association tyrosine phosphatase，FAP），具有肿瘤间质组织靶向性。这种融合蛋白在酶切前后的 TNF-α 活性相差 104 倍。将人 TNF-α 替换成小鼠 TNF-α 且连接肽的酶切位点替换成 MMP-2 和 uPA 后，小鼠体内实验显示，该融合蛋白可靶向集中并被激活，表现出 TNF-α 生物活性。

## 第三节　TNF 拮抗剂药物

**案例 6-3**

　　1998 年 8 月美国 FDA 批准可与 TNF-α 结合并中和 TNF-α 生物学活性的英夫利西单克隆抗体（Infliximab，商品名 Remicade）上市，2006 年 5 月进入中国市场，商品名类克；2002 年底美国 FDA 批准靶向 TNF-α 重组人单克隆抗体阿达木单克隆抗体（adalimumab，商品名 Humira 修美乐）上市。1998 年 11 月美国 FDA 批准注射用重组肿瘤坏死因子受体-FC 融合蛋白依那西普（Etanercept，商品名 Enbrel 恩利）上市。据统计，2014 年英夫利西、阿达木和依那西普的全球销售额分别达到 88 亿、129 亿和 89 亿美元。阿达木从 2012 年起已连续三年蝉联全球畅销药物冠军。

**问题：**
　　1. 为什么研发 TNF-α 抗体药物中和 TNF-α 生物学活性？
　　2. 依那西普与英夫利西和阿达木的作用机制有什么不同？

　　TNF-α 是一种具有多种生物学活性的细胞因子，不仅具有抗肿瘤作用，还表现出矛盾的对肿瘤促进作用。尽管 TNF-α 促进肿瘤生长的机制不是很清楚，基于发现 TNF-α 参与肿瘤的发生发展过程，提示 TNF-α 拮抗剂可能具有肿瘤治疗作用。动物实验表明抗 TNF 抗体可抑制实验性肿瘤转移，如改善淋巴细胞促进的小鼠肠道癌变，降低转移性乳腺癌细胞的侵袭、转移和小鼠乳腺癌模型骨转移。人体晚期实体瘤的临床试验中，使用英夫利西治疗晚期癌症，大约 20% 的患者病情可趋于稳定或更好；使用依那西普治疗晚期卵巢癌，20% 的患者表现为疾病长期稳定。到目前为止，虽然临床试验表明 TNF-α 拮抗剂具有一定的治疗肿瘤潜力，但已上市的 TNF-α 拮抗剂的适应证均未包括治疗肿瘤。

　　TNF-α 还是介导炎症发生的关键性因子，通常在宿主免疫系统的抗感染和抗肿瘤效应中发挥作用，但过量产生时与其他炎性因子一起介导多种免疫病理损伤。例如，TNF-α 在类风湿关节炎、强直性脊柱炎和系统性红斑狼疮等自身免疫性疾病患者的疾病发生发展中起重要作用，通过阻断 TNF-α 的作用，可以达到治疗或延缓病程进展的作用。随着单克隆抗体技术和基因重组技术的发展，制药公司研发出可中和 TNF-α 活性的抗 TNF-α 单克隆抗体或 TNFR 与抗体 Fc 融合蛋白，同分泌型和膜型 TNF-α 结合，阻断其与细胞表面 TNFF 结合，从而抑制其生物学活性。目前美国 FDA 和中国国家食品药品监督管理局批准上市的 TNF-α 拮抗剂包括抗 TNF-α 单克隆抗体和 TNFR-IgG Fc 融合蛋白两类，主要用于治疗类风湿关节炎、克罗恩病、银屑病关节炎、强直性脊柱炎、牛皮癣和溃疡性结肠炎等疾病，疗效明显，且其不良反应低于传统的激素类疗法。

## 一、TNF 单克隆抗体

　　已上市的抗 TNF-α 单克隆抗体包括英夫利西单克隆抗体（Infliximab）、阿达木单克隆抗体（Adalimumab）、聚乙二醇结合赛妥珠单克隆抗体（Certolizumab pegol）和戈利木单克隆抗体（Golimumab）（表 6-3）。其中英夫利西单克隆抗体、阿达木单克隆抗体和戈利木单克隆抗体是完整的二价 IgG 单克隆抗体，赛妥珠单克隆抗体是共价连接 PEG 的单价 Fab 片段，分子结构简图如图 6-2 所示。它们与可溶性和跨膜的 TNF-α 特异性结合，抑制 TNF-α 与 TNFR 结合，中和 TNF-α 的生物活性，从而阻滞 TNF-α 的信号传导及随后的病理作用。

表 6-3　临床使用的 TNF 单克隆抗体药物

| 单抗通用名 | 英夫利西（Infliximab） | 阿达木（Adalimumab） | 赛妥珠（Certolizumab） | 戈利木（Golimumab） |
|---|---|---|---|---|
| 商品名 | 类克（Remicade） | 修美乐（Humira） | Cimzia | Simponi |
| 生产公司 | 强生（Centocor） | 雅培（AbbVie） | 优时比（UCB） | 强生（Centocor） |
| 批准时间 | 1998 年 | 2002 年 | 2008 年 | 2009 年 |
| 抗体类型 | 人-鼠嵌合体 IgG1 单克隆抗体 | 人源化 TNF-α 抗体 IgG1κ 单克隆抗体 | 聚乙二醇化人 TNF-α 抗体 Fab 片段 | 人源化 TNF-α 抗体 IgG1κ 单克隆抗体 |
| 适应证 | 克罗恩病、类风湿关节炎、强直性脊柱炎、银屑病关节炎和溃疡性结肠炎 | 类风湿关节炎、银屑病关节炎 | 克罗恩病 | 类风湿关节炎、活动性银屑病性关节炎和强直性脊柱炎 |

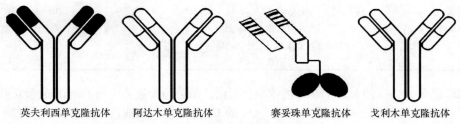

英夫利西单克隆抗体　　阿达木单克隆抗体　　赛妥珠单克隆抗体　　戈利木单克隆抗体

图 6-2　TNF 单克隆抗体分子结构简图

**1.** 英夫利西单克隆抗体是全球第一个上市的抗 TNF-α 单克隆抗体，由强生与艾默生公司联合研制，为抗 TNF 的人-鼠嵌合体 IgG1 单克隆抗体，75% 为人源 CH1 和 Fc 恒定区序列，25% 为鼠源 VH 和 VL 区，分子质量为 149kDa。目前，该药在临床上主要用于治疗克罗恩病、类风湿关节炎、强直性脊柱炎、银屑病关节炎和溃疡性结肠炎等。

**2.** 阿达木单克隆抗体为靶向 TNF-α 特异性重组人单克隆抗体，由英国剑桥抗体技术公司与美国雅培公司联合研制，是第一个上市的从噬菌体抗体库中筛选得到的全人源抗体，由人 IgG1 恒定区及可变区组成。由 1330 个氨基酸组成，分子质量为 148kDa。目前，阿达木单克隆抗体全球共获批 8 个适应证，包括类风湿关节炎、克罗恩病、溃疡性结肠炎和银屑病关节炎等。

**3.** 赛妥珠单克隆抗体是一种聚乙二醇化的人源化 Fab 片段的抗 TNF-α 单克隆抗体，由比利时优时比公司研发，由含 214 个氨基酸的轻链和含 229 个氨基酸的重链组成，分子质量约 91kDa，结合约 40kDa 聚乙二醇。其与 PEG 的结合延长了赛妥珠单克隆抗体血浆消除半衰期。赛妥珠单克隆抗体不包括 Fc 片段，因此不能锚定补体或引起抗体依赖细胞介导的细胞毒性。用于治疗克罗恩病，并对英夫利昔单克隆抗体失去应答或不耐受的患者同样有效。

**4.** 戈利木单克隆抗体是一种新型抗 TNF-α 的人 IgG1α 单克隆抗体，由美国强生 Centocor 公司和先灵葆雅公司联合开发。在体外与人可溶性 TNF-α 的结合力明显高于英夫利昔单克隆抗体和阿达木单克隆抗体。用于治疗中度至重度活动性类风湿关节炎、活动性银屑病性关节炎和强直性脊柱炎等 3 种慢性免疫相关性疾病。

**知识拓展**

### TNF-kinoid 融合蛋白

　　TNF-α 单克隆抗体，尤其是人-鼠嵌合型英夫利西，可能引起部分患者产生抗 TNF-α 单克隆抗体的抗体，从而导致疗效下降或失应答。另外一种抑制 TNF 活性的策略是诱导患者自身产生抗 TNF-α 抗体。法国 Neovacs 公司研发出一种 TNF-kinoid 融合蛋白，是重组人 TNF-α 与 KHL 钥孔血蓝蛋白载体结合形成的复合物融合蛋白，可阻断 B 细胞对 TNF-α 的免疫耐受，并刺激机体自身产生 TNF-α 单克隆抗体，减少抗 TNF-α 抗体的产生。临床 I～II 试验显示出良好的耐受性和免疫原性，并对抗 TNF 抗体治疗失败的患者有效。

## 二、重组肿瘤坏死因子受体-FC 融合蛋白

已上市的重组重组肿瘤坏死因子受体-FC 融合蛋白，包括依那西普（Etanercept）、益赛普、强克和安佰诺等（表 6-4）。

表 6-4　临床使用的重组 TNFR-FC 融合蛋白药物

| 通用名 | 依那西普 | 益赛普 | 强克 | 安佰诺 |
| --- | --- | --- | --- | --- |
| 商品名 | 恩利（Enbrel） | 益赛普 | 强克 | 安佰诺 |
| 类型 | FC 融合蛋白 | FC 融合蛋白 | FC 融合蛋白 | FC 融合蛋白 |
| 生产公司 | Immunex、安进 Amgen | 上海中信国健 | 上海赛金生物 | 浙江海正药业 |
| 批准时间 | 1998 年 | 2005 年 | 2011 年 | 2015 年 |
| CFDA 批准文号 | S20120006 | S20050058、S20050059 | S20110004 | S20150005、S20150006 |
| 适应证 | 类风湿关节炎、银屑病、强直性脊柱炎 | 类风湿关节炎、银屑病、强直性脊柱炎 | 强直性脊柱炎 | 类风湿关节炎、强直性脊柱炎、银屑病 |

**1. 依那西普**　是一种人源 TNFR-抗体融合蛋白，由美国安进公司与 Immunex 公司联合研发。是由人 TNFR2 的胞外配基结合部分与人 IgG1 的 Fc 部分连接组成的二聚体融合蛋白（图 6-3）。依那西普的 Fc 组成部分含 IgG1 的 $C_H2$ 结构、$C_H3$ 结构和铰链区，但无 IgG1 的 $C_H1$ 结构。由 934 个氨基酸组成，分子质量约 150kDa。它可与 TNF-α 和 TNF-β 两种分子结合，对 TNF 的亲和力比单体 TNFR2 蛋白高 100 倍，半衰期长 5 倍。临床用于治疗类风湿关节炎、强直性脊柱炎和银屑病等。

图 6-3　依那西普分子结构简略示意图

**2. 益赛普、强克和安佰诺**　是由国内制药公司研制的重组 II 型 TNFR-抗体融合蛋白。可竞争性地与可溶性的及细胞膜表面的 TNF-α 高亲和结合，阻断其与细胞表面的 TNFR 结合，降低其活性。临床用于治疗类风湿关节炎、银屑病、强直性脊柱炎等疾病。

# 第七章　血细胞生长因子类药物

生长因子是存在于生物体内，对生物的生长、发育具有广泛调节作用的活性蛋白质或多肽类物质。几乎所有生长因子都有促进靶细胞有丝分裂的能力，且大多数生长因子可广泛刺激不同类型的靶细胞。与其他的组织细胞相似，造血细胞的生长亦受到各种生长因子的调控，外周血细胞由多能造血干细胞分化而来。生物工程技术可重组生产近乎所有已知的生长因子，目前，集落刺激因子、促红细胞生长素和表皮生长因子等多种重组血细胞生长因子已经广泛应用于临床。

## 第一节　血细胞生长因子概述

血液中红细胞、白细胞及血小板都悬浮在血浆中，所有的这些外周血细胞都源于同一种细胞类型——多能造血干细胞。多能造血干细胞具有无限的自我更新能力及分化潜能，可生成正常情况下血液中存在的各种细胞（表 7-1）。这种由造血干细胞通过持续的定向性分化，不断产生新生的血细胞取代旧细胞的过程，称为造血。在造血进程的研究中人们提出了"造血干细胞如何维持自我更新和定向分化间的平衡，分化靠什么物质调节？"等重要问题，对这些问题的研究中发现了多种血细胞生长因子。

表 7-1　多能造血干细胞经分化后生成的血细胞

| 多能造血干细胞经分化最终生成的血细胞 | |
|---|---|
| 红细胞 | T 淋巴细胞和 B 淋巴细胞 |
| 嗜酸粒细胞 | 嗜碱粒细胞 |
| 中性粒细胞 | 巨核细胞 |
| 单核细胞 | 破骨细胞 |

注：巨核细胞最终分化成血小板

在造血过程中，造血干细胞分化生成不同发育选择进行性受限的细胞。目前，研究认为，大多数血细胞来源于造血干细胞分化形成的 CFU-S 的特定细胞类型，即由 CFU-S 进一步分化形成的 CFU-GEMM 细胞，一种具有分化为包括中性粒细胞、单核细胞、血小板、红细胞、嗜酸性粒细胞、嗜碱性粒细胞等多种成熟血细胞潜能的混合性 CFU。但是淋巴细胞并不是由 CFU-GEMM 途径分化而来，而是由干细胞通过另一条途径所产生。造血干细胞的分化过程见图 7-1。

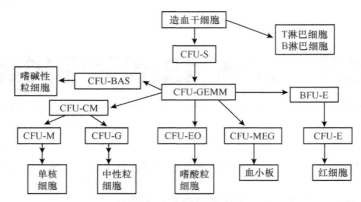

图 7-1 造血过程中造血干细胞的分化过程

研究已发现多种调控造血干细胞的自我复制与定向分化的血细胞生长因子，主要包括：白细胞介素（IL），主要影响淋巴细胞的产生和分化；集落刺激因子（CSFs），在干细胞分化成为嗜中性粒细胞、巨噬细胞、巨核细胞（最终分化成血小板）、嗜酸粒细胞和嗜碱粒细胞的过程中起主要作用；促红细胞生成素（EPO），红细胞产生所必需；血小板生成素（TPO），血小板产生所必需。主要血细胞生长因子见表 7-2。

表 7-2　主要血细胞生长因子

| 主要血细胞生长因子 | |
| --- | --- |
| 白细胞介素（IL） | 促红细胞生成素（EPO） |
| 粒细胞·巨噬细胞-集落刺激因子（GM-CSF） | 血小板生成素（TPO） |
| 粒细胞-集落刺激因子（G-CSF） | 白血病抑制因子（ILF） |
| 巨噬细胞-集落刺激因子（M-CSF） | |

外源性给予血细胞生长因子有助于调控造血干细胞的自我复制与定向分化，补充机体外周血液中血细胞的不足，应用于临床治疗各种因素导致的血细胞减少症。基因工程使现在所有得以识别的血细胞生长因子均能以重组形式获得，目前，已有集落刺激因子、促红细胞生长素等多种生物技术制药血细胞生长因子广泛应用于临床。

**知识拓展**

**中性粒细胞减少症的常见病因**

中性粒细胞减少症是指血液中中性粒细胞的计数低于 $1.5×10^9$ 个/L（正常中性粒细胞计数为 $（2.0～7.5）×10^9$ 个/L）。临床症状为频发严重感染，其发病原因多样，可对 CSF 治疗敏感。常见的病因包括：遗传因素（尤其在黑色人种群体）；急性白血病；严重的细菌感染；严重的脓血症；严重的病毒感染；再生障碍性贫血；霍奇金/霍奇杰金淋巴瘤；自身免疫性粒细胞减少症；各种药物，尤其是抗癌药。特别值得注意的是癌症患者因使用化疗药而导致的粒细胞减少症，当给予治疗有效剂量的抗肿瘤药（如环磷酰胺、多柔比星、甲氨蝶呤）时，经常会导致造血干细胞的破坏和（或）影响造血干细胞的分化。

# 一、血细胞生长因子的特点

**1. 与受体结合**　大多数血细胞生长因子是糖蛋白，分子质量为 14～24kDa。微量血细胞生长因子即可刺激任一种造血细胞系的增殖，因为在造血干细胞表面有相应血细胞生长因子的受体存在。虽然每一种血细胞生长因子的受体数目并不多（少于 500 个/细胞），但只需一小部分的受体与血细胞生长因子结合即能起到刺激增殖的作用。

**2. 多种血细胞生长因子协同作用** 体外应用不同血细胞生长因子处理造血干细胞时，只有 IL-3 能维持及促进干细胞的生长与分化。采用各种 CSF 或其他 IL 刺激造血干细胞时，不仅不能促进其分化，甚至不能维持细胞的存活。当联合应用血细胞生长因子时则能维持及促进造血干细胞的生长与分化。例如，粒细胞集落刺激因子（G-CSF）和巨噬细胞集落刺激因子（M-CSF）联合应用能够促进中性粒细胞和巨噬细胞的分化。而在 IL-1 与 IL-3 及 G-CSF 与 GM-CSF 联合应用时也能观察到相似的协同作用。这种需要多种血细胞生长因子协同调控造血干细胞的维持和分化反映了体内的真实情况。

**3. 基质细胞参与造血干细胞的增殖与分化** 在体内，造血干细胞通常成簇状，并与各种类型的骨髓基质细胞紧密相邻。这提示基质细胞在促进造血干细胞增殖和分化中起直接的作用。在没有外源性血细胞生长因子存在时，将基质细胞与造血干细胞共培养可促进后者的自我更新与分化，且共培养的两种细胞必须直接接触，这表明，血细胞生长因子是与基质细胞表面物理相连的，而不是以可溶形式释放的。在体外生长时，基质细胞可产生各种造血生长因子，包括 IL-4、IL-6、IL-7 及 G-CSF。

**4. 血细胞生长因子浓度影响造血干细胞的增殖与分化** 在正常造血过程中，只有一小部分的造血干细胞在进行分化，大多数造血干细胞不断进行自我更新。造血干细胞的自我更新和分化之间的精细平衡不仅受血细胞生长因子种类的影响，也受每种血细胞生长因子浓度的影响。例如，体外实验证明，造血干细胞在 IL-3 的影响下能够不断增殖，于一定阈值浓度下发生分化。

# 二、血细胞生长因子类药物的分类

血细胞生长因子类药物是促进骨髓造血细胞分化增殖和定向成熟的一系列活性蛋白类药物，分为集落刺激因子（colony stimulating factor，CSF）、白细胞介素（interleukin，IL）、促红细胞生成素（erythropoietin，EPO）及其他三大类。集落刺激因子能刺激体外培养的造血前体细胞形成定向分化的细胞克隆，但不能直接作用于淋巴细胞；白细胞介素可直接作用于淋巴细胞，亦能作用于造血前体细胞，促进其分化成熟；促红细胞生成素选择性刺激红细胞前体细胞生成红细胞。

## （一）集落刺激因子

根据其在半固体培养基中刺激造血细胞形成不同的细胞集落，可将集落刺激因子（CSF）分为粒细胞 CSF（granulocyte-CSF，G-CSF）、巨噬细胞 CSF（macrophage-CSF，M-CSF）、粒细胞和巨噬细胞 CSF（granulocyte-macrophage-CSF，GM-CSF）、多能集落刺激因子（multi-CSF，又称 IL-3）、干细胞因子（stem cell factor，SCF）。目前临床使用较多的包括 G-CSF、GM-CSF 和 SCF。

## （二）白细胞介素

本教材已在第 5 章中详细介绍了细胞因子中的白细胞介素家族。作为血细胞生长因子，IL-3 可能是该家族中作用最突出的，其不仅能刺激 CFU-GEMM，还能刺激嗜碱性粒细胞、嗜酸粒细胞及血小板的前体细胞。

## （三）促红细胞生成素及其他

促红细胞生成素（erythropoietin，EPO）是第一个被发现并应用于临床的血细胞生长因子，其主要作用是刺激红细胞生成。促红细胞生成素作用特异性强，仅作用于红细胞前体细胞，对其他造血细胞几乎没有作用。其他血细胞生长因子还包括白血病抑制因子（LIF）、血小板生成素（TPO）等。

> **案例 7-1**
>
> 　　男性患者患慢性肾炎 15 年，近 3 年伴贫血症状日渐加重。1 周前以"慢性肾炎合并重度贫血"收入院。入院时查血常规，血红蛋白 6.6g/dl。常规肾炎治疗同时给予促红细胞生成素。现患者自觉症状减轻，复查血常规，血红蛋白 11.2g/dl。
>
> **问题：**
> 　　1. 解释上述现象。
> 　　2. 促红细胞生成素治疗贫血的依据是什么？使用时有哪些注意事项？

# 第二节　常用生物技术制药血细胞生长因子类药物

本节主要介绍常用生物技术制药血细胞生长因子类药物。

## 一、集落刺激因子

### （一）粒细胞-集落刺激因子

**1. 基因和蛋白结构**　粒细胞集落刺激因子（G-CSF）也被称为多能生成素和 CSF-β。人 G-CSF 的基因定位于 17q21～22，全长 2.5kb，包括 5 个外显子和 4 个内含子，与小鼠 G-CSF 基因有 73 % 同源性。人类有两种不同的 G-CSF cDNA，分别编码含 207 和 204 氨基酸的前体蛋白（含 30 个氨基酸的先导序列），成熟蛋白分子分别为 177 和 174 个氨基酸，均是选择性剪切的产物，前者除了在成熟分子 N 端 35 位插入了 3 个氨基酸外，其余的序列与 174 氨基酸分子相同，但其活性远低于后者。成熟的 G-CSF 是一种糖蛋白，只有单一的 O-糖基化位点，分子质量为 19.6kD。G-CSF 有 5 个半胱氨酸（Cys），分子内形成两对二硫键，Cys17 为不配对半胱氨酸，二硫键对于维持 G-CSF 的结构和生物学功能是必需的。G-CSF 呈一个紧凑的三维结构，与生长因子和 IL-2 相似，有 4 个 α 螺旋。G-CSF 对酸碱（pH 2～10）、热及变性剂等相对稳定。

**2. G-CSF 受体**　结构已阐明，其是一条单链跨膜多肽，存在于中性粒细胞及各种造血前体细胞、血小板、内皮细胞及各种髓性白血病细胞。G-CSF 受体的胞外区高度糖基化（包括 9 个潜在的糖基化位点），分子质量 150kDa。人 CSF 受体有两种变异体，其胞内域有所不同。G-CSF 与 G-CSF 受体结合后会促进一些胞质蛋白的磷酸化，其中包括一个相关的 JAK2 激酶。

**3. 重组人粒细胞集落刺激因子（rhG-CSF）**　系将含人 G-CSF 基因的重组质粒转化大肠杆菌，使其高效表达人 G-CSF，经发酵、分离、纯化制成。1991 年美国 FDA 批准 Amgen 公司的重组人粒细胞集落刺激因子（rhG-CSF）产品（商品名：非格司亭，Filgrastim）应用于临床，1993 年国外 rhG-CSF 制剂在中国注册进口，1995 年我国首次批准国产 rhG-CSF 产品进入临床试用，目前已有十几种我国生产的 rhG-CSF 制剂用于临床。rhG-CSF 的结构与天然的人 G-CSF 略有不同，但其生物活性相似。例如，Filgrastim 结构上比天然 G-CSF 多出一个 N 端的甲硫氨酸（Met），为含 175 个氨基酸序列的多肽，分子质量为 18 kD。

**4. 生物活性**　主要包括：促进中性粒细胞及其前体细胞的增殖和分化；与其他血细胞生长因子协同作用，刺激其他各种造血干细胞的生长和分化；激活成熟中性粒细胞的杀菌功能；对粒细胞、单核细胞、成纤维细胞、平滑肌细胞及成纤维细胞的趋化作用。

**5. 临床应用**　rhG-CSF 临床主要应用于下列病症的治疗。

（1）中性粒细胞减少症：是指血液中中性粒细胞数目低于 $1.5 \times 10^3$ /ml[正常（2.0～7.5）$\times 10^9$ /ml]，其临床症状主要为机体抵抗力下降，经常发生严重感染。中性粒细胞减少症可由许多因素造成，其中最常见的为肿瘤化疗引起。rhG-CSF 对化疗引起的中性粒细胞减少疗效显著，一般于化疗结束后次日给药，可以减轻中性粒细胞减少的程度，缩短粒细胞缺乏症的持续时间，加速粒细胞数的恢复，从而减少合并感染发热的危险性。此外 rhG-CSF 对骨髓发育不良综合征或再生障碍性贫血引起的中性粒细胞减少症亦有一定疗效。

（2）骨髓移植：rhG-CSF 用于骨髓移植后促进中性粒细胞数升高或外周血干细胞移植前用作供体的干细胞动员剂。

（3）白血病：G-CSF 可使某些白血病细胞从 G0 期进入 G1 期，肿瘤细胞同步化后可增加其对化疗药物的敏感性。同时许多研究发现 G-CSF 也可以诱导髓系白血病细胞成熟分化，并诱导其凋亡。因而将 G-CSF 和化疗药物合用治疗白血病的方案，在急性髓系白血病的治疗，特别是在一些难治、复发、老年患者的治疗中取得了良好的疗效。其不良反应为长期应用有诱发骨髓异常综合征及急性髓系白血病的可能性，这可能是因为大剂量 G-CSF 可优先刺激急性髓系白血病细胞。因此，复发性髓系白血病患者应慎用 G-CSF。

随着 G-CSF 临床应用研究的不断深入及 G-CSF 应用范围的不断扩大，近年来的研究发现，在一些感染性疾病（如肺炎、骨髓炎）患者及有感染危险的患者（如烧伤、ICU 患者、急腹症手术患者）中，应用 rhG-CSF 能提高患者的抗感染能力，降低感染发病率。另外，近年来 rhG-CSF 开始应用于心肌保护和神经保护的研究，提示 rhG-CSF 具有促进心肌梗死后早期的胶原合成修复过程，促进心肌梗死后心肌细胞的成活，以及保护缺血引起的人脑神经元的避免死亡等作用。

## （二）粒细胞-巨噬细胞集落刺激因子

**1. 基因和蛋白结构**　粒细胞-巨噬细胞集落刺激因子（GM-CSF）也被称为 CSF-α 或多能生成素 α。人 GM-CSF 的基因定位于 sq23～31，在 IL-3 基因下游 9kb 处，长约 2.5kb，包括 4 个外显子和 3 个内含子。mRNA 长 0.7kb，编码 144 个氨基酸的前体蛋白，包含 17 氨基酸的信号肽，成熟的人 GM-CSF 是含有 127 个氨基酸的单链糖基化多肽，有 2 个 *N*-糖基化位点和 3 个 *O*-糖基化位点，天然 GM-CSF 由于糖基化程度不同，分子质量为 14.5～32kD，糖基化程度高的比活性反而降低，人 GM-CSF 含有 2 个链内二硫键，其中 51 个与 93 位之间形成的二硫键对该因子的生物学活性有重要的作用，三维结构有 4 个 α 螺旋和 1 个双股反向平行 β 折叠。人 GM-CSF 分子中第 21～31 和 78～94 氨基酸残基对刺激造血功能极为重要。

**2. GM-CSF 受体**　完整的 GM-CSF 受体是一个异源二聚体，包含一条低亲和力的 α 链和一条 β 链，后者也是 IL-3 和 IL-5 受体的组成部分（β 链单独不能和 GM-CSF 结合）。α 链是一个 80kDa 的糖蛋白，胞内域部分很短。较大的 β 链（130kDa）胞内结构域部分很重要。信号转导涉及大量胞质蛋白质的酪氨酸残基的磷酸化过程。

**3. 重组人粒细胞和巨噬细胞集落刺激因子**　重组人 GM-CSF（rhGM-CSF）已在大肠杆菌、酵母、植物细胞（如烟草细胞）、昆虫细胞（如蛾细胞）、家蚕细胞和哺乳动物细胞（如 COS 细胞）及在小鼠和大鼠中表达，各种体系所表达的重组 rhGM-CSF 较天然 GM-CSF 略有差异。

rhGM-CSF 在大肠杆菌中表达最常见的是形成不溶性的包涵体，经提取包涵体、变性裂解、复性和纯化等步骤得到 rhGM-CSF。这种方式的生产和加工步骤较为烦琐，但具有成本低、产量高等优点。将 rhGM-CSF 基因克隆到 ompA 基因（外膜蛋白信号肽）后面，用定点突变的方法去除两者间的连接序列，可使 rhGM-CSF 分泌表达，但表达量远低于包涵体表达。大肠埃希菌表达的 rhGM-CSF 其 N 位点和 O 位点均未被糖基化，分子质量为 14.6kD。虽然糖基化对 rhGM-CSF 的活性不是必需的，但糖基化和非糖基化的产物有不同的免疫原性。研究发现原核表达系统表达产物在人体可产生抗体而真核表达系统表达产物不易产生抗体，原因可能是寡糖链的存在可使糖蛋白具有很好的溶解性，防止形成聚集体，而不易引起免疫反应。另外 rhGM-CSF 在大肠杆菌中表达，基因容易发生突变，因而可能潜在地影响表达蛋白质的稳定性。

酵母、植物细胞、昆虫细胞、哺乳动物体系表达的 rhGM-CSF 被糖基化，但寡糖链各不相同。临床试验证明，酵母体系表达的 rhGM-CSF 比大肠杆菌体系表达的 rhGM-CSF 毒性和不良反应降低。植物细胞体系表达水平高，其糖基化后的产物与哺乳动物体系产物核心糖链一样，但还有木糖和岩藻糖。昆虫细胞表达具有生物活性好，表达水平较高等优越性。哺乳动物体系表达 rhGM-CSF 与天然 rhGM-CSF 有相同的生物活性，但成本较高。

**4. 生物活性**　GM-CSF 由多种细胞包括 T 细胞、B 细胞、巨噬细胞、肥大细胞、内皮细胞、成纤维细胞等产生，其生物活性包括：①促进造血干细胞的增殖与分化，尤其是中性粒细胞系、单核细胞系和巨噬细胞的增殖与分化；②活化外周血成熟细胞包括粒细胞、单核巨噬细胞的功能，提高其吞噬、杀菌和抗肿瘤活性；③具有淋巴细胞趋化作用。

**5. 临床应用**　临床上，rhGM-CSF 已广泛用于治疗肿瘤放、化疗后的白细胞减少、骨髓转移和再生障碍性贫血等。近年来由于 GM-CSF 能够增强抗原呈递细胞的免疫功能，它在各类疫苗中作为免疫佐剂的功效也被广泛研究。

（1）肿瘤放、化疗所致的造血功能障碍：大量临床实践已证明应用 rhGM-CSF 可有效预防和治疗放、化疗所致的粒细胞减少，降低感染的发生。rhGM-CSF 和 rhG-CSF 联合应用可使疗效进一步提高。

（2）加快骨髓移植后造血功能的重建：骨髓移植是血液系统恶性肿瘤治疗的主要手段，通常，骨髓移植后需 3 周中性粒细胞才能恢复，此期间极易发生感染。骨髓移植后应用 rhGM-CSF 能加快骨髓造血功能的重建，升高外周血白细胞数量，减少细菌感染。

（3）再生障碍性贫血和骨髓异常综合征（MDS）的辅助治疗：许多有关 rhGM-CSF 治疗再生障碍性贫血的临床研究报道，静脉注射 rhGM-CSF 明显增加外周血中性粒细胞数，其他如单核细胞、嗜酸性粒细胞、红细胞、血小板等也都有不同程度的升高。但对于不同原因所致的再生障碍性贫血，其治疗效果不尽相同，有时治疗效果不佳。有报告 rhGM-CSF 可有效恢复 MDS 患者粒系再生能力，但 rhGM-CSF 有诱导 MDS 潜在白血病细胞增殖的可能，这是临床应用时需要注意的问题。

（4）HIV 感染的辅助治疗：白细胞减少是 HIV 感染患者主要的并发症，同时伴有淋巴细胞、单核细胞和中性粒细胞的功能异常，rhGM-CSF 不但能增加患者外周血中性粒细胞的数量，还能提高其功能，增强患者的抗病能力，与 ATT 药物联合应用能提高疗效，延长患者的生存时间。

（5）抗肿瘤、抗感染的辅助治疗：rhGM-CSF 可以增强粒细胞、淋巴细胞和巨噬细胞的功能，尤其对树突状细胞的分化成熟有促进作用，同时也可用于细菌、真菌、和病毒（如乙型肝炎病毒）感染的辅助治疗。

（6）其他：随着对 rhGM-CSF 临床应用研究的不断深入，其临床应用范围也不断拓展，近年来的临床应用中又发现其对放、化疗所致的黏膜炎、溃疡及糖尿病合并脂肪渐进性坏死的不愈性下肢体表溃疡和肺泡蛋白沉积症等亦有较好的疗效。

**6. 不良反应**　骨及肌肉疼痛与低热是 rhGM-CSF 和 rhG-CSF 在临床使用过程中最常见的不良反应，发生率 20%。有些患者会出现食欲不振、呕吐或 ALT、AST 升高等消化系统症状及眼部炎症反应。极少数患者会出现心律失常、心力衰竭、休克、间质性肺炎、成人呼吸窘迫综合征、幼稚细胞增加、急性肾衰竭，应停药和采取紧急抢救措施。

## （三）巨噬细胞集落刺激因子

**1. 基因和蛋白结构**　巨噬细胞集落刺激因子（M-CSF）由多种类型细胞产生，是巨噬细胞及其前体细胞的生长、分化和活化因子，也称 CSF-1。人 M-CSF 的 3 种相关形式均由同一个基因编码，有共同的 C 末端和 N 末端。分子最大的 M-CSF 含 522 个氨基酸，另两种 M-CSF 分别含 406 个和 224 个氨基酸，是由 522 个氨基酸形式的肽链缺失不同长度内部序列而得。成熟 M-CSF 的分子质量45～90kDa，是包含 3 个 $N$-糖基化位点的糖蛋白，其三维结构由多个二硫键维持稳定。M-CSF 的生物活性形式是同源二聚体。这些同源二聚体既可以作为细胞表面完整蛋白质存在，也可以水解后从生成细胞中释放，产生可溶性细胞因子。

**2. M-CSF 受体**　是一条高度糖基化单链、分子质量为 150kDa 的多肽，其胞内结构域具有酪氨酸激酶活性，能够进行自身磷酸化，也能使其他胞质蛋白磷酸化。

**3. 生物活性**　M-CSF 来源于各种细胞，如淋巴细胞、成骨细胞、成肌细胞、破骨细胞、单核细胞、成纤维细胞及内皮细胞，其生物活性主要包括促进巨噬细胞及其祖细胞的增殖与分化。

**4. 临床作用**　对感染性疾病及肿瘤和骨髓移植有治疗作用，因为其能够刺激白细胞的分化与活化。

几种集落刺激因子的特性比较见表 7-3。

**表 7-3　集落刺激因子 G-CSF、M-CSF 和 GM-CSF 的特性**

| | G-CSF | GM-CSF | M-CSF |
|---|---|---|---|
| 分子质量（kDa） | 19.6 | 14.5～32 | 45～90 |
| 来源细胞 | 骨髓基质细胞、巨噬细胞、成纤维细胞 | 巨噬细胞、T 淋巴细胞、成纤维细胞、内皮细胞 | 淋巴细胞、成骨细胞、成肌细胞、破骨细胞、单核细胞、成纤维细胞、内皮细胞 |
| 靶细胞 | 中性粒细胞、其他造血干细胞及内皮细胞 | 造血干细胞、粒细胞、单核细胞、内皮细胞、巨核细胞、T 淋巴细胞、红细胞 | 巨噬细胞及其祖细胞 |

## （四）干细胞因子

**1. 基因和蛋白结构**　干细胞因子（SCF）又称肥大细胞生长因子（mast cell growth factor, MGF），C-Kit 配体（C-Kit ligang, KI）和 steel 因子（steel factor, SLF）。人 SCF 基因定位在染色体 12q22～12q24 上，含有 7 个内含子和 8 个外显子。完整的 SCF 共有 273 个氨基酸，−25～−1 为信号肽，+1～+189 为膜外功能区，+190～+216 为跨膜区，+217～+248 为胞质功能区（有酪氨酸激酶活性）。天然 SCF 有两种形式，即可溶性的 SCF（sSCF）和膜结合型 SCF（mSCF），它们为同一 mRNA 编码、不同位点剪切所得。可溶性 SCFmRNA 编码 248 个氨基酸，在第 6 外显子中有一酶切位点，经蛋白酶水解去掉跨膜区，最终产物为 N 末端 165 氨基酸的可溶性蛋白，并具有干细胞因子活性。膜结合 SCFmRNA 编码 220 个氨基酸，有跨膜区。在拼接过程中去除第 6 个外显子（149～177 个氨基酸），从而减少酶切位点，保留跨膜区。

**2. 重组人 SCF（rhSCF）**　的 cDNA 在大肠杆菌中表达水平不高，但通过选择大肠杆菌的偏性密码，并进行翻译起始序列 RNA 结果和自由能优化，人工合成 cDNA。经不同表达载体/宿主系统的表达筛选，可以用大肠杆菌表达体系进行大量表达生产可溶性 rhSCF，表达产量可以达到 30%以上，其活性与天然的可溶性 SCF 相同。将 hSCF 基因重组人杆状病毒载体，可在昆虫细胞 SF9 培养细胞中获得 rhSCF 的高效表达。

**3. 生物作用**　SCF 是一种重要的造血生长因子，作用于最早期造血干/祖细胞的造血因子，在维持造血细胞存活，促进造血细胞增殖和分化，调控各系造血细胞的生长发育中起重要作用。SCF 单独作用刺激造血细胞增殖和促进克隆形成能力都较弱，而与其他血细胞生长因子有明显协同促进造血功能等作用。SCF 的生物活性包括如下几方面。

（1）刺激最原始的造血干细胞增殖与分化：促进 IL-3 依赖的早期造血前体细胞的增殖和分化，可与 IL-3、G-CSF、GM-CSF 和 EPO 等血细胞生长因子协同促进髓样、淋巴样和红细胞样细胞的产生。SCF 的生物活性是通过其受体 C-Kit 实现的。可溶型和膜结合型 SCF 都有生物活性，都能提高人造血细胞数量，但是它们的作用有所不同。膜结合型 SCF 除了具有与可溶性 SCF 类似的刺激造血功能外，还兼有细胞黏附的作用，以致局部 SCF 浓度较高。同时，膜结合型 SCF 又可作为受体向细胞内传递刺激信号。因此在体外表达膜结合型 SCF 的基质细胞培养中，造血可持续更长时间，诱导提高 c-kit 和促红细胞生成素受体（EPOR）酪氨酸磷酸化，对红系祖细胞系的扩增明显高于表达可溶性 SCF 的骨髓基质细胞。

（2）SCF 是肥大细胞增殖、分化、成熟、和存亡的重要调节因子：肥大细胞在发育成熟过程中细胞表面表达 SCF 受体 c-kit 蛋白的量逐渐增多。SCF 是唯一的单独的能支持肥大细胞离体生长和分化的生长因子，在肥大细胞发育、分化、生存、趋化、活化和脱颗粒等过程中均有重要作用。mSCF 在维持肥大细胞生理状态下的存活中发挥作用，参与慢性炎症时血管形成、纤维化、白细胞归巢等病理过程；而 sSCF 则通过促进肥大细胞增殖与活化，参与各种应激性病理反应，如超敏反应或急性炎症反应。

（3）促进黑色素母细胞（melanoblast）的增殖、分化和前体黑色素细胞的移行。

（4）在精子/卵子发生过程中起着非常重要的作用：调节生精细胞增殖、分化、减数分裂和细胞凋亡。

**4. 临床应用**

（1）与 GM-CSF、G-CSF、IL-7 或 IL-3 等血细胞生长因子联合应用时，对肿瘤患者放、化疗及骨髓移植后造血重建的治疗具有很大的价值，可降低其他血细胞生长因子的用量，并减低这些因子的不良反应。

（2）用于再生障碍性贫血的辅助治疗。

（3）用于骨髓移植时外周血干/祖细胞（PBPCs）动员、扩增和移植及脐带血中干细胞的体外培养扩增。

（4）SCF 尚可调节肥大细胞和黑色素母细胞的功能，提示其可能用于变态反应性疾病及与皮肤色素异常有关疾病的治疗。

# 二、促红细胞生成素

促红细胞生成素（erythropoietin，EPO）刺激和调节红细胞生成，是第一个被发现并应用于临床的血细胞生长因子，其主要作用是促进红细胞生成。EPO 特异性地刺激红细胞前体细胞，而对其他造血细胞几乎没有作用，是迄今发现的作用最单一的血细胞生长因子。

## （一）基因和分子结构

人 EPO 基因位于 7q11～22，包含 4 个内含子和 5 个外显子。其基因产物为 193 个氨基酸的前体肽，其中前 27 个氨基酸为分泌信号肽，成熟 EPO 由 166 个氨基酸组成，分子内有 2 个二硫键，是含有 3 个 N-糖基化位点和 1 个 O-糖基化位点的糖蛋白。2 个二硫键为维持活性构型所必须。去糖基化虽不影响 EPO 的体外活性，但使其体内半衰期从 4～6h 缩短为 2min，导致 EPO 的体内活性迅速消失。因此糖基化对保持 EPO 的生物活性十分重要。天然 EPO 为唾液酸的酸性糖蛋白，分子质量为 36kD。圆二色谱分析表明超过 50% 的 EPO 分子的二级结构为 α 螺旋，预测的三级结构为四个反向平行的 α 螺旋形成大小不等的攀。

知识拓展

**生物技术制药 EPO 满足了临床用药量的需求**

EPO 以极低的浓度存在于血滴和尿中，在贫血患者 EPO-依赖细胞中尤其如此。1971 年首先在贫血羊的血清中提纯得到细胞因子 EPO，1977 年从贫血患者收集的 2500L 尿液中提纯获得到少量人 EPO。因此，要想从天然资源中大量提取纯化 EPO 是不可行的。1985 年人将 EPO 基因导入中国仓鼠卵巢细胞（CHO）中，从而实现了重组人 EPO 的大规模商品化生产，并且在医学领域得到了广泛应用，满足了临床用药"量"的需求。

## （二）EPO 受体

红系暴发集落形成单元（burst forming unit-erythroid，BPU-E）表达 EPO 受体，这些细胞生长分化进入集落形成单元红系细胞（colony forming unit-erythroid，CFU-E），这些细胞的生长除了 EPO，还需要 IL-3、GM-CSF 刺激。CFU-E 细胞表面的 EPO 受体密度在所有红系细胞中是最多的，因此它们对于 EPO 的反应性最强。随着红细胞逐渐成熟，其 EPO 受体数量逐渐减少。成熟红细胞表面没有 EPO 受体。EPO 同 CFU-E 细胞表面的受体结合后促进其分化为前红细胞，而 CFU-E 分化为前红细胞的速度决定了红细胞的生成速度。

研究发现，除了红系前体细胞，各种其他的细胞系也能表达 EPO 受体，且多含有两类受体形式，即高亲和力和低亲和力形式。通常受体密度为 1000～3000 个受体/细胞。一旦配体与受体结合，受体会迅速内化，EPO-受体复合物会随之在溶酶体中被降解。

人 EPO 受体由第 19 号染色体上的单一基因编码，基因共含有 8 个外显子，前 5 个外显子编码受体胞外部分的 223 个氨基酸，第 6 个外显子编码单个跨膜部分结构域的 23 个氨基酸，余下的 2 个外显子编码胞质部分的 236 个氨基酸。成熟 EPO 受体为分子质量 85～100kDa 的糖蛋白，含多个 O-连接（和单个 N-连接）糖基化位点。高亲和力与低亲和力受体变体可通过自交联产生。

EPO 受体胞内结构域部分并无催化活性，而似乎直接与 JAK2 激酶偶联，后者可促进 EPO 信号转导。另有研究表明提示 EPO 受体可能存在其他的信号转导机制，包括 G 蛋白、蛋白激酶 C 和 $Ca^{2+}$ 的参与。

EPO 与 EPO 受体结合后会刺激 BFU-E 细胞的增殖，引发 CFU-E 进行终末分化，并抑制细胞凋亡的"许可"作用。基于这一假说，"正常"血清 EPO 水平会允许一部分特异的 BFU-E 和 CFU-E 存活，而这一点决定了造血的有效速率。血清中 EPO 浓度升高可以允许更多的这些祖细胞的存在，从而增加了最终产生的红细胞数目。至于 EPO 的刺激作用和"许可"作用在生理功能中孰重孰轻尚不确定。

## （三）EPO 生成的调节

EPO 在肾中（或者肝中）的生成水平主要受生成细胞的氧供需比来调节。正常情况下，当这些细胞通过血运能够得到充足的氧时，几乎检测不到 EPO（或 EPO mRNA）的存在。然而，一旦组织发生缺氧，就会导致这些细胞中 EPO mRNA 的水平剧增，2h 内血清中 EPO 的水平也升高。这一过程可被 RNA 和蛋白合成的抑制剂阻断，表明 EPO 并不在其产生细胞中储存，而是在需要时进行从头合成。

组织缺氧促使肾、肝 EPO 合成的方式不同。在肾脏中，每个细胞产生的 EPO 量保持恒定，但 EPO 生成细胞的数量明显增多。而在肝脏，缺氧刺激则每个细胞产生 EPO 的量增加。

通常，多种因素会诱导组织缺氧从而促进 EPO 的产生，刺激红细胞生成，如地处高海拔、失血、肾钠转运增加、肾血流量减少、血红蛋白氧亲和力增加、慢性肺部疾病、一些心脏疾病等。同时，高氧情况（组织内氧过多）却会导致 EPO 的产生减少。

## （四）重组人 EPO

目前临床使用的 EPO 是通过重组技术由 CHO 细胞表达的重组人 EPO（rhEPO）。EPO 只有在真核细胞中表达才有体内生物活性，从 CHO 中表达的重组 EPO 同天然 EPO 相比其糖基化形式基本相同，单分子质量略小，为 30kD。

Neorecormon 是一种 CHO 工程细胞中表达的 rhEPO，其氨基酸序列同天然 EPO 完全一致。Aranesp（Amgen）和 Nespo（Dompe Biorec）同天然 EPO 相比，氨基酸序列上发生了变化，增加了两个新的 N-糖基化位点。由此产生的重组蛋白具有五个糖基化位点，可使蛋白在血清中的半衰期由 4～6h 延长至 21h。

## （五）生物活性

EPO 主要的生物活性是通过以下途径刺激红细胞生成。

（1）增加定向分化为红细胞的前体细胞数量。

（2）加速这些前体细胞的分化。

（3）在细胞发育过程中加速血红蛋白的合成。

此外，在骨髓巨噬细胞和一些造血干细胞中也检测到了 EPO mRNA。尽管相关的生理作用还不甚清楚，但这种来源的 EPO 在促进红系分化过程中可能起着局部旁分泌（或自分泌）的作用。

## （六）临床应用

自 1985 年重组人 EPO(rhEPO)问世以来，EPO 已被证实可用于治疗多种贫血。近年来，rhEPO 的应用领域不断扩展并取得了一些成熟的经验。临床应用于以下几个方面。

**1. 肾性贫血**　该类型贫血主要由于内源性 EPO 产生不足造成。在 EPO 上市前，这种疾病只能依靠输血治疗。EPO 对此类贫血治疗效果好，对于正在接受透析治疗或未接受透析的患者均有疗效。EPO 可刺激红细胞数量增加和血红蛋白含量升高，减少患者输血量，甚至完全代替输血。但 EPO 并不能改善肾功能。使用 EPO 后，因造血功能增强，铁的需要量会增加，故应适当补铁。

**2. 其他慢性疾病所致的贫血**　贫血常常是一些慢性疾病如风湿关节炎、系统性红斑狼疮等并发症。使用 EPO 可以提高患者的血细胞比容和血红蛋白水平。严重的慢性感染也会导致贫血。而使用药物往往会使贫血更严重。例如 8% 的非症状性 HIV 感染患者有贫血表现，而在出现 AIDS 相关并发症的人群贫血的发病率是 20%。在出现 Kaposi's 肉瘤的患者中，贫血的发病率超过 60%。超过 1/3 用于齐多夫定治疗 AIDS 的患者出现贫血。EPO 可以提高 AIDS 患者血细胞比容和血红蛋白量，同时减少输血量。许多恶性肿瘤会导致贫血，伴随有血清 EPO 减少，以及缺铁、失血、肿瘤浸润入骨髓等，且化疗药物的使用常导致干细胞损伤，进而加重贫血。将 EPO 用于肿瘤或接受化疗的肿瘤患者取得了令人鼓舞的效果，超过半数的患者的血细胞比容值显著提高。EPO 对肿瘤相关性贫血的缓解率从 32% 到 85% 不等。一项针对 2000 名肿瘤患者，皮下注射 EPO 150 IU/kg，3 次/周，疗程为 4 个月的研究，结果，使需要输血的患者由 22% 下降至 10%，并使患者自我感觉良好、总体生活质量显著提高。

**3. 早产儿贫血**　婴儿，尤其是早产儿，常伴有贫血，其特征为产后八周血红蛋白持续下降，尽管其中造成的因素众多，但低于正常的血清 EPO 水平是主要原因。将这些婴儿的 BFU-E 和 CFU-E 细胞分离至体外，用 EPO 刺激，可促进红细胞生成。据此一些指导性的临床试验已经开展。300～600IU/（kg·w）的剂量能够提高红细胞生成，并降低 30% 的所需输血量。

**4. 异体骨髓移植**　接受异体骨髓移植的患者在移植后 6 个月内出现特征性的 EPO 减少。临床研究证明给予 EPO 可以明显地加速红细胞生成作用，使得患者的血细胞比容在移植后尽快达到正常水平。

另外，有关资料提示 EPO 也可用于外科手术前的自体输血及手术后贫血的恢复，骨髓异常增生综合征贫血、妊娠期及产后贫血、血红蛋白病的镰刀状红细胞及地中海贫血再生障碍性贫血等病症。

**案例 7-1 分析**

1. 该患者所患贫血属肾性贫血，主要是由于内源性 EPO 产生不足造成。在 EPO 上市前，这种疾病只能依靠输血治疗。外源性给予 EPO 对此类贫血治疗效果好，对于正在接受透析治疗或未接受透析的患者均有疗效。因此，在患者使用 EPO 后血红蛋白含量明显升高。

2. EPO 可刺激红细胞数量增加和血红蛋白含量升高，减少患者输血量，甚至完全代替输血。但 EPO 并不能改善肾功能。使用 EPO 后，因造血功能增强，铁的需要量会增加，故应适当补铁。另外，末期肾衰竭患者长期使用 EPO 易产生血压升高，血栓形成等较严重不良作用，应以预防及对症治疗。

## （七）EPO 的不良反应

rhEPO 不良反应轻，具有良好耐受性。但末期肾衰竭患者长期使用 EPO 易产生血压升高，血栓形成等较严重不良作用。EPO 短期使用多为非肾性使用，极少出现不良反应；静脉注射时会产生一过性流感样症状，皮下注射会造成注射点局部疼痛。后者可能是由于 EPO 制备过程中的赋形剂，主要是柠檬酸缓冲液造成的。此外，EPO 注射有时还会导致骨痛。

# 三、其他血细胞生长因子

## （一）白血病抑制因子

白血病抑制因子（LIF），又称人 DA 白细胞介素（HILDA），亦称肝细胞刺激因子 III。它由多种类型的细胞产生，如 T 淋巴细胞、肝细胞和成纤维细胞。LIF 是一种含 180 个氨基酸残基、高度糖基化、分子质量为 45kDa 的蛋白质。LIF 的受体主要集中在单核细胞、胚胎干细胞、肝细胞和胎盘上。这个受体复合物是由两个跨膜糖蛋白组成：一个是与 LIF 有亲和力的 190kDa 的 LIFα 链，另一个是也参与构成 IL-6 受体的 β 链。

LIF 对造血组织和非造血组织均有作用，常与其他细胞因子尤其是 IL-3 协同作用。LIF 刺激巨噬细胞分化，促进血小板形成；还促进肝合成急相蛋白及促进骨的重吸收。

## （二）血小板生成素

**1. 蛋白结构** 血小板生成素（TPO）来源于肾细胞和骨骼肌细胞，主要由肝脏产生并不断排放入血。人 TPO 是含 332 个氨基酸、分子质量 60kDa 的糖蛋白，包括 6 个潜在的 $N$-糖基化位点，且均靠近分子的 C 末端。N 端部分与 EPO 有高度的氨基酸同源性，是该分子的生物活性结构域。

**2. TPO 受体** TPO 通过结合于敏感细胞表面的特异性 TPO 受体来发挥特殊效应。TPO 受体，也被称为 c-mpl，是一条单链、含 610 个氨基酸的跨膜糖蛋白。TPO 与其受体结合后引发的信号转导机制还有待阐明。

**3. 重组 TPO** 有两种重组 TPO 制品处于临床试验评估阶段。一种是在哺乳动物细胞系中得到的重组糖基化蛋白，另一种是在大肠杆菌中表达得到的非糖基化突变体。后者也称为巨核细胞生长和发育因子（MGDF），纯化后被 PEG 化以延长分子的血浆半衰期。

**4. 生物活性** 血小板来源于造血干细胞分化末期阶段的巨核细胞，以芽生方式从巨核细胞表面脱落并进入血循环。TPO 是血小板生成的重要生理调节因子。TPO 促进巨核细胞及其祖细胞的增殖、分化和成熟，也促进血小板从巨核细胞的生成。TPO 还能调节祖细胞的生长及分化，最终生成红细胞和巨噬细胞。TPO 在血液中的水平很低，故虽发现数十年，直到 20 世纪 90 年代中期克隆出 TPO cDNA 时，才最终证实 TPO 的存在。这种分子可能在对抗血浆血小板水平低下方面具有巨大的应用前景，尽管目前还有待临床试验的验证。

**5. 临床应用**　临床上有许多疾病是由于血液中血小板水平异常所导致。原发性血小板增多症是一种以巨核细胞非正常增殖导致血小板水平增高为特征的疾病，这种疾病会导致血管中自发性血凝块形成。相反，血小板有缺陷或不足可导致自发性出血或者出血时间延长等事件发生，其中，血小板减少症是以血液中血小板水平降低为特点的疾病，其典型症状是自发性瘀斑、皮肤内出血（紫癜）、创伤后出血时间延长。血小板减少症的诱发因素有很多，主要包括骨髓功能障碍、化疗或放疗、各种病毒感染等。

TPO 可以通过促进血小板的生成缓解血小板减少症。最初 TPO 是用于治疗由于肿瘤化疗或放疗引起的血小板减少症，这种情况占到血小板输注病例的 80 %。TPO 产生治疗作用的主要原因包括：①消除了疾病通过输血的机会传播；②从供血者身上收集的血小板的保存期限较短（5 d），且必须在 22℃条件下不断进行机械摇匀，直接输注血小板不方便；③血小板具有表面抗原，可以刺激产生抗体，因此反复输注时会由于中和抗体的作用使效果减弱。

（吕　莉）

# 第八章 生长因子类药物

学习要求

1. 掌握 常见生长因子药物的种类、生物学特性及临床应用。
2. 熟悉 生长因子受体类型、常见生长因子药物的结构特征。
3. 了解 生长因子药物的剂型分类及特点。

## 第一节 生长因子概述

### （一）细胞生长因子

生长因子定义如前述。其通过质膜上的特异性受体，将信号传递至细胞内，作用于与细胞增殖有关的基因，以影响细胞的生长或分化。几乎所有生长因子都有促进靶细胞有丝分裂的能力，其中有些只能作用于几类细胞，但大多数生长因子可以刺激的靶细胞类型是广泛的。20 世纪 40 年代，人们真正从科学上认识了生长因子，并开始进行研究。

20 世纪 60 年代和 70 年代，碱性成纤维细胞生长因子（bFGF）、血小板源性生长因子（PDGF）、胰岛素样生长因子（IGF）和肿瘤坏死因子（TNF）等 20 多种生长因子陆续被发现，并证实它们与组织修复密切相关。迄今已有数十种生长因子被发现。20 世纪 80 年代，基因工程技术的发展和应用使生长因子的生物学基础和临床研究与应用成为可能。这些研究不仅导致人们对血液系统疾病、肿瘤、创伤等相关疾病治疗观念发生深刻转变，而且为这些疾病的治疗带来了革命性的突破，并由此带动了现代基因工程制药业的迅猛发展。

### （二）细胞生长因子药物受体

生长因子是与细胞表面特异性受体相结合而发生作用的，它对哺乳动物的生殖有着重要而独特的影响。所有具有酪氨酸激酶活性的生长因子受体都有结构上的同源性。其结构都包括细胞外的糖基化结合区，疏水性跨膜区和内部酪氨酸激酶区。

常见生长因子受体分为如下几类。

（1）表皮生长因子受体（EGFR）：EGFR 家族包括 EGFR（ErbB-1，HER1），HER2/c-neu（ErbB-2），HER3（ErbB-3）和 HER4（ErbB-4）四个成员，均定位于细胞膜上。ErbB-1 广泛分布于除血管组织外的上皮细胞膜上；ErbB-2 在正常人体腔上皮、腺上皮及胚胎中均有普遍的微弱表达；ErbB-3 在除造血系统外的多数部位有表达；ErbB-4 在除肾小球及周围神经外的所有成年组织均可检测到。EGFR 本身具有酪氨酶激酶活性，一旦与表皮生长因子（EGF）组合可启动细胞核内的有关基因，从而促进细胞分裂增殖（图 8-1）。胃癌、乳腺癌、膀胱癌和头颈部鳞癌的 EGFR 表达增高。

（2）胰岛素样生长因子受体（IGF-R）：是一种四聚体结构（$\alpha_2\beta_2$），分子由表露于细胞外的配基结合部位（α 亚单位）及细胞内酪氨酸激酶区域（β 亚单位）构成。当 IGF-1 与 α 亚单位中配基结合部位结合后，激活位于细胞内的酪氨酸激酶，引起细胞内信号转导。IGF-1R 广泛表达于多种类型的细胞表面，它介导 IGF-1 和大部分 IGF-2 的生物学活性，可促进机体的蛋白质和核酸 DNA 的合成及碳水化合物的代谢，与细胞的生长分化，胚胎的发育密切相关，当其表达过度时，细胞向恶性表型转化。

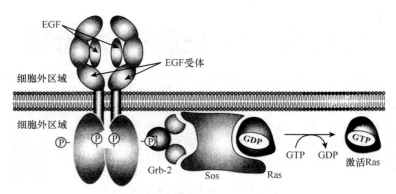

图 8-1　表皮生长因子与受体结合激活信号通路

（3）成纤维细胞生长因子受体（FGF-R）：共有四种受体亚型，在氨基酸序列上同源性为 55%～72%。不同的细胞表达不同的受体亚型，而每一种受体被激活的程度都是多样的，分为高度、中度、轻度和未激活状态。这种信号传导的复杂性决定了 FGFs 生理反应的多样性。配体-受体结合后会触发受体二聚体化，使关键酪氨酸残基磷酸化，进而招募含 Src 同源结构域 2（SH2）结构域的胞质信号分子。后续信号传导至少包含四条途径：PLC-γ 途径、Ras/Raf/MEK/ERK 途径、JAK/STAT 途径和 PI3K/AKT 途径。这些信号都可以促进有丝分裂，调节细胞周期进程。

# 第二节　生长因子的生物学功能与剂型

## 一、各类生长因子的分子结构及生物学特性

### （一）表皮生长因子

案例 8-1

　　2000 年，Palomino A 等应用 rhEGF 治疗大样本的十二指肠溃疡的随机双盲实验，充分肯定了 EGF 对消化道溃疡的治疗作用。在消化性溃疡外缘正常胃黏膜内注射 EGF，每周 1 次，直到溃疡愈合，治愈时间短，幽门螺杆菌（HP）根治率高，1 年内溃疡复发率低。

问题：

　　1. 什么是 EGF？生物学活性有哪些？

　　2. EGF 为何可以用于消化性溃疡的治疗？

　　1962 年，意大利女科学家 Mantalcini 教授和美国 Cohen 博士在实验中发现，在小老鼠的颌下腺内有一种可以促使新生小鼠眼睑早开、牙齿早萌的活性成分，而将这活性成分加入培养皮肤表皮细胞的基质后，发现可以促进皮肤表皮细胞的生长，因此将此活性成分命名为 EGF（epidermal growth factor），并证实这种活性蛋白具有免疫和自我调节的能力，并能加速表皮组织的新陈代谢，更新受损及老死的细胞，并因而获得 1986 年诺贝尔生理学或医学奖。1975 年从人尿中提取出人表皮生长因子（human EGF，hEGF），由于其可抑制胃酸分泌，又称抑胃素。

　　**1. EGF 的分子结构**（图 8-2）　EGF 是最早确立结构的生长因子，是由 53 个氨基酸残基组成的单链多肽，含 3 个链内二硫键。EGF 分子中不含丙氨酸、苯丙氨酸和赖氨酸；第 53 位精氨酸和第 52 位亮氨酸常被蛋白酶去除，因此 EGF 氨基端 40 多个氨基酸即具有该因子的全部活性。在功能上，hEGF

分子的 N 结构域可能对受体结合是重要的，而 C 结构域可能对促细胞生长的活性是重要的。

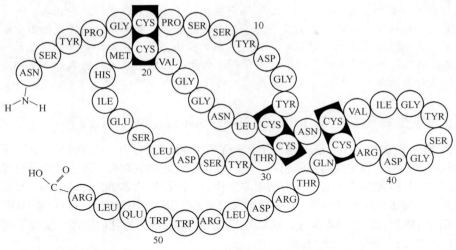

图 8-2　EGF 的分子结构

**2. EGF 的生物学特性**　EGF 与 EGFR 结合后，可激活多条信号通路，因此具有促增殖、促转移、抗凋亡等多种生物学特性（图 8-3），具体作用有如下几点。

（1）上皮细胞：EGF 可以促进细胞有丝分裂及糖、蛋白质、DNA、RNA 合成，因此有着广泛的促进上皮细胞分裂增殖的作用。

（2）血管生成：与肿瘤生长、关节炎等许多疾病相关的血管生成是由包括 EGF 在内的一些血管生成因子介导的。

（3）肿瘤发生：EGF 及 EGFR 的过度表达与多种肿瘤的发生、高移除率、低分化、深浸润、淋巴结转移及高增殖有关。

（4）呼吸功能：EGF 可经自分泌或旁分泌方式对气道上皮细胞的功能进行调控。作为一种肺内调节肽，具有抗氧化保护作用。

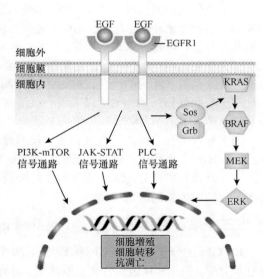

图 8-3　EGF 与 EGF 受体结合激活多条信号通路及产生效应

（5）生殖系统：①影响睾丸发育和精子发生；②调节卵巢的发育与生殖功能；③促进合子发育；④作为胚胎营养因子调节早期胚胎发育。

（6）消化系统：EGF 防止溃疡发生和促进溃疡愈合，保护肠黏膜屏障。

**案例 8-1 分析**

1. EGF 即表皮生长因子，其生物学活性有促进上皮细胞分裂增殖，促进血管及肿瘤生成，提高细胞抗氧化能力，影响生殖功能及促进消化性溃疡愈合等。

2. EGF 对治疗消化道溃疡有显著疗效。EGF 能抑制胃酸分泌，促进组织修复，在保护胃黏膜免受损伤因子破坏，维持胃黏膜完整性方面起着非常重要的作用。在唾液和基础胃液中的高浓度 EGF 含量可使约 60% 的卓-艾综合征患者在高分泌胃酸和蛋白水解酶的基础上免于食管炎和胃溃疡的发生。

**知识拓展**

EGF 用于各种创伤如皮肤切割伤、烧伤和角膜损伤等，随着研究的不断开展，rhEGF 在胃溃疡、口腔溃疡、糜烂性阴道炎、鼻黏膜溃疡等创面的治疗方面将有巨大的开发潜力和临床应用价值。目前正通过 rhEGF 基因转染技术，即通过基因工程使患者表皮细胞自身分泌生长因子，将转生长因子与细胞培养移植技术结合起来。可望解决大面积烧伤患者的皮肤来源缺少问题，减少手术次数，加速创面愈合，把创面愈合的治疗提高到一个新的水平。

## （二）胰岛素样生长因子（insulin-like growth factors，IGFs）

**1. IGFs 的分子结构**　IGFs 是一类小分子单链多肽物质（分子量约 7500Da）。IGF-Ⅰ分子中有 45%～50%的氨基酸序列与胰岛素原相同，这一结构特性使两者均可与对方的特异性受体具有一定亲和力。IGF-Ⅰ和 IGF-Ⅱ间的结构与功能非常相似，同源性达 52%。IGF-Ⅰ的一级结构由 4 个结构域构成，与胰岛素原不同的是，IGF-Ⅰ的羧基末端比胰岛素原多一个 D 区域，IGF-Ⅰ的氨基酸序列在不同的哺乳动物中相当保守，从低等的圆口类到高等的哺乳动物都已发现了 IGFs。现在许多动物的 IGFs 的一级结构已被阐明。

**2. IGFs 的生物学特性**

（1）糖代谢：对胰岛素的靶组织，IGF 具有胰岛素样的生理功能。它对糖代谢的主要细胞内代谢途径与胰岛素相似。此外，IGF-Ⅰ还可与胰岛素受体结合而达到降糖作用。IGF-Ⅰ能抑制 GH 和胰岛素分泌，降低高胰岛素血症。

（2）脂肪代谢：IGF 可促进葡萄糖的转运，促进脂肪、糖原和蛋白质的合成，抑制脂质水解，提高低 Km 磷酸二酯酶的活性，抑制钙 ATP 酶。这些作用是通过胰岛素受体实现的。

（3）心肌细胞：IGF-Ⅰ可以刺激心肌细胞生长，影响心脏离子通道，增加心输出量，提高射血功能。IGF-Ⅰ还参与胚胎和出生后早期心脏的生长发育。

（4）骨及生长：IGF 可改变自主神经活性，增加骨骼肌血流量，提高胰岛素或胰岛素受体后敏感性。IGF-Ⅰ水平与骨密度呈正相关。生长发育过程需要 IGF-Ⅰ和 IGF-Ⅱ的参与。

（5）其他：IGF-Ⅱ的表达变化与肌纤维数目的多态性紧密相关；IGF-Ⅱ作为调节多肽，它与许多肿瘤的发生发展密切相关。

## （三）成纤维生长因子（fibroblast growth factor，FGFs）

**1. FGFs 的分子结构**　FGFs 家族约有 20 个成员（FGF-1～20），分子质量在 18～28kD，都有促有丝分裂、趋化和促进血管生成的作用。所有 FGFs 成员具有一个高度同源的含 140 个氨基酸的核心序列，可以同肝素或胞外基质中的肝素样黏多糖结合，这一特性已被用于通过肝素亲和层析来纯化 FGFs。需注意的是该家族早先成员确实能够刺激成纤维细胞的生长和发育，但是一些新近发现的 FGFs 对成纤维细胞并无多大作用。

**2. FGFs 的生物学特性**　FGFs 具有广泛的生物学作用，FGFs 与受体结合后，能激活多条信号通路从而影响如间充质细胞、内分泌细胞、神经细胞等多种细胞的生长、分化及功能。FGFs 是重要的有丝分裂促进因子，也是形态发生和分化的诱导因子，在正常生理和病理过程中参与生长发育和组织损伤的修复过程。目前这方面研究集中在以下几点。

（1）网状内皮组织的修复：FGFs 是很强的促血管壁细胞增殖因子，对内皮细胞具有趋化作用和促有丝分裂作用，并可加强其分化功能。bFGF 还具有促血管平滑肌有丝分裂的作用。

（2）结缔组织的修复：FGFs 对多种类型的间充质细胞（成纤维细胞、角化细胞等）有促进有丝分裂的作用。FGF 不仅促进其增殖，而且可增强其分化。FGF 对内皮组织和结缔组织的上述作用，提示其在组织修复中的生理作用和在疾病治疗应用中的前景。

（3）对神经系统的作用：在组织培养中，bFGF对来自大脑皮质、海马、小脑等处的神经元有营养作用。并对胚胎神经母细胞有促有丝分裂作用。bFGF同时还可以促进神经胶质细胞的增殖，如使星状胶质细胞增殖并形成纤维状外形等。目前，人们正试图用bFGF促进脑干的损伤后修复。

（4）在胚胎发育中的作用：实验证明，bFGF有促进细胞增殖和分化的功能。

**知识拓展**

FGFs是治疗激光视网膜损伤的首选药物。外源性FGF对骨折的修复有重要意义，用于手术、外伤、烧伤加快皮肤和黏膜创面愈合并减少疤痕收缩和皮肤的畸形增生；改善缺血心肌血流灌注和功能，为晚期冠心病的治疗提供了新的途径，并有助于缺血再灌注后脏器组织损伤修复。

## （四）转化生长因子（transforming growth factors，TGFs）

**1. TGFs的分子结构**　TGFs包括TGF-α和TGF-β。TGF-α由单核细胞和巨噬细胞产生，也在多种机体组织合成。TGF-α在合成之初是一个整合的膜蛋白，经蛋白水解后释放，含有50个氨基酸。TGF-α与EGF高度同源，其生物学活性也是通过EGF受体结合后实现的。许多类型的肿瘤细胞也产生TGF-α，作为自分泌的生长因子。机体多种细胞均可分泌非活性状态的TGF-β。蛋白本身的裂解作用可使TGF-β复合体变为活化TGF-β。一般在细胞分化活跃的组织常含有较高水平的TGF-β，如成骨细胞、肾脏、骨髓和胚胎的造血细胞。TGF-β1在人血小板和哺乳动物骨中含量最高；TGF-β2在猪血小板和哺乳动物骨中含量最高；TGF-β3以间充质起源的细胞产生为主。

**2. TGFs的生物学功能**　由于TGF具有多功能特性，几乎与体内各种细胞都有关联。TGF介导细胞和组织对于损伤的反应。TGF可以促进培养中的星状细胞及活体新生儿脑中神经生长因子（NGF）的合成。大量研究表明，TGF是细胞和组织对损伤反应过程中的重要物质，TGF或通过减轻损伤程度，或通过增强其自身修复，起到稳定内环境的作用。据报告，在动物伤前系统给予单次剂量的TGF可增强创伤的愈合。

## （五）神经营养因子（neurotrophic factors，NTFs）

**案例8-2**

BDNF是德国神经生物学家Barde和Edgar等于1982年首次从猪脑中纯化出的一种碱性蛋白质，并且发现其具有防止神经元死亡的功能，是神经营养因子（NTFs）家族的成员之一，在中枢神经系统中广泛表达，主要分布在海马和皮质。

**问题：**

1. BDNF的生物学活性有哪些？

2. NTFs可用于治疗哪些疾病？

NTFs是一类由神经元、神经支配的靶组织或胶质细胞产生并分泌的小分子多肽或蛋白质，它们通过与其相应受体结合而启动效应神经元存活、生长、分化，在神经系统的发育和生理功能维持中起着重要作用。根据受体不同可以将神经营养因子分为以下4类。①神经生长因子家族：包括神经生长因子（NGF）、脑源性神经生长因子（BDNF）、神经营养-3（NT-3）、神经营养素-4/5（NT-4/5）、神经营养素-6（NT6）、神经营养素-7（NT7）；②神经细胞分裂素：包括睫状神经营养因子（CNTF）和白细胞介素-6（IL-6）；③成纤维细胞生长因子，包括酸性成纤维细胞生长因子（aFGF）、碱性成纤维细胞生长因子（bFGF）；④其他神经营养因子：如白细胞抑制因子（LIF）、胰岛素样生长因子（IGF）、表皮生长因子EGF、胶质源性神经营养因子（GDNF）、血小板源性生长因子（PDGF）、转化生长因子β（TGFβ）和神经球蛋白（NGB）等。

**1. NTFs的分子结构**　来源于不同哺乳类动物的NGF家族成员在一级结构上显示极大的相似性。其基本序列分为三部分：分别是N末端的信号肽序列、C末端与生物活性相关的序列和有N

连接糖基化位点的原序列。NGF 广泛作用于神经系统和非神经系统。在胚胎发育期，NGF 主要作用是维持神经元存活，促进神经细胞的生长和发育，阻止损伤所致的神经细胞死亡，促进神经元分化。

**2. NTFs 的生物学活性**　BDNF 是一种重要的运动和感觉神经元营养因子，不但在中枢神经系统发育过程中对神经元的生存、分化、生长和生理功能的维持起关键作用，而且 BDNF 还具有抗损伤性刺激，促进神经元再生、抑制神经细胞凋亡、刺激诱导轴突再生及促进神经通路修复等作用。

NT4 对外周感觉神经元和中枢神经系统某些神经元的生存是必需的。NT5 在功能上十分类似于 NT4，而且两者在基因结构上 91% 相同。NT6 在动物小脑和一些成体组织中均有分布，如肝、眼、皮肤、脾、心、骨骼肌等。其作用主要是促进交感、感觉神经元的存活。

CNTF 不但能够支持副交感睫状节神经元存活，而且能促进视黄醛神经节细胞轴突再生。它是一种胞质蛋白质，而不是分泌蛋白，在组织中的活性是 NGF 的 3～4 倍，主要支持交感、感觉神经元、脊髓运动神经元的存活。

GDNF 是一种于 1993 年被分离提取的蛋白质，来源于胶质细胞，又名胶质源性神经营养因子。其作用对于中脑多巴能神经元（DN）有确切有效的营养作用，对损伤后的 DN 具有拯救和刺激恢复作用，主要是预防保护多巴胺能神经元的退化，而且是已发现的唯一能阻止损伤诱导的运动神经元（MN）萎缩的因子。

神经球蛋白（NGB）是 2000 年发现的一种脊椎动物单体球蛋白，是一种可以和氧可逆性结合的血红蛋白家族成员，主要表达于脊椎动物的脑中，由 151 个氨基酸组成的单体蛋白，有着古老的进化起源。研究表明它具有储存、转运氧气和保护神经细胞的功能，能够增强氧气扩散进入线粒体的能力，在大脑缺血缺氧时，能增强神经细胞对缺氧的耐受能力，增强对神经细胞具有保护功能。

---

**案例 8-2 分析**

1. BDNF 是一种重要的运动和感觉神经元营养因子，对神经元的生存、分化、生长和生理功能的维持起关键作用，并具有抗损伤性刺激，促进神经元再生、抑制神经细胞凋亡、刺激诱导轴突再生及促进神经通路修复等作用。

2. 临床研究显示，NGF 可用于治疗阿尔茨海默病、脑出血、脑梗死、新生儿缺氧缺血性脑病、周围神经损伤、过敏性支气管炎，还可以用于促进溃疡愈合。

---

# 二、生长因子的剂型与应用

## （一）生长因子的剂型

生长因子剂型稳定性对其临床应用具有重要意义，相关研究还在不断完善中，现将常见生长因子剂型简要介绍如下所示。

**1. 水剂**　能够使生长因子与修复组织快速而均匀地结合发挥作用，但是溶液易流失和蒸发，在一定程度上限制了生长因子与修复细胞的结合。

**2. 凝胶制剂**　以亲水性基质制备的乳膏剂又名凝胶剂，是一种传统的剂型。通常采用的亲水性基质包括甘油明胶、淀粉甘油、纤维素衍生物、海藻酸钠、卡波姆、聚乙二醇等。与水剂相比，其具有生物黏附性，铺展性良好，可在受损表面形成保护膜，有效保持创面的湿润度，并可有效地激活上皮组织，使处于休眠状态的上皮细胞增殖，满足了组织修复。但是凝胶剂维持剂型状态的时间毕竟有限，而且凝胶剂仍然处于开放的水性环境中，可能会影响药物的稳定性。

**3. 疏水基质制备的乳膏剂** 可以大大提高其保湿性，延长药物使用后的持效时间，另一方面使生长因子在制剂状态下处于封闭的内相中，而外面有完整的油相体系包围，可以隔离外界因素对生长因子稳定性的影响，从而提高制剂状态。

**4. 冻干粉剂** 稳定性较高，但是应用时需加以溶解，使用不方便。

**5. 微球制剂** 细胞因子稳定性不好，体内半衰期短和生物膜透过性差，应用微球系统控制释放多肽是解决缓释的方法之一。药物微球可提高药物的稳定性，延长药物作用时间，避免反复用药，实现药物缓释或控释，在多肽类药物给药系统研究上显示出独特的优越性。

**6. 脂质体制剂** 脂质体作为一种高效的药物载体，可弥补生长因子稳定性差的这一缺陷。脂质体是磷脂分散在水中时形成的多层囊泡，具有缓释和靶向作用，双层结构使其适于生物体内降解，且无毒性和无免疫原性。生长因子脂质体作为一种新型药物载体系统，可显著延长生长因子在体内循环系统中的时间，提高药物的靶向性和疗效。目前，EGF、FGF 和 NGF 等生长因子脂质体已经进入了临床应用阶段，并已在治疗癌症、溃疡和促进角膜内皮细胞分解等方面取得了明显效果。

## （二）生长因子的临床应用

随着基因工程制药技术的飞速发展，越来越多的重组生长因子应用到临床各个疾病领域，参见表 8-1。

表 8-1 重组生长因子的临床应用

| 生长因子 | 作用 | 治疗疾病类型 |
| --- | --- | --- |
| TGF | 调节多种细胞生长 | 器官移植、烧伤、心肌梗死、糖尿病 |
| NGF | 调节多种细胞生长 | 多发硬化症、脑及神经损伤、角膜溃疡 |
| EGF | 促表皮、黏膜、血管增殖 | 创伤、溃疡病、肝炎、角膜和鼓膜损伤 |
| bFGF | 促进神经元存活 | 神经损伤、阿尔茨海默病、帕金森综合征、视神经萎缩 |
| PDGF | 促血小板聚集、血栓形成 | 创伤、溃疡 |
| SCF | 干细胞生长和骨髓造血 | 白血病 |
| HGF | 刺激肝细胞分化、再生 | 肝炎、肝硬化、肝肾衰竭 |
| IGF | 促肌肉、软骨生长 | 糖尿病、脑损伤、肾衰竭、骨质疏松 |
| hGH | 促进人体生长 | 侏儒症、骨质疏松、烧伤、肌肉萎缩和肥胖症 |

（金 越）

# 第九章 重组蛋白激素类药物

〜〜〜〜〜〜〜〜〜〜〜〜〜〜〜〜〜〜〜〜〜〜〜〜〜〜〜〜〜〜

## 学习要求

1. 掌握 激素的定义、特点、作用机制及蛋白激素药物的分类。
2. 熟悉 常用蛋白激素类药物的结构特点、作用机制、及重组表达过程。
3. 了解 胰岛素、胰高血糖素、生长激素、促卵泡激素、绒毛膜促性腺激素的临床适应证。

## 第一节 概 述

激素（hormone），亦称为荷尔蒙，在希腊文原意为"兴奋活动"。1902 年，英国生理学家斯塔林和贝利斯经过长期的观察研究，发现当食物进入小肠时，由于食物在肠壁摩擦，小肠黏膜就会分泌出一种数量极少的物质进入血液，流送到胰腺，胰腺接到后立刻分泌出胰液来。随后，他们将这种物质提取出来，注入哺乳动物的血液中，发现即使动物不吃东西，也会立刻分泌出胰液来，于是给这种物质取名为"促胰液"。后来，斯塔林和贝利斯给这种数量极少但有生理作用，可激起生物体内器官反应的物质起名为"激素"。激素对人类的繁殖、生长、发育、各种生理功能、行为变化及适应内外环境等，发挥着重要的调节作用。

### （一）定义

激素是生物体产生的，对机体代谢和生理功能发挥高效调节作用的化学信使分子。激素的分泌均极微量，为毫微克（$1/10^8$g）水平，但其调节作用明显。激素不参加代谢过程，只对特定的代谢和生理过程起调节作用，调节代谢及生理过程的进行速度和方向，从而使机体的活动更适应于内外环境的变化。

激素是由内分泌腺或具有内分泌功能的细胞产生，内分泌细胞是一些特殊分化的、对内外环境条件变化敏感的感应细胞，当它们感应到内外环境变化的刺激时，就合成并释放某种激素。激素作为化学信使，不经导管进入循环系统，将条件信息带到特定的效应细胞，引起某种效应。直接接受激素调节的效应细胞，称为该激素的靶细胞。因为激素是通过体液传送到靶细胞发挥作用的，所以将激素调节称为体液调节。体液调节在神经系统的统一控制下，全面系统协调地调节着物质及能量代谢，从而协调生物的各项生理功能。神经既可控制内分泌系统的分泌，又可以直接分泌激素，而某些激素也可以作用于神经系统，如甲状腺素可促进大脑发育。

### （二）分类

激素按化学结构大体分为三类：①类固醇，如肾上腺皮质激素、性激素；②氨基酸衍生物，如甲状腺素、肾上腺髓质激素等；③肽与蛋白质，如下丘脑激素、垂体激素、胃肠激素、胰岛素、人生长激素等。

### （三）特点

**1. 高度专一性** 包括组织专一性和效应专一性。前者指激素作用于特定的靶细胞、靶组织、靶器官。后者指激素有选择地调节某一代谢过程的特定环节。例如，胰高血糖素、肾上腺素、糖皮质激素都有升高血糖的作用，但胰高血糖素主要作用于肝细胞，通过促进肝糖原分解和加强糖异生作用,直接向血液输送葡萄糖;肾上腺素主要作用于骨骼肌细胞,促进肌糖原分解,间接补充血糖;糖皮质激素则主要通过刺激骨骼肌细胞,使蛋白质和氨基酸分解,以及促进肝细胞糖异生作用来补充血糖。

激素的作用是从激素与受体结合开始的。靶细胞介导激素调节效应的专一性激素结合蛋白,称为激素受体。受体一般是糖蛋白,有些分布在靶细胞质膜表面,称为细胞表面受体;有些分布在细胞内部,称为细胞内受体,如甲状腺素受体。

**2. 极高的效率** 激素与受体有很高的亲和力,因而激素可在极低浓度水平与受体结合,引起调节效应。激素在血液中的浓度很低,一般蛋白质激素的浓度为 $10^{-12} \sim 10^{-10}$ mol/L,其他激素为 $10^{-9} \sim 10^{-6}$ mol/L。而且激素是通过调节酶量与酶活发挥作用的,可以放大调节信号。激素效应的强度与激素和受体的复合物数量有关,所以保持适当的激素水平和受体数量是维持机体正常功能的必要条件。例如,胰岛素分泌不足或胰岛素受体缺乏,都可引起糖尿病。

**3. 多层次调控** 内分泌的调控是多层次的。下丘脑是内分泌系统的最高中枢,它通过分泌神经激素,即各种释放因子(relese factor,RF)或释放抑制因子(relese inhibiting factor,RIF)来支配垂体的激素分泌,垂体又通过释放促激素控制甲状腺、肾上腺皮质、性腺、胰岛等的激素分泌。相关层次间是施控与受控的关系,但受控者也可以通过反馈机制反作用于施控者。例如,下丘脑分泌促甲状腺素释放因子(thyrotropin releasing factor,TRF),刺激垂体前叶分泌促甲状腺素(TSH),使甲状腺分泌甲状腺素。当血液中甲状腺素浓度升高到一定水平时,甲状腺素也可反馈抑制 TRF 和 TSH 的分泌。

激素的作用不是孤立的。内分泌系统不仅有上下级之间控制与反馈的关系,在同一层次间往往是多种激素相互关联地发挥调节作用。激素之间的相互作用,有协同,也有拮抗。例如,在血糖调节中,胰高血糖素使血糖升高,而胰岛素则使血糖下降。他们之间相互作用,使血糖稳定在正常水平。对某一生理过程实施正反调控的两类激素,保持着某种平衡,一旦被打破,将导致内分泌疾病。激素的合成与分泌是由神经系统统一调控的。

## （四）蛋白质和多肽激素

蛋白质或多肽激素是基因表达的产物,其结构可以是肽链或氨基酸组成的。蛋白质激素基因表达的最初产物是无活性的前激素原,经剪切加工成为激素原,再经酶促激活,成为有活性的激素。前激素原的 N 末端都有一段由 20～30 个残基构成的信号肽序列。例如,胰岛素基因表达产生由 105 个残基构成的前胰岛素原,剪切加工后成为有两条肽链,共 51 个残基的胰岛素。表 9-1 为重组蛋白激素类药物的激素原及前激素原。

**表 9-1　激素原及前激素原**

| 活性激素 | 激素原到激素的变化 | 前激素增加的结构 |
| --- | --- | --- |
| 胰岛素 | 切去 A、B 链间的连接肽——C 肽--RR****KR----<br>　　　　　　　　B 链　C 肽　A 链 | NH₂X（M）MXFLF（L/F）L（K）LLXLXXXXXXXX-胰岛素原 |
| 胰高血糖素 | 从 C 端切去 49 肽,激素原 78 残基----KR******** | |
| 甲状旁腺激素 | 从 N 端切去 6 肽<br>******KR-------PTH | NH₂MMXAKDMXKXMIXMLAIXXLARXDX-甲状旁腺激素原 |
| 促胃酸激素 | 从 N 端切去 17 肽********* KK---- | |
| 生长激素 | 分子质量从 24 000 Da 下降到 19 500 Da | |
| 降钙素 | 分子质量从 7000～10 000Da 降到 32 个残基 | |
| 催乳激素 | | NH₂PXXXXXLLLXXXLLXLXP-催乳激素 |
| 促肾上腺皮质激素 | 分子变小,未最后定 | |

续表

| 活性激素 | 激素原到激素的变化 | 前激素增加的结构 |
|---|---|---|
| β-促黑素细胞激素 | β-促脂肪分解激素的中间一段结构<br>***KK-----KR***<br>γ-促脂肪分解激素的C端一段结构<br>βMSH<br>*******KK----- | |
| α-促黑素细胞激素 | 从ACTH切去C端26肽<br>-----GKKRR****αMSH | |
| 牛垂体脂解因子 | 促黄体生成激素β是它的前体 | |
| 胰蛋白酶 | | NH₂KLFLFLALLLAYVAFPLDDDDKL-胰蛋白酶原 |
| 免疫球蛋白L链 | 从N端切去六肽 | NH₂MXMXXPXXIXXXLLLXPXXXL-L链 |
| 白蛋白 | | NH₂MXXXXFLLLLFXXXXXFX-白蛋白 |
| 溶菌酶 | | -MRSLLILVLCFLPLAALG-溶菌酶 |

多肽激素一般比其前体小得多。例如，催产素和加压素都是九肽，而其前体分别是由 160 个和 215 个残基构成的后叶激素运载蛋白原。后者经剪切产生活性激素和相应的运载蛋白，结合成复合物，包装于囊泡中，运往神经垂体。分泌时，激素与运载蛋白分离。另外，垂体分泌一种前阿黑皮素原，由 265 个残基构成，在不同细胞内经不同方式剪切加工产生多种激素，包括促肾上腺皮质激素、各种促脂解素、各种促黑激素及调控痛觉的阿片样多肽、内啡肽、脑啡肽等。

## （五）作用机制

激素的调节效应是由专一性激素受体介导的。激素到达靶细胞后，与相应的受体结合，形成激素-受体复合物，后者将激素信号转化为一系列细胞内生化过程，表现为调节效应。两类定位不同的受体，发挥调节作用的机制不同。通过表面受体起作用的激素，调节酶的活性，其效应快速、短暂；通过细胞内受体起作用的激素，调节酶的合成，其效应缓慢、持久。

## （六）常见蛋白激素家族

根据蛋白激素的一级结构，将其进行分类。每一类激素可能起源于同一祖先基因，属一个"家族"（表9-2）。

表9-2 常见蛋白激素家族

| 家族名称 | 成员 |
|---|---|
| 胰岛素家族 | 胰岛素、耻骨松弛素、神经生长因子（NGF） |
| 促胃酸激素家族 | 促胃酸激素、缩胆囊肽（CCK）、雨蛙肽、phyllocaernlein |
| 胰高血糖素家族 | 胰高血糖素、肠促胰液肽、小肠血管活性肽（VIP）、胃抑制剂肽（GIF） |
| 尿抑胃素家族 | 尿抑胃素、上皮生长因子（EGF） |
| 促肾上腺皮质激素家族 | 促肾上腺皮质激素（ACTH）、促黑（素细胞）激素（MSH）、促脂肪分解激素（LPH） |
| 生长激素家族 | 生长激素（GH）、催乳激素、胎盘催乳素 |
| 促黄体激素家族 | 促黄体激素（LH）、促卵泡激素（FSH）、促甲状腺激素（TSH）、绒毛膜促性腺激素（CG） |

**1. 胰岛素家族** 这三个蛋白质的来源不同，功能不同，却有着类似的结构。胰岛素和耻骨松弛激素都是由 A、B 两条多肽链组成的，二硫键的位置相同。神经生长因子由 118 个氨基酸组成，与胰岛素原相似，一级结构和空间结构都与胰岛素类似。

**2. 促胃酸激素家族** 它们在结构上非常密切，C 端与肽氨基酸顺序完全相同，C 末端都是酰胺，在酪氨酸残基的侧链上都有—$SO_3H$ 基因。四者的生物功能也相似，都能促使胃酸分泌。

**3. 胰高血糖素家族**　四种蛋白激素功能不同，但结构相似。肠促胰液肽和胰高血糖素的结构中有 14 个氨基酸残基结构顺序相同。VIP 的一级结构和肠促胰液肽、胰高血糖素及 GIP 的关系密切。

**4. 尿抑胃素家族**　EGF 和尿抑胃素有 37 处相同，且两者都有三对二硫键，位置相同，但其生物功能完全不同。

**5. 促肾上腺皮质激素家族**　这个家族的成员均由垂体产生，其中 ACTH、α-MSH 和 β-MSH 都含有相同的氨基酸序列（MGHFRWG）。

**6. 生长激素家族**　此家族都是相对分子质量很大的蛋白激素。人生长激素和胎盘催乳素都是由 191 个氨基酸组成的单链，两者有 85%的氨基酸顺序相似。这种相似性还反映在二硫键位置的一致和某些生物功能的一致性上。催乳激素是由 198 个氨基酸组成的单链，结构也和生长激素类似。

**7. 促黄体激素家族**　此家族成员均是糖蛋白激素，都由含有糖组分的 α 和 β 两个亚基组成。游离亚基生物活力很小，重组后活力恢复。如果不同激素的 α 和 β 亚基交叉重组，能表现出生物活力，杂交分子的生物活力专一性随 β 亚基而定。这四个激素的 α 亚基一级结构和糖组分的位置非常类似，而 β 亚基彼此不同。

## （七）重组蛋白激素药物

自胰岛素被发现并用于临床治疗糖尿病以后，越来越多的蛋白激素被开发，并广泛用于由于激素缺乏而导致的疾病治疗当中。常见的重组蛋白激素类药物主要有人胰岛素、胰高血糖素、人生长激素、促卵泡激素等。这些药物的传统制备方法多以从动物（或人）体液中提取获得，存在来源不受控制，纯化过程复杂，批次间差异大，免疫原性高等缺点，极大地限制了蛋白激素药物的临床使用。随着生物技术的不断发展，利用基因工程手段重组表达生产蛋白激素药物更加安全有效，已有多种重组蛋白激素药物上市进入临床使用。表 9-3 为各种蛋白激素药物的临床应用及提取部位。

表 9-3　各种蛋白激素药物的临床应用及提取部位

| 蛋白激素药物 | 适应证 | 提取部位 |
| --- | --- | --- |
| 胰岛素 | 糖尿病 | 牛或猪的胰腺 |
| 胰高血糖素 | 低血糖 | 牛或猪的胰腺 |
| 生长激素 | 内源性生长激素分泌不足或先天性性腺发育不全（特纳综合征） | 死去患者的脑垂体 |
| 促卵泡激素 | 不育症、调节排卵 | 绝经妇女尿液 |
| 促黄体生成激素 | 适用于卵巢排卵，但本身激素水平不足的不孕症 | 绝经妇女尿液 |
| 绒毛膜促性腺激素 | 性流产、不孕症、性功能障碍及侏儒症 | 孕妇尿液 |

重组蛋白激素类药物是指采用基因重组技术，通过特殊设计的工程细胞培养，表达扩增后，分离、纯化而得到的蛋白激素类药物。目前较为成熟的重组蛋白激素表达系统有以下几种。①大肠杆菌表达：重组人胰岛素、重组人生长激素等；②酵母菌表达：重组人胰高血糖素等；③哺乳动物细胞表达：重组人生长激素、人促卵泡激素、人绒毛膜促性腺激素等。下面将对几种重要的蛋白激素药物进行详细讲述。

# 第二节　胰岛素的结构与生物学功能

胰岛素（insulin）是动物胰脏内的胰岛 B 细胞受内源性或外源性物质如葡萄糖、乳糖、核糖、精氨酸、胰高血糖素等刺激而分泌的一种蛋白质激素，是体内唯一的降血糖激素，在维持血糖恒定，增加糖原、脂肪、某些氨基酸和蛋白质的合成，细胞内多种代谢途径的调节与控制等方面都有重要作用。

**糖尿病与胰岛素的发现**

糖尿病是一种由胰岛素分泌缺陷或胰岛素作用障碍所致的高血糖代谢性疾病。主要症状包括过度口渴和多尿、体重减轻等，持续高血糖与长期代谢紊乱等可导致全身组织器官功能障碍和衰竭，严重者会导致死亡。根据世界卫生组织的统计，全世界有 3.46 亿人患有糖尿病，中国的糖尿病流行情况是全世界最为严重的。

**胰岛素是治疗糖尿病的最常用药物**

胰岛素于 1921 年被加拿大的外科医生弗雷德里克·班廷首先发现，1922 年开始用于临床。我国 80 年代初已成功地运用遗传工程技术大量生产人的胰岛素，并用于临床。1955 年英国 F. 桑格小组测定了牛胰岛素的全部氨基酸序列，开辟了人类认识蛋白质分子化学结构的道路。1965 年 9 月 17 日，中国科学家首次人工合成了具有全部生物活性的结晶牛胰岛素。

1922 年，一名 14 岁男孩兰纳德·汤姆森成为首例接受胰岛素治疗的糖尿病患者，当时他正在接受饥饿治疗法，体重已低于 30kg，估计几个星期后就会死去。注射后半个小时，男孩的血糖值就下降了 25%。12 日以后，医生开始给他连续注射，兰纳德的血糖指标下降了 75%，尿糖几乎完全消失，精神、体力明显恢复。

班廷首次发现并提取了胰岛素，被称为"胰岛素之父"，并于 1923 年获诺贝尔生理学或医学奖。

# 一、胰岛素的结构、性质及作用机制

## （一）胰岛素的结构及性质

胰岛素由 A 和 B 两条多肽链借助两个二硫键连接而成，含 51 个氨基酸。A 链和 B 链的氨基酸残基数分别为 21aa 和 30aa，具有生物活性的人胰岛素单体的分子式和分子质量为 $C_{257}H_{383}N_{65}O_{77}S_6$ 和 58kD，等电点为 5.30～5.35（图 9-1）。不同物种的胰岛素都符合这种基本结构，但在氨基酸序列上略有不同。例如，猪胰岛素 A 链的第 8、9、10 位氨基酸残基为 Thr、Ser 和 Ile，牛胰岛素为 Ala、Ser、Val，而马胰岛素为 Thr、Gly 和 Ile。人和猪胰岛素仅在 B 链第 30 位氨基酸有区别。不同来源的胰岛素结构不同，抗原性也不同，所以最早临床上用与人胰岛素结构差异最小的猪胰岛素为治疗药物。

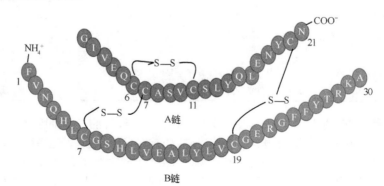

图 9-1　人胰岛素的结构

## （二）胰岛素的生物合成

在研究胰腺的胰岛细胞腺瘤的过程中，Donald F.Steiner 发现了一个新的蛋白质，它是胰岛素生物合成的前体，命名为胰岛素原（proinsulin）。它是一条单一的多肽链（86肽），包含一个由31个氨基酸残基组成的连接肽。胰岛素原的基本结构是（B链）-Arg-Arg-（C肽）-Lys-Arg-（A链），在C肽的N端和C端通过碱性氨基酸二肽把A链和B链连接起来。

发现胰岛素原之后，Steiner又发现了一个能被胰岛素抗体沉淀的蛋白质，命名为前胰岛素原（preproinsulin）。成熟的胰岛素是二聚体结构，但合成的单链多肽前体就是前胰岛素原。

胰岛素是在胰岛B细胞内质网的核糖体中合成的。首先，胰岛素结构基因在RNA聚合酶作用下，转录成前胰岛素原的mRNA，mRNA从细胞核转入胞质中，在多核糖体内翻译为前胰岛素原（图9-2）。前胰岛素原的信号序列被信号肽酶切生成胰岛素原。胰岛素原进入内质网后，内质网逐渐鼓起胞芽，脱落生成小泡向高尔基体移动并与其结合。在高尔基体内，胰岛素原被包裹成未成熟颗粒，离开高尔基体时会失去网格蛋白外壳，变成无包被型分泌囊泡。这些囊泡就是胰岛素在β细胞中的储存形式。胰岛素与$Zn^{2+}$结合形成锌-胰岛素六聚体，整个过程约需几个小时。

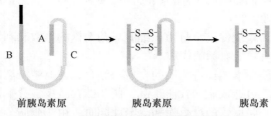

图9-2　前胰岛素原加工为胰岛素示意图

## （三）胰岛素的作用机制

胰岛素受体是一个四聚体，由两个α亚基和两个β亚基通过二硫键连接。两个α亚基位于细胞质膜的外侧，分子质量130kD，由723个氨基酸残基构成，其上有胰岛素的结合位点；两个β亚基是跨膜蛋白，分子质量为95kD，由620个氨基酸残基构成，β亚基又可分为三个区：胞外区、穿膜区和酪氨酸激酶活性胞内区，在胰岛素受体信号传递中发挥重要作用。

胰岛素与其受体结合后可发生一系列生化反应，最终实现胰岛素的生物效应（图9-3）。其确切的分子机制尚未完全阐明，目前有两大理论：磷酸化连锁理论（phosphorylation cascade theory）和第二信使理论（secondary messenger theory）。

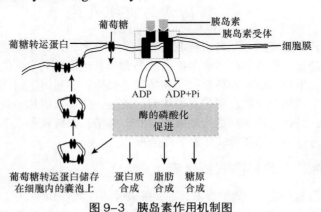

图9-3　胰岛素作用机制图

磷酸化连锁理论：①胰岛素与其受体结合后通过某些机制激活β亚单位上的酪氨酸，使其磷酸化。②β亚单位插入膜内区域中有13个酪氨酸残基，至少有5个酪氨酸残基磷酸化，并导致胞质内酪氨酸激酶（protein tyrosine kinase，PTK）活性上升，胰岛素受体底物（IRS）-1的磷酸化。

③（IRS）-1 上磷酸化的酪氨酸与含 SH2 结构域的信号分子磷脂酰肌醇-3 激酶（phosphatidylinositol 3-kinase，PI3K）结合，依次激活信号转导通路下游的多个信号分子。④通过蛋白激酶、磷酸酶级联反应发挥胰岛素的生理学效应，如刺激葡萄糖转运体 4（Glucose transporter 4，GLUT4）转位，促进细胞对葡萄糖的摄取；刺激糖原合酶，调节糖原合成的一系列反应。

第二信使理论：1986 年 Saltied 证实某些细胞株中存在着胰岛素依赖性小分子物质为肌醇聚糖（inositol glycan，IG），来自细胞膜双层磷脂结构，伴随产物还有 1,2-二乙酰甘油（1,2-diacylglycerol，DAG），这两种物质被视为传递胰岛素信息的第二信使。这两种小分子向细胞质扩散，进而实现胰岛素作用。

## 二、胰岛素生物学功能

胰岛素是机体内唯一降低血糖的激素，同时促进糖原、脂肪、蛋白质的合成。胰岛素在以下几个主要方面促进人体代谢。

（1）调节糖代谢：胰岛素能促进全身组织细胞对葡萄糖的摄取和利用，并抑制糖原的分解和糖原异生，因此，胰岛素有降低血糖的作用。

（2）调节脂肪代谢：胰岛素能促进脂肪的合成与储存，使血中游离脂肪酸减少，同时抑制脂肪的分解氧化。胰岛素缺乏可造成脂肪代谢紊乱，脂肪储存减少，分解加强，血脂升高，久之可引起动脉硬化，进而导致心脑血管的严重疾病。与此同时，由于脂肪分解加强，生成大量酮体，出现酮症酸中毒。

（3）调节蛋白质代谢：胰岛素一方面促进细胞对氨基酸的摄取和蛋白质的合成，一方面抑制蛋白质的分解，因而有利于生长。腺垂体生长激素的促蛋白质合成作用，必须有胰岛素的存在才能表现出来。因此，对生长来说，胰岛素是不可缺少的激素之一。

（4）其他功能：胰岛素可促进钾离子和镁离子穿过细胞膜进入细胞内，促进 DNA、RNA 及 ATP 的合成。

# 第三节　胰岛素的生产、剂型及应用

## 一、胰岛素的重组表达

伴随着生物制药技术的发展，胰岛素按制备方法主要分为四种：①经动物胰腺提取或适当纯化的胰岛素：传统胰岛素、单峰胰岛素、单组分胰岛素和高纯度胰岛素；②半合成及合成人胰岛素：半合成人胰岛素、生物合成人胰岛素；③胰岛素类似物：即利用重组 DNA 技术对人胰岛素氨基酸序列进行修饰生成的一类胰岛素，其作用时间改变；④加入添加剂处理后的胰岛素混悬液（以延长其作用时间）：将蛋白质与胰岛素制成混合物，如精蛋白锌胰岛素和低精蛋白锌胰岛素，对胰岛素粒子大小进行修饰，如各种胰岛素锌混悬液。

### （一）以动物胰脏为原料提取胰岛素

传统的胰岛素制剂是从猪、牛胰脏提取，将胰脏破碎后在低 pH 溶液中，使胰岛素分子处于单体状态，利用酸-醇液将其萃取，盐析将其析出后进行分离纯化。这种方法只经一步重结晶，但是存在少量其他杂质，如胰高血糖素、生长激素抑制素等。这些杂质会以多种方式影响胰岛素制剂的安全性和有效性。近年来，有科学家从猪肺等器官中提取胰岛素，大大增加了猪内脏器官的有效开发。

胰岛素制剂中的大分子杂质（含胰岛素原类似物）、脱酰胺胰岛素是造成临床使用中各种免疫不良反应的重要原因，使用单组分胰岛素（monocomponent insulin，MCI）可以大大增加胰岛素的临床安全性。胰岛素经凝胶过滤、离子交换纯化不仅能够去除胰岛素原类似物，还能去除脱酰胺胰岛素等杂质。由于工艺回收率的不理想，国内还没有生产单组分胰岛素的公司，但发达国家临床上已经使用，随着生活水平的提高，单组分胰岛素很可能成为胰岛素制剂的重要品种之一。

## （二）半合成胰岛素

猪胰岛素与人胰岛素只在 B 链上第 30 个氨基酸上有差异。即人胰岛素第 30 个氨基酸为苏氨酸，猪胰岛素第 30 个氨基酸为丙氨酸。如果将猪胰岛素变成人胰岛素，其经济效益会提高 160 倍以上。1979 年日本科学家 Morzhara 首先提出了猪胰岛素的酶转化法，后来，丹麦科学家 Murkussen 等又做了深入研究。

## （三）重组 DNA 技术制备胰岛素产品

重组人胰岛素是现阶段临床最常使用的胰岛素，是利用生物工程技术获得的高纯度的生物合成人胰岛素，其氨基酸排列顺序及生物活性与人体本身的胰岛素完全相同，它是第一个获准用于人体治疗的重组 DNA 技术产品。1982 年，采用重组技术生产的人胰岛素正式上市。1998 年，我国成功研制出了中国第一支基因重组人胰岛素制剂"甘舒霖"。

重组人胰岛素有以下优点：①安全、经济；②消除了由于动物胰岛组织中存在病原体而导致疾病意外传播的危险；③达到理想血糖控制后每日使用剂量低；④发生低血糖反应的风险较低。

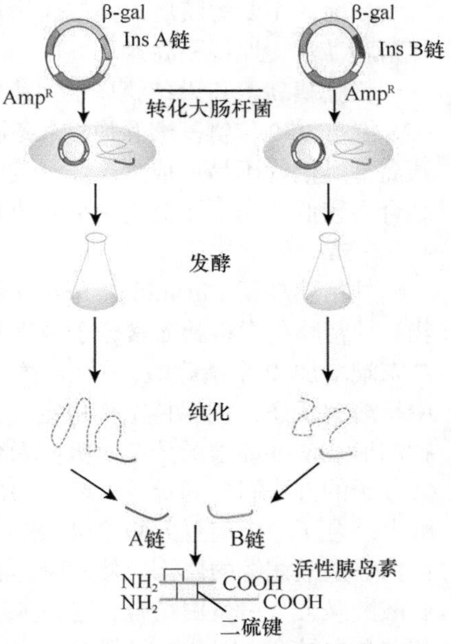

图 9-4 A、B 链法生产胰岛素

重组人胰岛素的制备方法有 A、B 链合成法和反转录酶法。Genentech 公司的科学家们首先采用的方法是 A、B 链合成法：以人工合成的人胰岛素 A 链和 B 链基因分别与半乳糖苷酶基因连接，形成融和基因，分别在大肠杆菌中表达 A 链和 B 链，然后再通过化学氧化作用，经二硫键连接起来，就形成了重组胰岛素（图 9-4）。

另一种方法是反转录酶法：仿照天然合成途径通过胰岛素原的 cDNA 合成，表达产物是胰岛素原，经工具酶切开，除去 C-肽得人胰岛素（图 9-5）。因为只需一次发酵和纯化，使得该方法更为广泛使用。目前有两种合成人胰岛素：一种是美国生产的以大肠杆菌为受体菌；另一种为丹麦生产的以酵母菌为受体菌。

人胰岛素的主要优点是免疫原性显著下降，生物活性提高，吸收速率增快，注射部位脂肪萎缩发生率降低。但是人胰岛素为六聚体，给药后不能直接吸收入血，必须通过体液的不断稀释、解聚作用，使大分子的胰岛素六聚体解聚为单体或二聚体后才能穿过毛细血管膜上的微小孔隙进入血液循环发挥作用。治疗需提前 20～30min 注射胰岛素。

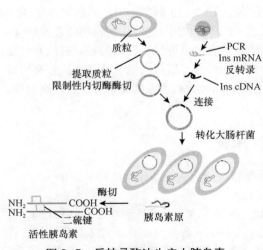

图 9-5 反转录酶法生产人胰岛素

## （四）胰岛素类似药物

20 世纪 90 年代，人们利用蛋白质工程技术对人胰岛素的氨基酸序列及结构进行局部修饰，合成了人胰岛素类似物。人胰岛素由含 21 个氨基酸的 A 链和 30 个氨基酸的 B 链构成，其中，B 链的 20～29 位氨基酸是 2 个胰岛素单体相互作用形成二聚体进而形成六聚体的重要区域。如果改变该区域的氨基酸组成及排列，则有可能降低胰岛素单体间的相互作用力，使其不易形成稳定的六聚体，皮下注射后可快速解离为单体而迅速发挥作用。

目前，主要的胰岛素类似药物包括赖脯胰岛素（lispro）、天冬胰岛素 insulin aspart，诺和锐、甘精胰岛素、地特胰岛素。

赖脯胰岛素和天冬胰岛素为速效胰岛素类似物。赖脯胰岛素，是用基因工程技术将人胰岛素 B28 位与 B29 位氨基酸互换；天冬胰岛素，则是将人胰岛素 28 位的脯氨酸替换为天冬氨酸。这些胰岛素类似物不易形成六聚体，皮下注射后主要以单体形式存在，其主要特点为：可溶性，自我结合力较低，皮下注射后局部吸收快，起效时间短（10～20min），达峰时间 40min，作用持续时间 3～5h。

甘精胰岛素（insulin glargine）和地特胰岛素（insulin detemir，Levemir）属于长效胰岛素类似物。甘精胰岛素将胰岛素分子内氨基酸的置换（A21 位天冬氨酸替换为甘氨酸），且在人胰岛素 B 链末端增加 2 个精氨酸，从而改变了等电点（pH 5.4～6.7）。因此，甘精胰岛素在酸性溶液（pH4.0）中呈溶解状态，能保持结构稳定，注射到皮下组织（中性环境）后，可形成微沉淀物。这种沉淀物的形成使胰岛素的分解、吸收及作用时间延长，可发挥长效作用。地特胰岛素是通过加大胰岛素分子的方法制备的长效可溶性胰岛素类似物。地特胰岛素的合成通过酰化作用在 B 链 29 位赖氨酸上结合了一个肉豆蔻酸 C14-侧链。在有锌离子存在的药液中，胰岛素分子仍以六聚体形式存在，而肉豆蔻酸侧链的修饰会使六聚体在皮下组织的扩散和吸收减慢。在单体状态下，含有 C14-的脂肪酸链又会与白蛋白结合，进一步减慢吸收入血循环的速度。在血浆中，98%～99%的地特胰岛素与白蛋白结合，因此，向靶组织的扩散也较未结合白蛋白的胰岛素要慢。本品已于 2004 年在欧洲上市。

## （五）预混胰岛素

预混胰岛素是重组人胰岛素（短效）与精蛋白锌重组人胰岛素（中效）按一定比例混合而成的胰岛素制剂。主要分为低预混入胰岛素和中预混入胰岛素。低预混胰岛素类似物如 75/25 剂型（赖脯胰岛素 25，25%赖脯胰岛素+75%精蛋白锌赖脯胰岛素），70/30 剂型（门冬胰岛素 30，30%门冬胰岛素+70%精蛋白锌门冬胰岛素）；中预混胰岛素类似物有 50/50 剂型，如赖脯胰岛素 50（50%赖脯胰岛素+50%精蛋白锌赖脯胰岛素）。其中的速效胰岛素能提供更快、更高的餐时胰岛素分泌峰，与餐后血糖峰的同步性大大改善，有效降低餐后血糖的漂移；精蛋白结合胰岛素成分则可提供基础胰岛素的补充，有效降低空腹血糖。该类药物既能利用短效或速效胰岛素解决餐后高血糖，又有中效胰岛素延长血糖控制时间。

# 二、胰岛素的临床使用

自从 1921 年 Banting 和 Best 发现胰岛素以来，胰岛素就成为治疗糖尿病的特效药物。

**知识拓展**

Ⅰ型糖尿病（IDDM），原名胰岛素依赖型糖尿病，多发生在儿童和青少年。起病比较急剧，体内胰岛素绝对不足，容易发生酮症酸中毒，目前认为是由于胰岛细胞受病毒或毒物等破坏，在遗传倾向基础上引起的自身的免疫反应而发病。Ⅰ型糖尿病幼儿在自己能控制小便后又出现遗尿，常为糖尿病的早期症状。

Ⅱ型糖尿病（NIDDM），原名非胰岛素依赖型糖尿病，也叫成人型糖尿病，多在 35～40 岁之后发病，占糖尿病患者 90%以上。患者体内产生胰岛素的能力并非完全丧失，有的患者体内胰岛素甚至产生过多，但胰岛素的作用效果较差，因此患者体内的胰岛素是一种相对缺乏，可以通过某些口服药物刺激体内胰岛素的分泌。此类患者早期症状不明显，仅有轻度乏力、口渴，常在明确诊断之前就可发生大血管和微血管并发症。

现在，世界上糖尿病负担最重的国家已经不再是发达国家，而是发展中国家。全世界有 80%的糖尿病患者都来自欠发达国家和地区。发病人群中年轻人、青少年和儿童的数量迅速增长。

中国共计有 9200 万糖尿病患者，占其人口总数的 9.7%，另外还有 1.482 亿人属于糖尿病前期人群，占其人口总数的 15.5%，所谓糖尿病前期指的是糖耐量异常（impaired glucose tolerance，IGT）和空腹血糖异常（impaired fasting glucose，IFG）。随着 NIDDM 发病年龄不断提前及年轻人对自身代谢问题缺乏控制等问题，再加上各种糖尿病并发症发生的风险，可以预见将来全球将面临的 NIDDM 负担肯定会越来越重。

## （一）胰岛素的适应证

目前，胰岛素主要用于以下适应证的临床治疗：Ⅰ型糖尿病患者需终身胰岛素替代以维持患者生命和生活；口服降糖药的Ⅱ型糖尿病患者，且长期口服降糖药物，血糖仍控制不佳；糖尿病急性代谢紊乱（如酮症酸中毒、非酮症高渗透性昏迷和乳酸性酸中毒）；糖尿病患者合并重症感染和慢性并发症；妊娠期糖尿病患者，如血糖不能单用饮食控制达到要求目标值时，需用胰岛素治疗，禁用口服降糖药；糖尿病患者合并任何原因的慢性肝、肾功能不全者及其他原因（如对口服药物过敏）不能接受口服降糖药治疗者；Ⅱ型糖尿病患者合并肺结核、肿瘤等消耗性疾病；营养不良相关糖尿病，各种继发性糖尿病，尤其是垂体性来源的肿瘤、胰腺疾病、β 细胞功能缺陷致病者；新诊断的糖尿病，患者空腹血糖超过 10.0 mmol/L 时；临床上类似糖尿病但血液中出现胰岛细胞抗体或者抗谷氨酸脱羧酶抗体阳性，使用胰岛素治疗。

## （二）胰岛素剂型

目前，人们通过不断改善胰岛素结构已经研制出多种起效时间不同的胰岛素类似物；同时，为满足临床治疗糖尿病的需求，对胰岛素的给药途径也进行了深入研究。

**1. 时效不同的胰岛素**　临床使用时，根据起效快慢、作用时间长短分为速效胰岛素，短效胰岛素和中、长效胰岛素。

速效胰岛素给药后，起效快，可餐前即刻注射，持续时间短，不易出现下一餐前低血糖，这一药动学特征更符合人生理胰岛素和血糖变化谱，是用于解决餐后高血糖状态的一类胰岛素。生物合成人胰岛素，该类药起效时间较速效胰岛素慢，作用时间稍长，也适合餐后血糖稍高的患者。短效胰岛素必须在进餐前 30min 给药，才能与人进食后的血糖高峰时间同步，否则易出现餐后高血糖和下一餐前的低血糖。

中效胰岛素是低精蛋白生物合成人胰岛素注射液，该类药物作用时间较长，无明显峰值，不用以解决餐后血糖高的问题，主要用于补充体内的基础胰岛素。给药的时间可以选择在早上或晚睡前，若在晚睡前注射，需要预防夜间低血糖的发生。长效胰岛素主要有精蛋白锌胰岛素、甘精胰岛素和地特胰岛素，该类药物与中效胰岛素相比，分解吸收及作用时间延长，可持续释放发挥长效作用，其降糖作用可持续 24h，并且无明显峰值出现，可以较好地模拟正常基础人胰岛素的分泌。其作用更加平稳，也用于补充基础胰岛素。中效和长效胰岛素含有不同比例的鱼精蛋白、短效胰岛素和锌离子，可用于基础胰岛素的补充，降低空腹血糖和两餐之间的血糖。在中效或长效胰岛素制剂中，胰岛素与鱼精蛋白结合，形成难以吸收的沉淀，注射后在组织蛋白酶的分解作用下，与鱼精蛋白分离，发挥其生物学效应。

**2. PEG 化胰岛素**　是实现胰岛素缓释的一种新方法，可达到长效胰岛素的功效。其原理是在胰岛素 PheB1 或 LysB29 位点共价结合亲电子活化的 monoethoxypoly（ethylene glycol）（mPEG），制成 PEG 化胰岛素（pegylated insulin）。与 mPEG 共价结合的胰岛素分子不仅保持了胰岛素原有生物活性，而且在储存时稳定，免疫原性显著减少，并能抵抗肾清除和蛋白水解作用。这是因为水溶性的 PEG 聚合物可以形成一个巨大的流体界限，在药物分子周围提供保护层。

**3. 胰岛素的不同给药途径**　自 1921 年胰岛素问世以来，最常用的给药途径为注射给药，而皮下注射给药为其最经典的方式，此外根据不同剂型，胰岛素给药途径还有吸入给药、口服给药、黏膜给药、腹腔给药、直肠栓剂给药、超声给药等。

（1）注射给药：目前胰岛素注射给药一般采取 3 种方式，皮下给药、静脉输注、胰岛素泵。皮下给药一般适用于中效胰岛素，在强化治疗时也用于短效胰岛素。皮下给药吸收快慢与注射部位和局部血流有关，安静状态下，吸收最快的部位是腹壁，上臂次之，大腿和臀部最慢。目前胰岛素皮下给药一般采取 3 种方法：一是常规 1ml 注射器注射法或胰岛素专用注射器注射法；二是诺和笔笔芯注射法；三是诺和灵 R 笔芯特充或诺和锐 30 笔芯特充。

静脉输注主要适用于急重型糖尿病合并酮症酸中毒，糖尿病非酮症高渗性昏迷患者；其次是严重外伤，感染及外科手术前、中、后不能进食或血糖控制不理想，不能进行手术的糖尿病患者，选用小剂量速效胰岛素静脉输注。胰岛素（短效）静脉给药后即刻发挥作用，持续时间短，半衰期 4～5min，故临床主张小剂量持续静脉滴注。

胰岛素泵即持续皮下胰岛素输注装置，是目前最方便、最现代化的注射方式，可以自动定时定量地注射胰岛素，能较好模拟生理性胰岛素分泌，可以准确控制胰岛素的输入剂量，并能经导管连续不断按需要将胰岛素输入患者皮下。目前，胰岛素泵仅重约 100g，携带方便。

（2）非注射给药：吸入给药是通过专用的器械将胰岛素粉末化或雾化，随呼吸通过气管达到肺部。肺泡吸收表面积大，且毛细血管血液循环快，肺泡上皮细胞通透性高，无肝脏首过效应，因此胰岛素能迅速被吸收进入血液循环，降低血糖。

口服给药是最为方便，且最易被患者接受的一种方式。口服胰岛素后肝门静脉内浓度较高，能更加模拟生理性胰岛素分泌和代谢模式；但胰岛素为蛋白质类药物，口服后容易被胃酸及胃肠内各种酶降解，此外，胰岛素相对分子质量较大，很难透过胃肠道上皮细胞，难以吸收，加上胰岛素肝脏首过效应等因素，使得口服制剂质量难以控制。为增加胰岛素稳定性，减少其降解，脂质体、复乳、纳米微球技术等被广泛应用于制备口服胰岛素制剂，并加入渗透促进剂、蛋白酶抑制剂等以提高药物的生物利用度和稳定性，保护胰岛素在消化道内的活性并促进其吸收。

（3）腹腔内给药系统是国外研制出的一种装置，又叫"皮下腹膜入口装置"。将该装置移植于脐部皮下，内部开口于腹腔，输液器开关在腹腔壁，通过该开关向腹腔内注射所需胰岛素。皮肤中的水解酶活性很低，胰岛素经皮给药是较皮下注射给药、经口给药等更具吸引力的给药方式，然而皮肤的低渗透性限制了经皮给药的应用。皮肤最外面的角质层对大分子肽类药物的透皮吸收能力差，大分子蛋白质一般难于穿透皮肤，近年来利用低频超声促进生物大分子的渗透成为胰岛素经皮给药的一种方式。

胰岛素是治疗 I 型糖尿病的一线药物，而在 II 型糖尿病患者中，有接近 40% 的人最终还是要接受胰岛素治疗。胰岛素能够有效控制血糖，保护胰岛 B 细胞功能，预防、延缓糖尿病并发症的发生，提高患者生活质量。随着现代生物技术及新的释药技术的发展，胰岛素在给药途径和临床应用等方面将具有更广阔的应用前景。

# 第四节 其他蛋白类激素简介

## 一、胰高血糖素

胰高血糖素（glucagon）是一种由胰脏胰岛细胞分泌的激素，由 29 个氨基酸组成直链多肽，分子质量为 3500Da。分子内不具 S—S 键，完全不同于胰岛素，它是以 N 末端组氨酸为起点，C 末端苏氨酸为终点的直链多肽。胰高血糖素的初期作用过程是与存在于靶细胞细胞膜上的受体进行特异性结合，将腺苷酸环化酶活化，环式 AMP 成为第二信使活化磷酸化酶，促进糖原分解。胰高血糖素于 1923 年被 Kimball 和 Murlin 发现并命名。

### （一）胰高血糖素的生理作用

胰高血糖素的生理作用与胰岛素相反，胰高血糖素具有很强的促进分解代谢的作用，可促进肝糖原分解而升高血糖；还可以促使氨基酸转化为葡萄糖，抑制蛋白质的合成，促进脂肪分解，因此被认为是促进分解代谢的激素。另外，胰高血糖素可促进胰岛素和胰岛生长抑素的分泌（图 9-6）。

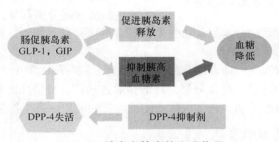

图 9-6 胰高血糖素的生理作用

胰高血糖素是体内主要升高血糖的激素。其升高血糖的机制是通过肝细胞膜受体激活依赖 cAMP 的蛋白激酶，从而抑制糖原合酶和激活肝细胞的磷酸化酶，加速糖原分解，使血糖升高（图 9-7）。

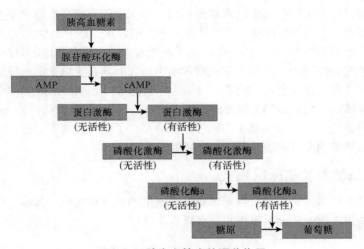

图 9-7 胰高血糖素的调节作用

## （二）胰岛素与胰高血糖素的相互调节作用

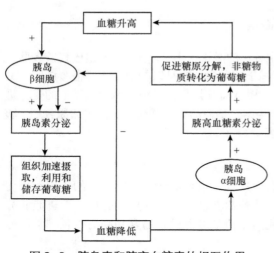

图 9-8　胰岛素和胰高血糖素的相互作用

胰岛素和胰高血糖素是调节血糖最主要的两种激素。机体内糖、脂肪、氨基酸代谢的变化主要取决于这两种激素的比例。

我们通常一日三餐是定时的，但是机体时刻都需要能量。如图 9-8，当进食后，血糖浓度迅速升高，升高血糖浓度直接引起胰岛 B 细胞胰岛素分泌增加，降低血糖，同时胰岛素分泌增加还会抑制胰高血糖素的分泌，胰高血糖素分泌的减少导致肝糖原的分解减少，缓解降血糖的压力。这样双管齐下从而达到迅速降血糖的效果。

当机体因消耗而使血糖由正常浓度继续降低时，胰高血糖素的分泌增加，其主要作用是促进肝糖原的分解升高血糖。但是，如果肝糖原分解太快将造成血糖水平过高，这时胰高血糖素的增加对胰岛素的分泌起促进作用，胰高血糖素促进肝糖原分解的同时，胰岛素的分泌增加很快发挥相反的降血糖作用。这样，就出现了血糖在正常浓度范围内较小幅度波动（图 9-8）。

胰岛素分泌增加抑制胰高血糖素的分泌，其意义在于短时间内将由于摄食过高的血糖降下来；而胰高血糖素的分泌增加促进胰岛素分泌，目的是通过拮抗，肝糖原的分解缓慢进行，保证血糖在正常尝试范围内较小幅度波动。这样机体才能适应我们的生活和工作学习的方式。

## （三）胰高血糖素重组表达

胰高血糖素的主要生理作用是预防低血糖症，严重的低血糖症可能导致意识丧失甚至死亡。胰岛素可通过降低血糖间接刺激胰高血糖素的分泌，但 β 细胞分泌的胰岛素和 D 细胞分泌的生长抑素直接作用于临近的 α 细胞，抑制胰高血糖素的分泌。因此，胰岛素诱导的低血糖症常需用胰高血糖素辅助治疗。

目前，由于猪、牛和人的胰高血糖素结构相同，临床使用的胰高血糖素主要从牛或猪的胰腺组织中分离纯化得到。重组胰高血糖素在酵母细胞中重组表达，并于 1994 年批准上市。通过在胰高血糖素编码顺序 5'端前突变加入前导序列，将带有改良的 α1 配对因子前导序列及胰高血糖素基因的质粒转入酿酒酵母细胞中，并将分泌到培养液中的含有胰高血糖素的肽段进行了分离，以及氨基酸序列的测定。酵母菌株所转入的基因前端为完整的 α1 配对因子前导序列，后端为 N 端带有部分先导序列的胰高血糖素编码基因（MT556）。其中，转入前端为截短的 α1 配对因子前导序列，后端为胰高血糖素基因（MT615）的酵母菌株分泌出了胰高血糖素。这些结果显示，酿酒酵母对于类似胰高血糖素的多肽的表达载体是合适的宿主。

## （四）胰高血糖素的临床应用

临床上，胰高血糖素主要用于处理糖尿病患者发生的低血糖反应。目前，市售主要为诺和诺德公司生产的诺和生（GlucaGen）重组胰高血糖素粉针剂。

## 二、人生长激素

人生长激素（human growth hormone，hGH），又称为促生长素，是脑垂体前叶嗜酸性细胞分泌的一种单一肽链的蛋白质激素，是一种具有广泛生理功能的生长调节激素，能促进正常机体生长及发育，并影响脂肪分解、蛋白质合成、胰岛素拮抗等机体代谢的各个方面。20 世纪 50 年代，研究者从尸体和垂体切除患者的脑垂体中首次提取分离到人生长激素，于 1958 年用于临床治疗垂体功能障碍的患儿。1986 年基因工程的发明人之一、诺贝尔奖获得者波耶尔通过基因重组技术成功合成了重组人生长激素（recombinanthuman growthhormone，rhGH）。其结构与人垂体分泌的生长激素完全相同，可大规模批量生产。

## （一）人生长激素（hGH）的结构

成熟 hGH 是非糖基化蛋白，分子质量为 22kDa，含有 191 氨基酸残基，链内含有四个半胱氨酸，组成两对二硫键（C54-C165，C182-C189）。人生长激素一级结构如图 9-9 所示。hGH 的三维分子结构具有 4 个核心 α 螺旋，在螺旋间的连接区还有 3 个短螺旋（图 9-10）。螺旋Ⅳ和螺旋Ⅰ是与人生长激素受体结合的主要位点，两个短螺旋也参与了 hGH 与受体的结合。hGH 通过 mRNA 的可变剪接产生 20kDa 的分子，由 176 个氨基酸组成，较 22kDa 的 GH 分子缺少 32～46 位共 15 个氨基酸，占血清 GH 总量的 5%～15%。人体脑垂体和血清中除了这两种主要形式分子外，还有单体、二聚体、多聚体及翻译后修饰分子，也就是说 hGH 基因的表达产物构成了一个蛋白质家族，而不仅仅是单一激素。

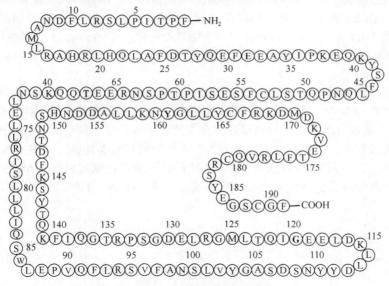

图 9-9　生长激素的一级结构

生长激素的分子结构决定了其生物功能，非灵长类哺乳纲动物之间的 hGH 序列较为相似，但与灵长类序列差异较大，同源性为 64%～69%。只有从灵长类动物体内提取的 GH 在人体内有生理活性，因此，牛/猪来源的生长激素无法应用于人体的临床治疗。

## （二）人生长激素（hGH）的重组表达和纯化

生长激素的种族特异性很强，只有人类自身的生长激素才具有临床治疗功能。过去临床应用只能从人脑垂体提取，而人脑垂体中生长激素的含量只占干重的 4%～8%，从人的一个垂体中最多只能得到 3～5mg 的人生长激素，来源受限且价格昂贵。

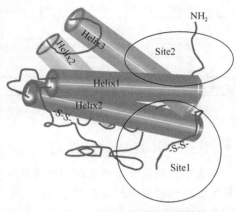

图 9-10　人生长激素的三维结构

随着分子生物学的发展，极大地拓展了重组 DNA 技术的应用领域。重组 DNA 技术生产的人生长激素，其结构和氨基酸序列与人一致。1985 年美国 FDA 批准 Genetech 公司利用基因技术生产 rhGH，用于治疗儿童 hGH 不足导致的身材矮小。目前，临床使用的所有 hGH 制剂（表 9-4）都是重组来源的。

表 9-4　几种获得临床应用许可的 rhGH 制剂

| 商品名 | 公司 |
| --- | --- |
| Genotropin | Pharmacia and upjohn |
| Humatrop | Lilly |
| Norditropin | Novo Nordisk |
| Nutropin | Genentech |
| SerostimSerono | Laboratories |

rhGH 的重组表达主要有大肠杆菌表达系统、芽孢杆菌表达系统、酵母表达系统、昆虫表达系统和哺乳动物表达系统。

大肠杆菌表达系统：由于 hGH 是非糖基化修饰的蛋白质，因此多采用原核生物细胞系表达。20 世纪 80 年代，rhGH 基因首先在大肠杆菌 *E. coli* 中重组表达，由于在基因开始部分插入了 AUG 启动子，表达蛋白比天然 hGH 在 N 末端多一个甲硫氨酸残基（Met-rhGH）。虽然活性与天然产物相当，但极易诱发患者机体的免疫反应，即使高纯度 Met-rhGH 产品，仍具有 50%～80%患者会产生抗体。

利用大肠杆菌载体诱导表达具有天然结构的 rhGH 有两种方法：一种是在宿主细胞内表达 Met-rhGH，在纯化过程中利用甲硫氨酸蛋白酶去除 N 端的 Met 残基；另一种是采用分泌型表达载体，把 hGH 成熟蛋白的编码序列直接连接在高效表达的信号序列后面，通过诱导实现分泌型表达；在分泌的过程中，工程菌细胞膜上的蛋白水解酶将信号肽切去，使表达 hGH 的一级结构与天然产物一致，表达产物主要存在于胞外，hGH 的表达量可达细胞总量的 6%～10%，其中 50% 被分泌到宿主细胞外。实验室纯化 rhGH 的路线如图 9-11 所示，HPLC 层析纯化结果如图 9-12 所示。

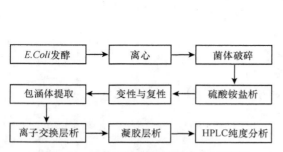

图 9-11　*E. coli* 中重组纯化人生长激素

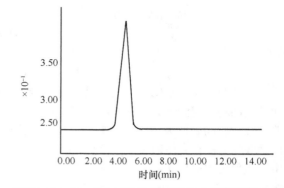

图 9-12　*E.coli* 中 HPLC 层析纯化人生长激素曲线

## （三）hGH 的临床应用

人生长激素的主要生理功能有促进合成代谢，刺激骨、肌肉和软骨细胞生长等作用，故在人体生长发育过程中起着重要作用。人生长激素原仅用于生长激素缺乏的儿童矮小症，后来因为基因重组产品的问世，在临床上用于儿童生长迟缓性疾病，如儿童生长激素缺乏症、Turner 综合征、

Noonan 综合征、烧伤，抗衰老、诱导排卵等。

在儿童时期发生的 hGH 分泌过少、缺如或 hGH 的生物作用减低所致的生长发育障碍及身材矮小症又称垂体性侏儒症。通过测定垂体 hGH 细胞对兴奋分泌 hGH 的反应和（或）夜间 hGH 分泌量，结合临床测得患儿身高百分位数及生长速度可诊断。应用 rhGH 能够加快先天性身材矮小儿童的生长速率且促生长作用显著。

先天性卵巢发育不全是由 Turner 在 1938 年首先描述，也称 Turner 综合征。发生率为新生婴儿的 10.7/10 万或女婴的 22.2/10 万，占胚胎死亡的 6.5%。临床特点为身矮、生殖器与第二性征不发育及躯体的发育异常。智力发育程度不一。寿命与正常人相同。是一种女性基因缺陷疾病（正常女性有两个 X 染色体，Turner 患者只有一个 X 染色体），目前最有效的治疗方法是使用 GH，使患者生长速率加快。

临床试验也证明 rhGH 可以治疗严重烧伤。rhGH 具有调整内分泌系统、激活并维护免疫系统等作用，能促进机体蛋白质合成，具有降低烧伤后的分解代谢应激反应，促进机体蛋白质合成，可以刺激细胞对氨基酸的摄入和转变，加速核酸转录和翻译，促进脂肪分解，对胰岛素有拮抗作用。抑制葡萄糖而使血糖升高等作用可以加快创面愈合。同时 rhGH 也可以起到免疫抑制的作用，降低患者体内 TNF-α 和 IL-6 的水平，减少体内炎症反应对机体的伤害。在严重烧伤患者伤口愈合的临床治疗中被广泛应用。

GH 对生长发育、生殖起决定性作用。青春期前 GH 分泌不足的女性患者，可表现为卵巢功能成熟障碍，导致青春期延迟；青春期后 GH 分泌不足的女性患者，可表现为卵巢对促性腺激素的反应性下降。故也常将 GH 的储备功能作为判断卵巢对促性腺激素反应性的敏感指标。动物及人体实验表明，随年龄的增长，GH 水平下降，是躯体衰老及生殖功能下降的主要原因。

# 三、促卵泡激素

## （一）促卵泡激素的结构与性质

促卵泡激素（follicle stimulatinghormone，FSH，又称卵泡刺激素），是垂体前叶嗜碱性细胞分泌的一种糖蛋白促性腺激素，属于糖蛋白激素家族。由垂体分泌的 FSH、黄体激素（LH）、促甲状腺激素（TSH）和胎盘产生的绒毛膜促性腺激素（CG）共同组成糖蛋白激素家族。它们功能各异，结构却非常相似，含有一个相同的 α 多肽亚基和一个各不相同的 β 多肽亚基，β 亚基具有激素及种间特异性，是生物活性和免疫活性的决定因素。α 亚基和 β 亚基单独都不具有生物活性，只有当两者结合在一起引起立体结构上的变化，才具有生物活性。FSH 的分子中，α 亚基三种激素的两个亚基的成熟蛋白都是糖基化的，FSH 的分子中有 4 个 N 连接（天冬酰胺或 Asn 连接）的糖基化位点，位于 α 亚基的 Asn52、Asn78 和 β 亚基的 Asn7、Asn24。（图 9-13）

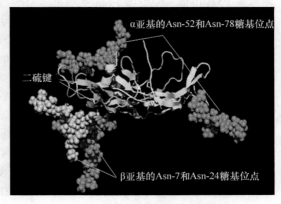

图 9-13　促卵泡激素的结构

## （二）促卵泡激素的作用机制

促卵泡激素调控人体的发育、生长、青春期性成熟及生殖相关的一系列生理过程，特别是刺激生殖细胞的成熟。促卵泡激素的目标细胞表面表达有促卵泡激素受体，属于 G 蛋白偶联受体家族。促卵泡激素与其受体蛋白的结合将导致后者的构象变化。作为跨细胞膜的膜蛋白，促卵泡激素受体胞外的变构将引发胞内的变构，改变其与 G 蛋白的结合状态，并通过其他蛋白的参与，进一步诱发环磷酸腺苷等第二信使的生成，将信号传至细胞核内，实现对蛋白表达和细胞发育进程的调节。

　　在卵巢中，促卵泡激素刺激尚未成熟的卵泡的生长，直至成熟为格拉夫卵泡。卵泡在生长过程中会释放抑制素以阻断促卵泡激素的进一步合成。这一机制保证了排卵的选择性。在黄体化阶段的末尾，促卵泡激素水平也有小幅度提升，可能与下一个排卵周期的开始有关。在睾丸中，促卵泡激素提高塞尔托利细胞合成男性激素结合蛋白的水平，诱发塞尔托利细胞的紧密结合，同时分泌抑制素，在成精子过程中起到至关重要的作用。

**知识拓展**

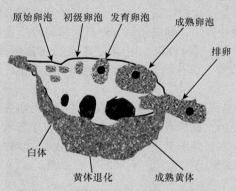

卵泡（follicle）是卵巢皮质内由一个卵母细胞和其周围许多小型卵泡细胞所组成。根据卵泡发育过程的形态和功能变化，可分为原始卵泡、生长卵泡和成熟卵泡三个阶段。女性的原始卵泡是与生俱来的，新生儿两侧卵巢就有 70 万～200 万个原始卵泡，到青春期约有 4 万个原始卵泡。

　　每一月经周期中只有一个卵泡生成至成熟，称为优势卵泡。其他卵泡受抑制因子的抑制，停止生长，退化为闭锁卵泡。成熟的优势卵泡迅速长大，直径达 20mm，并逐渐移行至卵巢表面，其贴近部分因无血管，呈半透明圆锥状，称排卵斑，突出于卵巢的表面，准备排卵（图 9-14）。

图 9-14　卵巢中处于各个阶段的卵泡

## （三）重组促卵泡激素的制备与生产

**1. 传统工艺**　最早应用于治疗不育不孕症的 FSH 产品是从人脑垂体中提取而来的。但是由于垂体来源有限，提取的 FSH 还存在着生物活性低，易受蛋白质污染，另外在临床应用中发现脑垂体来源 FSH 传播 Creutzfeld-Jakob 病毒感染的病例（一种罕见的脑病），最终脑垂体来源 FSH 产品不再用于临床治疗。替代脑垂体来源性 FSH 的是尿源性 FSH。尿源性 FSH 提纯自绝经后妇女的尿液，最初时由于纯化技术落后，产品的纯度很低（5%左右），而且含有大量的 LH 蛋白等杂质。随着生物技术的发展，尿源性 FSH 的纯度不断提高。20 世纪 80 年代，使用单价抗体纯化系统，可以获得高纯度尿源性 FSH 产品（纯度大于 95%，只含有微量 LH 蛋白），尿源性 FSH 成为治疗不育不孕症的主导药物。但是，市场对于尿源性 FSH 的产品需求是巨大的，据统计，每位患者每个疗程就需要 20～30L 绝经后妇女的尿液用于提取 FSH，而整个市场每年的需求量高达到约 1.2 亿升。而且，无论是从人脑垂体还是从尿液中提取 FSH，都存在着生产原料有限、纯度低、生物活性低、外源蛋白污染、潜在微生物污染等缺点。

　　因此，人们开始尝试利用基因工程技术开发新型 FSH 产品——重组人促卵泡激素（rhFSH）。rhFSH 可保证产品质量的相对均一性，不含 LH 及其他代谢物污染，安全系数大大提高。21 世纪以来，国内外市场上的尿源 FSH 制品正逐渐被 rhFSH 产品取代。

**2. 重组人促卵泡激素（rhFSH）**　FSH 的糖基化修饰对其生物学活性极为重要，原核表达不能获得具有活性的 FSH，中国仓鼠卵巢（CHO）细胞是重组蛋白生产最常用的表达体系之一，其安全性及有效性获得了广泛的认可，因此大多数选择用 CHO 细胞来生产 rhFSH。

　　1996 年，瑞士 Serono 公司开发了全球第 1 个 rhFSH 上市产品（商品名：Gonal-F）。采用从基因文库筛选目的基因的方式，使获得的目的基因片段包含了天然序列中的部分内含子；用双质粒共转染 CHO 细胞的方式，经过甲氨蝶呤筛选，获得了高产细胞株，单个细胞的日比产率可达到 15.1 Pg。生产时采用含 1%血清的培养基微载体灌流培养，每次收获的发酵液中 rhFSH 的含量可达（2～4）×10$^6$IU。Gonal-F 拥有与天然尿源 FSH 一致的氨基酸序列及糖基化位点，糖链的单糖组成也与天然 FSH 相近，但是两者在结构方面仍存在着微小的差异。首先，Gonal-F 糖链结构相对天然 FSH 均一性更高，含有更少的重度唾液酸化的糖链，在等电点上表现为 Gonal-F 的等电点稍微偏碱一些，Gonal-F 为 pI 4.0～5.2，尿源 FSH 产品则为 pI 3.6～5.0。这可能是因为尿源 FSH 经过了体内代谢，半衰期较短的碱性 FSH 比例下降，最终尿中的 FSH 更多为半衰期更长的酸性 FSH。其次，天然 FSH 中可含有半数以上的氧化态 FSH，在 Gonal-F 中则仅有少量（＜2%）氧化态 FSH。另外，Gonal-F 与天然 FSH 均存在 N 端序列缺失的现象，天然 FSH 两个亚基 N 端缺失的比例均可高达 50%，Gonal-F β 亚基的 N 端缺失比例仍为 50%，但 α 亚基 N 端缺失的比例较低，约为 2%。临床实践显示这些翻译后修饰与临床安全性无关，但在药效学方面的差异尚不明确。体内外活性测试及药动学研究均显示出 Gonal-F 与尿 FSH 具有等效性。在安全性方面，除了使用尿源 FSH 的患者有少数原位风疹及血清病的报道外，Gonal-F 与尿 FSH 的安全性是类似的。

Gonal-F 上市后不久，荷兰 Organon 公司也推出了另一 rhFSH 产品（商品名：Puregon）。他们同样从基因文库中筛选获取含有部分内含子的目的基因序列，但在载体构建时将两个亚基的基因构建在同一载体中，转染后用氯化镉法筛选到一株高产细胞株，基因拷贝数为 150～450。生产时也采用微载体悬浮培养，但在生产期采用了无血清灌流培养的模式。与 Gonal-F 类似，Puregon 也拥有与天然 FSH 一致的氨基酸序列及糖基化位点，糖链的单糖组成也与天然 FSI-I 相近。Puregon 两个亚基 N 端序列缺失的比例与 Gonal-F 一致。Puregon 的等电点为 pI 4.3～5.3，比尿源 FSH 及 Gonal-F 均稍微偏碱一些。这预示着由于糖基化水平及纯化方法不一样，Puregon 与 Gonal-F 在结构上存在着微小差异。另外，由于 CHO 细胞中不存在 N-乙酰葡萄糖胺转移酶、硫酸根转移酶及 α-2，6 唾液酸转移酶，因此，由 CHO 细胞生产的 rhFSH（Gonal-F 及 Puregon）不含天然 FSH 存在的硫酸化 N-乙酰葡萄糖胺，rhFSH 中唾液酸均以 α-2，3 方式连接，而天然 FSH 中唾液酸有 α-2，3 及 α-2，6 两种连接方式。临床试验结果表明，使用 Puregon 与 Gonal-F 的促排卵效果、妊娠率均是相似的，卵巢过度刺激综合征等不良反应的发生率也是一致的。因此，两者的临床功效高度相似，两者结构见图 9-15。

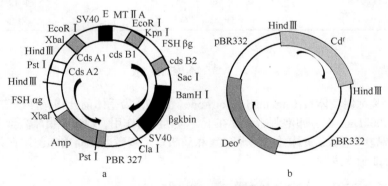

图 9-15　两种重组人促卵泡激素

a. pKMS. FSHαgβg，10.37kb；b. PAG/60MTⅡ 9.1kb

**3. 新型 rhFSH 突变体的研发**　不论是尿源 FSH 还是 rhFSH，在临床应用时均存在着明显的缺点：它们的体内半衰期较短，每个疗程中患者每日至少需要注射 1 次，连续注射 8～12 日，患者的依从性较差。因此，科学家们尝试了长效、高活性 FSH 突变体的研究开发。

（1）增加 *O*-糖基化位点：糖蛋白家族成员中的 HCG 与其他成员相比，明显的差异是 B 亚基 C 末端含有 4 个 *O*-糖基化位点的一段蛋白序列，长 29 个氨基酸，被称为 CTP 序列。研究认为，CTP 序列能够延长半衰期，提高体内生物活性的主要原因是 CTP 序列内含有 4 个 *O*-糖基化位点，增加了唾液酸糖基化侧链，明显增加了糖蛋白的质量，降低了糖蛋白的等电点，使 HCG 不易被肝降解清除与肾小球过滤清除，从而延长了体内半衰期。另外，肾小球过滤清除并不是 HCG 体内降解的主要途径，而是 FSH 的主要清除途径，CTP 序列融合 FSH 后获得的突变体半衰期延长也可能是 CTP 序列降低 FSH 肾小球过滤清除速率导致的。

（2）增加 *N*-糖基化位点：多位研究者在研究中发现，糖蛋白中糖基化侧链数目与糖蛋白体内半衰期长短、生物活性高低在一定范围内正相关。通过位点突变删除糖蛋白中的一个或多个 *N*-糖基化位点后，糖蛋白的半衰期、体内生物活性将降低。增加新的 *N*-糖基化位点后糖蛋白的半衰期与体内生物活性将明显提高。所以增加糖基化侧链，从而延长半衰期、提高生物活性是目前开发新型、长效 FSH 突变体的一种主要策略。研究发现，如果氨基酸序列中含有 Asn-X-Thr 或 Ash-X-Ser 则可能引入新的 *N*-糖基化位点。Signe 等在 FSHB 亚基 N 末端添加一段表达 ANITVNITV 的氨基酸基因序列，该序列可以在 FSH 的 β 亚基末端增加 2 个 *N*-糖基化位点。转染 CHO 细胞后获得了新型 FSH 异二聚体。新型 FSH 二聚体的半衰期较野生型 FSH 提高 3～4 倍，而且体内生物活性明显提高。FSH 突变体糖蛋白由于增加了 2 了个糖基化侧链质量明显增加、负电荷增多、等电点下降。

## （四）重组人促卵泡激素的临床应用

重组人促卵泡激素是目前人类辅助生殖技术中常用的药物，它既可以促进排卵用于自然生产或人工授精，又可以帮助产生多枚卵子用于体外受精和单精子卵细胞胞质内注射。随着全球环境的恶化，人类不孕症的发病率日益增高，人类对 FSH 药物的需求逐年增加，对重组 FSH 药物的开发和改良仍是研究热点。表 9-5 为三种获得许可的市售重组人促卵泡激素。

**表 9-5　三种获得许可的市售重组人促卵泡激素**

| 名称 | 公司 | 制备方法 |
|---|---|---|
| 丽申宝 | 丽珠集团 | 尿液提取 |
| 果纳芬（Gonal-F） | Serono（瑞士） | 重组表达 |
| 普丽康（Puregon） | Organon（荷兰） | 重组表达 |

# 四、黄体生成素

黄体生成素又称促黄体素（luteinizinghormone，LH），为垂体前叶嗜碱性细胞所分泌的激素，分子质量约 30 000kDa。在有卵泡刺激素存在下，与其协同作用，刺激卵巢雌激素分泌，使卵泡成熟与排卵，使破裂卵泡形成黄体并分泌雌激素和孕激素。刺激睾丸间质细胞发育并促进其分泌睾酮。故又称间质细胞促进素。

## （一）黄体生成素的结构与性质

黄体生成素化学结构为糖蛋白，由 a 和 b 两个亚基肽链以共价键结合而成（图 9-16）。

月经来潮后，女性体内 LH 浓度会逐渐升高，在某一时刻达到迅速高峰状态，然后迅速下降。排卵期发生在此 LH 峰后的 18～24h，并且几乎都在 48h 之内。LH 半衰期非常短，很快从体内清除，主要通过尿液。

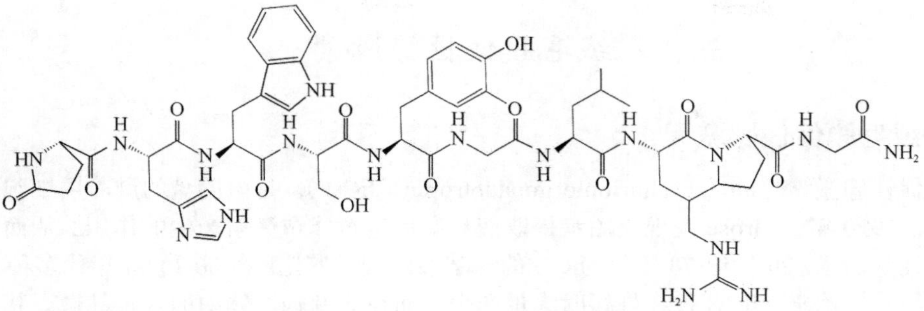

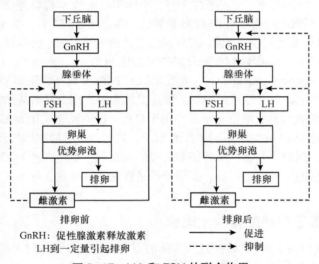

图9-16 黄体生成素的结构

## （二）黄体生成素的生理作用

腺垂体分泌的 LH 与 FSH 同为糖蛋白激素，LH 和 FSH 的联合作用（图 9-17）是卵泡发育及排卵的基础；FSH 可增强卵泡的募集和生长，是卵泡发育所必不可少的，除了 FSH 外，卵泡还需要有一定的 LH 来维持卵泡的生长和发育，同时合成类固醇激素。LH 在卵泡发育过程中能够促进卵泡膜细胞的增殖和分化，同时与卵泡膜细胞上的 LH 受体结合，使细胞合成雄激素——雌激素的前体物质，再与 FSH 协同作用下合成雌激素，释放入血循环和卵泡液中，而雌激素是卵泡发育和卵子成熟所必需的，同时也能促进子宫内膜的增生；LH 与 FSH 共同作用促进卵子的成熟，并在卵泡逐渐成熟后形成 LH 峰，触发卵母细胞的减数分裂恢复和卵泡细胞的黄素化，抑制颗粒细胞增殖，使原来较紧密的卵丘复合体的颗粒细胞变得较为分散，促使卵泡的最终成熟和排卵。此外，在黄体期，LH 起到了促进黄体功能，刺激黄体颗粒细胞分泌孕激素的作用。

图9-17 LH 和 FSH 的联合作用

## （三）LH 的临床应用

LH 可作为多种临床疾病的检测指标。女性疾病如性早熟、青春期发育延迟、继发性闭经、多毛症、原发性闭经、高催乳素血症、更年前期和绝经。男性疾病如性早熟、青春期发育延迟、性腺功能减退、乳腺发育过度和精子缺乏。

# 五、人绒毛膜促性腺激素

## （一）人绒毛膜促性腺激素

人绒毛膜促性腺激素（human chorionic gonadotropin, hCG），是由胎盘的滋养层细胞分泌的一种糖蛋白。1920 年，Hirose 发现人胎盘提取液具有促进黄体孕激素产生的作用，从而发现了人绒毛膜促性腺激素。20 世纪 70 年代，hCG 的氨基酸序列被鉴定，在 80 和 90 年代多种 hCG 变异体的蛋白结构被确定。hCG 仅在妊娠时大量产生，而在非妊娠个体中的含量甚微。其独特的分子结构产生了独特的生物学作用，在妇产科、生殖医学和内分泌学科的临床实践中被广泛应用。

## （二）人绒毛膜促性腺激素的结构

hCG 是一种酸性糖蛋白，等电点 pI 为 3.5，在生理 pH 下的半衰期很长，达 36h。而 LH 是中性糖蛋白，其半衰期仅有 26min。循环中各种形式的 hCG 分子，约 78% 由肝脏清除，另约 22% 由肾脏清除。

hCG 属于糖蛋白激素家族（hCG、TSH、LH 和 FSH），是妊娠期间由胎盘合体滋养层细胞分泌产生的一种异二聚体糖蛋白激素，由 α 亚单位和 β 亚单位以非共价键连接组成。糖蛋白激素的 α 亚单位是相同的，由 92 个氨基酸残基组成，其表达基因位于 6 号染色体；而 β 亚单位则具有特异性，分别由位于 19 号或 11 号染色体上的不同基因编码，β 亚单位决定了不同糖蛋白激素的独特作用。hCG 的 β 亚单位由 145 个氨基酸残基组成，是最大的糖蛋白激素 β 亚单位。在 hCG 分子中，糖链占总分子重量的 28%~39%，α 亚单位含有 2 个体积较大的 N-寡糖侧链，β 亚单位除了含有 2 个 N-寡糖侧链外，在 C 末端还含有 4 个 O-寡糖侧链。寡糖侧链的存在一方面使激素呈酸性，另一方面也使 hCG 的半衰期显著延长。通常，hCG 是由合体滋养层分泌，也称普通 hCG（regularhCG），另有两种 hCG，分别是由垂体促性腺细胞分泌的硫酸化 hCG（sulfatedhCG）和由细胞滋养层分泌的高糖基化 hCG（hyperglycosylatedhCG）。硫酸化 hCG 的浓度只有普通 hCG 的 1/50，但生物学功能则是普通 hCG 的 50 倍，对女性月经周期的维持发挥重要作用。高糖基化 hCG 是妊娠早期 hCG 的主要分子形式，由细胞滋养层细胞分泌并作用于自身，促进高糖基化 hCG 的合成和分泌，属于自分泌作用。高糖基化 hCG 的作用不同于普通 hCG，其主要是增加细胞的侵袭性，在囊胚的着床过程中发挥重要作用，同时也是恶性滋养细胞肿瘤的标志物。上述 3 种 hCG 的氨基酸序列是相同的，不同之处在于连接的寡糖侧链各异，寡糖侧链结构的不同导致 3 种 hCG 的结构和功能发生很大变化。

## （三）人绒毛膜促性腺激素的生理作用

（1）具有 FSH 和 LH 的功能，维持月经黄体的寿命，使月经黄体增大成为妊娠黄体。

（2）促进雄激素芳香化转化为雌激素，同时刺激黄体酮形成。

（3）抑制植物凝集素对淋巴细胞的刺激作用，人绒毛膜促性腺激素可吸附于滋养细胞表面，以免胚胎滋养层细胞被母体淋巴细胞攻击。

（4）类 LH 功能，在胎儿垂体分泌 LH 以前，刺激胎儿睾丸分泌睾酮促进男性性分化；还可促进性腺发育，对男性能刺激睾丸中间质细胞的活力，增加雄性激素（睾酮）的分泌。对垂体联合缺陷的男性患者的治疗有重要意义，不仅能促进性腺发育及雄性激素的分泌，还能促进第二性征发育。

（5）能与母体甲状腺细胞 TSH 受体结合，刺激甲状腺活性。

## （四）人绒毛膜促性腺激素的重组表达

传统 hCG 的生产方法是从孕妇尿中提取，但它有很多缺点，比如来源不受控制，纯化困难，批次间差异较大，并且由于从尿中提取的 hCG 纯度较低，所以使皮下注射受到了约束。而且最重要的是尿中 hCG 的含量也很低，约为 9μg/L。随着分子生物学的发展，重组表达 hCG 逐渐取代了传统工艺。

已有商品化重组人绒毛膜促性腺激素（商品名为 Ovidrel，Serono Inc.公司生产）。重组表达 hCG 就是将含有 hCG α 亚基和 β 亚基的基因转染到哺乳动物细胞，一般使用中国仓鼠卵巢细胞（CHO）。hCG 基因通过转录、翻译、组装、折叠，最后分泌到培养基中，可使用色谱的方法进行纯化。这样获得的 rhCG 便于通过物理化学方法进行定量，减少了许多复杂的动物实验，生产的蛋白质可用于皮下注射。在临床应用方面，重组 hCG 同样可诱导排卵，治疗女性不育，250μg 的重组 hCG 就可以刺激黄体的生成及卵泡的成熟，促进妇女卵巢的黄体化及排卵，其药效比尿中提取的 hCG 高。

## （五）人绒毛膜促性腺激素的临床应用

临床上，hCG 主要用于治疗习惯性流产或由于促卵泡激素过多，黄体激素不足而引起的不孕症。此外，还用于治疗性功能障碍，如阳痿、隐睾及侏儒症。

**1. 治疗先兆流产和习惯性流产**　先兆流产及习惯性流产病因复杂。在这类患者中，黄体功能不全者高达 23%～67%。hCG 对胚胎发育及早孕维持起决定性作用，hCG 是一种有效的黄体功能刺激剂，可增加黄体酮合成及延长黄体功能。对于黄体功能不全者，可于排卵后立即给予 hCG 的治疗，以促进黄体发育。若能及早检测 hCG，早期发现 hCG 不足并及时补充足够剂量的 HCG 制剂，流产就可以得到预防。

**2. 治疗小儿隐睾症**　隐睾症是小儿常见的一种先天性泌尿生殖系统发育畸形，其发病率在 1% 左右。其中早产儿出现的概率比足月儿高。有研究认为，注射 hCG 对于部分隐睾症病人有效，尤其对于腹股沟周围的隐睾。

**3. 辅助生育**　体外受精-胚胎移植（IVF-ET）是目前最常用的辅助生殖技术，通过控制性超促排卵（COH）获得成熟卵子是该技术的关键步骤。尽管 COH 方案有多种，但无论采用哪种方案，在取卵前都要一次性给予 6500U 的大剂量 hCG，大剂量 hCG 在促进卵泡最后的成熟和诱发排卵过程中发挥独特作用。LH 或 hCG 对卵子的最后成熟非常关键，甚至可以代替 FSH 促进晚期卵泡的发育。另外，LH 对卵泡的早期发育也有重要影响。一定浓度的基础 LH 是卵泡募集必需的，基础 LH 低下可导致卵泡膜细胞生成雄激素减少，进而减少了 E2 的产生，导致卵泡早期的微环境失衡，降低发育卵泡的质量。

hCG 在临床上的另一种重要用途，是制备妊娠试剂或放射免疫试剂，用以测定血、尿中的 hCG 含量（表 9-6），诊断早期妊娠或绒毛膜癌。

**表 9-6　血尿标本中可检测到的 hCG 分子及其临床意义**

| | 普通 hCG | 高糖基化 hCG | 高糖基化游离 hCG-β |
|---|---|---|---|
| 妊娠 | | | |
| 早孕（3～5 周） | ± | √√√ | √ |
| 妊娠（6 周～足月） | √√√ | √ | √ |
| 生化妊娠 | √√√ | ±MK | ± |
| 自然流产 | √√√ | ±MK | ± |
| 异位妊娠 | √√√ | ±MK | ± |
| 唐氏综合征 | √√√MK | √MK | √MK |
| 先兆子痫 | √√√ | ±MK | ± |

续表

| | 普通 hCG | 高糖基化 hCG | 高糖基化游离 hCG-β |
|---|---|---|---|
| 垂体 | √√√ | × | √ |
| 肿瘤 | | | |
| 葡萄胎 | √√√ | √ | ± |
| 侵袭性葡萄胎 | √ | √ | √ |
| 绒毛膜上皮癌 | ± | √√√MK | √ |
| 妊娠滋养细胞病 | √√√ | ×MK | × |
| 胎盘部位滋养细胞肿瘤 | √ | ± | √√√MK |
| 睾丸生殖细胞瘤 | ± | √√√MK | √ |
| 非妊娠恶性肿瘤 | ± | ± | √√√MK |

注：3 种 hCG 分子在血清和尿液中均能检测到，√√√. 最主要的 hCG 形式；√. 能检测到的 hCG 分子，±. 检测不到或极低水平；×. 完全检测不到；√√√MK 和√MK. 水平升高是疾病的标志；±MK 和×MK. 分泌不足或缺乏，是疾病的标志

（侯　洁　周　琪）

# 第十章 作用于凝血系统的蛋白类药物

📚 学习要求

1. 掌握 常用于凝血系统的蛋白类药物重组水蛭素及组织型纤维酶原激活剂的结构、生物活性、临床应用。
2. 熟悉 常用于凝血系统的蛋白类药物的分类。
3. 了解 其他常用于凝血系统的蛋白类药物的特点。

## 第一节 概 述

机体内血液凝固过程、抗凝系统的作用及纤维蛋白溶解过程之间的动态平衡是血液正常流动的前提，一旦这种动态平衡被打破或者造血功能的改变会导致血液系统各种严重疾病。凝血亢进或纤溶能力不足可引发血管内凝血，并形成血栓栓塞性疾病；凝血功能低下或纤溶亢进可引起出血性疾病。

## 一、凝血系统

血液在体内起重要生理作用，因此在血管破坏后需迅速止血以防止血液丢失及维持相对稳定的血容量。有效止血主要涉及 3 种机制：①血小板在血管损伤部位聚集，有效地阻止血液漏出；②局部血管收缩，以减少局部血流；③触发血液凝集通路，最后使可溶解的纤维蛋白原转化为不溶的纤维蛋白，纤维蛋白的单体在损伤部位聚集，最后形成血凝块（血栓）黏合损伤部位）（图 10-1）。

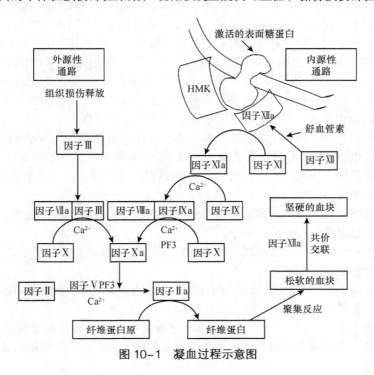

图 10-1 凝血过程示意图

## （一）凝血通路

血液的凝集过程依赖于血液中大量的凝集因子，每种因子引起连续级联反应，至少有 12 种独特的凝血因子和几种辅助因子参与凝血过程。参与凝血过程的凝血因子见表 10-1，凝血基本过程大体上分为三个阶段：凝血酶原激活物（因子 V、因子 X、Ca 复合物）；凝血酶形成；纤维蛋白形成。虽然最后的血液凝固的步骤是相同的，但是外源性途径（eXtrinsic pathway）和内源性途径（intrinsic pathway）开始时具有不同的通路。当特定的凝血蛋白与暴露的血管壁接触时，两种通路被激活。内源性凝血途径被激活时，凝块形成的速度更快。

表 10-1　参与凝血过程的凝血因子

| 凝血因子编号 | 名称 | 参与通路 | 功能 |
| --- | --- | --- | --- |
| I | 纤维蛋白原 | 内/外 | 在转化为纤维蛋白后形成纤维蛋白凝块 |
| II | 凝血酶原 | 内/外 | 凝血酶的前体，凝血酶可激活因子 I、因子 IV、因子 VII、因子 VIII、因子 X III |
| III | 组织因子 | 内 | 激活内源性通路的辅助组织蛋白 |
| IV | $Ca^{2+}$ | 内/外 | 激活凝血因子 X III，稳定某些凝血因子 |
| V | 促凝血球蛋白原 | 内/外 | 辅助因子，增加激活 X 的速率 |
| VII | 转变加速因子前体 | 外 | 转变加速因子前体（VIIa），激活因子 X |
| VIII | 抗血友病因子 | 内 | 辅助因子，加强对因子 X 的激活 |
| IX | Christmas 因子 | 内/外 | 激活的因子 IX 直接激活因子 X |
| X | Stuart 因子 | 内/外 | 激活的因子 Xa 直接转化凝血酶原为凝血酶 |
| XI | 血浆凝血活酶前体 | 内 | 激活的因子 XIa 可激活因子 IX |
| XII | 接触因子 | 内 | 通过直接接触或激肽激活，启动内源性凝血系统 |
| X III | 纤维蛋白稳定因子 | 内/外 | 激活后与纤维蛋白交联，形成硬的血凝块 |

在外源性凝血通路中，因子 III（组织因子）和因子 VII 的功能是独特的，组织因子是一种完整的膜蛋白，在组织中广泛存在，这种蛋白只有在血管破裂时才与血浆组分接触，在损伤处激活外源性途径的级联反应。因子 VII 含有很多的 γ-羧基谷氨酸残基（因子 II、因子 IX 和因子 X 也如此），使其容易与 $Ca^{2+}$ 结合。外源性凝血途径首先是因子 VII、$Ca^{2+}$ 及组织因子的相互作用，因子 VII 被激活，呈现对因子 X 的结合亲和性和降解作用，随之激活因子 X 为因子 Xa，在血块形成的末期，仍然在损伤处与组织因子 $Ca^{2+}$ 形成复合物，这保证了血块的形成仅发生在损伤部位。

内源性途径的起始步骤稍复杂一些，需要凝血因子 VIII、因子 IX、因子 XI、因子 XII 的存在。这些因子除了因子 VIII 以外都是内作用蛋白酶。在外界因素作用下使血管损伤导致机体组织暴露，凝血因子暴露于这些组织表面，导致内源性途径的触发。这些蛋白质激活的位点可能包括胶原蛋白。

组成内源性级联的其他蛋白质还包括 88 kDa 的激肽释放酶原和高分子量激肽原（HMK）、一个 150 kDa 的血浆糖蛋白辅助因子。

当因子 VII 与暴露于损伤部位的表面蛋白接触并被激活后，内源性途径启动。高分子量激肽原似乎也参与形成起始激活复合物的一部分。

因子 XIIa 可激活两种底物：①激肽原，生成激肽（激肽可以激活更多的因子 XII 转化为因子 XIIa）；②因子 XI 转变成因子 XIa。

因子 XIa 激活因子 IX，因子 IXa 加速激活因子 Xa。因子 VIII 可以被凝血酶直接激活，凝血酶在先前的内源性凝血途径中被激活。

内源性和外源性凝血通路中均生成因子 Xa 这种蛋白酶可以转化凝血酶原成为凝血酶（因子 IIa）。凝血酶进一步降解纤维蛋白原（I）为纤维蛋白（Ia）。各纤维蛋白分子进一步聚集形成软的凝块，因子ⅩⅢa打开单个纤维蛋白分子的共价连接键，形成硬的血凝块。

## （二）抗凝系统及纤溶系统

血液保持正常流动状态，取决于机体抗凝系统及纤维蛋白溶解系统的作用与血凝过程间的动态平衡。体内组成抗凝系统的物质主要包括抗凝血酶、蛋白C系统等；而纤维蛋白溶解系统主要是纤溶酶原激活物激活纤溶酶原，活化为纤溶酶，进而使不溶性的纤维蛋白降解为可溶性的纤维蛋白降解产物，见图10-2。

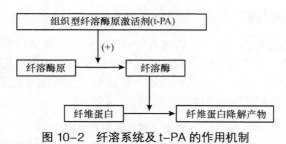

图 10-2 纤溶系统及 t-PA 的作用机制

# 二、作用于凝血系统的蛋白类药物的分类

按作用机制将常用的作用于凝血系统的蛋白类药物分为三大类，即凝血因子、抗凝血药和纤维蛋白溶解药。

## （一）凝血因子

遗传缺陷导致的任何凝血因子不表达或氨基酸序列改变均可以引起严重的临床后果。为了保证有效的凝血，内源性和外源性凝血通路都必须进行，对任何一个凝血途径的抑制都会严重影响凝血功能。表现为偶发性血肿和凝血时间延长，可以造成生命危险。除了组织因子和$Ca^{2+}$外，缺乏任何其他凝血因子均可导致凝血障碍。例如，血友病中的90%是由于缺乏因子Ⅷ，其余大部分是因缺乏因子Ⅸ。

此种因凝血因子缺乏而致的凝血障碍可使用全血进行治疗，或应用全血来源的凝血因子浓集物。但这些血液制品有传播血液相关性传染病的风险，如因输血液制品感染肝炎和艾滋病等。开发基因工程技术来源的凝血因子可杜绝输血性传染病，更安全、经济。目前已经有几种重组凝血因子可用于临床（表10-2）。

表 10-2 几种可应用于临床的重组凝血因子

| 重组凝血因子 | 临床适应证 |
| --- | --- |
| Bioclate（rhFactor Ⅷ） | 血友病A |
| BebefiX（rhFactor Ⅸ） | 血友病B |
| Kogenate（rhFactor Ⅷ） | 血友病A |
| HeliXate（rhFactor Ⅷ） | 血友病A |
| NovoSeven（rhFactor Ⅶa） | 某些类型血友病 |
| Recombinate（rhFactor Ⅷ） | 血友病A |
| ReFacto（B-区域缺失的 rhFactor Ⅷ） | 血友病A |

## （二）抗凝血药

当机体血凝过程与抗凝系统及纤维蛋白溶解系统的作用失平衡，凝血过程占优势时，血液难于保持正常流动状态，而出现血液黏滞，甚至血栓形成。血栓部分或完全阻塞血管，可造成血管所支配区域组织的血液供应不足或静脉回流瘀滞。例如，血栓在冠状动脉形成冠状动脉血栓，会导致心肌缺氧甚至心肌梗死；再如，脑血管形成血栓可导致缺血性脑卒中。另外，血栓脱落随血流嵌顿于狭窄部位可导致栓塞。

抗凝血药可防止血液凝固，常用于治疗高凝风险的病例，如冠状动脉疾病或脑卒中的患者，以防复发。常用的重组蛋白类抗凝血药包括直接抑制凝血酶的重组水蛭素、增强抗凝系统功能的重组蛋白 C 和抗凝血酶等。

## （三）纤维蛋白溶解药

纤维蛋白溶解药亦称溶栓药，是一类通过直接或间接的作用激活纤溶酶，进而降解纤维蛋白，增强纤溶系统活性的药物。大多数溶栓药均是通过激活纤溶酶而发挥作用的（图 10-2）。本章主要介绍组织型纤溶酶原激活剂（t-PA）及其衍生物。链激酶、尿激酶及其类似物也是通过激活纤溶酶原而产生溶栓作用，用于预防和治疗血栓性疾病，详见第十三章。已获批的重组溶栓药见表 10-3。

表 10-3　几种重组纤维蛋白溶解药

| 重组纤维蛋白溶解药 | |
|---|---|
| Activase（rht-PA） | Ecokinase（rt-PAl 与人的 t-PA 不同，5 个结构域中缺失 3 个） |
| Tenecteplase（商品名又为 Metalyse）（TNK-r-PA，修饰的 rt-P 人） | Retavase（rt-PA，同 Ecokinase） |
| TNKase（Tenecteplase，修饰的 rt-PA，同 Tenecteplase） | Rapilysin（rt-PA，同 Ecokinase） |
| 链激酶（由 Streptojtinase haemolytrcus 产生） | 尿激酶（人尿中提取） |
| Straphylokinase（由 Staphylococcus 产生和各种重组系统表达） | |

# 第二节　常用作用于凝血系统的蛋白类药物

**案例 10-1**

患者，女，54 岁，因发作性胸痛 10 日经查诊断为冠心病、急性下壁心肌梗死收入院。抗血小板药、降血脂药、抗心绞痛药联合治疗，择期冠脉内置入支架，手术进行顺利，术后常规处理，联合抗血小板药与 t-PA 以预防支架内血栓形成。现患者心肌酶学指标恢复良好、冠脉造影复查未见支架内血栓形成。

**问题：**

1. 与第一代溶栓药链激酶相比，t-PA 有何特点？
2. t-PA 有哪些临床应用？与 t-PA 相比，其衍生物雷特普酶有何优点？

## 一、凝　血　因　子

血液凝固是一系列凝血因子经蛋白酶水解活化的级联反应（cascade）过程，可溶性纤维蛋白原最终变成稳定难溶的纤维蛋白。在凝血过程中，凝血因子的缺乏或抑制导致凝血障碍。重组凝血因子的应用可避免血液制品输注造成的传染性疾病传播的风险，用于出血的预防和治疗。

## （一）凝血因子Ⅶ

凝血因子Ⅷ（FⅧ，抗血友病因子，第八凝血因子）或凝血因子Ⅸ缺乏可导致一种常见的遗传性出血性疾病——血友病。临床上迄今尚无根治的方法。血友病分甲（A）型和乙（B）型两种，A 型血友病是最常见的血友病类型，其是因 FⅧ缺失或活性降低所导致，而 B 型血友病则是凝血因子Ⅸ缺失或活性降低所致。血友病发病率约为 5/1 000 000，目前世界范围内约有 40 万患者，我国至少有 8 万～10 万患者，约占世界血友病发病人数的 1/4。

最初的血友病治疗是通过输全血或新鲜冰冻血浆来提供因子 FⅧ或Ⅸ。但大量的输注会导致心血管负荷过重，且如果血液未经病毒灭活，可能导致血源性病原体传播。而重组人凝血因子含有微量甚至没有人源蛋白，比血浆源性凝血因子安全，降低了血传播疾病的危险性。

基因重组抗血友病因子 ReFacto 的活性成分是 FⅧ（重组体）。FⅧ系由 1438 个氨基酸残基组成的糖蛋白，分子质量为 170kDa，由基因重组的中国仓鼠卵巢（CHO）细胞产生。该 CHO 细胞系将缺失了 B 区域的因子Ⅷ重组体分泌到含有人血清白蛋白和重组胰岛素但不含有任何动物蛋白的培养液中。

Recombinate 也是基因重组抗血友病因子，由 CHO 细胞系表达。在培养过程中，CHO 细胞系分泌重组的抗血友病因子到细胞培养液中，利用层析柱从培养介质中根据免疫亲和层析原理纯化获得。由 CHO 细胞合成的凝血因子Ⅷ与人抗血友病因子有相同的生物活性，结构上也相似，均有重链和轻链的组合。

ReFacto 和 Recombinate 均可用于控制和预防 A 型血友病及 A 型血友病患者手术创面的护理。基因重组的 ReFacto 的血浆半衰期为 14.5h，与血浆抗血友病因子的血浆半衰期几乎相同。

## （二）凝血因子Ⅶ

凝血因子Ⅶ（FⅦ）是一种维生素 K 依赖的单链糖蛋白，分子质量为 50kDa，编码 FⅦ蛋白的基因位于 13 号染色体长臂（13q34），长度为 12.8kb，紧靠凝血因子 χ 基因上游 2.8 kb 处由 9 个外显子和 8 个内含子组成。

成熟的 FⅦ是由 406 个氨基酸组成的单链糖蛋白酶原。在血管受损后，组织因子（TF）暴露，FⅦ或活化 FⅦ（FⅦa）与 TF 形成复合物，在 Fχa、凝血酶等作用下，FⅦ在精氨酸 152-异亮氨酸 153 位点裂解成丙氨酸 1-精氨酸 152 的轻链和异亮氨酸 153-脯氨酸 406 的重链而被活化，轻链和重链由一个二硫键连接。

FⅦ分为 4 个结构区域：γ-羧基谷氨酸（Gla）区、2 个表皮生长因子样区（EGF）和催化区。Gla 区由氨基末端约 40 个氨基酸组成。10 个 Gla 是 FⅦ与 $Ca^{2+}$结合和发挥功能所必需的。2 个 EGF 区各由 45 个氨基酸残基组成，分别含有 3 个二硫键。该区 63 位上的天冬酰胺酶要经过 β 羟基化变成 β 羟基天冬酰胺酶。这一过程是在蛋白质翻译完成后进行的，其功能尚不清楚。

EGF1 为 FⅦ与 TF 结合所必需，在 EGF1 区还含有一个不依赖于 Gla 的 $Ca^{2+}$高亲和力结合部位。催化区包括激活区和蛋白酶区，激活区是 FⅦ被激活为 FⅦa 的部位，而蛋白酶区是识别并裂解底物（FIX、FX、FⅦ）的部位。催化区的组氨酸-193、天冬氨酸-242 和丝氨酸-344 组成丝氨酸蛋白酶所特有酶活性中心，是维持 FⅦ功能和结构的重要部分。FⅦ酶原经过有限蛋白水解而成为具有活性的蛋白酶 FⅦa。FⅦ在体内激活的具体机制尚不清楚，但是，FⅦ在与它的辅因子 TF 结合后很快便被活化。TF 是膜内蛋白，在与血液接触的细胞中是不表达的，但是在血管外的细胞和细胞外基质中均有表达。在炎性细胞因子作用下，可以诱导单核细胞和内皮细胞表达 TF。在损伤或炎症部位，当血液与 TF 接触时，FⅦ便很快被激活成为 FⅦa。FⅦa 与 TF 复合物随后裂解并活化 FX 和 FIX 启动凝血过程。缺乏 FⅦ可导致外源性凝血机制启动过程的障碍。

FⅦ缺乏为常染色体隐性遗传病，杂合子一般无出血表现，纯合子或双重杂合子可有威胁生命的大出血。最常见的出血症状为鼻出血、皮肤瘀斑、创伤后出血难止、关节出血、月经过多、血尿、消化道出血、牙龈出血和腹膜后血肿等。难以控制的出血过多及致命的颅内出血等虽然不如血友病 A 和血友病 B 中发生率高，但有时也可能发生。

临床研究表明，基因重组人 FⅦ（rhFⅦ）对血友病、血小板减少症和血小板功能障碍、严重创伤、大面积外科手术均具有令人满意的止血效果。由于 rhFⅦ 安全有效，成为治疗血友病、外科创伤出血等的替代疗法。FⅦ的半衰期为 1.7～2.7h。

1996 年 2 月和 1999 年 3 月欧洲和美国先后批准 Novo Nordisk 公司生产静脉注射重组活化 FⅦa，商品名为 NovoSeven，用于治疗遗传性或凝血因子产生抑制物的获得性血友病患者，治疗出血发作及预防手术出血。

---

**知识拓展**　　　　　　　　　　　　　**水蛭的应用**

在公元前数百年即有记载，水蛭等吸血动物的唾液腺中含有特异性抑制血液凝固的物质而使宿主被叮咬后出血不止。19 世纪早期，欧洲许多医生相信多数疾病均与血液成分有关，因此应用水蛭引流血液的放血疗法在当时特别盛行。例如，拿破仑部队的外科医生，习惯用水蛭进行放血疗法治疗士兵的各种疾病，如感染性疾病、精神疾病等。

随着现代医药的发展，水蛭在医学上的应用则有所衰落，但在近年，其又有新用。例如，在整形外科手术中，医生尝试用水蛭吸除血液。

1884 年，首次报道水蛭的唾液腺中具有抗凝物质，但直到 1957 年，其主要的抗凝活性物质水蛭素才被纯化并命名。

---

# 二、抗凝血药

## （一）重组水蛭素

1884 年，水蛭的唾液腺中含有抗凝物质的现象首次得到了报道，但直到 1957 年，其主要的抗凝活性物质水蛭素才被纯化并命名。水蛭素源于水蛭唾液腺，是一种由 65 个氨基酸组成的短肽，分子质量为 7000Da，位于第 63 位的氨基酸残基含有硫酸基。水蛭素含有两个结构域：球状的 N 端结构域是含有 3 个二硫键的稳定结构；延长的 C 端结构域含有较多的酸性氨基酸。

水蛭素是迄今作用最强的凝血酶抑制剂，能特异性与凝血酶结合并抑制其活性。凝血酶除了激活纤维蛋白原形成纤维蛋白凝块的作用外，还具有非酶的与凝血过程相关的生物活性，包括：①具有潜在的血小板激活和聚集的作用；②化学趋化单核细胞和中性粒细胞；③刺激内皮细胞的转运。因此水蛭素的抗凝作用强，并具有抗血小板聚集和抑制单核细胞和中性粒细胞趋化、抑制内皮细胞转运等功能。

一分子的水蛭素可以与一分子凝血酶高亲和力地结合。结合和失活通过两步反应发生。C 末端的水蛭素首先结合凝血酶表面的凹槽，导致凝血酶结构的空间构象发生少许改变，有利于其余 N 端活性区的结合，结合后的水蛭素抑制凝血酶的所有主要功能。水蛭素的片段也能结合凝血酶，但通常抑制凝血酶的部分活性，如凝血酶结合 N 末端的水蛭素片段仅能抑制凝血酶的降解活性。

水蛭素在临床上作为抗凝剂治疗的潜在优势：①直接作用于凝血酶；②与肝素相比，不依赖于辅助因子；③较其他抗凝剂出血倾向轻；④相对分子质量小，免疫原性弱。

水蛭素基因最早于 1980 年克隆，随后在一系列的系统中表达，包括大肠杆菌、枯草杆菌、啤酒酵母。一种重组的水蛭素（商品名 Refludan）于 1997 年在德国最先被批准应用于医学，是采用啤酒酵母表达生产的。重组产品与天然的比较有细微的差别，其前两个氨基酸——亮氨酸和苏氨酸，在野生水蛭中均为缬氨酸，另外，重组产品也缺乏第 63 位的酪氨酸残基上的硫酸基。然而，临床试验证明，这些细微的改变对安全性和有效性均无影响。终产品为含糖、甘露醇的冻干产品，室温储存，有效期为两年，临用时用盐和生理盐水稀释后静脉注射给药。另一个重组水蛭素产品

（商品名为 Revasc，表达系统为 S. cerevisiae）也已经被批准上市。

## （二）抗凝血酶

抗凝血酶是最常见的天然凝固抑制剂，肝素即是通过增强抗凝血酶的活性而产生强大抗凝作用。抗凝血酶分子是由 1 个含 432 个氨基酸的单链和 4 个寡糖侧链组成的糖蛋白，分子质量大约为 58kDa。其在血浆中的浓度为 150μg/ml，除能抑制凝血酶（因子Ⅱa）外，还能抑制因子Ⅸa 和因子 Xa。抗凝血酶通过与凝血酶以 1∶1 的比例直接结合来抑制凝血酶的活性。

遗传性抗凝血酶缺乏症患者的血浆抗凝血酶活性缺失或者非常弱，导致非正常的血凝块、栓塞形成的危险性增加。获得性抗凝血酶缺失可能是由药物（如肝素和雌激素）、肝病（导致抗凝血酶合成降低）或其他各种医学事件导致。自 20 世纪 80 年代以来，血液来源的抗凝血酶浓缩物被用来治疗遗传和获得性的抗凝血酶缺乏症。

重组抗凝血酶已经在 CHO 细胞中成功表达，但因其成本高，生产规模受到了限制。重组抗凝血酶现有的较经济的生产方式是从转基因羊的奶液中提取，该商品正处于临床试验阶段。重组产品的氨基酸序列与天然抗凝血酶一致，寡糖组成略有差异。

## （三）人蛋白 C 浓缩物

人蛋白 C 浓缩物（ceprotin）是已经批准医用的另一种蛋白类抗凝剂。蛋白 C 是分子质量为 62kDa 的糖蛋白，在肝脏中合成，作为非活性酶原释放到循环血液中。在凝血酶的激活作用下，蛋白 C 与另一种蛋白血栓调节素结合（血栓调节素与凝血酶结合激活蛋白 C），激活后的形式发挥抗凝活性。在体内，蛋白 C 是抗凝系统主要成分，通过防止过多凝块的形成在控制血液凝固中发挥重要的作用。Ceprotin 对治疗因蛋白 C 遗传缺乏患者的静脉血栓效果较好。因 Ceprotin 来源于人血浆，不是真正的生物技术药物，提取过程中应保证终产品中没有病原体，因此采取两步独立的病毒灭活步骤和高分辨色谱纯化，此外血源需经严格的病原体检测筛选。

# 三、组织型纤溶酶原激活剂

组织型纤溶酶原激活剂（tissue-type plasminogen activator，t-PA）是在人体内发现的溶栓药。1947 年，Astrump 和 Pevmin 等在组织中首次发现了纤溶酶原激活剂，并命名为 t-PA。1959 年，Todd 用组织化学技术证明 t-PA 主要存在于血管内皮细胞内。进一步的研究表明，t-PA 主要由血管内皮细胞和组织细胞合成，是与细胞膜相关、精氨酸特异性的丝氨酸类蛋白酶，主要存在于哺乳动物血浆中。几乎所有的组织中都含有 t-PA，其在子宫、肺、前列腺、卵巢、甲状腺和淋巴结中的含量较高，肝脏中则无。1983 年 Pennica 等从 Bowes 黑色素瘤细胞系中提取了 t-PA 的 cDNA，并在大肠杆菌中表达成功。但当时由于复性困难，未能形成产品。

第一个被美国 FDA 批准的用动物细胞大规模生产的基因工程产品是 1987 年美国 Genetich 公司用 CHO 细胞生产的 t-PA。1990～1993 年，以美国为首的 GUSTO 研究组对治疗心肌梗死进行了一次大规模临床试验计划，发现早期应用 t-PA 溶解血栓是治疗心肌梗死的最佳方案。这项研究加速了 t-PA 的进一步研究和在临床的应用，使其成为用重组 DNA 技术开发的首批生物技术药物之一，同时 t-PA 也是目前市场上销售额最高的基因工程药物之一。

## （一）性质、结构和功能

人的 t-PA 基因位于第 8 号染色体的 q12～q11.2 区，全长 36 594bp，由 14 个外显子和 13 个内含子组成。外显子大小为 43～914bp，内含子大小为 111～14 257 bp。14 个外显子分别编码 t-PA 的各个功能区，外显子 1 位于 5′端，编码 mRNA 5′非翻译区；外显子 2 编码 20～23 个氨基酸组成疏水信号肽及下游区的 1~3 个氨基酸；外显子 3 编码 12~15 个氨基酸，组成亲水前导肽样结构；外显子 4 编码重链指型区；外显子 5 编码表皮生长因子样区域。外显子 6~9 编码重链的 2 个三角区（K1、K2）；外显子 10~13 编码含有活性中心的 t-PA 的轻链部分。

天然的或用重组技术制备的 t-PA 是一单链分子，为含 527 个氨基酸的糖蛋白，分子质量为 67~72kDa，有 17 对二硫键和 3 个糖基化位点，受纤溶酶、组织激肽释放酶等的作用，Arg275-Ile276 的肽键被裂解形成双链。N 端为重链或 A 链。C 端为轻链或 B 链。重链按顺序包括指状结构区（finger domain，F 区）、生长因子同源结构区（growth factor homologous domain，G 区）和 2 个环状或 Kringle 结构区（K1 区和 K2 区）。轻链与其他丝氨酸酶有同源性，其活性中心由 His325、Asp374 和 Ser481 组成。单链和双链均有生物活性，但单链的特异性较双链强，而双链的溶栓作用较单链强。t-PA 的等电点为 7.8~8.6，最大组分等电点在 8.2，在 pH 5.8~8.0 时较稳定，最适 pH 为 7.4。t-PA 在柠檬酸抗凝血浆中不稳定，温度影响其活性丧失速度。t-PA 必须糖基化才具有生物学活性。根据其糖基化程度可分为两种类型：Ⅰ 型在 120、181 和 451 位糖基化；Ⅱ 型仅在 120 和 451 位糖基化，两者相对分子质量相差 3000。

t-PA 的结构特点与其功能相关。t-PA 的几个区域的特定结构决定着 t-PA 的功能特点，这对 t-PA 的结构改造，从而开发出疗效更强、生物学活性更优、作用时间更长的 t-PA 有重要的指导意义。t-PA 的结构与功能的关系见表 10-4。

表 10-4　t-PA 的结构与功能

| 结构区 | 氨基酸顺序 | 同源性 | 主要功能 |
|---|---|---|---|
| F 区 | 6~43 | 与牛的纤维连接蛋白第一指状区有 34 % 同源性 | 与 t-PA 和纤维蛋白的结合有关（若用蛋白酶降解 t-PA，使其在 N 端丢失一段肽序列，则 t-PA 与纤维蛋白的结合力减弱） |
| G 区 | 44~92 | 与人的 EGF 有同源性 | 与 t-PA 的体内清除有关（无 G 区的变异型 t-PA，在血液循环中的清除率降低） |
| K1 区和 K2 区 | 93~297 | | 与 t-PA 和纤维蛋白的亲和性有关 |
| C 区 | 298~527 | | 与细胞受体结合有关 |

## （二）生物活性及作用机制

属于第二代溶栓药的 t-PA 与链激酶、尿激酶等第一代溶栓药相比较，其优点在于对血栓的特异性溶栓作用。游离的 t-PA 对纤溶酶原的亲和力很低，因此对血液中的纤溶酶原一般不会产生激活作用，而对纤维蛋白却有很强的亲和力，与纤维蛋白结合的 t-PA 对纤溶酶原的激活作用比游离的 t-PA 强 100 倍。由于正常人的血液中很少有纤维蛋白，因此一般不会产生非特异性的全身性纤溶状态。而在血栓中存在着大量纤维蛋白，故 t-PA 主要结合于血栓局部，与局部的纤溶酶原一起，构成纤维蛋白-t-PA-纤溶酶原三元复合物，从而促进 t-PA 对纤溶酶原的激活作用，形成纤溶酶，使血栓溶解。而形成的纤溶酶多数结合在复合体中起作用，少量进入血液可被 $\alpha_2$-抗纤溶酶作用而失活，避免了对全身纤溶系统的作用。

纤维蛋白溶解的主要过程是无活性的纤维蛋白溶酶原（plasminogen，纤溶酶原）在许多因子的作用下，转变为有活性的纤维蛋白溶酶（plasmin，纤溶酶）。t-PA 在靠近纤维蛋白-纤溶酶原相结合的部位，通过其赖氨酸残基与纤维蛋白结合，并激活与纤维蛋白结合的纤溶酶原转变为纤溶酶。这种作用比激活循环中游离型纤溶酶原快数百倍。此过程在血凝开始阶段就被因子XⅡa、激肽释放酶（kallikrein，Ka）、链激酶-纤溶酶原复合物（compleX of streptokinase and plasminogen，CSP）、尿激酶（urokinase）、t-PA 及与纤维蛋白结合的纤溶酶原（plasminogen binding with fibrin，PBF）等激活。纤维蛋白溶解药（fibrinolytics）可使纤维蛋白溶酶原转变为纤维蛋白溶酶，后者迅速水解纤维蛋白和纤维蛋白原，使其成为降解产物，导致血栓溶解，故又称血栓溶解药（thrombolytics）。链激酶（streptokinase）和尿激酶及 t-PA 等均为纤维蛋白溶解药。在没有纤维蛋白存在的条件下，t-PA 对纤溶酶原的激活作用很弱。纤维蛋白可大大增强这一作用，这是由于纤溶酶原和 t-PA 能结合在纤维蛋白的表面的缘故。在无纤溶酶原的情况下，t-PA 与纤维蛋白结合的解离常数 kd 为 140～1400nmol/L，若有纤溶酶原存在，则结合力增强约 20 倍，其机制可能是纤溶酶原-t-PA-纤维蛋白形成一种复合物，或 t-PA 结合于纤溶酶原后再结合纤维蛋白时，可将纤溶酶原从一种关闭的构型变为开放型，使纤溶酶原极易被激活，产生纤溶酶从而发挥其功能。

除了血管内皮细胞合成 t-PA 外，单核及内皮细胞也能产生 t-PA。IL-1、脂多糖、TGF-β、TNF-α、肝素结合内皮细胞生长因子-1 等可不同程度影响血管内皮细胞中 t-PA 的基因表达。外科手术创伤、缺氧、酸中毒、凝血酶、组胺、缓激肽、肾上腺素、血小板活化因子、内皮素 1 或 3、前列腺素、激活的蛋白 C、应激状态、精神紧张等内源性物质或因素都可促进 t-PA 从血管内皮细胞中释放，使血浆中 t-PA 升高。高脂血症，尤其是高三酰甘油血症、肥胖症、口服避孕药等可导致 t-PA 释放减少。血浆中的 t-PA 抑制剂（PAI-1）可抑制 t-PA 活性。此外，t-PA 的活性表现为时辰差异性，即在夜间及清晨活性最低，白天的活性为夜间及清晨的 3 倍，这说明内皮细胞合成和分泌 t-PA 与时辰有关。

正常人血浆中 t-PA 的浓度为 2～5μg/L。t-PA 的 $t_{1/2}$ 约 5 min，主要在肝中代谢，故严重肝病时血浆中 t-PA 可升高。t-PA 的溶栓作用较强，对血栓具有选择性，作用快，再灌注率高。

## （三）t-PA 的衍生物

虽然 t-PA 具有较好的溶栓效果，但由于它在体内的半衰期太短，剂量需要很高，患者负担重。为此，利用基因工程技术去除 t-PA 分子结构中的某些部分或将其中几个氨基酸进行突变，合成了瑞替普酶（reteplase，rPA）和替奈普酶（tenecteplase，TNK-t-PA），这两个 t-PA 的衍生物作为第三代纤维蛋白溶解药已被 FDA 分别在 1999 年和 2000 年批准上市。第三代纤维蛋白溶解药是指通过基因重组技术，改良天然溶栓药物的结构，提高选择性溶栓效果，延长半衰期，减少用药剂量和不良反应的药物。

**1. 瑞替普酶** 是将 t-PA 分子中 Val 4-Glu 175 一段（即 Kringle I 区、F 区和 G 区）切除了的变异体，是由大肠杆菌表达的非糖基化的单链蛋白。含 355 个氨基酸，分子质量为 39kDa。与野生型 t-PA 相比，特点如下：①由于缺少了指形区（F 区），影响了瑞替普酶和纤维蛋白的结合，使瑞替普酶与纤维蛋白的亲和力比野生型 t-PA 低 5 倍，因此对纤维蛋白的选择性较野生型差；②体内半衰期比野生型长，为 14～18 min，为野生型的 3～4 倍。由于在体内维持时间长，故用药量可减少；③它对血小板的激活能力大于野生型，因此发生再梗率比野生型高。FDA 已批准上市用于治疗心肌梗死。瑞替普酶有以下优点：溶栓疗效高、见效快、耐受性好、生产成本低、给药方法简单、不需要按体重调整给药剂量。

**2. 替奈普酶** 是将野生型 t-PA 分子中的 Thr103 用 Asn 替代，Asn117 用 Glu 替代，并将 Lys296-His-Arg-Arg 4 个氨基酸换成 4 个 Ala。它是由 CHO 细胞生产的糖基化双链蛋白质，与野生型 t-PA 一样，含 527 个氨基酸，分子质量为 70kD。与野生型 t-PA 相比，有如下特点：①通过用 Asn 取代 Kringle1 环中的 Thr103，以及用 Glu 取代 Asn117，使糖基化位点发生了位移，从而大大降低了与肝细胞膜受体的结合力；②用 4 个 Ala 取代了原来与 PAI-I 的结合位点，即 Lys296-His-Arg-Arg，使该突变体对抗 PAI-I 的一直能力较野生型约大 200 倍；③由于上述两个原因，该突变体从血浆中的清除率变小，半衰期延长，与野生型相比，清除率和半衰期分别约为 t-PA 野生型的 26 % 和 4.86 倍。

## （四）重组 t-PA

最初的 t-PA cDNA 克隆和在大肠杆菌中的表达可以追溯到 1983 年，Pennica 等从能合成和分泌活性 t-PA 的人黑色素瘤细胞克隆出 t-PA cDNA，并首次在大肠杆菌中表达成功。以后的研究者们在此基础上，利用已知的 cDNA 作为探针，获得了 t-PA 基因的全序列，并分析其中的外显子、内含子及 5′端和 3′端序列。

此后，人重组 t-PA 基因相继在大肠杆菌中表达的 t-PA 由于没有糖基化，因此与天然 t-PA 活性不同。且表达的 t-PA 以非活性的包涵体形式存在，需要用促溶剂将其溶解后再活化，操作复杂，且有包涵体的部分流失，导致收率降低。后来将 t-PA cDNA 插入酵母表达载体，置于酵母磷酸酶（PHOS）基因启动子下游，表达单链 t-PA 蛋白，且产物糖基化。无糖基化的 t-PA 药学品质差，生物利用度低，易被体内酶降解。而选用酿酒或毕氏酵母表达可以解决前述问题，且具有表达产率高、工艺简单、无重复性等优点。但是酿酒或毕氏酵母的糖基化与人 t-PA 只有 7 %的同源性，免疫原性高。因此，选用动物细胞 CHO 表达 t-PA 是最接近人源 t-PA 的做法，但生产的成本过高影响了其开发。

近年来，多个研究组开展了 t-PA cDNA 在 CHO 细胞中高效表达的研究，构建了十几种表达质粒，并得到了符合标准的持续稳定高效表达重 t-PA 的 CHO 工程细胞株。

t-PA 蛋白中含有信号肽序列，故它在各个系统中一般都以分泌形式表达，这样就大大简化了下游工程。分离纯化 t-PA 的步骤是收集表达系统的上清液，略加处理后进行赖氨酸亲和层析，即得到 t-PA 纯品。

为了获得临床治疗更好的基因工程产品，科学家还尝试进行 t-PA 的嵌合体表达。嵌合体表达是选择性地将 t-PA 的不同功能区偶联，通过优化组合来合成 t-PA 的变异体，从而提高其特异性、增强生物活性、降低清除率，减少不良反应等。如前述的 t-PA 衍生物雷特普酶和替奈普酶即为 t-PA 的变异体。

## （五）重组 t-PA 的临床应用

目前临床上将重组 t-PA 用于治疗肺栓塞和急性心肌梗死。阻塞血管再通率比链激酶高，且不良反应小。t-PA 可广泛用于治疗血栓，其冠脉再通率为 75 %左右，其优点是血栓选择性高。临床研究表明，t-PA 与肝素联合使用，可提高冠脉开通率，降低病死率；t-PA 与阿司匹林合用，可使血管再栓塞率由 25 %降至 11 %。另外，t-PA 与凝血酶抑制因子联用更适于治疗心肌梗死。由于 t-PA 是存在于人体内的天然酶蛋白，不像链激酶那样会引起变态反应，因此是一种较安全的血栓溶剂，临床上一般用于治疗心肌梗死、异体肾脏移植后排斥反应、肾病综合征、下腔静脉血栓形成等疾病。t-PA 可直接静脉注射，导致血栓溶解的时间与 t-PA 剂量有关，因此可根据不同的病情选择不同的剂量。

**案例 10-1 分析**

1. 属于第二代溶栓药的 t-PA 与链激酶、尿激酶等第一代溶栓药相比较，其优点在于对血栓的特异性溶栓作用。与纤维蛋白结合的 t-PA 对纤溶酶原的激活作用比游离的 t-PA 强 100 倍。而正常人的血液中很少有纤维蛋白，因此一般不会产生非特异性的全身性纤溶状态。而在血栓中存在着大量纤维蛋白，故 t-PA 主要结合于血栓局部，与局部的纤溶酶原一起，构成纤维蛋白-t-PA-纤溶酶原三元复合物，从而促进 t-PA 对纤溶酶原的激活作用，形成纤溶酶，使血栓溶解。t-PA 的溶栓作用较强，对血栓具有选择性，作用快，再灌注率高。

2. t-PA 主要应用于治疗肺栓塞和急性心肌梗死。虽然 t-PA 具有较好的溶栓效果，但由于它在体内的半衰期太短，剂量需要很高，患者负担重。为此，利用基因工程技术对 t-PA 进行结构改造，合成了 t-PA 的衍生物雷特普酶（reteplase, rPA），作为第三代纤维蛋白溶解药。提高选择性溶栓效果，延长半衰期，减少用药剂量和不良反应。

（吕　莉）

# 第十一章 重组蛋白酶药物

## 第一节 概 述

### 一、蛋白酶类药物的发展历史

　　酶是生物体内具有生物催化活性的生物大分子，绝大多数酶的本质是蛋白质或蛋白质与辅酶的复合体。由于酶专一性强及催化效率高，使其在疾病的治疗方面具有针对性强、疗效高等特点。目前，生物界已发现 2000 多种酶，治疗和诊断用酶约 120 余种。

　　在 20 世纪 60 年代，提出治疗用酶（therapy enzyme）的概念，如 de Duve 提出治疗性酶可用于基因缺陷的治疗。1987 年，FDA 批准首例重组蛋白酶类药物，Activase（阿替普酶，重组纤维蛋白溶酶原激活剂）上市，用于治疗冠状动脉血栓引起的心肌梗死，是继 1982 年胰岛素后第二个上市的重组蛋白药物。1990 年，PEG 化的牛腺苷脱氨酶 ADA（商品名，Adagen）被批准用于治疗由于 ADA 缺乏引起的免疫综合性疾病。

　　Activase 和 Adagen 的批准，标志着酶类药物时代的到来。由于生物化学反应主要依赖于催化，酶类药物在血液病、遗传病、烧伤清创、传染性疾病、癌症等治疗方面有广泛的应用前景。

### 二、治疗用重组蛋白酶的种类

　　随着医疗技术的不断发展，对疾病的分子水平的发生机制了解的越加详细，发现身体内某种酶的缺乏或活性发生变化皆可能导致机体代谢紊乱，进而导致疾病的发生。酶类药物在临床主要用于诊断和治疗由于酶功能异常引起的多种疾病。治疗用酶类药物分类如图 11-1 所示。

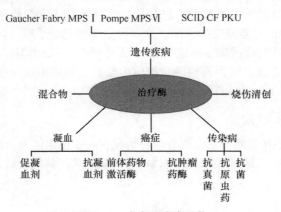

图 11-1 治疗用酶类药物

## （一）酶类药物

目前，临床使用的酶类药物主要有以下几类。

**1. 治疗消化系统疾病**  主要是消化酶，如胃蛋白酶、淀粉酶、胰酶及纤维素酶等。

这些酶均以水解的作用原理使底物分解、消化。胃蛋白酶能使蛋白质和多肽分子中含苯丙氨酸和酪氨酸的肽键水解，使其生成朊和胨，从而使蛋白质水解。淀粉酶则水解淀粉为糊精、麦芽糖或葡萄糖。纤维素酶可催化水解纤维素为低聚纤维素和糖。胰酶可将脂肪水解为甘油和脂肪酸。

消化酶类药物主要用于治疗消化不良，临床一般为复方制剂，可达到促消化的作用。例如，用多酶片，可同时消化蛋白质、脂肪和淀粉；胰酶可用于胰腺功能障碍的患者；淀粉酶和纤维素酶单独使用很少，主要与其他药物配合使用。

**2. 用于抗菌消炎**  主要有蛋白酶、糜蛋白酶、脱氧核糖核酸酶、菠萝蛋白酶、透明质酸酶和溶菌酶等。其中胰蛋白酶和糜蛋白酶可使变性的蛋白质水解为多肽和氨基酸，有消炎、清除坏死组织的作用。菠萝蛋白酶可加强对纤维蛋白的水解作用。脱氧核糖核酸酶能催化分解脱氧核糖核酸，用于消炎及消肿。这几种酶的作用途径不同，但治疗作用相似。因此，在治疗支气管炎、哮喘、肺炎、肺脓肿及血肿和水肿等疾病时均可适当选用。

**3. 用于治疗心血管疾病**  主要有弹性酶和辅酶 Q10。弹性酶能使肽键断裂，将弹性蛋白变为球蛋白，从而溶解动脉壁上的弹性纤维蛋白，阻碍胆固醇的生成，并促进胆固醇转化为胆汁酸。因此，可降低血中胆固醇、总脂肪酸及磷脂，组织动脉粥样硬化。辅酶 Q10 对许多酶具有激活作用，可改善心肌代谢，增加心排出量，并有降低周围血管阻力的作用。两药作用不同，临床使用效果也不同。一般高血脂、动脉硬化的患者选用弹性酶，而辅酶 Q10 则宜用于高血压、冠心病及心力衰竭患者的辅助治疗。

**4. 用于治疗血栓**  主要有链激酶和尿激酶。两药的作用原理相同，均能激活血浆中的胞浆素原，使其变为胞浆素，降低血液黏稠度和红细胞沉降速度，改善血流。因降低了血浆中的纤维蛋白原浓度，故能溶解血栓，链激酶与尿激酶在治疗血栓等栓塞疾病中，作用相同但临床选用存在一定差别。体内抗链激酶值过高的患者不宜使用链激酶，而应选用尿激酶。

**5. 用于治疗遗传性疾病**  例如，第一种成功治疗遗传性疾病的酶类药物，Adagen 用于治疗 SCID。Ceredasel（葡糖脑苷脂酶类药物）可以用于治疗葡糖脑苷脂酶缺乏病，该病是葡糖神经鞘酯类分解代谢中起作用的葡糖脑苷脂酶功能活性降低引起的。

**6. 用于肿瘤治疗**  聚乙二醇修饰的精氨酸脱氨酶、精氨酸降解酶等可以抑制人体恶性黑素瘤、肝脏癌细胞的生长，这些癌细胞都是精氨酸营养缺陷型的，缺乏精氨琥珀酸酯合成活性而不能独立生长。

此外，聚乙二醇修饰的天冬酰胺酶，已经用于临床治疗小儿急性淋巴细胞白血病。它能降低人体内 L-天冬酰胺和 L-谷氨酰胺的浓度，这两种氨基酸是合成嘌呤环和嘧啶环的重要组成部分。肿瘤细胞缺乏天冬酰胺合成酶，不能合成 *L*-天冬酰胺，从而消耗肿瘤细胞合成蛋白质所必需的底物，抑制蛋白质合成，进而抑制肿瘤细胞生长。正常细胞由于能够合成天冬酰胺，故受影响较小。

## （二）疾病诊断标志物

目前，疾病的酶学临床诊断方法主要有两种情况：一是根据体内与疾病有关的酶活性变化来诊断某些疾病（表 11-1）；二是利用酶来测定体内与疾病有关的某些物质含量的变化对疾病进行诊断（表 11-2）。

表 11-1　根据酶与疾病的关系对疾病进行诊断

| 酶 | 疾病 | 酶活性变化 |
|---|---|---|
| 胆碱酯酶 | 肝病、肝硬化、风湿病 | 活性下降 |
| 谷丙转氨酶 | 肝炎、心肌梗死 | 活性升高 |
| 谷草转氨酶 | 肝病、心肌梗死 | 活性升高 |
| 胃蛋白酶 | 胃癌 | 活性升高 |
|  | 十二指肠溃疡 | 活性下降 |
| 乳酸脱氢酶 | 癌症、肝病、心肌梗死 | 活性升高 |
| 亮氨酸氨肽酶 | 肝癌、阴道癌 | 活性升高 |

表 11-2　酶测定某些物质的量的变化进行疾病诊断

| 酶 | 测定的物质 | 诊断的疾病 |
|---|---|---|
| 葡萄糖氧化酶 | 葡萄糖 | 糖尿病 |
| 尿素酶 | 尿素 | 肝病、肾病 |
| 谷氨酰胺酶 | 谷氨酰胺 | 肝昏迷、肝硬化 |
| 胆固醇氧化酶 | 胆固醇 | 心血管疾病或高脂血症 |
| DNA 聚合酶 | 基因 | 基因变异、癌症 |
| 尿酸酶 | 尿酸 | 痛风病 |

## （三）酶类药物的必备条件

**1. 在生理 pH 下（中性），具有最高活力和稳定性**　例如，大肠杆菌谷氨酰胺酶最适 pH 为 5.0，在生理 pH 时基本没有活性，所以不能用于人类疾病的治疗。

**2. 对基质（作用的底物）有较高的亲和力**　酶的 $K_m$ 值较低时，只需要少量的酶制剂就能催化血液或组织中较低浓度的基质发生化学反应，从而高效发挥治疗作用。

**3. 血清中半衰期较长**　要求药用酶从血液中清除率较慢，以利于充分发挥治疗作用。

**4. 纯度高**　特别是注射用的纯度要求更高。

**5. 免疫原性较低或无免疫原性**　酶是蛋白质，所以酶类药物都不同程度存在免疫原问题，可以对酶进行化学修饰降低免疫原性，或者寻求制备免疫原性较低或无免疫原性的酶。

**6. 最好不需要外源辅助因子的药用酶**　有些酶需要辅酶或 ATP 和金属离子方能进行酶反应，在治疗中常常受到限制。

## （四）蛋白酶药物的制备方法

目前，蛋白酶药物的生产主要是直接从动植物中提取、纯化或利用微生物发酵生产。传统方法生产的酶类药物大多属于异种蛋白，有可能出现免疫反应或不良反应。另外，酶通常在细胞内含量非常低，纯化难度较高。随着生物技术的发展，利用基因工程重组表达蛋白酶类药物成为一大发展趋势。表 11-3 列举了主要治疗酶及其来源和用途。

表 11-3　主要治疗酶及其来源和用途

| 品种 | 来源 | 用途 |
|---|---|---|
| 胰酶（pancreatin） | 猪胰 | 助消化 |
| 胰脂酶（pancreatolipase） | 猪、牛胰脏 | 助消化 |
| 胃蛋白酶（pepsin） | 胃黏膜 | 助消化 |
| 高峰淀粉酶（taka-diastase） | 米曲霉 | 助消化 |

续表

| 品种 | 来源 | 用途 |
| --- | --- | --- |
| 纤维素酶（cellulase） | 黑曲霉 | 助消化 |
| β-半乳糖苷酶（β-galactosidase） | 米曲霉 | 助消化 |
| 麦芽淀粉酶（diastase） | 麦芽 | 助消化 |
| 胰蛋白酶（trypsin） | 牛胰 | 局部清洁、抗炎 |
| 糜蛋白酶（chymotrypsin） | 牛胰 | 局部清洁、抗炎 |
| 胶原酶（collagenase） | 溶组织梭菌 | 局部清洁 |
| 超氧化物歧化酶（superoxide dismutase） | 猪、牛等红细胞 | 消炎、抗辐射、抗衰老 |
| 菠萝蛋白酶（bromelin） | 菠萝茎 | 抗炎、消化 |
| 木瓜蛋白酶（papain） | 木瓜果汁 | 抗炎、消化 |
| 酸性蛋白酶（acid protease） | 黑曲霉 | 抗炎、化痰 |
| 沙雷菌蛋白酶（serranopeptidase） | 沙雷菌 | 抗炎、局部清洁 |
| 蜂蜜曲霉菌蛋白酶（seaprose） | 蜂蜜曲菌 | 抗炎 |
| 枯草杆菌蛋白酶（sutilisn） | 枯草杆菌 | 局部清洁 |
| 灰色链霉菌蛋白酶（pronase） | 灰色链霉菌 | 抗炎 |
| 溶菌酶（lysozyme） | 鸡蛋卵蛋白 | 抗炎、抗出血 |
| 透明质酸酶（hyaluronidase） | 睾丸 | 麻醉剂、增效剂 |
| 葡聚糖酶（dextranase） | 曲霉、细菌 | 预防龋齿 |
| 脱氧核糖核酸酶（DNA se） | 牛胰 | 祛痰 |
| 核糖核酸酶（rNA se） | 红霉素生产菌 | 局部清洁、抗炎 |
| 链激酶（streptokinase） | B-溶血性链球菌 | 部分清洁、溶解血栓 |
| 尿激酶（urokinase） | 男性人尿 | 溶解血栓 |
| 纤溶酶（plasmin） | 人血浆 | 溶解血栓 |
| 米曲纤溶酶（brinolase） | 米曲霉 | 溶解血栓 |
| 蛇毒抗凝酶（ancrod） | 蛇毒 | 抗凝血 |
| 凝血酶（thrombin） | 牛血浆 | 止血 |
| 人凝血酶（human thrombin） | 人血浆 | 止血 |
| 蛇毒凝血酶（batroxobin） | 蛇毒 | 凝血 |
| 激肽释放酶（kallikrein） | 猪胰、颌下腺 | 降血压 |
| 弹性蛋白酶（elastase） | 胰脏 | 降压、降血脂 |
| 天冬酰胺酶（L-asparaginase） | 大肠杆菌 | 抗白血病、抗肿瘤 |
| 谷氨酰胺酶（glutaminase） | 微生物发酵 | 抗肿瘤 |
| 青霉素酶（panicillinase） | 蜡状芽孢杆菌 | 青霉素过敏者 |
| 尿酸酶（uricase） | 黑曲霉 | 高尿酸血症 |
| 细胞色素 c（cytochrome c） | 牛、猪、马心脏 | 改善组织缺氧 |
| 组胺酶（histaminase） | 微生物发酵 | 抗过敏 |
| 促凝血酶原激酶（thromoboplastin） | 血液、脑等 | 凝血 |
| 链道酶（streptodornase） | 溶血链球菌 | 局部清洁、消炎 |
| 无花果酶（ficin） | 无花果汁液 | 驱虫剂 |

# 第二节 重组蛋白酶的生物学功能及应用

## 一、尿 激 酶

### （一）来源

尿激酶（urokinase，UK），也叫尿激酶型纤溶酶原激活剂（urokinase-type plasminogen activator，uPA），是一种丝氨酸蛋白酶（EC 3.4.21.73）。尿激酶于 1947 年被 McFarlane 发现，最初由新鲜男性尿液中分离得到，随后又在血浆、脑水、精液、肾细胞、血管内皮细胞、单核细胞、成纤维细胞及某些肿瘤细胞培养液中发现。尿激酶作为一种纤溶酶原激活剂，能通过蛋白水解作用使不具有丝氨酸蛋白酶活性的纤溶酶原激活为纤溶酶，纤溶酶具有丝氨酸蛋白酶活性，能溶解纤维蛋白，进而发挥溶栓作用。

### （二）性质与结构

尿激酶在体内存在两种主要形式，分子质量分别为 33kDa 和 54kDa，即低分子尿激酶（L-UK）和高分子尿激酶（H-UK）。前者由 411 个氨基酸组成，后者由 274 个氨基酸组成，两种形式的 UK 均对纤溶酶原具有酶解活性。

首先从细胞中分泌释放出来的单链尿激酶活性较低，称为尿激酶原（pro-UK），是尿激酶的前体分子，是由 411 个氨基酸残基组成的单链糖蛋白，分子中含有 12 对二硫键，分子质量为 54 kDa。尿激酶原分子中 N 末端为与受体结合的氨基酸片段（ATF，1-135aa），C 末端为丝氨酸蛋白酶结构域（Serine Protease Domain，159-135aa），具有水解催化能力。ATF 本身包含了 N 端表皮生长因子结构域（growth factor-like domain，GFD，1-49aa）和一个环状结构域（Kringle domain，50-135aa）。纤溶酶、激肽释放酶或胰蛋白酶对尿激酶原分子中 Lys158-Ile159 间的肽键进行水解，使整条肽链一分为二，并由原来的链内二硫键转变为链间二硫键，将两条肽链 A 链和 B 链连接在一起，A 链的 Lys158 脱落而使 A 链含 157 个氨基酸残基；B 链含有 253 个氨基酸残基，这种形式构成的双链分子为高分子量尿激酶 H-UK；如果纤溶酶继续水解 A 链 Lys135～ Lys136 间的肽键，则 A 链 N 端 135 个氨基酸残基脱离，此后，Phe157 也在纤维酶作用下水解脱落，形成由 21 个氨基酸残基组成的 A'链，A'链 B 链形成的双链分子即为低分子量尿激酶 L-UK。

### （三）重组表达方法

临床使用的尿激酶通常直接由人尿纯化，由于是人源性的，不良免疫反应相对较低。但含量较低，且存在病原微生物污染的风险。近年来，伴随重组 DNA 技术的发展，使得大量生产重组人 UK 和 pro-UK 成为现实。表 11-4 为各种尿激酶重组表达细胞系。

**表 11-4 尿激酶重组表达细胞系**

| 细胞类型 | 尿激酶活性（PU/ml） |
| --- | --- |
| Chinese hamster ovary cell line | 860 |
| *E. coli* cells | 1000 |
| Namalwa KJM-1 | — |
| *Saccharomyces cerevisiae* cells | 1242 |
| Chinese hamster ovary cell line | 500～667 |
| Human umbilical vein endothelial cells（HUVEC） | — |
| Human kidney cell line（HT-1080） | 140 |

| 细胞类型 | 尿激酶活性（PU/ml） |
|---|---|
| Human lung adenocarcinoma cell lines（CALU-3，HTB-55） | — |
| Human kidney carcinoma（CAKI-1） | — |
| Human kidney carcinoma（CAKI-2） | — |
| Human kidney cell line（TCL-598） | 76 |

采用原核生物作为表达宿主时，由于 UK 或 pro-UK 分子中含有 12 对二硫键，产物不能正确折叠，表达产物多为不溶性的包涵体，且缺少糖基化修饰，得到的 UK 无法保持天然产物的活性和生理功能。因此，主要选用真核系统进行重组表达。Hiramatsu 等使用酵母细胞进行 pro-UK 的重组表达，产物主要表达于酵母内质网，表达量高（6667PU/ml 培养基）且为糖基化蛋白。然而，这些表达的 pro-UK 需要经体外变复性后，才能获得原有的生物活性。

因此，哺乳动物细胞成为重组表达 UK 的最佳选择。Kohno 等选用 TCL-598 细胞表达系统，表达分泌蛋白量可达每升毫克级。CHO 细胞是最为理想的表达宿主，具有操作简单、规模培养，产生具有与天然 UK 极为相似的糖蛋白。

### （四）临床应用

人尿激酶（UK）和尿激酶原（pro-UK）是酶类溶血栓药，直接作用于内源性纤维蛋白溶解系统，激活纤维酶原，使其成为纤溶酶后，将血栓处的纤维蛋白和其他血浆蛋白降低，因此重组人 UK 和 pro-UK 均可用于血管梗死的治疗。我国自主研发的注射用重组尿激酶——普佑克由上海天士力公司生产，将人尿激酶基因提取后，在 CHO 细胞中进行重组表达获得。

与组织型纤溶酶激活剂（t-PA）不同，UK 对血循环和血栓处的纤溶酶原具有同等作用，会非特异性地激活循环血中的纤溶酶原，产生高浓度游离纤溶酶，引发系统性纤溶状态，引起出血或脑卒中等不良反应。

此外，重组人 UK 和 pro-UK 可用于预防血栓的生成，保持血管通畅。对急性广泛性肺栓塞、急性心肌梗死、急性脑血管栓塞、视网膜动脉栓塞和其他外周动脉栓塞症状严重的髂股静脉血栓等疾病具有较好的疗效。重组人 UK 和 pro-UK 对创伤愈合、组织再生、细胞迁移及癌症转移和血管生成也表现出良好的治疗效果。

## 二、葡 激 酶

### （一）来源

天然葡激酶（staphylokinase，SaK）是金黄色葡萄球菌分泌的一种蛋白质（EC 3.4.24.29），能够高效地激活溶解血栓周围的纤溶酶原，特异的溶解血栓而不诱发系统性纤溶状态，其纤溶活性对纤维蛋白具有专一性。SaK 于 1908 年被德国科学家 Much H 发现并命名，但其生理活性的研究近年来逐渐得到重视。

### （二）结构与性质

葡激酶由 136 个氨基酸组成，分子质量为 1.55～1.8kDa，由单链多肽构成，不含二硫键（图11-2）。在金黄色葡萄球菌种，sak 基因总共编码一个 163 个氨基酸的蛋白，在分泌成熟过程中其 N端 28 个氨基酸被切去而成为具有 136 个氨基酸的单链多肽。SaK 蛋白有三种形式：SaK42D、SaKΦc和 SaKSTAR。它们之间仅有 3 个氨基酸不同，表现在 34、36 和 43 位氨基酸，SAKSTAR 在肽链34、36 和 43 位上的氨基酸分别是丝氨酸（Ser）、Ser 和组氨酸（His）；SaKΦc 是赖氨酸（Lys）、

Ser、His；而 SaK42D 则分别是 Lys、精氨酸（Arg）、Arg。不同的氨基酸组成有不同的相对分子质量和等电点。

SaK 的三级结构表明，它只有 1 个结构域，有两个大小相似的折叠区域组成，5 个 β-片状折叠紧密包裹着一个 α-螺旋和一个 β-折叠片，形成椭球形结构。其螺旋半径为 2.3nm，斯托克半径为 2.12nm，最大半径为 10nm，两折叠部分的平均距离是 3.7nm。多维 NMR 研究结果显示，N 末端前 10 个氨基酸残基被切去后，引起 SaK 的变构，核心区肽段特别是 40～46 位的残基更容易暴露，推测这种变构可能促进 Sak 在纤溶酶的活性中心附近与纤溶酶形成更加紧密的复合物，从而改变纤溶酶的底物特异性。

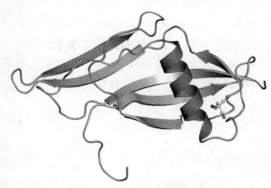

图 11-2　SaK 的蛋白结构

在自然界中已鉴定的 sak 突变体有四个，可从噬菌体 sak42Da、sakΦC 及溶原性金黄色葡萄球菌基因组 DNA（SakSTAR，ATCC29213）中克隆得到四种自然变异的葡激酶基因，这四种基因编码区中仅在个别核苷酸上有差异，但其溶栓效果相同。

## （三）作用机制

SaK 本身不是一种酶，而是一种辅因子，它的活化作用是通过与纤溶酶一起作用实现的。在人血浆中与纤维酶原（Plg）以 1∶1 形成复合物 SaK·Plg，该复合物被血栓表面痕量的纤溶酶（Plm）激活为 SaK·Plm，SaK·Plm 中 Plm 的底物特异性发生改变，形成高效的纤溶酶原激活剂，激活其余的 Plg 形成 Plm，Plm 催化纤维蛋白降解，从而溶解血栓。在血浆中，SaK·Plm 复合物会很快被 $\alpha_2$-抗纤溶酶（$\alpha_2$-antiplasmin，$\alpha_2$-AP）中和而降解，解聚下来的 SaK 又可以与其他纤溶酶原结合。当血浆中存在纤维蛋白时，Plg 和生理状态下存在的痕量 Plm 通过其赖氨酸结合位点与纤维蛋白结合，$\alpha_2$-AP 对 SaK·Plm 的抑制速率下降了 100 倍，因而 $\alpha_2$-AP 不能迅速抑制结合了纤维蛋白的纤溶酶。SaK、Plg、Plm、$\alpha_2$-AP 及纤维蛋白的相互作用使 SAK 具备了高度纤维蛋白专一性（图 11-3）。

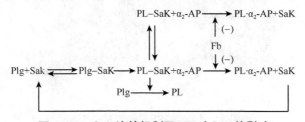

图 11-3　Sak 溶栓机制及 Fb 对 Sak 的影响

## （四）重组表达

重组葡激酶一般是利用大肠杆菌表达系统进行重组表达。血清型 F 或 B 噬菌体溶原在能转变不产生葡激酶的菌株可产生葡激酶株。说明菌株染色体上有葡激酶基因，从噬菌体 sΦc 的 DNA 中取出葡激酶基因，使其克隆化，转接于质粒 pBR322 中，将质粒 pBR322 导入大肠杆菌中，使大肠杆菌产生葡激酶。

将葡激酶的 cDNA 序列连入 pET-29b 质粒，转入 E. coli BL21（DE3）中进行表达，由于 pET-29b 的克隆位点下游连接有一段六聚组氨酸的编码序列，可使目的基因表达产物在 C 端连上 6 个组氨酸小肽，借助金属螯合层析进行纯化，可以获得高纯度葡激酶。

## （五）临床应用

天然 Sak 葡激酶是一种外源性蛋白，注入人体会引起过敏反应及抗体产生。因此，临床以重组葡激酶为主。它与其他的纤溶酶原激活剂相比，纤维蛋白特异性强，溶血栓速度快，不良反应小，成本低等优点。临床主要用于血栓引起的急性心肌梗死，并对治疗外周血管血栓及血栓引起的缺血性组织坏死类疾病有良好的应用前景。

# 三、L-天冬酰胺酶

## （一）来源

L-天冬酰胺酶（L-asparaginase，L-ASP，EC3.5.1.1），又称 L-门冬酰胺酶或 L-天门冬酰胺酶是一种酰胺基水解酶，广泛用于治疗儿童急性淋巴细胞白血病。1953 年，Kidd 发现豚鼠血清有抗癌作用，1961 年，Broom 证实豚鼠血清中的抗肿瘤因子为 L-天冬酰胺酶。自 20 世纪中期以来，人们主要利用大肠杆菌 E. coli 和菊欧文菌 Erwinia chrysanthemi 作为原料来制备 L-天冬酰胺酶。

## （二）结构与性质

大肠杆菌产生的 L-ASP 包括 L-ASPI 和 L-ASPII 两种形式，其中 L-ASPI 没有抗肿瘤活性，存在于细胞质中，而具有抗肿瘤活性的 L-ASPII 分泌到细胞周质中。L-ASPII 是由四个相同亚基（A、B、C、D）组成的同型四聚体，每个亚基为 35.6kDa。AleXander W.等对大肠杆菌来源的 L-ASPII 进行了 X-ray 结构表征，结果表明蛋白结构中有 222 个对称轴，在 AB 和 CD 间存在 6 对相互作用力，形成两对二聚物（图 11-4），每个亚基含有 326 个氨基酸残基，包括 N 端和 C 端两个 α/β 结构域，两个结构域间由一段连接序列相连。

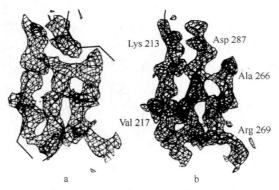

图 11-4　L-ASPⅡ的两种二聚物

a. 大肠杆菌天冬酰胺酶（EcA）的平均电子密度图（3.0 埃）与谷氨酰胺酶–天冬酰胺酶模型的叠合图（粗线），此部分为相关性最差的区域；b. 肠道菌天冬酰胺酶的电子密度图（2.3 埃）与反复修正后的肠道菌天冬酰胺酶模型的叠合图（粗线），此结果对图 A 中显示的 3.0 埃 EcA 的平均电子密度图进行了校正

N 端结构域包括一个由 8 条 β 链（β1~β6、β9~β10）组成的 β 片层结构，四条 α 螺旋（α1~α4）及由两条 β 链（β7~β8）构成的 β 发卡式结构，Nβ1 和 Nβ3 间有一个拓扑开关位点（topological switchpoint），L-ASP 的活性中心就位于这个拓扑开关位点构成的刚性结构裂口中间。此刚性结构有助于保持酶活性中心的空间构型，使得酶以优势构象和底物结合，从而更好地发挥其催化活性。另外，这种拓扑结构也是所有 α/β 片层结构的共同的特征，它就像一个口袋，有助于配体与受体的结合。Nβ1~Nβ5 与 Nα1~Nα4 在 N 端组成一个黄素蛋白样结构（图 11-5）。Nα1 和 Nα4 位于

β 片层一侧，暴露在溶剂中；Nα2 和 Nα3 位于 β 片层另一侧，靠近各结构域间的接触面。虽然黄素蛋白样结构中的螺旋也是叠加在 N 端相互平行的 β 链上，但是它们以不同的顺序叠加。这主要是由于在 Nα4 与 Nβ5 间出现了一个左手交叉结构（left-handed crossover），这种结构在蛋白质结构中是很少见的。当 L-ASP 与底物相互作用时，它在电子的转移过程中起着重要的作用。

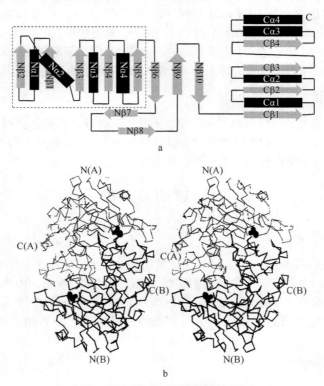

图 11-5　L–天冬酰胺酶的结构

a. L–ASP Ⅱ 的拓扑结构；b. L–ASP Ⅱ 二聚体的立体结构（其中 C（A），N(A)及 C（B），N(B)分别代表两个不同亚基的 C 端及 N 端）

## （三）作用机制

L-天冬酰胺酶在机体内可催化天冬酰胺的水解，生成天冬氨酸和氨。而肿瘤细胞无法自己合成生长必需的天冬酰胺，必需依赖外源性供给，只有正常细胞自身能合成 L-天冬酰胺。L-天冬酰胺酶抗白血病的作用机制即它能降低人体内 L-天冬酰胺和 L-谷氨酰胺的浓度，这两种氨基酸是合成嘌呤环和嘧啶环的重要组成部分。肿瘤细胞缺乏天冬酰胺合成酶，不能合成 L-天冬酰胺，从而消耗肿瘤细胞合成蛋白质所必需的底物，抑制蛋白质合成，进而抑制肿瘤细胞生长。正常细胞由于能够合成天冬酰胺，故受影响较小。因此，L-天冬酰胺酶对肿瘤细胞具有选择性细胞毒作用，在临床上对急性淋巴细胞白血病疗效明显。

## （四）重组表达制备

目前，临床使用的 L-天冬酰胺酶主要从大肠杆菌、菊欧文菌和胡萝卜软腐欧文菌菌株中分离得到，这些来源的天冬酰胺酶其肿瘤抑制作用机制相同，差别主要在于药动学性质。尽管有很多菌株能产生天冬酰胺酶，国内外也已经构建了多株天冬氨酸酶高效表达的基因工程菌，但是其中以大肠杆菌的研究最为充分。

1995 年，为了填补国内空白，刘景晶等率先进行工程菌 *E. coli* 天冬酰胺酶 ansB 基因的克隆和表达研究，并成功构建了天冬酰胺酶高效表达的基因工程菌 Pka/CPU210009，随后对工程菌的培养条件和发酵工艺进行了优化，确定了重组天冬酰胺酶的提纯路线，经此工艺生产的酶活力单位比野生菌高出 100 倍以上，产品质量与天然品在基因序列、蛋白质一级结构及物理化学性质等方面一致。其具体方法为，首先从 CPU210009 菌株中提取 DNA，并用 PCR 法扩增 AnsB 基因；随后将 PCR 扩增得到的 AnsB 基因 DNA 用 Ncol 和 Hind Ⅲ 消化后，定向插入 pKK233-2 的多克隆位点而得到重组质粒；用重组质粒转化多个宿主菌，并用奈氏试剂筛选相应的阳性转化子 CTA1～5，其中以 CPU210009 作为宿主菌的转化子（CTA5）的产酶能力显著高于其他转化子。

## （五）临床应用

L-天冬酰胺酶能使天冬酰胺水解，使肿瘤细胞缺乏天冬酰胺，抑制肿瘤生长。因此，L-天冬酰胺酶主要用于急性淋巴细胞白血病的治疗，缓解率在 50%以上，缓解期为 1～9 个月。对急性粒细胞白血病、急性单核细胞白血病、恶性淋巴瘤也有一定疗效。

# 四、透明质酸酶

## （一）来源

透明质酸酶（hyaluronidase，HAase），又称玻璃酸酶，是广泛存在于自然界中的一类糖苷酶，通过作用于 β-1,3 或 β-1,4 糖苷键来降解透明质酸，透明质酸为组织基质中具有限制水分及其他细胞外物质扩散作用的成分。HAase 首次发现于 1929 年，Duran Reynals 在哺乳动物睾丸及其他组织提取物中发现一种可促进疫苗、染料、毒素等扩散的"扩散因子"，1940 年被 Chain 和 Duthie 命名为透明质酸酶。

## （二）结构与性质

HAase 广泛存在于动物血浆、组织液、精液等体液及肾、肝、脾、脑等器官，蛇毒、蜥蜴毒、蝎毒、蜘蛛毒、蜂毒、蚂蚁毒等动物毒液及一些细菌中。不同来源的 HAase 性质结构及性质差异较大，对底物的水解方式和产物也不同。目前，透明质酸有 3 种分类方法，分别依据最适反应 pH、氨基酸序列同源性及来源、结构和作用机制划分。最为经典的是 1971 年 Meyer 根据透明质酸的来源、结构和作用机制的不同将透明质酸酶分为 3 类（表 11-5）。

表 11-5  透明质酸酶分类

| 分类 | 来源 | 作用底物 | 作用机制 | 终产物 |
|---|---|---|---|---|
| 内切-β-N-乙酰氨基葡萄糖苷酶（EC3.2.1.35） | 脊椎动物及动物毒液 | 软骨素、硫酸软骨素、硫酸皮肤素、HA | 水解酶、转糖苷酶，作用于 β-1,4-糖苷键 | 四糖 |
| 内切-β-葡萄糖醛酸苷酶（EC3.2.1.36） | 水蛭唾液腺和十二指肠虫 | 特异性降解 HA | 水解酶，作用于 β-1,3 糖苷酶 | 四糖或己糖（还原端威葡萄糖醛酸） |
| 透明质酸裂解酶（EC4.2.2.1） | 细菌，如微球菌、链球菌、链霉菌 | 透明质酸、软骨素、硫酸软骨素 | 作用于 β-1,4-糖苷键，β-消去机制 | 2-（乙酰基氨基）-2-脱氧-D-葡萄糖 |

## （三）作用机制

HAase 主要水解透明质酸。透明质酸是动物结缔组织的主要成分，HAase 能导致被有毒动物咬伤的伤口部位的结缔组织分解，增加组织坏死程度，并有助于毒素的吸收和扩散。

在正常生物体内，HAase 和透明质酸合成酶共同调节透明质酸的含量。透明质酸-透明质酸酶-透明质酸合成酶这一系统在维持细胞外基质的完整和细胞外基质与细胞表面的相互作用等许多生物学过程起重要作用。这些过程包括细胞分裂、细胞间的连接、生殖细胞的活动、DNA 的转染、胚胎发育、受伤组织的修复及正常细胞和肿瘤细胞增生。

## （四）重组表达制备

来源于牛或羊组织的透明质酸酶已用于临床，在应用化疗药、麻醉剂、镇痛药时较常用作辅助剂，并且在眼科、需要药物快速穿透基质到达靶点的手术中使用广泛。但是较低的纯度及它们的屠宰场来源使其不但成为人的免疫源而且成为克-雅二氏症和其他牛或羊病原体的潜在来源，已有报道发生过对牛和羊 HAase 制剂的过敏反应。

考虑到动物组织来源的弊端，Halozyme 公司对重组透明质酸酶进行研制，商品名为"HyleneX"。2005 年，FDA 批准重组透明质酸酶注射剂 HyleneX 作为其他注射药物的辅助药物（促进吸收和扩散），用于皮下注射及皮下尿路造影术中促进不透射线物质的吸收。HyleneX 是由带有人重组透明质酸酶质粒的 CHO 细胞重组表达制备。将人类透明质酸酶基因进行优化合成，并在两端引入酶切位点 Xho I / Xba I，得到克隆质粒 pUC57-ph20。再利用双酶切将透明质酸酶基因插入带有 AOX 启动子和 α-信号肽的高效表达载体 pPICZα A 的多克隆位点，构建 pPICZα A-ph20 重组质粒，CaCl$_2$ 法转化 E. coli TOP10 进行大量扩增，提取质粒。质粒经酶切、PCR 扩增和 DNA 序列分析鉴定阳性克隆。阳性重组质粒经 Sac I 线性化后，电击转化导入 P pastoris SMD1168H，使基因整合到酵母染色体上。抗生素 Zeocin 浓度梯度筛选多拷贝菌株。鉴定菌株表型，筛选出甲醇利用型突变体，实现了人羧酸酯酶在毕赤酵母中的表达。

## （五）临床应用

透明质酸酶广泛应用于多个领域，如药物扩散剂、整形、外科手术、眼科、内科、肿瘤治疗、皮肤科及妇科等。

**1. 药物扩散剂** 透明质酸酶为一种能水解透明质酸的酶，用于人体能暂时降低细胞间质的黏性，促使皮下输液、局部积储的渗出液或血液加快扩散而利于吸收，是一种重要的药物扩散剂。一些以缓慢速度进行静脉滴注的药物，如各种氨基酸、水解蛋白等，加快其扩散，利于吸收。

**2. 药物渗透剂** 促进药物的吸收，促进手术及创伤后局部水肿或血肿消散。

**3. 用于心肌梗死的治疗** 透明质酸对流体的阻力影响很大。兔离体心脏灌流表明，HAase 可使心肌透明质酸含量显著降低，减少间隙体积。阻止由缺血引起的动脉阻力增大，增加血流量。HAase 与尿激酶合剂作为溶栓剂已用于临床。

**4. 用于眼科手术中提高麻醉效果** 透明质酸酶在加快麻醉速度的同时也降低了麻醉持续的时间。

**5. 皮下灌注液的添加剂** 皮下输液主要用于缓解老年患者出现的脱水症状。灌注液中含有生理盐水、5% 的葡萄糖及少量的透明质酸酶，每 100ml 液体中添加 15U 透明质酸酶用于促进液体的吸收。常见注射部位有胸腔、腹部、大腿及上臂。

**6. 用于泌尿道造影时促进造影剂的再吸收** 尤其是婴儿或儿童静脉注射达不到效果时。

# 五、超氧化物歧化酶

## （一）来源

超氧化物歧化酶（superoxidedismutase，SOD，ECl.15.1.1）是清除生物体内超氧阴离子自由基的一种重要抗氧化酶，广泛存在于自然界的动物、植物及微生物体内。1938 年，Mann 和 Keilin 从牛红血细胞中分离得到一种含铜蛋白——血铜蛋白。1953 年 Keilin 从牛肝、鲸肝中分离出肝铜蛋白。1968 年 McCord 和 Fridovich 根据血铜蛋白、肝铜蛋白、脑铜蛋白能够使超氧阴离子自由基 $O_2^-$ 发生歧化反应，因此将其定名为超氧化物歧化酶。

## （二）结构与性质

**1. SOD 的结构**　是一种含有金属元素的活性蛋白酶，是生物体内清除自由基的重要物质。根据活性中所含金属离子的不同，SOD 主要分为三种，最为常见的一种是含铜锌金属辅基的 SOD（Cu·Zn-SOD）；二是含 Mn 金属辅基的 SOD（Mn-SOD）；三是含铁金属辅基的 SOD（Fe-SOD）。Cu·Zn-SOD 主要存在于真核细胞的胞液和叶绿体中，呈现蓝绿色，分子质量约为 31 200Da。它由 2 个亚基组成，每个亚基各有 1 个 Cu 和 1 个 Zn。Mn-SOD 呈紫红色，分布于原核生物细胞及真核细胞线粒体中，分子质量在 40 000Da 左右。原核细胞中的 Mn-SOD 是由 2 个亚基组成，而真核细胞线粒体中的 Mn-SOD 由 4 个亚基组成，且每个亚基各含有 1 个 Mn。Fe-SOD 存在于原核细胞及少数植物细胞中，为黄褐色，分子质量是 38 700 Da 左右，由 2 个亚基组成，每个亚基中各含 1 个 Fe。

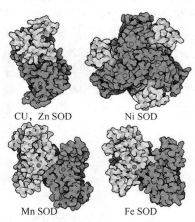

CU, Zn SOD　　Ni SOD

Mn SOD　　Fe SOD

图 11-6　SOD 的分子结构

CuZn-SOD 的分子质量为 31 200Da，1975 年 Richardson 报道了它的三维结构，它是由 2 个基本相似的亚基通过非共价键的疏水相互作用缔合而成的二聚体，每个亚基含有 1 个 Cu 原子和 1 个 Zn 原子，结构类似于圆筒的端面。每个亚基中活性中心金属的配位结构如图 11-6 所示。Cu 分别与 4 个组氨酸残基（His44，46，61，118）的咪唑氮配位形成 1 个三角双锥畸变的四方锥构型，Zn 则与 3 个组氨酸残基（His61，69，78）的咪唑氮和 1 个天冬氨酸残基（Asp81）的羧酸氧配位形成畸变四面体结构。其中 His61 的咪唑环氮原子分别与 Cu 和 Zn 配位形成咪唑桥，且 Cu 和 Zn 间约相距 6.3Å。

Mn-SOD 和 Fe-SOD 的结构则比较简单，且两者相似，每个亚基的活性中心金属离子，都是与 1 个水分子和 3 个组氨酸（His）残基及 1 个天冬氨酸（Asp）残基的羧基氧配位，呈畸变四方锥构型。Mn-SOD 和 Fe- SOD 一般为二聚体或四聚体，每个亚基含 0.5～1.0 个 Mn 和 Fe 原子。它们在空间结构上与 Cu·Zn-SOD 不同，含有较高程度的 α-螺旋，而 β-折叠较少。

**2. SOD 的性质**　SOD 的等电点偏酸性，是一种酸性蛋白，在酶分子上以共价键连接金属辅基，因此它对热、pH 及理化性质表现出较强的稳定性。

## （三）作用机制

SOD 是一种重要的抗氧化剂，保护暴露于氧气中的细胞。其能够催化超氧化物通过歧化反应转化为氧气和过氧化氢，主要通过以下两步完成。

$$M^{3+}+O_2^-\cdot+H^+ \longrightarrow M^{2+}（H^+）+O_2 \quad M^{2+}（H^+）+H^++O_2 \longrightarrow M^{3+}+H_2O_2$$

这里 M 代表金属辅因子，$M^{3+}$ 代表金属辅因子的最高价，$M^{2+}$ 代表金属辅因子被氧化以后的价位。这种逐步递增机制从反应动力学来说，具有如下优点：首先，一个分子反应能克服两个分子同时反应间产生的静电排斥作用，且带正电荷的活性金属特异性结合带负电荷的超氧阴离子（$O_2^-\cdot$）。其次，活性位点的金属离子静电引力被一个质子吸收并保存，在这种机制中，歧化反应的产物是中性的，不互相约束。第三，第一步反应释放的能量能提供给第二步来还原超氧阴离子 $O_2\cdot$，然后 $H_2O_2$ 再被过氧化氢酶还原成 $H_2O$。

## （四）重组表达制备

传统 SOD 的生产方式有三种：从动物血液中提取，从植物中提取及微生物发酵生产。动物血液提取法是 20 世纪 90 年代以前最常用的方法。这种方法存在交叉感染和过敏性反应等风险，欧盟已于 1999 年颁布法令，禁止从动物血液中提取的 SOD 用于人类的医疗和保健。植物提取法主要是从大蒜、桑叶、沙棘等中提取 SOD，主要有分步盐析法、有机溶剂沉淀法和层析法等。但植物中 SOD 含量较少，提取工艺相对复杂，这就使得 SOD 生产成本相对较高。选育 SOD 高产菌株进行发酵生产一种是比较有效的方法，1997 年，王岁楼等利用常规筛选方法自然筛选出 1 株 SOD 高产菌株，酶活可达 600U/g 湿菌体，为 SOD 的工业化发酵生产打下了基础。吴思方等研究了从啤酒废酵母生产、提取和纯化 SOD 的方法及条件，得到比活为 3048U/g 的 SOD。微生物发酵技术生产 SOD，不仅产量高，而且提取工艺简单，因而能大幅度降低 SOD 的生产成本。由于 SOD 来源有限，异体蛋白免疫原性，受温度和 pH 等影响不稳定性，在应用方面也会有很大限制。

基因工程法是获得应用所需要 SOD 产品的有效途径（图 11-7）。人 SOD 可以在酿酒酵母中进行重组表达，从 DNA 文库中筛选 SOD 基因片段进行重组，得到完整的人类超氧化物歧化酶基因，并克隆到带有启动子 $P_{ADH2}$-GAPDH 和终止子 TADH2 的克隆载体 F2 上，并进一步利用 BamHl 酶切连接克隆得到高效稳定的酿酒酵母表达载体 pHC11-hSOD。转化酿酒酵母 Y19 后获得工程菌 Y19/pHC11-hSOD。表达产物经破壁后 SDS-PAGE 电泳检测为 14 ～16kD 的条带；酶活性测定结果表明破壁液上清有 37 万单位每立升的 hSOD 活性，经纯化产物纯度可达 95%。

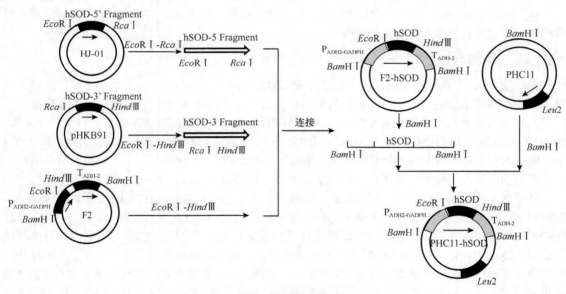

图 11-7　SOD 的重组表达

## （五）临床应用

SOD 的临床应用主要用于治疗超氧阴离子自由基（$O_2^-\cdot$）伤害引起的疾病，它能催化 $O_2^-$ 使其转变为 $H_2O_2$ 和 $O_2$ 的歧化反应，所产生的 $H_2O_2$ 可通过生物机体内的过氧化氢或谷胱甘肽过氧化物酶体系清除。因此，SOD 具有良好的抗辐射、抗炎、抗肿瘤及抗衰老的作用。

**1. 辐射与辐射预防**　辐射病是机体受到大剂量的电离辐射后产生大量有害的 $O_2^-$，损伤细胞及核酸 DNA，而 SOD 可清除 $O_2^-$，保护细胞免受伤害。当 SOD 作为辐照防护剂时，其效果要比对辐射病者的治疗效果要好，因此可对有可能受到电离辐射的人员进行注射 SOD 预防。

**2. 治疗和预防自身免疫性疾病**　SOD 对各种自身免疫性疾病如类风湿关节炎、甲状腺炎、重症肌无力等很有疗效。对类风湿关节炎患者要在急性期病变未形成之前进行注射 SOD 治疗效果要好些。

**3. 在肿瘤发生发展中的作用**　在人体内，Mn SOD 基因表达的增加能抑制因辐射引起的肿瘤的形成，并增加成纤维细胞的分化能力，有效地防止肿瘤的恶性发展。

**4. 对老年性白内障的治疗和预防**　在进入老年期前开始经常服用抗氧化剂或注射 SOD，可有效地预防老年性白内障的发生，对老年性白内障患者注射 SOD 治疗也有一定效果。

**5. 治疗再灌注综合征**　缺血再灌注时会产生大量有害的氧自由基尤其是 $O_2^-\cdot$，从而导致组织损伤。在再灌注前，先行注射 SOD 或将 SOD 混合在灌注液中同时灌注，可以有效地预防各种自由基引起的损伤。

**6. 促进骨折愈合**　骨折后内源 SOD 和注射的外源 SOD 能促进细胞分裂、增殖，并向成骨细胞转化，促进骨折后骨的生长，缩短骨折愈合时间，可用作促进骨折愈合的辅酶。此外，SOD 还可有效地治疗氧中毒、急性炎症、水肿及肺气肿等疾病，可治疗银屑病、皮炎、湿疹和瘙痒症等多种皮肤病。也可作为抗衰老药使用，减缓人体衰老。

# 六、抑　肽　酶

## （一）来源

抑肽酶（aprotinin）是从牛肺中分离出来的一种多肽类、非特异性、多功能蛋白酶抑制剂，对人的多种蛋白酶具有很强的广谱抑制作用。

## （二）结构与性质

抑肽酶由 58 个氨基酸组成，分子质量为 6512Da，等电点为 pH 10.5，为单链多肽，通过 3 对链内二硫键形成稳定的三级结构。抑肽酶结构中含有一个扭曲的 β-发卡结构和 C 端的 α 螺旋。

天然抑肽酶氨基酸序列为 RPDFC LEPPY TGPCK ARIIR YFYNA KAGLC QTFVY GGCRA KRNNF KSAED CMRTC GGA，氨基酸序列中含有 10 个带正电的赖氨酸和精氨酸侧链，只含有 4 个负电的天冬氨酸和谷氨酸侧链，使得抑肽酶显示出较强碱性。结构中第 15 位赖氨酸是其活性中心，参与抑肽酶与多种丝氨酸蛋白酶催化中心的特异性结合。

分子内 6 个半胱氨酸形成 3 对二硫键，活性中心为 Lys15-Ala16-Arg17（赖氨酸 15-丙氨酸 16-精氨酸 17，KAR）。其中一对二硫键（Cys14-Cys38）位于分子表面，使两段肽链（Cys32-Cys42、Cys9-Cys21）连接在一起，这一对二硫键被还原和重新氧化后不影响蛋白酶抑制活力。另外两对二硫键（Cys5-Cys55、Cys30-Cys51）位于分子内部，一旦还原后即失活。整个分子呈梨形结构，由 2 条反平行的 β 折叠，两段 α 螺旋、β 转角和一些环组成。它最主要的结构特征是含有 2 片 180 度扭曲的反平行 β 折叠，这个折叠分别和 β 转角与一对二硫键（Cys14 -Cys38）相连，这个分子的主要片段 1～14 和 38～58 残基沿着 β2 折叠来回弯曲折叠，以使末端残基 1 和残基 58 能够在 β 转角处相互靠近，二硫键的共价连接也使这两端靠拢并和 β 转角（30～51 残基组成）靠近。N 端的残基形成了一个短的螺旋段，C 端形成了一个更长，有规律的 α 螺旋（残基 48～56）。分子的自然折叠和半胱氨酸以独特的方式共价连接使整个分子变得紧凑、稳定。

分子内部含有一个能容纳 4 个水分子的疏水核心，这个分子的活性位点在一个溶剂暴露的环区（loop），它由 15 个氨基酸残基组成，这个环和酶活性位点高度互补，其中关键活性残基 P1 位点与丝氨酸蛋白酶的 S1 特异性束缚"口袋"中的酶活性位点结合。X 射线晶体衍射结果表明抑制剂的专一性是 P1 位置氨基酸残基的性质决定的，P1 位置为 Lys 或 Arg 的抑制剂对蛋白酶有抑制作用。（图 11-8）。

## （三）作用机制

**1. 抑肽酶对凝血、纤溶系统的作用**　作为一种广谱的丝氨酸蛋白酶抑制剂，对纤维蛋白溶酶

（plasmin）、激肽释放酶（kallikrein）、凝血酶（thrombin）及凝血因子Ⅳ～Ⅻ等均有明显抑制作用，使纤维蛋白降解物（FDP）生成减少，抑制血小板的激活，保护膜糖蛋白Ⅱb／Ⅲa受体，减少血小板活化的级联反应，从而保护血小板和止血功能，显著减少手术中和手术后失血。具体通过以下三条途径发挥作用。

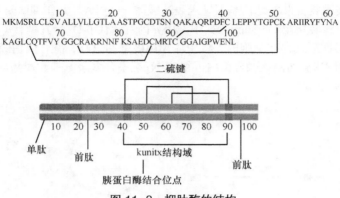

图11-8　抑肽酶的结构

（1）抑制纤维蛋白溶解：抑肽酶能直接抑制纤维蛋白溶酶的活性，阻止纤溶酶原的活化、纤维蛋白原消耗和纤维蛋白降解物增高，抑制凝血酶和可溶性纤维蛋白单体（D-dimer）聚集。抑肽酶还能直接阻止FDP的产生。

（2）抑制激肽的产生：抑肽酶能直接抑制激肽释放酶的活性，阻止激肽的产生，从而抑制了由激肽引起的小血管扩张、毛细血管通透性增高及其对纤溶酶原的激活作用。

体外循环（CPB）涉及多种炎性成分，多重炎性级联反应。激肽释放酶在激发和放大炎性反应中起始动作用。当血液暴露于CPB回路时，在激肽释放酶原及高分子激肽原存在的前提下，因子Ⅻ活化成Ⅻa，因子Ⅺa可激活Ⅺ，于是通过正反馈作用扩大了内源性凝血级联反应，导致凝血酶的形成及使激肽释放酶原转化为激肽释放酶。激肽释放酶的形成，大大加速了Ⅻ因子的激活，并裂解高分子激肽原形成缓激肽。缓激肽为CPB中炎性反应的重要介质之一，可增加血管通透性、降低血压、收缩平滑肌、致痛及释放组织型纤溶酶原激活剂（t-PA），而血管通透性的增加可导致不同脏器的水肿。激肽释放酶不仅可以强有效地使高分子激肽原转化为缓激肽，而且也可使纤溶酶原转化为纤溶酶，而纤溶酶对血小板数量和功能有破坏性。

（3）保护血小板功能：抑肽酶与血小板膜糖蛋白GPⅡb/Ⅲ有一定的亲和力，能有效地抑制纤溶酶对血小板膜GPⅡb/Ⅲa的损伤，从而保护血小板的黏附功能和聚集功能，增加血小板数量。同时还促进血管内皮细胞产生von Willebrard因子（vWF），提高血浆vWF水平，这是抑肽酶保护血小板功能的一个重要原因。

**2. 抑肽酶对中性粒细胞及补体系统的作用**　CPB可诱发包括补体系统、激肽系统、凝血纤溶系统、接触系统、白细胞、血小板激活及细胞因予释放等不同途径的炎性级联反应，表现为微血管通透性增加、组织间液增多、免疫炎性反应的激活等。这些炎性反应在术后的组织损伤及器官功能失调，尤其是心肺功能失调中起着重要的作用。

### （四）重组表达制备

抑肽酶作为天然非特异性丝氨酸蛋白酶抑制剂，用途广泛。目前抑肽酶制品主要从牛肺中提取。工艺复杂、成本高、价格较贵、产品纯度不高。用基因重组技术，可以获得与天然产物氨基酸序列及构象一致的重组抑肽酶。

采用分泌表达体系时，产量普遍偏低，且抑肽酶含有3对二硫键，体外复性极易发生二硫键的错配，所得的抑肽酶产品的活性也较低。即使使用二硫键异构酶 DsbC 共表达的方法也不能有效地提高抑肽酶的分泌表达产量。另有报道在抑肽酶 N 端融合一段小肽在胞内融合表达，但是表达产物形成包涵体，由于抑肽酶内含 3 对二硫键，使得包涵体的复性得率不高。因此，通过融合有助于蛋白正确折叠和增加蛋白可溶性的融合伴侣，可以大大提高抑肽酶表达量。

利用基因工程技术将抑肽酶结构基因导入表达载体 pGrXA，并在抑肽酶基因上游引入 FXa 识别位点。将重组质粒转化至 Orig amiTM 中，用异丙基硫代 β-D 半乳糖苷（IPTG）诱导表达目的蛋白，产物以可溶性形式存于胞内。将菌体超声破壁和离心，融合蛋白经分子筛层析和离子交换层析纯化后，用 FXa 切割该融合蛋白可得到 N 端不含多余氨基酸残基且与天然构象一致的活性抑肽酶（图 11-9）。

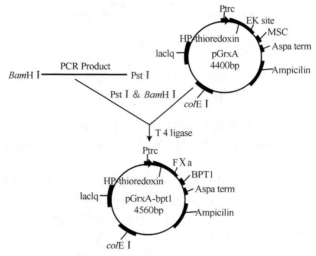

图 11-9 抑肽酶重组质粒的构建

## （五）临床应用

1930 年发现抑肽酶之时，仅作为丝氨酸蛋白酶抑制剂用于实验室或试用于减少人细胞激活所引起的肺损伤而不是用作止血药。20 世纪 60 年代抑肽酶开始用于临床治疗急性胰腺炎，以及治疗体外循环所引起的纤维蛋白溶解症及异常出血。1987 年荷兰 Dr. van Oeveren 首次报道了在体外循环时应用大剂量抑肽酶对凝血机制影响的临床研究结果，指出大剂量抑肽酶用于 CPB 心脏手术可明显减少术后失血，在世界范围内引起了强烈反响。从此，抑肽酶被广泛地用于体外循环手术，大大地促进了心脏外科的发展。近年来抑肽酶已推广应用到非心脏手术中并获得认可，成为血液保护的重要药物。

大量临床实践证明：抑肽酶用于外科手术，可减少术中出血量 40%～80%，减少输血 70%～100%，还可使二次手术患者、感染性心内膜炎的患者或服用阿司匹林治疗及肾衰竭等高危出血患者心脏手术术中、术后出血量明显减少。

# 七、胃 蛋 白 酶

## （一）来源

胃蛋白酶（pepsins）是一类消化性蛋白酶，通常以无活性的酶原（zymogens）形式分泌于为胃黏膜主细胞中。在酸性条件（pH＜4.5）下被活化，而在 pH＞7 时失去活性。1836 年，Theodor

Schwan 在对消化过程进行研究时，发现了一种能够参与消化作用的物质，并将其命名为胃蛋白酶。胃蛋白酶是首个从动物身上获得的酶，也是胃中唯一的蛋白水解酶，是人工结晶出来的第二种酶（仅在脲酶之后），具有消化蛋白质的能力，主要用于治疗消化不良。

## （二）结构与性质

胃蛋白酶是由 326 个氨基酸组成的蛋白质肽链，分子质量为 34 614Da。胃蛋白酶以酶原的形式分泌，当酶原被运出细胞后，在 pH 1.5～5.0 条件下，被活化成胃蛋白酶，进而将蛋白质分解成肽。胃蛋白酶是一种酸性蛋白酶，可以在强酸中（pH 1～2）主要剪切氨基端或羧基端为芳香族氨基酸（如苯丙氨酸、色氨酸和酪氨酸）或亮氨酸的肽键。胃蛋白酶的氨基酸序列见图 11-10。

```
1 VDEQPLENYL DMEYFGTIGIGTPAQDFTVVFDTGSSNLWV PSVYCSSLAC
EEE EEETTTEEEEEEEEETTTTEEEEEEEEETT EEE BTT SHHH
51 TNHNRFNPED SSTYQSTSETVSITYGTGSMTGILGYDTVQ VGGISDTNQI
HSS BGGG TTTEE S E EEEE SS EE EEEEEEE EE ETTEEE SEE
101 FGLSETEPGS FLYYAPFDGILGLAYPSISS SGATPVF DNI WNQGLVSQDL EEEESB SH HHHH S SEE
EE S GGGTG GG HHHHH HHTT SSSE
151 FSVYLSADDQ SGSVVIFGGIDSSYYTGSLN WVPVTVEGYW QITVDSITMN
EEEE STTS EEEET GGGBSS E EEE SSBTTE EEEE EEEET
201 GEAIACAEGC QAIVDTGTSL LTGPTSPIAN IQSDIGASEN SDGDMVVSCS
TEESB TT E EEEE TT S EEE HHHHHH HHHHHT EE TTS EE GG
251 AISSLPDIVF TINGVQYPVP PSAYILQSEG SCISGFQGMN LPTESGELWI
GGGT EEEEETTEEEEE HHHHEEEETT EEEESEEE B SS B EE
301 LGDVFIRQYF TVFDRANNQVGLAPVA
E HHHHTTEE EEEETTTTEEEEEEE
```

图 11-10 胃蛋白酶的氨基酸序列初级结构

## （三）作用机制

胃蛋白酶先是表达为酶原，即胃蛋白酶原。胃蛋白酶原是胃蛋白酶的无活性的前体，其一级结构比胃蛋白酶多出了 44 个氨基酸。在胃中，胃黏膜主细胞释放出胃蛋白酶原。这一酶原在遇到胃酸（由胃壁细胞所释放）中的盐酸后被激活。当胃对食物进行消化时，在被称为胃泌素的一种激素和迷走神经作用下，启动胃蛋白酶原和盐酸从胃壁中释放。在盐酸所创造的酸性环境中，胃蛋白酶原发生去折叠，使得其可以以胃蛋白酶自催化方式对自身进行剪切，从而生成具有活性的胃蛋白酶。随后，生成的胃蛋白酶继续对胃蛋白酶原进行剪切，将 44 个氨基酸残基切去，产生更多的胃蛋白酶。这种在没有食物消化时保持酶原形式的机制，避免了过量的胃蛋白酶对胃壁自身进行消化，是一种保护机制。

## （四）胃蛋白酶的重组表达制备

**1. 传统生产方法** 目前临床使用的胃蛋白酶主要从动物（猪、羊或牛）的胃黏膜中提取，传统生产方法包括单产工艺和胃蛋白酶-胃膜素联产工艺（图 11-11）。

**2. 重组表达生产胃蛋白酶** 传统的提取工艺胃蛋白酶的产量受限于原料来源，产量较低，在提取过程中大量使用有机溶剂，而过多的有机溶剂会降低药品的稳定性，造成纯度质量不稳定，不能满足临床使用需求。

胃蛋白酶原在酸性条件下自动脱去 N 末端 44 个氨基酸，激活为胃蛋白酶。通过对胃蛋白酶原 PGA 基因的克隆，选择合适的宿主细胞进行高效表达，可获得高纯度胃蛋白酶原，在酸性条件下激活，进而得到胃蛋白酶。通过基因工程的方法获得胃蛋白酶，纯度及活力均有所提高。

重组表达系统主要有大肠杆菌表达系统及毕赤酵母表达系统。

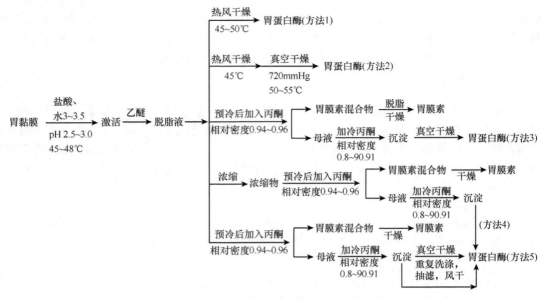

图 11-11 胃蛋白酶-胃膜素联产工艺流程图

（1）大肠杆菌表达系统：使用大肠杆菌（*E. coli*）表达的天冬酰胺酶（除病毒蛋白酶外）均为不溶性包涵体，需经过尿素复性过程变为功能蛋白，此过程较为烦琐，且受多种因素影响，如 pH、温度、蛋白浓度、缓冲液组成及时间。可以通过融合基因表达和改变宿主表达系统来实现可溶性蛋白的表达。

将猪胃蛋白原（EC 3.4.23.1）基因与硫氧还蛋白进行融合表达，然后使用离子交换层析和疏水色谱进行分离纯化，得到融合表达蛋白（TrX-PG）最终使用胰蛋白酶对融合蛋白进行酶切，得到比天然蛋白多一个氨基酸残基的酶切胃蛋白酶原。通过对融合蛋白或酶切胃蛋白酶原（tryptic digestion）进行酸化，均可制备重组胃蛋白酶（r-pepsin）。重组胃蛋白酶具有与商业化胃蛋白酶相似的蛋白水解活性。

（2）毕赤酵母表达系统：虽然利用大肠杆菌融合基因表达系统可以获得重组蛋白酶，但复杂的纯化过程导致蛋白产量较低。毕赤酵母表达系统可对表达蛋白进行翻译后的加工及修饰，表达具有生物活性的蛋白，具有强有力的醇氧化酶（AOX1）基因启动子，可严格调控外源蛋白的表达。此外，毕赤酵母表达系统产生分泌性外源蛋白，有利于后续目标蛋白的分离纯化。

利用毕赤酵母真核表达系统重组表达猪胃蛋白酶的步骤主要分为：①酵母表达载体的构建与转化；②胃蛋白酶原的表达；③胃蛋白酶原的纯化；④胃蛋白酶原的活化；⑤条件的优化等。下面举例说明。

将猪胃蛋白酶原基因插入到 pHIL-S1 质粒载体的 *AOX1* 启动子和 *AOX1* 终止子之间，构建环状重组质粒 pPSP2000。pHIL-S1 中含有 N-PHO1 分泌信号肽标签，可以控制外源蛋白的分泌表达。pPSP2000 质粒测序验证序列正确后，提取进行 SalI 线性化，并电转至毕赤酵母感受态细胞 KM71 中，在 MD 平板上（minimal dextrose medium）筛选。MD 平板中不含组氨酸，毕赤酵母 KM71 细胞是组氨酸缺陷型的，故不能在 MD 平板上生长；而 pHIL-S1 质粒中还有组氨酸筛选标记，自身可以产生组氨酸，故能在不含组氨酸的平板上生长。所以含有 pHIL-S1-PGA 和 pHIL-S1 空载体（用于诱导表达时的阴性对照）的毕赤酵母细胞才能在 MD 平板上生长。筛选阳性克隆后接种于 minimal methanol（MM）培养基，在 30℃、200r/min 条件下培养过夜，随后混合液转移至酵母培养基 BMGY 中，在 30℃、200r/min 条件下培养过夜，之后，收集细胞后重悬接种于 BMMY 培养基中培养 72h，每 24h 补加 0.75%甲醇。随后，离心后收集上清。上清经硫酸铵分级沉淀、透析、

DEAE-Sepharose CL-6B 凝胶层析（0.15～0.5mol/L NaCl 梯度洗脱）后，洗脱液经过超滤、concanavalin A-Sepharose 4B 层析、离子交换层析等过程，得到可溶性胃蛋白酶原。使用 0.8mol/L HCl 对胃蛋白酶原进行活化，最终得到胃蛋白酶。通过此方法获得的 r-胃蛋白酶（原）虽然具有部分糖基化蛋白，但具有与天然蛋白相似的结构和生物活性。

采用基因工程重组表达的方式制备胃蛋白酶，可以改善其产量受限于动物脏器来源的现状，然而，获得高产的基因工程菌株仍是重组表达制备胃蛋白酶的关键所在。

### （五）临床应用

胃蛋白酶临床上主要用于因蛋白性食物过多所致消化不良、病后恢复期消化功能减退以致慢性萎缩性胃炎、胃癌、恶性贫血导致的胃蛋白酶缺乏。

（侯 洁 周 琪）

# 第十二章 核酸类药物

📖 学习要求

1. 掌握 反义核酸药物、RNAi 及 miRNA 药物的作用机制。
2. 熟悉 反义核酸和 siRNA 药物的作用特点，siRNA 和 miRNA 的异同，miRNA 治疗疾病的策略。
3. 了解 核酸药物的分类、基本性质与制备方法及药动学特征，反义核酸、siRNA 和 miRNA 药物的临床应用与发展趋势。

核酸是生物体最基本的组成物质之一，在 19 世纪末至 20 世纪初，德国生化学家 Kossel 等阐明了核苷酸的组成，并将核酸分为核糖核酸（RNA）和脱氧核糖核酸（DNA）。随后，美国细菌学家 Avery 等证实了 DNA 是遗传物质。1953 年，美国生化学家 Watson 和英国物理学家 Crick 划时代地提出了 DNA 双螺旋结构模型，使遗传信息的研究深入到了分子层次。20 世纪末，人类基因组计划的全面开展揭开了核酸功能研究的新篇章。目前，国内外有关核酸的研究和应用依然活跃，应用于临床的核酸及其衍生物类药物越来越多，并已形成核酸生产工业。

## 第一节 概 述

### 一、核酸类药物分类

核酸类药物是指具有药用价值的核酸、核苷酸、核苷和碱基及它们的类似物、衍生物等相关化合物的统称。依据化学结构和组成，核酸类药物可分为以下四类。

**1. 碱基及其衍生物** 主要是经过化学修饰的碱基衍生物，如巯嘌呤、氯嘌呤、氟尿嘧啶等。

**2. 核苷及其衍生物** 依据形成核苷的碱基或核糖的不同可分为腺苷、尿苷、胞苷、肌苷等。

**3. 单核苷酸及其衍生物** 主要包括单核苷酸、核苷二磷酸、核苷三磷酸、核苷酸混合物等。

**4. 多核苷酸及其衍生物**

（1）二核苷酸：辅酶 I、辅酶 II、黄素腺嘌呤二核苷酸等。

（2）寡核苷酸：一般是指二至几十个核苷酸组成的核酸片段，如反义寡核苷酸、siRNA、miRNA 等。

（3）多核苷酸：较长片段的 DNA 和 RNA 等。

此外，依据性质和功能，也可将核酸类药物分为以下类。

**1. 生物体内具有功能的核酸类物质** 有助于改善机体代谢，加速疾病的痊愈，缺乏会导致机体代谢失调，易发生疾病。例如，ATP、辅酶 A、腺苷等在临床上可用于治疗白细胞减少症、慢性肝炎、心血管疾病等。

**2. 人工合成核酸或天然核酸的衍生物、类似物或聚合物等物质** 这是目前临床治疗的重要手段，如氟尿嘧啶、阿糖胞苷及一些反义寡核苷酸和 siRNA 等在临床上可用于抗肿瘤和抗病毒治疗。

本章将重点介绍反义核酸、siRNA 及 miRNA 药物的功能和应用。

# 二、基本性质

## （一）理化性质

DNA、RNA 和核苷酸都是极性化合物，通常呈酸性，可溶于水，不溶于乙醇、氯仿等有机溶剂，在中性或弱碱性溶液中较稳定。它们既有磷酸残基又有含氮碱基，故为两性电解质，有一定的等电点，能进行电泳。此外，核酸分子结构是高度不对称的，故具有旋光性。

## （二）核酸的变性

当核酸受到某些物化因素的作用时，如加热、pH 变化、尿素、胍和某些有机溶剂等，会发生变性。首先，核酸局部双螺旋松散、解旋，然后扩展到整个双螺旋，两条链分离成不规则卷曲的单链，但一级结构不发生破坏。变性后核酸的理化性质有所改变，如黏度下降、沉降系数增加、比旋度降低及紫外光吸收能力增加等。变性因素去除后，核苷酸链内或链间会形成局部的氢键结合区，在一定条件下，互补的两条链可以重新结合并恢复成原有的双螺旋结构。

## （三）核酸的紫外吸收性质

核酸中的嘌呤和嘧啶碱基具有共轭双键，在紫外区的 250～280nm 处有强烈的光吸收作用，最大吸收值在 260nm 左右。因此，通常可利用这种特性对核酸的含量进行检测。此外，由于蛋白质的吸收峰在 280nm 左右，在 260nm 处吸收较弱，若待测的核酸中含有蛋白杂质，可通过 $A_{260nm}/A_{280nm}$ 的比值来判断其纯度。

### 知识拓展

热变性是核酸的重要性质，即当核酸溶液加热到某一狭窄温度范围时，核酸会发生分子解链和螺旋结构向线团结构转变的现象，这时的温度称为融解温度或解链温度（melting temperature，$T_m$）。$T_m$ 值大小与 DNA 的碱基组成有关。G-C 间的氢键作用强于 A-T 间的作用，故 G-C 含量高的 DNA，其 $T_m$ 值亦高。热变性后的核酸经"退火"处理，若有互补的碱基序列，则能形成双螺旋结构，甚至可以在 DNA 和 RNA 间形成杂合体，这是分子杂交技术的原理。

# 三、一般制备方法

## （一）核苷酸、核苷和碱基及类似物的制备

**1. 提取法** 核苷酸、核苷和碱基可以直接从生物材料中提取。
**2. 水解法** 将核酸原料经水解可制得核苷酸、核苷和碱基，主要有酸解法、碱解法和酶解法。
**3. 合成法** 主要有化学合成和酶合成法。
**4. 发酵法** 采用营养缺陷型菌株或结构类似物抗性菌株可大量发酵生产所需核苷或核苷酸。

## （二）寡核苷酸的制备

**1. 合成** 目前主要采用自动化固相合成法，如采用基于 N-取代 2，4-二羟基丁酰胺的固相载体和亚磷酰胺化学合成法合成 DNA。该技术快速有效且稳定，合成规模可达到 mol 级，是大多数实验室和药厂的首选方法。
**2. 纯化** 化学合成的寡核苷酸产物会含有一些杂质，如反应不完全或由副反应产生的片段，因此需要进行纯化。目前主要有聚丙烯酰胺凝胶电泳、薄层色谱、高效膜吸附色谱、寡核苷酸纯

化层析柱法和高效液相色谱等方法，其中高效液相色谱法较为常用且适合大规模纯化。

### （三）DNA 和 RNA 的制备

核酸的制备一般采用提取法，即从经破裂的生物组织细胞中提取，再采用有机溶剂沉淀总 DNA 或总 RNA，然后利用柱层析、凝胶电泳等方法进行纯化。

# 第二节　反义核酸药物的功能及应用

反义技术是根据碱基互补原理，采用特定 DNA 或 RNA 片段抑制某些基因表达的技术。反义核酸是基于反义技术研制的核酸类物质，一般是由 20 个左右的核苷酸组成的反义寡核苷酸（antisense oligonucleotide，ASON），包括反义 DNA、反义 RNA 和核酶。与传统药物作用于蛋白靶点相比，反义核酸药物（antisense nucleic acid drug）是作用于编码蛋白质的基因，因此在理论上其应用范围更加广阔。

## 一、作用机制与特点

### （一）作用机制

**1. 反义 DNA**　指能够与基因 DNA 分子中正义链互补的 DNA 片段。在进入细胞后，能与靶 mRNA 杂交形成双链，可阻止核糖体与 mRNA 结合，同时形成的 RNA/DNA 双链可激活核糖核酸酶 H（RNaes H），后者将切除双链中的 RNA 部分，从而阻止翻译过程。此外，反义 DNA 可与双链 DNA 分子中某些序列结合而形成三链结构，从而阻止靶基因的复制及转录。

**2. 反义 RNA**　指能与 mRNA 互补的 RNA 分子，其作用机制主要为：①作用于靶 mRNA 中核糖体结合的 SD 序列或部分编码区，直接抑制翻译，或与靶 mRNA 结合形成双链 RNA，使其易被 RNA 酶降解，从而抑制翻译；②与靶 mRNA 中 SD 序列的上游非编码区结合，引起 mRNA 构象变化，从而抑制翻译；③抑制靶 mRNA 的转录。

**3. 核酶**　广泛存在于各种生物的细胞中，是一类具有核酸内切酶活性的 RNA 分子，可分为大分子核酶和小分子核酶。大分子核酶包括核糖核酸酶 P、Ⅰ型内含子和Ⅱ型内含子，长度均大于 250nt。小分子核酶主要有锤头形、发夹形、丁型肝炎病毒核酶和 VS 核酶，长度为 30~80nt。核酶可与靶 mRNA 互补结合，通过水解磷酸二酯键或使磷酸基酯化来切割或剪接 mRNA。在切断 RNA 后，核酶可从杂交链上脱离下来，又能够重新结合和切割其他 mRNA 分子。

### （二）作用特点

**1. 高度特异性和高效性**　反义核酸药物是以表达疾病蛋白的基因为靶点，直接阻止特定基因的转录和翻译，对其他蛋白质靶点无影响，因此其作用精确且高效。

**2. 缩短药物研发的周期和成本**　反义核酸药物是针对特定疾病蛋白的基因而设计的互补序列，可以避免传统药物筛选的盲目性和不确定性。

**3. 相对安全性**　反义核酸药物具有明确的针对性，而且其在生物体内可被降解消除，相比于转基因疗法更为安全。

**4. 应用的局限性**　反义核酸药物在生物体内容易被核酸酶迅速降解，使其在未到达作用靶点前就失效。此外，反义核酸通常带负电荷，其细胞膜通透性较差。针对这些缺陷，可以对反义核酸进行化学修饰以增强其稳定性，或是选择合适的药物传递系统以提高其透过率。

# 二、结 构 修 饰

为了改善反义寡核苷酸的某些性质，可对其进行化学修饰，方法主要有碱基修饰、核糖修饰和磷酸二酯键修饰等，可分为以下三类。

**1. 第一代反义核酸** 磷酸二酯键是核酸酶水解的主要位点，因此将磷酸基进行修饰如硫代、甲基化、氨化等，可以增强反义寡核苷酸对核酸酶的抵抗。硫代磷酸酯寡脱氧核苷酸是此类修饰物中的重要代表，也是迄今研究最多和应用最广的反义寡核苷酸。它具有良好的核酸酶水解抗性和水溶性，但由于其阴离子性质及硫原子能与某些蛋白结合，会引起一些非特异性作用和毒副作用。

**2. 第二代反义核酸** 主要包括嵌合寡核苷酸、杂合寡核苷酸等，是以硫代寡核苷酸为核心，对两侧序列上核糖 2′位羟基进行修饰，比如甲基化修饰，从而提高生物活性和特异性，并减少毒副作用。

**3. 第三代反义核酸** 反义核酸发挥作用依赖于碱基排列顺序，与易被降解的核糖磷酸骨架无关，因此可以对该骨架进行修饰。典型的代表药物为肽核酸，其脱氧核糖磷酸骨架被肽键连接所取代。肽核酸具有较好的杂交性和生物稳定性，呈电中性，而且不与血浆蛋白作用，故不良反应较少。

# 三、药物传递系统和药动学特征

## （一）药物传递系统

除了结构修饰和改造，新型药物传递系统也可以改善反义核酸的稳定性、识靶能力和与细胞膜的亲和性，如以下几种药物载体。

**1. 脂质体** 可以增加细胞对反义核酸的摄取率，还能通过包封药物避免核酸酶的识别和降解。此外，在脂质体上共价连接特异的配体或受体可使反义核酸药物具有更加准确的靶向性，并能降低给药量。

**2. 纳米球和微球载体** 可以减少反义核酸在转运过程中的降解，实现在靶位缓慢释放，从而达到增加药效、降低毒性的作用。

**3. 其他载体阳离子高聚物** 可通过自身的正电荷性质与反义核酸形成稳定的复合物。水凝胶体系可使反义核酸获得良好的经皮吸收效果。

## （二）药动学特征

反义核酸的吸收代谢与其序列长度、荷电量、水/脂溶性、剂型、给药方式及浓度等因素有关。目前以硫代反义寡核苷酸的研究最为深入，由于口服吸收较少其给药方式以注射为主，但是吸入剂型对一些呼吸系统疾病也具有较好疗效。药物的消除表现为二房室模型特征，分布相半衰期一般小于1h，消除相半衰期从几十分钟到几十小时不等。硫代反义核酸可广泛分布在体内除中枢神经系统以外的大多数组织，尤其是肝脏、肾脏、脾脏和骨髓等组织。如果采用脑室内快速给药，也可使其在脑脊液中达到理想浓度。它主要通过核酸酶消除，在血浆中的代谢速度较快，代谢物多经肾脏排出体外。

## 四、药理作用与临床应用

**案例 12-1**

反义寡核苷酸药物因其特异性的作用机制，为病毒感染性疾病、癌症等传统药物难以应对的疾病带来了新的治疗希望。第一个反义核酸药物——福米韦生（Fomivirsen）于 1998 年由美国 FDA 批准上市，它由 21 个硫代脱氧核苷酸组成，临床上用于治疗艾滋病并发的巨细胞病毒性视网膜炎。随后又有十余种反义核酸药物陆续上市，包括抗艾滋病的 Fuzeon、治疗慢性淋巴细胞白血病的 Genasense、治疗恶性黑素瘤的 Trabedersen 等。另外，目前国外有近 40 种反义核酸新药进入了临床试验阶段。

**问题：**

1. 总结反义核酸药物抗病毒的主要途径。
2. 总结反义核酸药物抗肿瘤的主要途径。

### （一）抗病毒作用

DNA 病毒和 RNA 病毒在复制和表达过程中都必须经过 mRNA 生物合成阶段，这是应用反义技术治疗病毒性感染疾病的重要基础。反义核酸药物通过载体进入细胞后，可抑制病毒 DNA 的复制与表达，从而阻止病毒增殖，目前已在艾滋病、巨细胞病毒感染、肝炎等相关疾病的临床试验中取得了良好效果。以福米韦生为例，人巨细胞病毒基因表达分为立即早期、早期和晚期三个时期，其中立即早期基因的表达在病毒基因和宿主细胞基因的表达和调控方面有重要作用。福米韦生就是依据该病毒的主要立即早期蛋白 mRNA 中特异序列而设计的一种硫代磷酸酯反义寡核苷酸，可与该 mRNA 互补结合形成杂合体，然后被 RNaes H 识别，导致 mRNA 降解，使巨细胞病毒复制所需的蛋白质合成受阻，从而有效抑制病毒复制。此外，除了抑制病毒 mRNA 的翻译，还可以针对病毒的吸附、基因转录、反转录和包装等阶段设计反义核酸，也能达到抑制病毒感染的作用。

### （二）抗肿瘤作用

反义核酸可通过多种途径发挥抗肿瘤作用。比如，与调控细胞生长的原癌基因（如生长因子及其受体）的 mRNA 互补结合，抑制其过度表达，从而抑制肿瘤生长；抑制细胞周期调控基因的表达，引起细胞周期阻滞，使细胞增殖变慢；抑制与 DNA 合成和复制相关酶的表达，如 DNA 拓扑异构酶、DNA 聚合酶、端粒酶等，从而干扰 DNA 复制，抑制细胞增殖；与抗凋亡基因（如 bcl-2）的 mRNA 互补，减弱其抗凋亡作用；抑制多药耐药基因的表达，从而增强化疗效果；抑制肿瘤细胞侵袭转移相关基因的表达。

### （三）治疗心血管疾病

反义核酸能够拮抗心血管疾病发病机制中关键靶基因的表达，在治疗性研究中表现出良好的效果。例如，针对肾素-血管紧张素系统中的重要蛋白和受体而设计的反义核酸，可有效降低动物模型的高血压症状。在冠心病的介入治疗中，动脉壁中膜血管平滑肌细胞的增殖和迁移入内膜可导致血管再狭窄，反义核酸可抑制细胞周期相关基因的表达，进而缓解血管成形术后的血管内膜增生。

### （四）治疗眼科疾病

福米韦生是首个用于治疗巨细胞病毒性视网膜炎的反义核酸药物。目前还有多种治疗眼科疾病的反义核酸处于研发阶段。比如，反义核酸可通过抑制角膜基质成纤维细胞、青光眼滤过术后结膜囊成纤维细胞、晶状体上皮细胞及视网膜色素上皮细胞等增殖，有望用于角膜损伤、白内障、青光眼、增殖性玻璃体视网膜病变等眼科疾病的治疗。

## （五）其他作用

反义核酸与其他疾病相关的研究也取得了较大进展，比如用于治疗克罗恩病、强直性肌营养不良症、阿尔茨海默病和脑获得性免疫缺陷综合征。

**案例 12-1 分析**

1. 反义核酸可以针对病毒的吸附、转录、反转录、mRNA 翻译、包装等过程，抑制相关基因的表达和复制，从而阻止病毒繁殖。

2. 反义核酸可通过抑制原癌基因、细胞周期调控基因、DNA 合成和复制相关基因、耐药基因、抗凋亡基因及转移相关基因的表达，达到抑制肿瘤细胞生长、增殖和转移并诱导其凋亡的作用。

**知识拓展**

生物体细胞数量的恒定取决于细胞增殖与凋亡之间的动态平衡，而肿瘤是一种细胞恶意增殖的疾病。例如，生长因子及其受体等原癌基因的过度表达可促使肿瘤细胞无限生长，细胞周期调控相关基因的过度表达可加快细胞生长速度并提高 DNA 合成及细胞增殖和代谢能力。由于接触抑制的丧失和细胞间黏着的减弱，肿瘤容易转移到体内其他部位生长。此外，肿瘤细胞产生耐药性也是影响化疗效果的重要因素。基于这些特点，化疗药物大多针对肿瘤的生长、增殖、分化、凋亡、转移和耐药等方面来发挥抗肿瘤作用。

# 第三节　siRNA 药物的功能及应用

**案例 12-2**

基因沉默（即基因不表达或低表达的现象）最初是在植物中发现。1990 年，美国科学家 Napoli 等将产生紫色素的查尔酮合成酶基因转入开紫花的矮牵牛中，希望获得颜色更深的花，但却发现转基因植物的花呈斑状甚至白色而非紫色，说明导入的基因及与其同源的内源基因同时都被抑制了，当时称这种现象为"共抑制"。随后在真菌中也发现了类似现象，并称之为"基因压制"。1995 年，美国科学家 Guo 等发现正义 RNA 和反义 RNA 均能抑制秀丽隐杆线虫中 par-1 基因的表达，后来被证实这是因为体外转录制备的 RNA 中污染了双链 RNA（double-stranded RNA，dsRNA），而且 dsRNA 所引起的基因沉默效应比单独注射反义 RNA 还要强，于是将这种现象称作 RNA 干扰（RNAinterference，RNAi）。事实上，上述现象属于 RNAi 在不同物种中的表现形式。

**问题：**

1. 阐释 RNAi 的主要作用机制。

2. 总结 RNAi 的主要作用特点。

## 一、作用机制

RNAi 是指由内源性或外源性 dsRNA 介导的 mRNA 特异性降解，导致靶基因表达沉默的现象。该现象在进化上高度保守，在真核细胞的生长调控、抵抗胁迫、修复损伤等生命过程中发挥着重要作用。诱发 RNAi 的 dsRNA 可以有多种来源，如基因组中由于插入某个序列的多拷贝而转录产生的 dsRNA、外源基因以反向重复的形式插入基因组后转录产生的 dsRNA，经 RNA 依赖 RNA 聚合酶（RNA-dependent RNA polymerase，RdRP）作用产生的 dsRNA，病毒来源的 dsRNA 等。dsRNA 的长度、与靶基因的同源性、浓度及碱基的修饰都对 RNAi 的效率有所影响。RNAi 的过程如图 12-1 所示，主要分为三个阶段。

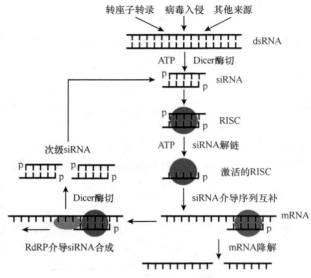

图 12-1　RNAi 的作用机制示意图

### （一）启动阶段

不同来源的 dsRNA 进入宿主细胞后，在 Rde-1、Ago-1 和 Rde-4 等蛋白的介导下，被胞质中的核酸内切酶 Dicer（RNaseⅢ家族中特异识别 dsRNA 的酶）识别并切割，产生多个具有特定长度的小片段 RNA（21～23nt），即小干扰 RNA（small interfering RNA，siRNA）。切割过程需要 ATP 的参与，产生的 siRNA 具有 3′羟基末端和 5′磷酸基团的双链形式。

### （二）效应阶段

siRNA 与细胞内的一些酶（包括 Dicer 酶、核酸外切酶、Argonaute 蛋白、RNA 解旋酶等）结合形成 RNA 诱导的沉默复合物（RNA-induced silencing compleX，RISC），在 ATP 的作用下，RNA 解旋酶使 siRNA 解链成正义链和反义链。随后在反义链的引导下，激活的 RISC 与 mRNA 结合，并在与反义链互补结合的两端切割 mRNA。切割产生的 mRNA 由于没有 poly（A）尾巴和 5′帽结构的保护，可被细胞内的核酸酶快速降解，从而达到抑制基因表达的作用。

### （三）扩增阶段

细胞内存在 siRNA 的扩增系统，其中 RdRP 发挥着关键作用。RdRP 是以 RNA 为模板指导合成 RNA 的一种聚合酶，该酶能将 siRNA 作为引物，以靶 mRNA 作为模板合成新的 dsRNA，然后被 Dicer 酶切割形成新的 siRNA。这种级联反应可以产生大量的 siRNA，从而达到高效的基因表达抑制作用。

## 二、作 用 特 点

**1. 特异性**　siRNA 是严格按照碱基配对的法则与靶 mRNA 结合，只要有几个碱基错配就会大幅度降低对靶 mRNA 的降解效果，因此 RNAi 只引起与 dsRNA 同源的 mRNA 降解，不影响其他基因的表达。这是 siRNA 用于基因功能研究时的前提，也是其治疗疾病时发挥专一药效且不良反应较小的基本保障。

**2. 高效性** RNAi 效应可在 RdRP 的作用下得到维持和放大，因此 siRNA 能在低于反义核酸几个数量级的浓度下发挥抑制基因表达的作用。

**3. 可传播性和可遗传性** RNAi 信号可以跨越细胞界限，在不同细胞间长距离传递和维持，引发系统性应答，干扰效应甚至能传递给后代。

**4. 时间效应** siRNA 在体内一般只能维持一段时间，靶 mRNA 丰度将逐渐恢复到干扰前的水平，这可能是由于 siRNA 特异识别的序列发生突变，或是产生抗 siRNA 的抗体，亦或是 RNA 依赖的腺苷脱氨酶的活性增加导致 siRNA 生成减少。

**5. 浓度和 ATP 依赖性** RNAi 效应与 siRNA 浓度有关，另外 Dicer 酶和 RISC 的酶切反应均需要 ATP 提供能量，若 ATP 供给不足，RNAi 效应会减弱。

---

**案例 12-2 分析**

1. dsRNA 进入细胞后可被 Dicer 酶剪切成 siRNA，后者与 RISC 结合后被解链，其中反义链与靶 mRNA 互补结合，并引发 RISC 对 mRNA 的降解，同时此过程可被 RdRP 介导的级联反应放大，最终导致靶基因的表达沉默。

2. RNAi 作用具有保守性、序列特异性、高效性、可传播性、可遗传性、时限性、浓度和 ATP 依赖性等特点。

---

## 三、药理作用与临床应用

作为一种简单高效的基因表达调控和基因功能研究工具，RNAi 技术在病理机制研究和药物靶基因筛选等领域取得了诸多进展。虽然迄今为止国内外还没有一种 siRNA 药物正式上市，但已有多种 siRNA 进入了临床试验阶段（表 12-1）。

**表 12-1　目前进入临床试验的部分 siRNA 药物**

| 药物 | 靶点 | 针对疾病 | 临床阶段 |
|---|---|---|---|
| CALAA-01 | 核糖核苷酸还原酶 M2 亚基 | 实体肿瘤 | I 期 |
| ALN-VSP02 | 纺锤体驱动蛋白和血管内皮生长因子 | 肝癌 | I 期 |
| Anti-tat/rev shRNA | HIV 的 *tat* 和 *rev* 基因 | 艾滋病相关淋巴瘤 | I 期 |
| TD101 | 角蛋白基因 *k6a* | 先天性厚甲症 | I 期 |
| Akli-5 | 肾细胞的 *p53* 基因 | 急性肾损伤 | I 期 |
| Bevasiranib | 血管内皮生长因子 | 糖尿病黄斑水肿 | II 期 |
| ALN-RSV01 | 病毒衣壳 N 基因 | 呼吸道合胞病毒病 | II 期 |
| QPI-1007 | Caspase-2 | 青光眼/非动脉炎性前部缺血性视神经病变 | II/III 期 |

## （一）抗肿瘤作用

RNAi 可特异性的抑制肿瘤发生发展过程中关键基因的表达，从而缓解疾病症状。例如，CALAA-01 于 2008 年被美国 FDA 批准进入临床试验，这是 siRNA 药物治疗癌症的首例临床试验。CALAA-01 通过静脉注射给药，siRNA 包被在环糊精-转铁蛋白-金刚烷聚乙二醇的纳米颗粒中，可防止被核酸酶降解。人转铁蛋白可以靶向于细胞膜表面高表达人转铁蛋白受体的癌细胞，使 siRNA 通过内吞作用进入细胞，并通过 RNAi 效应降低核糖核苷酸还原酶 M2 亚基（DNA 合成和修复的限速酶）的表达，从而抑制肿瘤生长，减小肿瘤体积。除了对单基因的抑制，RNAi 技术还可针对多个基因或基因家族的共同序列，从而更有效地抑制肿瘤生长。

### （二）抗病毒作用

siRNA 可降解病毒基因转录的 mRNA，抑制病毒在体内的复制，为病毒性疾病的临床治疗提供了新思路。ALN-RSV01 是首个进入临床试验的抗病毒 siRNA 药物，经鼻腔给药后能够抑制呼吸道合胞病毒复制所必需的病毒核衣壳蛋白编码基因 N 的表达，从而治疗呼吸道合胞病毒感染。艾滋病是最早应用 RNAi 技术进行治疗研究的疾病，Anti-*tat/rev*shRNA（短发夹 RNA）主要靶向于艾滋病毒复制所必需的 *tat* 基因和介导病毒早期基因表达到晚期基因表达转换的 *rev* 基因的共有外显子序列，可用于治疗艾滋病相关的淋巴瘤。此外，RNAi 技术在脊髓灰质炎病毒、流感病毒、疱疹病毒等相关疾病的治疗中也有较好的研究进展。

### （三）治疗眼科疾病

糖尿病黄斑水肿可导致糖尿病视网膜病变，而血管内皮生长因子表达上调引起的毛细血管通透性增加是关键诱因。Bevsiaranib 可降低血管内皮生长因子的表达，从而抑制新生血管形成并消除水肿。QPI-1007 由国家食品药品监督管理局于 2015 年批准进入临床试验，它能够抑制凋亡蛋白 Caspase-2 的表达，在非动脉炎性前部缺血性视神经病变及青光眼患者中发挥视神经保护作用。

### （四）其他作用

RNAi 技术可用于抑制动脉粥样硬化的形成，减少心肌梗死或猝死后心肌与脑细胞的损伤。例如，以血清反应性因子为靶位的 siRNA 可以调控血管平滑肌细胞的增生与迁移，进而延缓血管损伤与动脉粥样硬化损伤过程。此外，一些 siRNA 还具有治疗神经系统疾病的潜力。例如，三核苷酸CAG过度重复引起的多聚谷氨酰胺大量表达与多种神经退行性疾病（如亨廷顿舞蹈病、脊髓延髓肌萎缩症等）有关，而利用 siRNA 针对 CAG 重复子进行沉默后，能够抑制多聚谷氨酰胺的表达。

尽管 siRNA 药物在肿瘤、病毒感染性疾病等临床治疗中展现出了巨大的应用潜力，但是也存在着与反义核酸药物类似的问题，如细胞导入效率和靶向性较低、易被核酸酶降解、存在干扰素反应等，因此需要不断完善 siRNA 的序列设计、结构修饰和药物传递系统。

# 第四节　miRNA 药物的功能及应用

**案例 12-3**

1993 年，美国科学家 Lee 等发现控制秀丽隐杆线虫由幼虫第一阶段向第二阶段转化的基因 *lin-4* 并不编码蛋白，而是合成长度约为 22nt 和 61nt 的两个 RNA 分子，较长的 RNA 分子呈茎环结构且被认为是较短者的前体。随后发现 *lin-4* 的 RNA 可与另一个基因 *lin-14* 的 mRNA 3′非翻译区内的多个位点互补，而且这一过程能够显著抑制 *lin-14* mRNA 翻译成蛋白，但并不减少其本身的量。2000 年，另一个基因 *let-7* 被发现采用了和 *lin-4* 相同的方式来控制秀丽隐杆线虫从幼虫晚期向成虫的转化。此后，在其他动植物中陆续发现了多个类似的 RNA 分子，并将它们统称为微小 RNA（microRNA，miRNA）。

**问题：**

　1. 简述 miRNA 抑制基因表达的过程。

　2. 简析 miRNA 和 siRNA 在作用方式和效应上的异同。

# 一、作用机制

## （一）miRNA 的生物合成

miRNA 是一类由内源基因编码的长度约为 22 个核苷酸的非编码单链 RNA 分子。miRNA 的形成见图 12-2，首先是在基因组中由 RNA 聚合酶Ⅱ转录出其初级产物，即 pri-miRNA。后者在细胞核内 Drosha（含有核糖核酸酶Ⅲ结构域）等酶的作用下被剪切成大小为 60～70nt 的含茎环结构的 pre-miRNA。随后，pre-miRNA 通过 Ran-GTP 依赖性核浆转运子 Exportin5 从核内转移至细胞质中，再在 Dicer 等酶的作用下对茎环结构进行剪切和修饰，形成具有 18～25nt 的双链 RNA，即成熟 miRNA 与其互补链的二聚体。该双链结构存在 2 个 3′端的不匹配突起，导致对应链 5′端序列的相对不稳定性。二聚体解聚后，成熟 miRNA 通常来源于此不稳定序列。除了上述形成过程外，也有少部分 miRNA 是从内含子 RNA 和不具有蛋白质编码能力的外显子中加工而来。

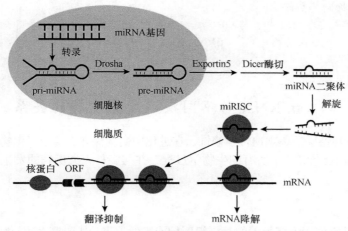

图 12-2　miRNA 的生物合成和作用机制示意图

## （二）miRNA 的基因沉默机制

miRNA 参与转录后基因沉默的过程见图 12-2。成熟 miRNA 因 5′端较低的稳定性而被核糖核蛋白识别，并装配整合入 RISC 中形成 miRISC。此复合物通过 miRNA 特异性地识别同源的 mRNA，进而抑制靶 mRNA 的翻译或引起靶 mRNA 的切割降解。这两种途径的选择主要取决于 miRNA 与靶 mRNA 序列的互补程度。若 miRNA 与 mRNA 的 3′端非翻译区不完全互补配对，可导致 mRNA 翻译受到抑制，这是大多数动物体内的作用方式。若两者完全或几乎互补配对，则可引起互补区的特异性断裂，从而导致基因沉默，这种方式主要存在于植物和病毒中。

## （三）miRNA 与 siRNA 的异同

miRNA 与 siRNA 存在一些共同点，比如长度都约为 22nt，生物合成过程中都需要 Dicer 酶和 Argonaute 家族蛋白等因子的参与，都是 RISC 组分，在介导的沉默机制上有所重叠。但是，两者间也存在明显的区别，可见表 12-2。

表 12-2　miRNA 与 siRNA 的不同点

| 不同点 | miRNA | siRNA |
|---|---|---|
| 来源 | 一般是内源性的，是由基因组转录的 pri-miRNA 经多次剪切后产生的 | 通常是外源性的，如病毒感染或人工插入 dsRNA，是 dsDNA 在 Dicer 酶切割下产生的 |
| 结构 | 单链 RNA | 双链 RNA，3'端有 2 个非配对碱基 |
| 加工方式 | 来源于 pre-miRNA 的一个侧臂 | 对称地来源于双链 RNA 前体的两侧臂 |
| 作用方式 | 可与 mRNA 3'非翻译区不完全结合也可与 mRNA 任何部位完全结合 | 可作用于 mRNA 的任何部位，完全互补引起互补区降解 |
| 作用效应 | 抑制靶 mRNA 翻译或引起其降解 | 引起靶 mRNA 降解 |
| 生物学意义 | 主要调节生长发育相关基因的表达 | 一般不参与个体发育过程，而与抗病毒等有关 |

**案例 12-3 分析**

　　1. miRNA 基因首先在细胞核内转录成 pri-miRNA，随后被酶切成为 pre-miRNA 并运到细胞质，再经过酶切后可成为成熟 miRNA。miRNA 可与靶 mRNA 特异性地配对结合，引起 mRNA 的降解或抑制其翻译。

　　2. miRNA（主要在植物中）与 siRNA 都能与靶 mRNA 完全或近乎完全地配对结合，引起互补区的降解。但是在动物体内，miRNA 一般与 mRNA 的 3'端非翻译区不完全互补结合，进而抑制翻译过程。

# 二、miRNA 与不同疾病发生发展的关系

　　miRNA 作为一种特殊的表观遗传学修饰，在进化中高度保守，参与了生物体的生长增殖、细胞周期进程、凋亡和衰老等几乎所有的生物学过程，并与多种人类疾病的发生发展紧密相关，可成为治疗靶点。

## （一）肿瘤

　　许多 miRNA 基因位于癌症相关的基因组区域或脆性位点，其异常表达与肿瘤关系密切，根据其作用可分为原癌 miRNA（OncomiR）和抑癌 miRNA（TSmiR）。OncomiR 的靶基因是抑癌基因，当 OncomiR 基因的启动子持续激活或 miRNA 加工效率及稳定性有所提高时，其对抑癌基因表达的抑制将增强，从而诱发肿瘤形成。另一方面，TSmiR 的靶基因是原癌基因，当 TSmiR 表达下降或缺失可导致其靶基因表达的升高，从而导致细胞过度增殖并抑制凋亡，也能促使肿瘤的形成。

## （二）心脏疾病

　　miRNA 在心脏发育过程中发挥着重要作用，也与心肌肥厚、心律失调和冠心病等心血管疾病关系密切。例如，miRNA-29 家族靶向基因的编码产物包括多重胶原蛋白、纤维蛋白原和弹力蛋白等，其下调可增强纤维化过程，易引发心脏疾病。

## （三）神经系统疾病

　　miRNA 参与调控神经系统的生长发育和维持正常生理功能，同时与多种神经退行性疾病相关。例如，阿尔茨海默病患者中 miRNA-107 的表达水平明显下降，而 miRNA-107 可抑制 β 淀粉样蛋白前体蛋白裂解酶 1 的表达，从而减少 β 淀粉样蛋白的水平。帕金森患者中脑组织的 miRNA-133b 表达下调，而后者可通过靶向转录因子 PitX3 的表达来调节中脑多巴胺能神经元的功能。

## （四）其他疾病

miRNA 能够调节胰岛素的分泌，如胰腺特异的 miRNA-375 的过表达可抑制胰岛素的分泌，反之能增加胰岛素分泌。miRNA 与病毒感染也有一定关系，如 HIV-1 可通过反式激活反应产生一种 miRNA，能够改变宿主对感染的响应。

# 三、治疗策略及临床应用

## （一）治疗策略

以 miRNA 为靶标治疗疾病的策略是逆转疾病状态下异常表达的 miRNA，从而修正其对靶基因表达的干扰，下面以肿瘤疾病为例简介其治疗策略。

**1. 下调 OncomiR 水平**　miRNA 反义寡核苷酸（anti-miRNA antisense oligonucleotides）可通过碱基配对原则与目的 miRNA 相结合，竞争性地拮抗 miRNA 与靶 mRNA 的结合，还可以过与 pri-或 pre-miRNA 相互作用来阻断 miRNA 的生物合成，从而减轻对抑癌基因 mRNA 翻译的抑制。此外，miRNA 海绵体技术（miRNAs sponges）及一些小分子化合物也是有效的 miRNA 抑制剂。

**2. 上调 TsmiR 水平**　针对某些癌症中异常低表达的 TsmiR，可采用基因治疗和转染 miRNA 模拟物等手段恢复其水平，从而抑制肿瘤细胞增殖。前者是利用质粒或病毒载体表达 pre-miRNA 以长期稳定的产生 miRNA，后者是经化学合成并修饰的 RNA 分子，能够模拟内源性的 TsmiR 而发挥替代疗效。

## （二）临床应用和发展趋势

miRNA 与疾病的密切关系为疾病的筛查和基因治疗提供了更加简便和特异的途径，相关药物的研发进展迅速。尽管目前尚未有 miRNA 药物上市，但已有一些品种进入了临床试验阶段。比如，Miravirsen 是首个进入临床试验的 miRNA 药物，它是一种硫代反义寡核苷酸，靶标是丙型肝炎病毒感染时诱导细胞释放出的 miRNA-122，而 miRNA-122 与病毒的复制、胆固醇调节和脂代谢相关。该药物目前已进入Ⅱ期临床试验，可有效减少丙型肝炎患者中的病毒载量。另外，用于治疗高胆固醇症的 SPC5001（靶向前蛋白转化酶 PCSK9）和 SPC4955（靶向载脂蛋白 B）进入了Ⅰ期临床，还有一些 miRNA 拮抗剂，如治疗动脉粥样硬化的 miRNA-33a/b 拮抗剂、治疗慢性心力衰竭的 miRNA-208 拮抗剂等，正处于临床前研发阶段。

miRNA 作为人类疾病的标志物和治疗靶点有较好的应用前景，但是目前反义技术和 miRNA 替代治疗技术应用于临床也面临着核酸药物共同的难题，如药物稳定性较差、特异性有待提高、靶向病灶和导入细胞的效率较低及存在不良反应等。因此，对这些问题的深入研究有助于推动 miRNA 从基础研究走向临床应用。

（李海峰）

# 第十三章　多糖类药物

1. 掌握　多糖类药物的概念、真菌多糖调节免疫和抗肿瘤的机制、肝素的抗凝机制、透明质酸的药用特点。
2. 熟悉　多糖类药物的结构、理化性质、种类、制备和质量分析方法、给药途径与药代特征。
3. 了解　硫酸软骨素等多糖类药物的药理作用及应用，多糖类药物的发展趋势。

## 第一节　概　　述

### 一、概念和性质

人体与外界环境交换的物质是多种多样的，除水以外，以糖类物质的量最多。糖最初被认为是能量供给的主要来源，直到 20 世纪 60 年代，糖类作为信息分子的生物学功能才逐渐为人们所认识。尤其是在 1988 年，牛津大学生化系的 Dwek 教授提出了糖生物学（glycobiology）这一概念，标志着对糖及糖缀合物的功能研究已逐渐成为生物学和医药领域中的新热点。

#### （一）多糖类药物的概念

天然的糖类化合物以单糖、寡糖和多糖及其糖缀合物的形式存在于生物体内。单糖的化学本质是多羟基醛或酮，一个单糖的半缩醛（或半缩酮）羟基可与另一单糖的某一羟基脱水缩合形成糖苷键。一般认为，含有 2~10 个糖苷键聚合而成的糖类为寡糖，而由超过 10 个的单糖组成的线性或分支结构聚合物为多糖，由一种单糖组成的多糖称作均多糖，由两种以上单糖组成的多糖称作杂多糖。

多糖是糖类化合物的重要组成部分，是自然界含量最丰富的生物聚合物，在藻类、菌类、高等植物及动物体内均有存在。生物体内多糖除以游离状态存在外，也以结合的形式存在，如细胞膜和细胞壁表面的蛋白多糖和脂多糖等。

多糖类物质分布的广泛性、结构的复杂性、生物学作用的多样性，使人们对这类物质的功能研究越来越关注，而且目前已经发现许多种类的多糖类化合物及其衍生物具有良好的药理学作用，其中一些已经作为上市药物应用于临床治疗中。多糖类药物（polysaccharide-based drug）是指含有或来源于多糖分子及其衍生物的一类药物。多糖类药物是目前国内外医药研究的热点之一，也是糖类药物研究的重要方向，甚至形成了一个新兴的学科"多糖药物学"，主要研究多糖的制备、理化性质、结构和构效关系、药理学作用及机制、药动学特征、临床应用和药物开发等，其与糖生物学、糖基化工程学和糖组学有着密切联系。

#### （二）多糖的结构和理化性质

**1.** 多糖结构是多糖发挥药理作用的基础，可分为以下四级结构。

（1）一级结构：指单糖基的组成、糖基排列顺序、相邻糖基的连接方式、异头碳构型及糖链分支的位置与长短等。

（2）二级结构：指多糖骨架链间以氢键结合的各种聚合体。通常糖苷键有两个可旋转的主链

二面角 φ（H1—C1—O1—C 糖配基）和 ψ（C1—O1—C 糖配基—H 糖配基）。两个单糖若为 1→6 连接，则还有二面角 ω（O6—C6—C5—O5）。

（3）三级结构：指由于糖链中的羟基、氨基、羧基及硫酸基间的非共价相互作用而导致二级结构形成规则的构象。

（4）四级结构：指多糖的多聚链间由非共价键结合形成的聚集体。

**2.** 多糖理化性质是直接影响多糖作为药物在临床中使用的一类重要指标。

（1）相对分子质量：多糖的相对分子质量可从几千到几百万道尔顿，是影响多糖空间结构、溶解度、黏度、体内吸收代谢的重要因素。

（2）溶解度：有些多糖难溶于水，导致其药理活性难以发挥，将其降解或经化学修饰（如甲基化、羧甲基化）后，溶解度和药理活性可能有所改善。

（3）黏度：黏度是影响多糖体内吸收的关键因素之一。例如，相对分子质量大的裂褶菌多糖经过降解后其黏度降低，有利于临床应用。

## 二、种　类

糖类药物在世界范围内的使用和销售量正在不断上升，在 2002 年就已达到 120 亿美元的规模。在 2006 年全球销售额前 200 名药物中，糖类药物就占据了近 20 种，而且还不包括肝素、阿卡波糖等"重磅炸弹"级药物。

我国拥有丰富的动植物资源，多糖目前已成为天然药物及保健品研发和应用的重要组成部分。比如，2012 年全球肝素类药物的销售额达到了 91 亿美元，其中我国肝素及其盐类制品的出口量超过了 100 吨，位居世界之首。此外，我国的透明质酸和硫酸软骨素产量及市场份额占据了全球的一半以上，预防伤寒和肺炎的多糖疫苗的临床应用也极为广泛。

近年来，国内有关植物多糖尤其是中药和海藻来源多糖的临床药物研究成果卓著。比如，从香菇、茯苓等真菌中提取的多糖能够增强机体免疫力，从海藻中提取的藻酸双酯钠可用于治疗心血管疾病。此外，针对艾滋病、神经退行性疾病等重大疾病，我国批准了一批海洋多糖类新药进入临床试验阶段，包括聚甘古酯（911）、寡聚甘露糖醛酸（HSH971）、藻酸双酯钠、几丁糖脂和玉足海参多糖等。目前国内上市多糖类药物的种类及相应的药理作用可见表 13-1。

**表 13-1　部分国内上市多糖类药物的种类及作用**

| 分类 | 多糖名称 | 上市药物 | 主要药理作用 |
|---|---|---|---|
| 动物多糖 | 肝素 | 肝素钠注射液、低分子量肝素钠注射液、肝素钠乳膏等 | 抗凝血、抗血栓 |
| | 硫酸软骨素 | 硫酸软骨素钠片、硫酸软骨素钠胶囊等 | 降血脂、镇痛 |
| | 透明质酸 | 透明质酸钠注射液、透明质酸钠滴眼液等 | 保护和润滑组织 |
| | 肠多糖 | 肠多糖片 | 治疗冠心病 |
| 植物多糖 | 黄芪多糖 | 黄芪多糖注射液 | 增强免疫力、抗肿瘤 |
| | 人参多糖 | 人参多糖注射液 | 增强免疫力、抗肿瘤 |
| | 藻酸双酯钠 | 藻酸双酯钠片 | 降脂、心血管保护 |
| 真菌多糖 | 香菇多糖 | 香菇多糖注射液、香菇多糖片、香菇多糖胶囊 | 增强免疫力、抗肿瘤 |
| | 茯苓多糖 | 茯苓多糖口服液 | 增强免疫力、抗肿瘤 |
| | 猪苓多糖 | 猪苓多糖注射液、猪苓多糖胶囊 | 增强免疫力、抗肿瘤 |
| | 云芝多糖 | 云芝多糖胶囊 | 增强免疫力、治疗肝炎 |
| | 紫芝多糖 | 紫芝多糖片 | 治疗神经衰弱 |
| | 灵孢多糖 | 灵孢多糖注射液 | 治疗神经官能症 |

续表

| 分类 | 多糖名称 | 上市药物 | 主要药理作用 |
|------|---------|----------|-------------|
| 细菌多糖 | 荚膜多糖 | 伤寒 Vi 多糖疫苗 | 预防伤寒 |
| | 荚膜多糖 | 23 价肺炎链球菌多糖疫苗 | 预防肺炎 |
| | 荚膜多糖 | 脑膜炎奈瑟球菌多糖疫苗（A 群、ACYW135 群） | 预防脑膜炎 |
| | 右旋糖酐 | 右旋糖酐（20、40、70）葡萄糖注射液等 | 血浆代用品、抗贫血 |

# 三、制备与质量分析

**案例 13-1**

黄芪多糖（astragalus polysaccharide）注射液是国家中药二类新药，能够增加机体免疫力，临床上可用于因化疗后白细胞减少、生活质量降低及免疫功能低下的肿瘤患者。目前多采用水提醇沉法制备黄芪多糖，主要工艺流程为：先对黄芪根茎进行预处理，包括干燥、粉碎过筛、脱脂处理，然后采用热水浸提，提取液过滤后加入一定量的乙醇，然后收集沉淀物，随后利用超滤分离方法，进一步除去小分子和短肽，同时获得纯度较高的特定相对分子质量范围的多糖片段。

**问题：**

1. 解释水提醇沉法制备多糖的原理。
2. 解释超滤法纯化多糖的原理。

## （一）多糖的提取

由于多糖的结构复杂，其合成较为困难，目前多采用从原料中提取分离的方法。在提取多糖之前，需要对原材料进行粉碎，从而获得良好的提取效率。此外，对于含色素较多的植物原料，可进行脱色处理。处理后的原料可以用水、盐溶液、稀酸及稀碱进行提取，在此过程中，料液比、提取温度、时间、次数、溶液 pH 等都会影响提取效率。此外，也可利用超声波、微波等物理手段及酶法进行提取。

## （二）多糖的分离

**1. 有机溶剂沉淀法**　有机溶剂的介电常数较低，而水的介电常数较高，当有机溶剂加入水中将导致溶液介电常数降低，极性物质的溶解度也随之降低，从而产生沉淀。因此，多糖在与水互溶的有机溶剂（如乙醇、丙酮等）中，其溶解度明显降低，而小分子物质的溶解度改变不大，通常可利用该性质达到分离和初步纯化多糖的目的。另外，随着乙醇浓度的提高，多糖将按照相对分子质量由大到小的顺序逐级沉淀出来。

**2. 膜分离法**　是采用特定的半透膜，选择性透过小分子，而阻碍相对分子质量较大的物质透过。膜分离法具有高效快捷、低耗清洁、条件温和、无相变、可连续操作和便于产业化等优点，适用于多糖、多肽等生物大分子的分离、纯化和浓缩。其中，超滤法是在一定压力下，使用多孔性的纤维素或聚砜等高分子滤膜对溶液中的溶质进行过滤，而且采用不同截留相对分子质量的超滤膜，可以实现对多糖片段的分级。

## （三）多糖的纯化

**1. 凝胶柱层析**　可将多糖按分子大小和形状不同分离开来，也能脱去多糖中的无机盐及小分子化合物。常用的凝胶有葡聚糖凝胶、琼脂糖凝胶等，常用的洗脱剂是各种浓度的盐溶液及缓冲液。洗脱的顺序是大分子先出，小分子后出。凝胶柱层析法不适合于黏多糖的分离。

**2. 离子交换柱层析** 根据溶液中各种带电颗粒与离子交换剂间结合力的差异而进行分离。例如，采用阴离子交换剂 DEAE-纤维素，洗脱剂可用不同浓度的盐溶液、碱溶液等，洗脱时采用逐步提高盐溶液浓度来进行，能够获得带有不同负电荷的多糖组分。

## （四）多糖类药物的质量分析

由于多糖结构的复杂性和技术的局限性，目前对多糖的结构分析多集中在一级结构，如确定单糖组成及摩尔比、糖苷键的构型和连接位置、分枝点等。除了化学结构以外，多糖类药物的质量控制还需要检测总糖含量、相对分子质量大小和分布、杂质含量、溶解度、黏度、外观性状等方面。部分分析方法见表 13-2。

**表 13-2 多糖质量分析的常用方法**

| 检测指标 | 分析方法 |
| --- | --- |
| 总糖含量 | 苯酚-硫酸法、蒽酮-硫酸法、3，5-二硝基水杨酸比色法 |
| 相对分子质量 | 光散射法、超速离心沉降速度法、凝胶渗透色谱法、乌氏黏度计法 |
| 单糖组成和比例 | 酸解法、气相色谱、纸层析、薄层层析、高效液相色谱法、离子色谱法 |
| 单糖残基类型和糖苷键连接位点 | 甲基化分析、气质联用法 |
| 糖环形式 | 红外光谱 |
| 异头碳构型和分枝点位置 | 糖苷酶水解法、核磁共振、红外光谱 |
| 羟基取代位点 | 甲基化、高碘酸氧化、Smith 降解、气质联用、核磁共振 |
| 蛋白杂质 | 考马斯亮蓝法、BCA 法、Lowry 法、紫外分光光度法、凯氏定氮法 |
| 核酸杂质 | 紫外分光光度法、定磷法、地衣酚法、二苯胺法 |
| 溶解度 | 平衡法、动态法 |

**案例 13-1 分析**

1. 多糖含有大量的羟基，是极性较强的化合物。根据相似相溶原理，当介电常数较低的有机溶剂如乙醇等加入到水中，溶液极性会降低，多糖溶解度也会随之降低，从而产生沉淀。

2. 多糖溶液在通过特定截留相对分子质量的超滤膜时，小分子溶质可透过排出，相对分子质量较大的多糖被截留成为浓缩液，从而使多糖得到了分离和纯化。

# 四、给药途径与药动学特征

## （一）给药途径

目前临床上使用的多糖药物主要以注射、口服、外用等方式给药，其中以注射制剂居多。比如，肝素注射液以深部皮下注射、静脉推注或滴注给药，香菇多糖也多以注射液剂型在癌症患者术中、术后给药，这主要是由于许多多糖类药物存在口服生物利用度低的缺点。但是，口服制剂作用相对温和且使用方便，还可用于功能性保健品。另外，多糖药物剂型也与其纯度有关，纯度较低的多糖一般制成常规剂型如颗粒剂、片剂、胶囊、合剂等，纯度较高的多糖则可制成注射剂。

## （二）药动学特征

影响多糖药动学的因素有很多方面，包括多糖的相对分子质量、电荷、构象、给药方式和剂型等。以口服给药为例，多糖可通过细胞旁路和跨细胞膜途径经肠道上皮吸收。进入血液循环后，多糖的血药浓度-时间曲线大多符合二室模型，消除半衰期及组织器官蓄积量均会随相对分子质量的增大而增加。同时，受到毛细血管内皮的阻碍及自身结构特征和电荷性质的影响，多糖可能选择性分布在毛细血管有孔或不连续的组织中，如肝脏和脾脏。

一般而言，相对分子质量较小的多糖片段可通过被动扩散或载体转运吸收，水溶性多糖则被细胞摄取，主要方式为吞噬和胞饮，且肝脏和脾脏是主要的靶向器官。

多糖在内源性酶或微生物的作用下会发生一定程度降解，比如低分子量壳聚糖及其部分降解产物主要经血液运转转移到外周组织如肝脏，并进一步降解。多糖及其降解产物最终通过排泄系统排出，其中肾小球的过滤作用受多糖的相对分子质量、分子形态和电荷性质的影响。

# 五、发 展 趋 势

## （一）开辟新来源

**1. 开发中草药和海洋资源**　我国拥有丰富的中草药和海洋生物资源，而且现代研究表明，许多中草药和海藻来源的多糖具有免疫调节、抗肿瘤、抗氧化、抗辐射、抗病毒和降血糖等广泛的药理活性。因此，根据中医实践经验，并结合现代医药理论对这些多糖的药理作用进行研究，有助于加快多糖类新药的开发。

**2. 建立糖库**　建立化合物库是新药筛选的前提，而建立糖库最快捷的方法是采用酶解、化学降解等方法。比如，通过降解可制备不同活性的低分子肝素，其中有能和抗凝血酶Ⅲ结合的五糖，还有能和成纤维细胞生长因子结合的六糖。

**3. 合成糖链**　肝素及低分子肝素是临床广泛应用的抗凝药物，其原料来源主要是猪小肠黏膜和牛肺黏膜，这不仅依赖于屠宰业而且还易受微生物污染。20 世纪 80 年代，一系列肝素类寡糖的合成研究促成了目前唯一一个人工合成的肝素类寡糖抗凝药物——磺达肝素的上市。此外，可以采用基因工程方法克隆表达相应的酶，用体外酶法合成来代替目前的生物来源。

## （二）改造已有的多糖类药物

**1. 修饰和改造**　多糖的生物学活性与其结构有关，一些化学基团的引入能够增强多糖的活性、或产生新的活性、或降低某些不良反应、或改变多糖的理化性质如溶解性等，因而有利于多糖类药物的开发应用。化学修饰主要集中在多糖的羧基、羟基和氨基上，有硫酸化、羧甲基化、乙酰化、烷基化、硒化等。例如，茯苓多糖经过羧甲基化后，其水溶性增加，对一些肿瘤细胞的抑制作用也有所增强。

**2. 多糖类缓控释制剂的深入研发**　将多糖药物靶向定位到机体特定部位，不仅可能减少不良反应，还能降低药物的剂量。比如，将半乳糖和一些药物同时连接到某些大分子上，所得到的偶联化合物可以专一地投送到肝脏的实质细胞中，从而用于治疗肝脏的疾病。

# 第二节　多糖类药物的功能及应用

现代研究表明，可食用来源的天然多糖具有广泛的生物学活性和药理学作用，在医药和保健品等领域具有巨大的开发和应用潜力，然而目前仅有少部分被开发成产品，大部分多糖还停留在研究阶段。因此，加强对多糖类药物的研发不仅能促进多糖药物学的发展，还能为人类疾病的防治提供更加广阔的策略。

## 一、免疫调节和抗肿瘤作用

天然多糖可经过多途径、多靶点、多环节来增强机体的免疫功能，比如提高特异性和非特异性免疫细胞的数量和活性，激活补体途径和提高细胞因子的活性。目前已经上市的具有调节免疫功能的多糖类药物主要为真菌多糖，包括香菇多糖（lentinan）、灵芝多糖、茯苓多糖、猪苓多糖、银耳孢糖、云芝多糖、裂褶菌多糖等，此外还有一些中药多糖，如黄芪多糖、人参多糖等。

多糖类药物对机体免疫功能的调节是其发挥抗肿瘤活性的重要基础，比如激活 B 淋巴细胞、T 淋巴细胞和巨噬细胞，从而间接杀伤肿瘤细胞。另一方面，多糖也可以对肿瘤细胞进行直接抑制和杀伤，如调节细胞增殖、凋亡、血管生成等相关基因的表达来抑制肿瘤细胞生长。因此，大部分具有免疫增强作用的多糖类药物都能用于肿瘤患者的临床辅助治疗。

---

**案例 13-2**

香菇是世界第二大食用菌，1969 年日本科学家 Chihara 等从中提取并分离出了一种多糖成分，并在 S180 荷瘤小鼠模型中发现其具有抗肿瘤作用。随后，国内外众多学者对此进行了深入的研究，证实香菇多糖对多种肿瘤细胞均有良好的抑制作用，与抗肿瘤药物联用还可增强化疗疗效，减少化疗毒副作用，改善患者生存质量。因此，香菇多糖目前主要作为辅助药物应用于肿瘤治疗，也适用于患者术后的机体康复。

**问题：** 阐释香菇多糖主要的抗肿瘤机制。

---

香菇多糖是从香菇子实体中提取出的有效成分，相对分子质量可为几十万到上百万道尔顿，其单糖组成有葡萄糖、半乳糖、甘露糖、阿拉伯糖等。香菇多糖主链由 β-（1→3）-D-葡聚糖组成，主链上随机分布着由 β-（1→6）连接的葡萄糖基。香菇多糖能够在器官、细胞和分子多层次发挥免疫增强作用，常用于胃肠道癌、肺癌、乳腺癌、恶性淋巴癌等肿瘤疾病的放化疗辅助治疗，也可用于乙型肝炎、艾滋病、肺结核等感染性疾病的治疗。

**1. 增强机体免疫力**

（1）调节免疫器官：香菇多糖可促进胸腺、法氏囊、脾脏等多种免疫器官的组织分化和细胞增生，并促进器官发育，增加免疫器官重量、增大免疫指数，从而拮抗不良因素引起的免疫器官病变。

（2）调节免疫细胞：香菇多糖可通过促进免疫细胞增殖并增强其功能，从而发挥免疫增强作用。例如，香菇多糖能够促进 S180 荷瘤小鼠体内 T、B 淋巴细胞增殖，还能增加胸腺树突状细胞数量并促进其分化成熟，增强其抗原提呈能力，促进树突状细胞分泌白细胞介素，并能增强巨噬细胞的吞噬功能。

（3）调节免疫相关分子的水平：免疫分子是免疫细胞发挥功能的物质基础，包括免疫球蛋白、补体分子、细胞因子、黏附分子等。香菇多糖可增强静息 T 细胞中 IL-2、IL-3 的表达，诱发巨噬细胞 IL-1α、TNF-α 和脾细胞 IL-2、IL-3 的表达，还可以显著降低黏附分子的表达，刺激 MHC-Ⅱ、CD86、CD83 的表达。

**2. 直接抑制肿瘤** 香菇多糖对多种癌细胞均有杀伤作用，而且对耐药的肿瘤细胞也有抑制作用。香菇多糖能够引起 S 期细胞周期阻滞，通过影响 ERK1/2 蛋白激酶的磷酸化水平，调节基因表达，阻滞促进肿瘤细胞异常增殖的信号通路，从而抑制多种肿瘤细胞的增殖。香菇多糖还能上调肿瘤细胞中凋亡促进蛋白 BaX 的表达，降低凋亡抑制蛋白 Bcl-2、PCNA 的表达，从而诱导肿瘤细胞凋亡。香菇多糖还能够降低小鼠瘤组织中血管内皮生长因子表达及微血管密度，减少肿瘤细胞的穿膜细胞数，从而抑制肿瘤的浸润和转移。

---

**案例 13-2 分析**

1. 香菇多糖能够增强免疫器官和免疫细胞的功能，促进免疫相关分子的表达，从而增强机体免疫力，间接地杀伤肿瘤细胞。此外，香菇多糖还能通过阻滞细胞周期、诱导凋亡、改变微环境等途径直接抑制肿瘤细胞的生长。

**知识拓展**

免疫组织和器官是免疫细胞成熟和工作的场所，包括中枢免疫器官胸腺和骨髓（禽类中是法氏囊）及外周免疫器官脾脏、淋巴结、淋巴组织和扁桃体等。其中胸腺是 T 细胞分化和成熟的器官，骨髓是 B 细胞分化和成熟的场所。

免疫细胞是担负免疫功能的主体。在特异性免疫应答中，T 淋巴细胞和 B 淋巴细胞发挥着重要作用。在非特异性免疫应答中，主要是巨噬细胞、树突状细胞、自然杀伤细胞、粒细胞等发挥作用。

# 二、抗凝血作用

**案例 13-3**

1916 年，美国科学家 Howwell 在开展从人体组织及脏器的提取物中寻找促进血液凝固物质的研究工作时，意外的发现肝脏提取物中存在一种强有力的抗凝物质，于是将其命名为肝素（heparin）。此后，研究者陆续从人和动物的其他组织中发现了肝素的存在。1938 年，临床上首次用肝素预防深静脉血栓形成获得了成功。到目前为止，肝素已成为临床上广泛使用的抗凝剂。但是，在临床实践中人们逐渐发现肝素存在出血的不良反应，因此低分子肝素应运而生，其抗凝血、抗血栓作用类似于普通肝素，但出血风险大为降低，而且还具有生物利用度高和半衰期长等优点。

**问题：**

1. 解释肝素抗凝的主要机制。

2. 低分子肝素的出血不良反应为何弱于普通肝素？

肝素是一种高度硫酸化的糖胺聚糖，由糖醛酸和葡萄糖胺以 1→4 连接成的二糖单位重复组成。肝素的化学结构非常复杂，2-*O*-硫酸-α-*L*-艾杜糖醛酸和 6-*O*-硫酸-*N*-硫酸-α-*D*-葡萄糖胺是主要的二糖单位（图 13-1），还有 α-*L*-艾杜糖醛酸、6-*O*-硫酸-*N*-乙酰-α-*D*-葡萄糖胺、β-*D*-葡糖醛酸、3-6-双 *O*-硫酸-*N*-硫酸-α-*D*-葡萄糖胺等单糖基存在。

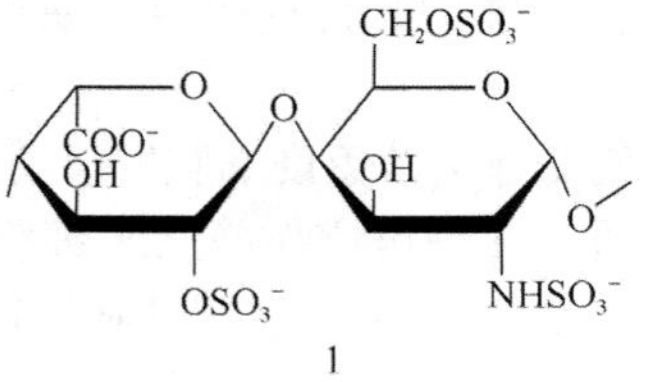

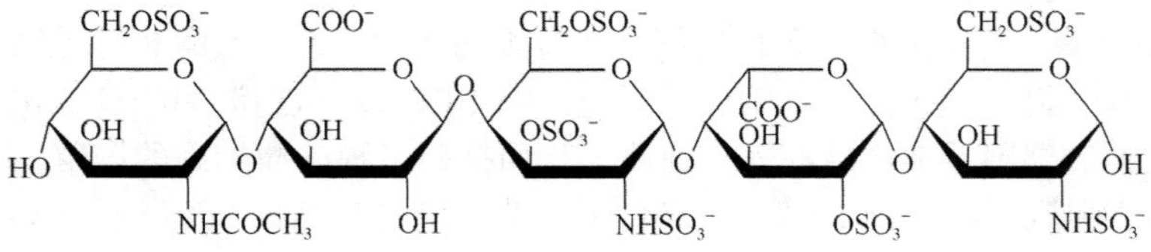

图 13-1 肝素的主要结构

1. 肝素的主要二糖单位；2. 肝素的抗凝五糖单位

肝素是目前临床上广泛使用的抗凝血和抗血栓药物，主要包括未分级肝素（unfractionated heparin，UFH）和低分子肝素（low molecular weight heparin，LMWH）的盐类制品（如肝素钠、肝素钙等）。前者平均分子质量为 12～15kDa，后者是由普通肝素经过降解得到的平均分子质量为 4～6kDa 的多糖片段。

**1. 抗凝血作用**　肝素能够干扰血凝过程的许多环节，其作用机制较为复杂，其中一条重要的途径是通过与抗凝血酶Ⅲ的结合而发挥作用。抗凝血酶Ⅲ有一个精氨酸反应中心，可以和凝血因子的丝氨酸活性中心共价结合，使凝血因子失去活性。在正常情况下，抗凝血酶Ⅲ灭活凝血因子的速度非常缓慢。肝素分子含有一个特殊的五糖结构（图 13-1），可与该酶的赖氨酸部位结合，使其精氨酸活性中心构象发生改变，导致该酶灭活凝血因子的速度增加上千倍。肝素与抗凝血酶Ⅲ形成的复合物主要对凝血因子Ⅱa、凝血因子Ⅹa 进行灭活，对凝血因子Ⅱa 的抑制需要肝素分子具有足够的长度，至少要达到 18 个单糖（分子质量约为 5.4kDa），而抑制凝血因子Ⅹa 对肝素的分子质量没有特定要求，只需要具有特殊的五糖结构即可。另外，肝素可与血小板结合，既抑制血小板表面凝血酶的形成，又抑制血小板聚集和释放，与血小板因子 4 结合后可抑制血小板功能。因此，强大的抗凝作用是导致普通肝素产生出血不良反应的主要原因。低分子肝素的分子质量相对较低，其灭活Ⅹa 因子能力基本不变，但灭活Ⅱa 因子能力大幅下降，而且其与血小板因子 4 亲和力低，对血小板聚集的抑制较弱，因此在有效抗凝的同时可减少出血不良反应。

**2. 抗血栓作用**　血栓形成的主要因素之一是凝血酶的激活，导致纤维蛋白原转变为纤维蛋白。肝素可通过抑制凝血因子Ⅹa 来抑制凝血酶的激活，并能增加组织型纤溶酶原激活物（t-PA）的释放，从而减少纤维蛋白的产生并促进其溶解。另外，肝素还能降低凝血酶诱导的血小板聚集，从而降低血液黏度，抑制血小板纤维蛋白凝块的产生。因此，肝素可预防和溶解血栓，临床上广泛用于各种血栓性疾病的防治。

**案例 13-3 分析**
1. 肝素能够通过多种途径发挥凝血作用，其中一条重要途径涉及激活抗凝血酶Ⅲ，即使该酶的精氨酸活性中心构象变化，从而加速与各种凝血因子的丝氨酸活性中心结合，使凝血因子失活，进而达到抗凝效果。
2. 与普通肝素相比，低分子肝素与抗凝血酶Ⅲ结合后可抑制凝血因子Ⅹa 的活性，但对凝血因子Ⅱa 的抑制较弱，而且对血小板聚集和功能的影响较小，因此其出血风险相对较低。

**知识拓展**
人体内血液凝固过程主要包括三个阶段：凝血酶原激活物的形成、凝血酶的形成、纤维蛋白的形成。凝血酶原激活物为凝血因子Ⅹa、凝血因子Ⅴ、$Ca^{2+}$和血小板因子 3 的复合物，其形成过程包括内源性途径和外源性途径这两条途径。在凝血酶原激活物的作用下，血浆中无活性的凝血因子Ⅱ（即凝血酶原）被激活为有活性的凝血因子Ⅱa（即凝血酶）。凝血酶可使血浆中的纤维蛋白原转变为纤维蛋白单体，并能激活凝血因子，使纤维蛋白单体相互连接形成不溶于水的网状多聚体，将血细胞固定在内，从而完成凝血过程。除了凝血物质，血液中还存在着抗凝物质和纤溶系统，可保持血流通畅。纤溶系统可分解凝血过程所形成的纤维蛋白，其中 t-PA 是主要的激活物。

# 三、降脂和心血管保护作用

## （一）硫酸软骨素

硫酸软骨素（chondroitin sulfate）是一类硫酸化的糖胺聚糖，存在于人和动物的软骨、骨、肌腱、肌膜和血管壁中。硫酸软骨素为酸性黏多糖，由重复的葡萄糖醛酸和 N-乙酰半乳糖胺二糖单位组成，二糖间以 β-1,4 糖苷键连接而成，相对分子质量一般为 20～30kDa。根据硫酸基在 N-乙酰半乳糖胺上的不同位置可分为硫酸软骨素 A、硫酸软骨素 C、硫酸软骨素 D 等，临床使用的硫酸软骨素主要含有前两种。

硫酸软骨素可以清除体内血液中的脂质和脂蛋白，增加脂质和脂肪酸在细胞内的转换率，从而减轻脂肪组织重量，预防脂肪肝和高血脂。此外，硫酸软骨素能够增加动脉粥样硬化的冠状动脉分支或侧支循环，加速冠状动脉硬化或栓塞所引起的心肌坏死或变性的愈合、再生和修复，从而防治动脉粥样硬化病变。

## （二）藻酸双酯钠

藻酸双酯钠（propylene glycol alginate sodium sulfate）是国内第一个也是目前海洋药物生产规模最大的类肝素药物，它是利用化学修饰法在低聚海藻酸中引入丙二醇酯基和硫酸酯基的一种硫酸化多糖，相对分子质量一般为 10～20kDa。

藻酸双酯钠能够降低血浆中总胆固醇、三酰甘油、低密度脂蛋白和极低密度脂蛋白，升高血清高密度脂蛋白，并能促进胆固醇和三酰甘油降解，从而抑制动脉壁脂质的沉着，减轻血脂异常对血管内皮及细胞膜的损害，临床上可用于缺血性心、脑血管系统疾病和高脂血症的预防和治疗。

# 四、血容扩充作用

血容扩充药即血浆代用品，主要用于提高血浆胶体渗透压，扩充有效循环血容量。目前临床上常用的多糖类血容量扩充药主要有右旋糖酐、羟乙基淀粉等。右旋糖酐（dextran）广泛存在于微生物及其分泌的黏液中，是构成细胞壁的重要组成部分。右旋糖酐主要是由 D-吡喃式葡萄糖以 α-1,6 键相连接，也有支链点以 α-1,2、α-1,3 及 α-1,4 键相连接。根据其相对分子质量的不同，右旋糖酐可分为下列几种类型。①右旋糖酐 10，相对分子量在 10kDa 以下；②右旋糖酐 20，相对分子质量 10～25kDa；③右旋糖酐 40，相对分子量为 25～50kDa；④右旋糖酐 70，相对分子质量为 50～90kDa；⑤大分子右旋糖酐，相对分子质量为 90kDa 以上。右旋糖酐溶于水中能形成具有一定黏度的胶体溶液，6%的右旋糖酐生理盐水溶液与血浆的渗透压及黏度相同，而且右旋糖酐 70 与血浆蛋白及球蛋白分子的大小也相近，在人体内存在时间较为持久，因此临床上多利用它来扩充血容量，维持血压，供出血及外伤休克时急救使用。

# 五、医学手术及生物材料应用

**案例 13-4**

1934 年，美国科学家 Meyer 等首先从牛眼玻璃体中分离出透明质酸（hyaluronic acid），随后 Kendell 等研究者从发酵液中也提取得到了透明质酸。目前在临床上，透明质酸广泛应用于各种眼科手术中，包括白内障手术、人工晶体植入术、青光眼小梁切除术、视网膜剥离术、角膜移植术、外伤性眼手术等，还能用于治疗骨关节炎、风湿关节炎等关节炎症。此外，透明质酸还能用于制备水凝胶缓控释制剂、基质和敷料等医学材料。

**问题：**

1. 透明质酸用于眼科手术和关节炎治疗的重要基础是什么？
2. 透明质酸应用于医学材料领域的优点有哪些？

## （一）透明质酸

透明质酸又名玻璃酸、玻尿酸，广泛分布于人体和动物的皮肤、肺、肠及关节滑液、软骨、脐带、血管壁等组织间质中。透明质酸是一种不含硫的酸性黏多糖，是由 D-葡萄糖醛酸通过 β-1,3 糖苷键与 N-乙酰葡糖胺连接形成的双糖单位重复排列而成，双糖单位间则由 β-1,4 糖苷键相连（图 13-2）。不同来源透明质酸的组成一致，但是糖链的长度有所不同，相对分子质量

一般为 $10 \sim 10^4\,\text{kDa}$。

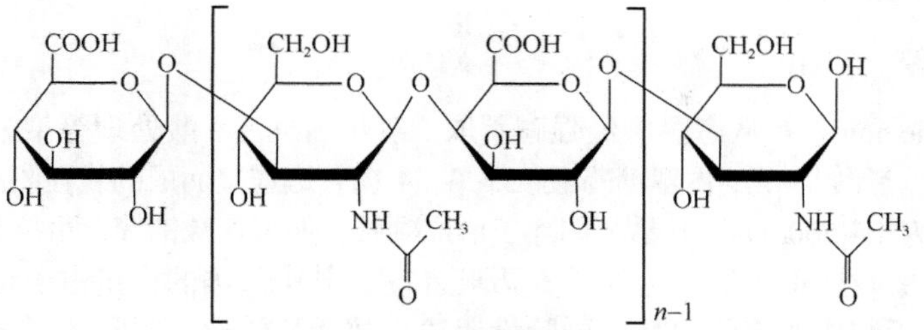

图 13-2　透明质酸的化学结构

透明质酸分子在溶液中可形成刚性螺旋柱形结构，柱的内侧由于羟基产生强烈亲水性，但是羟基的定向连续排列又可在分子链上形成憎水区。透明质酸的这种亲水和憎水特性，使其在浓度极低的时候也能形成蜂窝状网络结构，水分子在网络内通过极性键和氢键与透明质酸分子相结合而被固定，不易流失，所以透明质酸吸水和保水能力非常强，能够发挥润滑组织和关节、保持皮肤韧性与弹性、协助电解质扩散及运转、调节血管壁通透性、促进伤口愈合等作用。

**1. 用于眼科手术**　透明质酸可以在手术期间保护组织，给手术提供一个移动组织的空间，而且在手术后，其可成为粘连性手术植入物，保证组织表面的分开，防止手术后渗出和组织粘连，并促进伤口愈合。例如，在移去白内障晶状体及进行人工晶体移植时，透明质酸能减少手术损伤。

**2. 治疗关节炎**　在骨关节炎中，透明质酸的浓度和相对分子质量下降可导致关节软组织内细胞基质的黏弹性下降，从而减弱关节滑液的生理性保护功能。当注射外源性的透明质酸时，关节液的低黏弹性将升高，关节的灵活性增加，疼痛减轻，关节腔的生物环境的改善也能促进自身合成高分子量透明质酸。

**3. 用于药物载体和生物材料**　透明质酸及其衍生物能够通过分子中的羧基、羟基和酰胺基结合药物，因此可作为控释、缓释和靶向释放的局部、可注射、可植入载体。另外，透明质酸可用于制作基质、敷料、创伤治疗支架等医药材料。

---

**案例 13-4 分析**

1. 透明质酸在水溶液中能够形成立体蜂窝状网络结构，具有极强的吸水和保水能力，在人和动物的组织器官中发挥着润滑、填充和保护的作用。

2. 透明质酸具有良好的生物相容性、生物可降解性、化学修饰多样性、吸水保水性、润滑性、防粘性、调节渗透压和流体阻力、抗炎等优点，因而被广泛用于生物医学材料领域。

---

## （二）壳聚糖

甲壳素大量存在于昆虫、甲壳纲动物外壳及真菌的细胞壁中，是自然界除纤维素外含量最丰富的多糖类物质。甲壳素是由氨基葡萄糖和乙酰氨基葡萄糖经糖苷键连接后反复交替而成的线性聚合物。壳聚糖（chitosan）是甲壳素的 N-脱乙酰基衍生物，相对分子质量为 $10^3\,\text{kDa}$ 左右，化学性质稳定，生物相容性良好，可被溶菌酶、壳多糖酶水解，其降解产物无毒且能被生物体吸收。

壳聚糖不溶于水，但可溶于稀酸并能形成黏稠的高分子阳离子胶体溶液，干燥后再用氢氧化钠溶液处理即形成壳聚糖膜。壳聚糖膜能够减轻对胃肠道的刺激，同时在酸性介质中缓慢的溶蚀又可实现药物的控释，从而改善药物吸收，提高药物的生物利用度，减少不良反应。因此，其可作为片剂、丸剂、颗粒剂等的缓释剂。

壳聚糖可用于制作止血愈创敷料，在止血抑菌的同时促进创面愈合。此外，壳聚糖还大量用于制作生物支架、手术缝合线、止血纱布、人工肾脏、人造皮肤、骨骼修复、人工肝脏、神经修复、眼科等方面的医学材料。

## （三）海藻酸

海藻酸（alginic acid）是从海藻中经强碱萃取、氯化钙沉淀、酸处理等工艺处理获得的一类多糖，是由 $\alpha$-$L$-甘露糖醛酸与 $\beta$-$D$-古罗糖醛酸依靠 $\beta$-1,4-糖苷键连接而成的线性阴离子聚合物。海藻酸相对分子质量范围为 $1\sim500kDa$，其易与阳离子形成凝胶，如海藻酸钠等，可控制水分子的流动性。

目前世界上海藻酸钠年产量已达到了 6 万吨左右，其中我国的产量占了将近一半。海藻酸钠在医药领域主要用于制作血浆代用品、凝胶骨架片、微球及微囊、靶向制剂、创伤敷料、软膏基质、组织工程载体等。

# 六、免疫作用

荚膜多糖（capsular polysaccharide）是细菌重要的保护性抗原和毒力因子，具有较好的免疫原性，临床上可用于多糖疫苗的研制。荚膜多糖疫苗成分单一，不易引起免疫不良反应，目前主要有三种荚膜多糖疫苗在临床上使用，可有效防治伤寒、肺炎和流行性脑膜炎。

## （一）伤寒 Vi 多糖疫苗

伤寒是由伤寒沙门菌引起的一种急性传染病，目前国际上多采用伤寒 Vi 多糖疫苗进行预防，它是从伤寒沙门菌的荚膜多糖中提取纯化而来。在临床试验中，该疫苗的效果与全菌疫苗一样，但它引起的不良反应却明显降低。

## （二）脑膜炎奈瑟球菌多糖疫苗

脑膜炎奈瑟菌是流行性脑脊髓膜炎的病原菌。根据其荚膜多糖的不同，脑膜炎球菌可分为 13 个血清群。脑膜炎奈瑟球菌多糖疫苗是将不同血清型病菌的多糖荚膜组合，形成二价、三价等多种疫苗，具有良好的免疫原性、安全性和稳定性。

## （三）肺炎链球菌多糖疫苗

肺炎球菌根据其荚膜多糖成分的不同可分为 48 个血清群、91 个血清型。目前使用的肺炎链球菌多糖疫苗包含了 23 种普遍流行或侵袭力强的肺炎链球菌特异性多糖，可有效预防肺炎，而且保护时间较长。

# 七、其他作用

## （一）聚甘古酯

聚甘古酯（911）是一种从海藻中提取分离并经化学修饰得到的硫酸酯多糖，其相对分子质量约为 6 kDa，是抗艾滋病的国家一类新药。聚甘古酯可降低血浆中病毒滴度及 RNA 拷贝数，升高病毒抗体的含量，缓解病毒对细胞的损伤。聚甘古酯还能抑制病毒反转录酶活性，从而干扰 HIV-1 与细胞的吸附。

## （二）藻酸双酯钠

藻酸双酯钠来源于褐藻及棘皮动物，主要由 $\alpha$-$L$-岩藻糖-4-硫酸酯组成，可减轻肾小管间质损害，增加肾脏血流量，降低血清肌酐、尿素氮水平，有利尿和减低血总胆固醇、血液黏稠度的作用，是治疗慢性肾衰竭的国家二类新药。

## （三）寡聚甘露糖醛酸

寡聚甘露糖醛酸（HS971）是一种从海藻酸钠降解产物中获得的寡糖类化合物，目前是国内抗老年痴呆的一类新药，正处于临床试验阶段。寡聚甘露糖醛酸可通过与阿尔茨海默病中关键致病蛋白 β-淀粉样肽的前体蛋白跨膜区相互结合，专一性抑制 β-淀粉样肽的生成及聚集，并促进纤维解聚，从而改善学习记忆功能。

（李海峰）

# 第十四章 疫 苗

## 第一节 概 述

### 一、疫苗的概念

疫苗（vaccine）的记载始于 1798 年，疫苗接种已经成为预防传染性疾病的最成功方法之一，每年挽救了数百万人的生命。随着现代生物技术的发展，疫苗的应用已经不仅局限于预防传染病，也开始应用在如滥用毒品、抗过敏、预防肿瘤和预防阿尔茨海默病等领域。

疫苗技术的进步与生物技术的蓬勃发展密不可分。现代疫苗技术的主要目标是满足理想化疫苗的所有需求，通过抗原决定簇的表达（免疫系统可识别的最小分子结构）和（或者）隔离可提供有效免疫反应的抗原，尽可能消除造成有害影响的结构。因此，获得更强特异性的疫苗产品将可大大提升其安全性。

疫苗接种可预防疾病发生的原理与免疫的理论有关。在自然感染后，正常的人体免疫系统会对外来的特定病原体启动免疫反应。一定情况下，在疾病治愈之后，这一免疫反应会永久性保护个体免受同一种疾病的危害。这种现象被称为特异性免疫，由体内存在的循环抗体、细胞毒性细胞（cytotoxic cells）和记忆细胞（memory cells）发挥共同作用。当同样的抗原活性物质再一次进入体内后，记忆细胞会被激活。不同于第一次感染后的反应，再次感染后的反应是非常迅速的，并且足够强大到防止疾病的复发。

疫苗接种的原则就是模仿这样的再次感染过程，通过使用含有来自病原体或者有关的抗原成分，有效地激活宿主对抗病原体的自然特异性保护机制，但宿主没有其他不正常的病理反应。疫苗接种的成功取决于保护性免疫反应的诱导产生和长时间的免疫记忆。接种疫苗也被认为是主动免疫，因为宿主的免疫系统在应对"感染"的时候，体液和细胞免疫反应被激活，产生对特定病原体的适应性免疫。除了主动免疫，给予宿主特定抗体可使宿主的获得短暂的免疫保护机制，即被动免疫。

### 二、免疫反应的过程

一般而言，主动免疫主要用于防止疾病感染，而被动免疫则既可用于防止疾病传染，又可用于治疗疾病，主动免疫和被动免疫之间的区别如图 14-1 所示。最近开发的有应用潜力的主动免疫

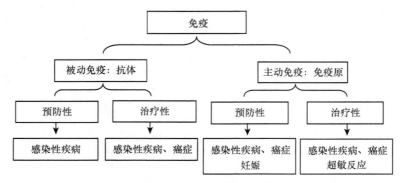

图 14-1 被动免疫和主动免疫（接种疫苗）流程

疫苗已经出现，这些治疗性疫苗可以预防癌症、治疗药物滥用（如尼古丁成瘾）等。

### （一）主动免疫

人体接种疫苗后，经过以下步骤产生相应的免疫反应，并形成免疫记忆细胞。①吞噬细胞摄取疫苗（包括进入的病原体及其抗原成分）；②激活特异的抗原呈递细胞并使其从损伤组织向外周淋巴器官迁移；③抗原呈递到 T 淋巴细胞；④激活（或抑制）T 淋巴细胞和 B 淋巴细胞。

### （二）先天免疫

每一个对抗病原体的反应开始于先天免疫系统的激活，这是机体对抗原的非特异性快速反应。先天免疫系统的重要成员包括巨噬细胞和树突细胞等。先天反应不会导致免疫记忆。吞噬细胞识别保守的微生物结构，并通过细胞表面或胞浆的模式识别受体起作用，如 Toll 样受体和清道夫受体 C 型凝集素。其中，Toll 样受体包括了可识别不同模式病原体的家族受体，其在巨噬细胞和树突细胞的表面均存在。树突状细胞可通过受体依赖途径从细胞外环境吞噬物质，该过程称为胞饮。

### （三）激活和迁移

模式识别受体可以调节从组织周围摄取抗原物质的量，同时在触发细胞因子网络中也发挥着重要作用，并将影响针对病原体的适应性免疫应答的类型。受感染组织中已摄取病原体的吞噬细胞将会被激活，产生促炎细胞因子如白细胞介素 1β、白细胞介素 6、肿瘤坏死因子及趋化因子。趋化因子会招募更多吞噬细胞如嗜中性粒细胞和单核细胞到感染部位，而促炎细胞因子会导致发热和急性期反应的蛋白质的产生，可以促进病原体被机体处理。

大多数吞噬细胞包括树突状细胞和巨噬细胞，还有 B 细胞可以作为抗原呈递细胞，将经处理的抗原决定簇呈递到淋巴器官周围的淋巴细胞上。例如，载有抗原的树突状细胞从感染处被激活，并通过淋巴结附近的淋巴管进行迁移。这些淋巴结与病原体特异性淋巴细胞可能发生接触。

### （四）抗原呈递和淋巴细胞活化

周围淋巴器官是先天免疫系统细胞（APCs）与获得性免疫细胞（T 细胞和 B 细胞）的主要汇集地。在与先天免疫系统细胞接触后，只要病原体特异性 T 细胞和 B 细胞从先天免疫系统细胞上获得适当的信号之后，它们就会被激活。除了通过抗原特异性结合相应的受体，淋巴细胞的激活需要通过淋巴细胞和先天免疫系统细胞间的刺激分子的接触，形成共同的刺激信号。细胞和细胞间接触对淋巴细胞的刺激是必不可少的，没有合适的信号，抗原特异性 T 细胞无法发挥作用。接收到激活的适当信号后的淋巴细胞将大量克隆，产生多个识别同一抗原的祖细胞。

### （五）获得性免疫系统

获得性免疫细胞参与感染晚期的病原体消除和免疫记忆的产生。它包括有抗原特异性受体的 B 和 T 淋巴细胞。获得性免疫系统可以分为体液免疫和细胞免疫（表 14-1）。体液免疫导致抗体形成（包括细胞介导的反应），细胞免疫导致了细胞毒细胞的产生。抗体和 T 细胞的作用是根据辅助因子而定，其中一些例子见表 14-1。在一般情况下，病原体或者保护性疫苗的感染之后，体液免疫和细胞免疫都会产生。体液和细胞免疫之间的平衡在不同病原体有很大的差异，依赖于获得性免疫病原体是由先天免疫系统细胞呈递的，这些因素都可能影响特定疫苗的设计。

表 14-1　防止传染病的重要免疫产品

| 免疫反应 | 免疫反应产物 | 辅助因子 | 感染源 |
| --- | --- | --- | --- |
| 体液免疫 | IgG | 补体系统、中性粒细胞 | 细菌和病毒 |

续表

| 免疫反应 | 免疫反应产物 | 辅助因子 | 感染源 |
|---|---|---|---|
| | IgA | 替代补体途径 | 导致呼吸系统感染的微生物 |
| | IgM | 补体系统、巨噬细胞 | |
| | IgE | 肥大细胞 | |
| 细胞免疫 | CTL | 溶解蛋白 | 病毒和分枝杆菌 |
| | $T_{DTH}$ | 巨噬细胞 | 病毒、分枝杆菌和真菌等 |

## 三、疫苗设计与免疫反应之间的关系

在新疫苗的合理设计过程中，了解对病原体的保护性免疫机制是关键步骤。例如，为了防止破伤风，高滴度的抗破伤风毒素是必要的。在分枝杆菌疾病如肺结核，巨噬细胞激活的细胞应答是最有效的。为了防止流感病毒的感染，除了抗体外，细胞毒 T 淋巴细胞可能起到了重要的作用。重要的是，由疫苗引起的免疫效应机制，因此，免疫的成功不仅依赖于保护性成分的性质，还依赖于它们的表达形式及给药途径。

疫苗的表达形式是影响效果和诱发免疫反应的类型的决定因素。树突状细胞和其他一些免疫细胞主要参与处理抗原及呈递到外周淋巴器官的 T 细胞上等过程。通过各种模式识别受体，树突状细胞可以识别不同类型的病原体，免疫细胞产生的共刺激信号和促炎因子在外周淋巴器官中被呈递到不同 T 细胞上。例如，病原体或含有脂质体或肽聚糖的疫苗通过 TLR-2 触发树突状细胞，这首先会产生一种 Th2 反应，而通过 TLR-3、TLR-4、TLR-5 或 TLR-8 来触发树突状细胞，则是Th1 反应。通过呈递最原始形式的抗原设计疫苗，如传统疫苗，或者通过添加佐剂加强免疫。

当抗原是蛋白质的时候，其表面是连续或者不连续的序列。连续表面序列包括线性肽序列的蛋白质（通常包括了 10 个以内的氨基酸残基）。不连续的表面的原始序列中包括相距甚远的氨基酸残基序列，其可以通过蛋白质的独特折叠而汇集在一起。B 细胞表面的抗体识别连续的或是不连续的序列，通常依赖于构象。另一方面，T 细胞表面是连续的肽序列，这一构象似乎在 T 细胞识别作用中并不发挥重要作用。

传统疫苗来源于病毒或细菌，可以从活减毒疫苗或无活性疫苗中分离得到。第一代疫苗包括了病原微生物的灭活后的上清，几乎不需要进一步纯化。第二代疫苗则涉及纯化，即从病原微生物的纯化（如经改进的无活性脊髓灰质炎疫苗）到保护性成分的完全纯化（如多糖疫苗）。第三代疫苗则既是保护性成分的良好的混合体又是有所需免疫特征的保护性成分（如结合载体蛋白的多糖）。

# 第二节  重组蛋白疫苗

## 一、概　　述

为了提高蛋白质疫苗的安全性，提高产率，方便生产，蛋白质疫苗通常以重组形式出现，即由宿主细胞产生，操作安全、表达水平高。异源性宿主细胞包括酵母、细菌、昆虫细胞、植物细胞和哺乳动物细胞系，主要用于免疫原性蛋白质的表达。最先制备成功的疫苗是重组乙型肝炎疫苗。乙型肝炎病毒表面抗原（HBsAg）以往主要从感染个体的血浆中获得，现可在面包酵母、酿酒酵母、哺乳动物细胞包括中国仓鼠卵巢细胞中将含有乙型肝炎表面抗原编码的质粒替换原有的宿主细胞基因获得。该表达系统是一个 22nm 的含 HBsAg 的颗粒（病毒样颗粒或者 VLPs），结构上等同于天然病毒，优点是安全、质量稳定、产量高。

当前市场上有两种人乳头瘤病毒（HPV）疫苗主要以重组蛋白疫苗形式生产，和 HBsAg 相似，是天然聚集的病毒样颗粒。例如，Gardasil（宫颈癌疫苗）的抗原，由酵母产生，为四价 HPV 疫苗，而二价疫苗如 Cervarix 则由昆虫细胞产生。

自 20 世纪 80 年代以来，关于基因工程重组疫苗的研究十分活跃，但只有乙型肝炎表面抗原是唯一被美国 FDA 批准而用于临床的基因工程疫苗，主要原因有两个：第一，选择的载体不论是减毒的细菌还是病毒来表达外源基因的产物，机体主要产生的免疫反应是针对载体的，即使也能测到针对外源基因产物的特异性免疫反应，但是反应强度太弱，因此机体不能获得有效的免疫保护效果；第二，用基因工程方法制备的蛋白质抗原作为疫苗进行免疫接种，机体主要产生的是体液免疫应答，这对预防一些疾病，如乙型肝炎是十分有效的，然而对于一些细胞内寄生的细菌、病毒和寄生虫等传染病则基本无效，因为细胞免疫及具有细胞毒性的 T 淋巴细胞活性是预防这些传染病的重要机制。

多肽疫苗制备主要是通过选择整个蛋白质结构中一些具有表位功能的部分来研制的。当识别一个保护性表位，通过基因融合可能合并相应肽序列到载体蛋白，如 HBsAg、乙型肝炎核心抗原、β 半乳糖苷酶。生产多肽疫苗主要可以用化学合成的方法，通过合成肽编码 DNA 的序列，然后插入到载体蛋白基因，并可在构建合成多肽疫苗时保留具有免疫保护作用部分而去除不需要的部分，如与宿主具有交叉反应的部分氨基酸序列。然而多肽疫苗的主要缺点是其结构为线性，不像天然或 DNA 重组蛋白质具有构象和抗原决定簇。多肽疫苗与核酸疫苗一样是目前疫苗研究领域内较受重视的研究方向之一，尤其是在病毒多肽疫苗方面已有大量研究。针对目前对人类危害极大的两种病毒性疾病艾滋病和丙型肝炎，多肽疫苗的研究结果非常乐观。

重组多肽疫苗的一个例子是基于恶性疟原虫的表面抗原 16 倍重复序列 Asn-Ala-Asn-Pro 疟疾疫苗。编码这种多肽的基因与 HBsAg 基因，融合产物可通过酵母细胞中表达。可以作为基因工程疫苗的载体基本上有两类，一类是细菌，另一类是病毒，经过改造后可以满足作为疫苗的特殊要求：安全、有效、有极强的免疫原性和极弱或基本无毒副反应；能诱导机体产生持续性免疫力，并能阻止免疫缺陷病毒出现或延缓出现；从流行病学角度认为，用一种具有部分保护力的疫苗接种后，如病毒负荷降低到一定程度以下，使其不能再有效地传播病毒，仍是有意义的；有效的疫苗不仅可以诱导出中和抗体，还可以产生细胞介导的细胞免疫应答，进而阻止感染的建立或阻断游离或与细胞结合病毒的传播。故从安全性并能诱导特殊免疫反应的角度出发，减毒的沙门杆菌和卡介苗是最重要也是用途最广的细菌载体，前者能诱导黏膜免疫反应，后者则具有诱导以细胞免疫反应为主的能力。基因工程疫苗的病毒载体包括痘苗病毒、腺病毒、脊髓灰质炎病毒和单纯疱疹病毒，其中最常用的是痘苗病毒和腺病毒载体。

## （一）细菌载体

**1. 沙门菌载体** 是一种肠道致病菌，能入侵肠黏膜上皮细胞，在吞噬细胞酸性吞噬泡内存活，以淋巴系统进入血引起菌血症，进而侵犯肝、脾、肾等多种器官，并大量繁殖再次引起严重菌血症。研究表明有 60 多个基因参与了沙门菌的致病作用，其中包括染色体和质粒的基因。从 20 世纪 50 年代初开始，科学家们不断地从造成沙门菌重要的新陈代谢和致病基因的突变和缺失两方面着手，研制出许多减毒的伤寒沙门菌疫苗，它们分别具有以下一些基因的突变或缺失，如 pab、gale、aroC、aroD、cya、crp、asd 等，有些疫苗可以同时有两种基因突变或缺失。以美国 FDA 批准用于临床的伤寒 Ty2la 减毒活疫苗显示了令人满意的安全性和免疫原性。该疫苗是 Garmamier 经 NTG 诱导后，筛选得到 galE 基因的缺失菌株，细菌表面的 Vi 抗原呈阴性，由于它缺乏 UDP-4 -半乳糖异构酶而不能正常合成胞壁脂多糖，在体外有半乳糖供给情况下可正常合成细胞壁。自 1981 年开始，将其作为构建基因工程疫苗的载体来表达外源基因产物获得成功。如将宋氏痢疾杆菌的质粒转化进入 Ty2la 细胞内，能够表达痢疾杆菌的 O 抗原。同样采用质粒转化的方法，也在 Ty2la 细胞内获得了大肠杆菌不耐热肠毒素的表达。外源基因的表达可以在细胞内，也可以表达在细菌表面。结核杆菌、霍乱弧菌乙型肝炎等数十种微生物的外源基因在沙门菌的减毒活疫苗中获得了不同程度的表达。

但目前以伤寒沙门菌作为载体还存在一些困难。例如，转化进入沙门菌中的质粒有时不太稳定，疫苗在进入动物体内后，沙门菌会丢失能表达外源基因产物的质粒。常用解决方法是采用染色体 DNA 同源交换的技术将目的基因整合到沙门菌的染色体中。另外一个存在的困难，沙门菌的蛋白降解酶能将外源基因表达的蛋白质很快降解。例如，沙门菌表达的血吸虫 p50 抗原经免疫印迹方法验证都被降解成很小的多肽片段。因此只有解决这些问题，以伤寒沙门菌为载体的基因工程疫苗才能进入实际应用。

**2. 卡介苗载体**　卡介苗是预防结核病的活菌苗，是 Calmette 和 Guerin 在 1908 年从患结核性乳腺炎的奶牛身上分离到的一株牛型结核杆菌，在甘油-胆汁-马铃薯培养基上传 230 代，历经 8 年时间获得减毒突变株，对各种敏感动物不致病，具有免疫力，这种能预防结核病的疫苗被称为卡介苗（bacille calmette-guerin，BCG）。至今已有 40 多亿人接种过卡介苗，疫苗诱导的免疫反应可长达 50 年。由于 BCG 广泛应用的安全性，并可长期在体内存活，其增殖可达几个星期或几个月，生长缓慢又可诱发强的、持续的免疫反应，具有佐剂活性，可诱发 TH1 型免疫反应，合成 IL-2、IL-12 和 IFN-γ，因此卡介苗成了表达外源基因的理想载体，并以此来构建预防其他传染病的活疫苗。科学家经多年努力成功构建了可以在 BCG 中表达外源基因的质粒。这种质粒具有分枝杆菌和大肠杆菌的复制子（oriM 和 Coleori），因而既能在 BCG 中又能在大肠杆菌中复制，并且还可用于选择的链霉亲抗性基因、多处克隆酶切点和转录终止核酸序列。同时分枝杆菌的热休克蛋白基因的高效启动子也被装配在这种质粒中，使这种质粒不但能高效转化 BCG，而且能在 BCG 中大量表达外源基因的蛋白质产物。另外，科学家们还以分枝杆菌噬菌体为基础改造的载体将外源基因插入到 BCG 的染色体中去获得稳定表达，并以结核杆菌脂蛋白基因为基础构建了可以表达脂蛋白的载体系统。这些表达系统可以使外源基因的产物表达在胞浆中、细胞膜上，或分泌到胞外。许多病毒、细菌和寄生虫抗原已经成功地在 BCG 中获得表达并作为疫苗在动物实验中显示有效的免疫保护效果。

但以 BCG 为载体表达外源基因的疫苗在 I 期和 II 期临床试验中的初步研究结果不太理想，主要是由于 BCG 本身会在接种疫苗者的体内刺激产生很强的针对分枝杆菌本身的免疫反应，而对外源基因编码的抗原的免疫反应却不太理想。

## （二）病毒载体

1982 年，有研究小组发表他们的重要发现，即可以从感染牛痘苗病毒和带有外源基因质粒的细胞中获得 DNA 重组后的病毒颗粒。由此说明外源基因的 DNA 或 cDNA 可以在病毒内转录和翻译其特异的抗原并以病毒为载体，达到刺激机体免疫系统产生抵抗相应病原微生物的免疫保护效果。可作为减毒活疫苗的病毒载体有痘苗病毒、腺病毒、脊髓灰质炎病毒和单纯疱疹病毒等，其中最常用的是痘苗病毒和腺病毒载体。

**1. 牛痘苗病毒载体**　牛痘苗病毒是基因工程疫苗研究中常用的载体，是人类使用近 200 年来最为安全的疫苗。牛痘苗病毒能感染许多不同类型的细胞，能容纳大分子外源基因的插入序列，能在感染周期的早期或晚期高水平地表达外源基因的产物，病毒耐热性强，易获得高效价，是十分理想的载体。常用的病毒株有 Copenhagen、Wyeth、Lister 和 Western Reserve 等。

将外源基因插入到一个质粒中，然后再转化已感染了牛痘苗病毒的细胞，病毒的染色体进行同源交换。插入到病毒染色体中的外源基因在病毒中转录和翻译其基因产物。用牛痘苗病毒作为载体的基因工程疫苗很广，很多引起人类传染病的重要病毒的 DNA 或 cDNA 被克隆到牛痘病中，构建了许多表达这些病毒保护性抗原的实验性牛痘基因工程疫苗，如肝炎病毒、狂犬病毒、疱疹病毒、巨细胞病毒、流感病毒、副流感病毒、麻疹病毒、登革热病毒、日本脑炎病毒、人类免疫缺陷病毒及呼吸道合胞病毒等。一些肿瘤抗原也能在牛痘苗病毒中表达，并被研制成疫苗进入临床试验。表达人免疫缺陷病毒抗原的牛痘基因工程疫苗已进入了Ⅰ期临床试验。初步结果显示，人体接种了此种疫苗后能产生中等程度的免疫反应，但是这种免疫反应在接种过牛痘苗的受试者中要明显的低于未接种牛痘苗者，这极有可能是因为在接种过牛痘苗的受试者体内还存在抗牛痘苗病毒的抗体，中和了牛痘苗基因工程疫苗刺激机体免疫反应的能力。

**2. 腺病毒载体** 牛痘苗病毒作为基因表达载体，其缺点是只能经肌内注射而不能采用口服免疫，而腺病毒则克服了这方面缺陷。腺病毒容易在组织培养中生长，在细胞分裂增殖时，病毒 DNA 拷贝数很高，病毒的染色体有很强的启动子，可以插入长达 7000 个碱基对的外源基因 DNA 序列。很多病毒的基因都在腺病毒中获得表达。腺病毒基因工程疫苗在不同的动物宿主模型中进行了实验，其中有些显示了很好的免疫保护效果。实验性腺病毒基因工程疫苗的实验结果发现，从鼻内滴注腺病毒疫苗要比口服的效果好，鼻内接种这种疫苗可以在其他黏膜系统，如阴道和肠道部位获得较高的抗体反应。第 3 代腺病毒去除了前两代病毒中载体的基本结构中的病毒结构，只保留了腺病毒必要的顺式作用元件及基因组两端的反向末端重复序列和包装信号顺序，总长不到 1000个碱基对，以它作为载体的基因工程疫苗在临床上具有更好的安全性。但是，腺病毒本身的免疫反应和自身毒性仍值得我们警惕，腺病毒载体应用于临床，曾经发生一例严重组织坏死而致死亡事件。

## 二、常用的重组蛋白疫苗

### （一）艾滋病疫苗

人类获得性免疫缺陷综合征（acquired immune deficiency syndrome，AIDS）简称艾滋病。是一种由病毒引起的全身性传染病，该病由人免疫缺陷病毒（human immunodeficiency virus，HIV）感染而引起，导致被感染者免疫功能的部分或完全丧失，$CD4^+T$ 细胞数目减少，继而发生机会性感染、肿瘤等，临床表现多种多样。该病传播速度快、病死率高，目前无法治愈，引起了各国政府和社会的关注。面对 HIV 仍在全球不断蔓延的严峻形势，国际社会已达成需优先发展 HIV 疫苗（即艾滋病疫苗）的共识。自 1987 年第 1 个艾滋病疫苗进入临床试验以来，科学家们投入了大量精力和时间对艾滋病疫苗作了广泛深入的研究（图 14-2）。

**1. 合成多肽疫苗** 是运用肽合成技术制备的一种高纯度制品。在艾滋病各种肽抗原中，含有中和抗体决定簇的位于 Gp120 第 3 可变区的 V3 肽是研究较多的区域。按照 V3 序列，用化学方法合成 25～35 个氨基酸多肽（V3 肽）。使用单一的或多聚体的 V3 肽进行免疫，以求诱导出相应的中和抗体，这种疫苗是最先进入人体试验的艾滋病疫苗。但目前的临床试验研究发现该种疫苗刺激中和抗体和细胞免疫能力很差，究其原因是其结构和天然艾滋病相差太远，仅有一个蛋白甚至一个肽段相同，其刺激机体产生的抗体通常不能中和感染者自身携带的病毒，基本不能诱导细胞免疫，而目前的许多研究证明清除体内艾滋病的主要免疫防御是细胞免疫。

**2. 病毒样颗粒（VLP）疫苗** 是一类以 HIV 核心蛋白 Gag 为基础的复合疫苗。HIV gag 基因在重组痘苗病毒或杆状病毒中表达的 P55 Gag 蛋白可形成成熟的病毒样颗粒，VLP 的免疫原性优于非颗粒状的 P55。经改造可在 Gag 的非必需区内嵌入重组位点，以便于将其他重要的抗原决定簇插入与 Gag 一同表达。后者在细胞内装配为 VLP 后芽生出细胞，还可使其与重组 HIV 膜蛋白在同一细胞内表达，这样芽生的颗粒表面还带有某些表面特征突变的膜蛋白，与完整病毒非常相像。这种复合疫苗既不含 HIV 核酸，又囊括了尽可能多的 HIV 抗原决定簇，而且由于组装成颗粒，本身抗原性极强，实验已证实，免疫动物无须佐剂，接种量可以很小。但尚无临床试验验证。

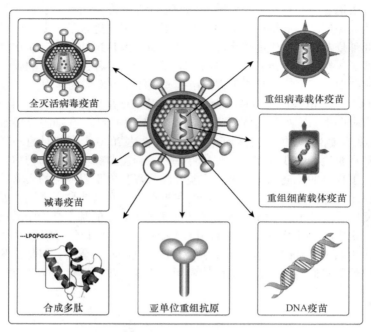

图 14-2　HIV 疫苗种类

## （二）艾滋病疫苗的临床试验研究

艾滋病疫苗的人体试验主要评价疫苗的安全性、免疫应答反应及保护作用，包括艾滋病特异性中和抗体、CTL 及辅助性 T 细胞的水平，能否保护机体免受 HIV-1 的感染及发病，能否降低已感染者的病毒载量或延迟发病等。自 1987 年 NIH 首次开展 HIV Gp160 亚单位疫苗的 I 期临床试验研究以来，迄今全球已对 30 多个 HIV 候选疫苗进行了 60 多次 I 期临床试验和 5 次 II 期临床试验。研究表明，这些候选疫苗安全性良好，常见的不良反应为接种部位局部的轻微反应，很少出现全身性不良反应。

用寡聚体 V3 肽（ V3-MAPS ）进行了两次 I 期临床试验研究。第 1 次实验中，用 500μg HIV-MN V3 肽／铝佐剂接种 3 次，10 个受试者中有 5 个产生了低水平的中和抗体。另一次试验中，用代表 HIV-1 的 5 个主要亚型的 15 个毒株的多价的 V3 肽／铝佐剂接种 3 次，15 个受试者只有 5 个产生了 HIV-MN 的中和抗体。这表明以铝为佐剂的 V3 肽免疫原性很弱。

美国进行的临床试验是将 HIV - MN V3 肽偶联到纯化的结核杆菌蛋白衍生物（PPD）载体，对 PPD 试验呈阳性或阴性的 HIV 阴性受试者皮内接种 3 次，9 个受试者中有 8 个产生了同源性中和抗体和高亲和力的长期存在的疫苗特异性的主要为 IgG3 的抗体反应。偶联于载体蛋白（KLH）的 P17 蛋白合成肽（HGP30），具有免疫显性的 T 细胞表位，在临床试验中能使部分受试者产生 CTL 活性。在伦敦进行的一项临床试验，Ty - P17/P24 病毒样颗粒／铝佐剂疫苗接种于 16 个受试者，其中 11 个产生了抗 P24 的抗体应答，但只有 5 个产生了抗 P17 的抗体应答。

**1. HIV 多肽疫苗**　是运用肽合成技术制备一种高纯度制品。在 HIV 各种肽抗原中，含有中和抗体决定簇的位于 Gp120 第 3 可变区（V3）序列是研究较多的区域，按照 V3 序列，用化学方法合成 25～35 个氨基酸多肽（V3 肽）。使用单一的或多聚体的 V3 肽进行免疫，以期诱导出相应的中和抗体。由于 V3 肽仅靠化学合成，工艺简单，无安全性顾虑，因而是最先进入人体试验的 HIV

疫苗。1999 年美国 NIH 公布了两种 HIV-1 病毒多肽疫苗在人体进行的 II 期临床试验结果，证实两种多肽能刺激机体产生特异性抗体和特异性细胞免疫，并有较好的安全性。我国清华大学也证实 HIV-1 膜蛋白内一段多肽有很强的免疫原性。但也有临床试验发现多肽疫苗刺激中和抗体和细胞免疫能力很低，究其原因是其结构和天然 HIV 相差甚远，仅有一个蛋白甚至一个肽段，其刺激机体产生的抗体通常不能中和感染者自身携带的病毒，基本不能诱导细胞免疫，而目前的许多研究证明清除体内 HIV 的主要是细胞免疫，而不是抗体或体液免疫。

**2. 血吸虫多肽疫苗** 根据相对分子质量 $2.8 \times 10^4$ 谷胱甘肽-S-转移酶构建的血吸虫多肽疫苗具有一定的应用前景。这是一个含有 115~131 位氨基酸的多肽，包括已知的大部分实验动物的 T 细胞核 B 细胞识别位点。人工合成一个 8 个组分的章鱼状结构，用这种结构免疫 Fisher 大鼠，获得的抗血清能介导血小板、巨噬细胞和嗜酸粒细胞依赖的抗血吸虫童虫的细胞毒反应，并对曼氏血吸虫感染具有部分的免疫保护作用。进一步的研究显示，这种多肽疫苗所产生的单克隆抗体能减少雌虫的排卵数量及活的虫卵数。用这种多肽疫苗免疫大鼠，将获得的抗血清被动免疫感染血吸虫的小鼠，可降低其体内虫卵的数量和成活率。另外研究者根据曼氏血吸虫 Sm23 和丙糖磷酸异构酶构建多抗原性多肽（MAPS），小鼠实验表明其具有部分免疫保护作用。

**3. 其他** 丙型肝炎病毒多肽疫苗也显示有良好的发展前景，国外学者从丙型肝炎病毒（HCV）外膜蛋白 E2 内筛选出一段多肽，它可刺激机体产生保护性抗体。其他病毒（如甲型肝炎、麻疹、辛德毕斯病毒等）的多肽疫苗及抗肿瘤、避孕等多肽疫苗的研究也取得了较大进展。例如，有研究者从噬菌体肽库内筛选出一个 12 氨基酸小肽，它能特异性地与人卵子结合，阻止精子与卵子的结合，可用于避孕疫苗。

# 第三节　DNA 疫苗

## 一、概　　述

1990 年，Wolf 等在用阳离子脂质体包装的重组质粒注入小鼠肌肉进行基因治疗试验时，用裸露的 DNA 作为对照，他们意外的发现，裸露的 DNA 也可被小鼠的骨骼肌细胞吸收，并在小鼠的注射部位产生了外源性蛋白质，而且小鼠对这种外源性蛋白质产生了专一的免疫反应。1992 年，Tang 等将含有人生长激素基因的质粒导入小鼠表皮细胞后，在小鼠的血清中检测到抗人生长激素的抗体。DNA 疫苗既是载体又可在真核细胞中表达抗原，同时肌内注射时不需要其他任何的化学佐剂，刺激机体同时产生体液和细胞免疫应答。因此，DNA 疫苗的出现，开辟了疫苗的新途径，标志着疫苗第 3 次革命的到来。

DNA 疫苗（DNA vaccine）又称核酸疫苗（nucleic acid vaccine）或基因疫苗（genetic vaccine），是指将某种抗原的外源基因与质粒载体拼接，构建出真核表达载体，通过肌内注射等途径将载体直接导入动物细胞后，利用宿主细胞的蛋白质合成系统合成外源性抗原蛋白，同时诱导宿主细胞产生对该抗原蛋白的体液和细胞免疫应答，尤其是能诱导产生具有细胞毒杀伤功能的 T 淋巴细胞，以达到预防和治疗某种疾病的目的。

外源性质粒 DNA 通常在大肠杆菌或其他细菌细胞中复制，通过已知的方法（如密度梯度离心、离子交换色谱法）纯化得到。截至目前，质粒 DNA 主要通过肌内注射用于动物和人类的疾病治疗和预防。肌细胞非常适合 DNA 表达，可能原因是其更新率相对较低，可防止质粒 DNA 迅速分散到分裂细胞。当质粒 DNA 进入胞内后，可以在宿主细胞表面表达质粒编码的蛋白质。单次注射后，表达可以持续 1 年以上。

DNA 疫苗的免疫原性包括遗传物质、质粒 DNA 或 mRNA 及编码某种所需的抗原，其中编码的抗原通过宿主细胞表达，宿主细胞对表达的抗原产生免疫作用（Donnelly 等，2005）。由基因疫苗诱导机体产生的免疫应答称为基因免疫（gene immunization）或 DNA 免疫（DNA immunization）或核酸免疫（nucleic acid immunization）。

## （一）DNA 疫苗的作用机制

DNA 疫苗被导入宿主骨骼肌细胞或皮肤细胞后，可在细胞核中转录为信使 RNA，然后在细胞质中翻译成蛋白质。其中一部分蛋白质降解后可与组织相容性复合体 I 类分子（MHC I）结合；另一部分蛋白质也可分泌出胞外，同外源性蛋白质一样被抗原提呈细胞摄取后，在吞噬溶酶体中降解成多肽，和组织相容性复合体 II 类分子（MHC II）结合，然后被提呈给宿主的免疫识别系统，从而有效地诱导机体的体液和细胞免疫应答。

## （二）DNA 疫苗的载体

DNA 疫苗载体在本质上是一种细菌质粒，它除了有可以克隆外源基因的多重限制性内切酶的位点以外，还有如下结构：真核细胞启动子、CpG 核苷酸基序、用于选择的标记（主要有氨苄西林、卡那霉素等）、载体的复制基因（可在大肠杆菌中复制的 CoIE1 或 pMBI 基因）等。用以构建 DNA 疫苗的载体有很多，目前可在市场买到而且效果较好的载体是 pcDNA3.1 质粒和在此基础上根据美国 FDA 的 DNA 疫苗指导性意见改造的 pVAX1 质粒。

## （三）DNA 疫苗的接种途径

（1）裸露 DNA 直接注射入肌肉、皮下、黏膜处或静脉内。

（2）脂质体包裹 DNA 后直接注射，通过脂质体与细胞膜的融合摄入 DNA，减少对 DNA 的破坏。

（3）将 DNA 基因用基因枪注入组织体内，引起免疫反应。

（4）用一些细菌（如大肠杆菌）作载体，且该细菌属于组织细胞内的特异亲和性但无害的常居菌，细菌可在亲和性部位裂解，释放相应 DNA，产生免疫应答。

## （四）DNA 疫苗的优点

DNA 疫苗与传统疫苗相比有很多优点，主要表现在以下几方面。

**1. 易于制备和大规模生产**　DNA 疫苗是一种重组质粒，它可在大肠杆菌细胞内迅速复制、增殖，易于制备。DNA 免疫是直接接种质粒 DNA，避免了制备传统疫苗一系列的烦琐过程，适用于大规模生产。

**2. 产生的抗体构象与抗原决定簇作用结合**　DNA 疫苗产生抗原的过程与自然感染时相似，产生的抗体构象主要针对抗原决定簇，而重组蛋白疫苗经过体外合成与纯化后，常常会引起构象型抗原表位的改变或丢失。

**3. 可作用于同一病原体的不同突变型，产生交叉免疫**　有些病原体在感染机体后可通过改变自身的抗原结构而逃避免疫系统的攻击，选择某一病原体编码的抗原蛋白所对应的保守核苷酸序列制成的 DNA 疫苗，可以对同一种病原体的不同突变型产生交叉免疫。

**4. 同时诱导体液免疫和细胞免疫应答**　DNA 疫苗的最大优势是可以同时诱导机体产生特异性的体液和细胞免疫应答，特别是能有效地激活细胞毒 T 淋巴细胞（CTL）的杀伤活性，有利于清除病毒等胞内感染的病原体，而传统的疫苗主要产生体液免疫应答。

**5. 产生较低的固有免疫原性**　DNA 疫苗仅含有核酸成分，没有蛋白质等其他辅助成分，在体内不能复制，而减毒的活疫苗除了主要成分蛋白质外，还含有核酸感染因子，有可能出现病毒的复制、繁殖，引起感染。

**6. 产生长期的免疫应答**　DNA 疫苗进入宿主细胞后，可以长期表达外源性蛋白，不断地刺激机体的免疫系统，从而使机体获得长久的免疫力。

**7. 存在构建多表位质粒的可能性** DNA疫苗具有相同的理化性质，为联合免疫、构建多表位质粒提供了可能。

**8. 热稳定性高** DNA疫苗热稳定性好，易于保存和运输。

## （五）DNA疫苗中存在的问题

DNA疫苗存在的主要问题有如下几点。

**1. 可能将疫苗的DNA整合入宿主基因组中** DNA疫苗作为一种外源性DNA，进入宿主细胞后，一旦整合到人类的基因组中就可能使细胞中癌基因激活或抑癌基因失活，导致细胞发生恶性转化及癌变。但目前的大量动物实验的研究表明，进入细胞内的质粒DNA分子是以游离状态存在于胞浆中，尚未发现复制和整合现象。

**2. 可能形成抗核酸疫苗抗体** 诱导机体产生抗DNA疫苗抗体，造成自身免疫性疾病，如系统性红斑狼疮。但最近研究证实裸露的双链DNA分子在机体内很难引起抗DNA疫苗抗体反应。

**3. 产生免疫耐受，出现无免疫性现象** 这主要是由于外源性蛋白质的表达量过低，长期的刺激使机体免疫系统新产生的免疫细胞不断耐受的结果。

**4. 长期表达产生的影响未知** 外源性蛋白质长期在体内表达，可能会打破机体原有的免疫平衡状态，产生难以预测的后果。

# 二、已上市的DNA疫苗

从1995年开始，美国FDA已批准多种DNA疫苗的临床试验，包括流感、艾滋病、单纯疱疹、乙型肝炎、疟疾及癌胚抗原DNA疫苗。作为一种新型的疫苗，大多数DNA疫苗处于Ⅰ期临床试验阶段。不同的DNA疫苗对人体产生的免疫反应是不一样的，其中疟疾DNA疫苗在人体产生的免疫反应比较好，虽然抗体的免疫反应几乎为零，但是大部分人接种疟疾DNA疫苗后都产生了特异性的细胞免疫反应，特别是能诱导出显著的CTL反应。因此关于疟疾DNA疫苗的临床试验研究已进入Ⅲ期。

## （一）乙型肝炎DNA疫苗

在HBV长期感染的患者中，对患者给予一种含有S、S1前体和S2前体的多价DNA疫苗进行免疫治疗。患者先接受每月一次，连续四次的DNA疫苗的肌内注射，九个月后再重复接种，共注射8次。在103个受试者中，其中52名安慰者中有4人（7.7%）的病毒DNA在一年内自然消失；在51名接受DNA疫苗的受试者中，10人（19.8%）在接受DNA疫苗的治疗以后，HBV的DNA立即消失。这表明，HBV的DNA疫苗没有明显的不良反应，可能对长期感染的患者具有免疫治疗效果。

## （二）丙型肝炎DNA疫苗

截至目前，所有实验证明，丙型肝炎（HCV）的DNA疫苗能诱发体液免疫反应、淋巴细胞增生反应和细胞毒淋巴细胞反应。将编码细胞因子，如IL-2或粒细胞/巨噬细胞刺激因子的DNA疫苗，与HCV DNA疫苗同时注射，可同时增强体液和细胞免疫反应。如果将HCV核心蛋白与HBV膜蛋白作为融合蛋白表达，可以增强抗原核心蛋白的免疫原性。

## （三）艾滋病疫苗系统中的相关DNA疫苗

**1. HIV DNA疫苗** 将HIV的有关基因克隆到真核表达载体上，然后将重组的质粒DNA直接注射入动物体内，外源基因在活体内表达，产生抗原，激活机体的免疫系统，引发免疫反应。DNA疫苗的最大优点在于疫苗抗原可能在靶细胞内以天然的方式合成，加工并呈递给免疫系统。动物实验中，含有 HIV 的 env 及 gag-pol 基因的 DNA 疫苗可激发对相应 HIV 基因产物特异性的 CTL及抗体反应。美国科学家进行了老鼠、灵长类动物实验，并于 1995 年开始了 DNA 疫苗的 I 期临床试验，发现 DNA 疫苗在灵长类和人体的免疫效果远不如在小鼠中观察到的效果。将克隆了 HIV-1的 env 和 rev 基因的 DNA 疫苗对 15 名感染了 HIV-1 病毒但尚无临床症状和没有接受抗病毒治疗的患者进行肌内注射。将患者分为 3 组，接种剂量分别为 30μg、100μg 和 300μg，每个小组患者接种同样剂量的 DNA 疫苗，免疫间隔时间为 10 周。结果表明，低剂量组的患者不出现免疫反应，而绝大部分中剂量组和高剂量组的患者中，均能检测出抗 HIV-1 的 Gp120 抗体。在部分患者中还能检测到针对 HIV-1 的 Gp160 特异性 CTL 活性。在另外一次 I 期临床试验中，用 HIV-1 的 nef、rev 或 tat 等调控基因构建的 DNA 疫苗对患者进行免疫接种，结果显示，所有的患者都能检测到记忆性免疫反应，在部分患者中能检测到特异性 CTL 活性。

**2. 活载体疫苗**　采用病毒或细菌作载体，插入并表达编码 HIV 目的抗原决定簇基因片段，称为重组 DNA 活疫苗。近年来，关于用牛痘苗、卡介苗或病毒载体等携带 HIV 基因的活载体疫苗的研究日益受到重视。由于其可在体内复制并且具有更好的免疫原性，活载体本身也可作为免疫佐剂，但其缺点是来自活载体本身的对机体的不良反应，只能用于未接种或未感染过该载体微生物的人群，不宜用作加强免疫。单纯病毒蛋白免疫一般产生体液免疫，仅极少数情况下可唤起细胞免疫应答。使用载体则不同，载体病毒蛋白适于在靶细胞表达，可以唤起针对表达 HIV 蛋白的细胞毒性 T 淋巴细胞应答，如用牛痘苗病毒作为载体，进行外源性病毒 DNA 重组，将病原病毒编码的表面蛋白基因插入牛痘苗病毒，用此种重组牛痘苗接种人体，外源病毒的表面蛋白即表达出来，从而使机体产生相应的免疫。也可以插入几种重要病毒的抗原基因制备多价疫苗使其既可产生细胞免疫又可产生体液免疫。鸟类病毒载体更为安全，因为不能在哺乳动物繁殖，如金丝雀痘病毒及修饰以 AnkaLa 痘苗病毒（经过多次鸡胚细胞转染后，不能再感染哺乳动物的痘苗病毒）。一些表达 HIV 蛋白的病毒，如金丝雀病毒带有 HIV gag、env、pol、nef 基因，牛痘苗病毒带有 env、gag、pol 基因，伤寒沙门菌带有 enz 基因。目前，已进行 I 和 II 期临床试验。目前，病毒 DNA 疫苗载体发展较快，其带有真核启动子，可在细菌内适应后，在人体细胞上表达。

**3. 基因工程亚单位疫苗**　将编码病原体的抗原蛋白基因与质粒拼接后插入宿主细胞，由后者产生具有抗原活性的蛋白，经抽提纯化后获得基因工程亚单位疫苗，也称重组亚单位疫苗。已知HIV-1 基因编码的各种蛋白产物大都具有抗原性，因而将其有关基因重组后在细菌、酵母和真核细胞系统进行表达用作候选的保护性抗原。常用的细胞宿主为细胞酵母及哺乳类细胞，临床上将重组的 Gp120 和 Gp160 株注入黑猩猩后，大多黑猩猩获得保护作用。其中研究最多的是 HIV 的膜蛋白，因为 HIV 膜蛋白暴露在病毒颗粒表面，对免疫系统是很强的免疫原。其生产和纯化工艺简便，安全性好，所以用细胞系或酵母表达的重组 HIV 膜蛋白作为基础的亚单位疫苗一直是临床试验的重点。缺点是基本不能引起机体产生细胞免疫，所引起的体液免疫对实验室长期传代 HIV 毒株的中和作用尚可，但对从患者分离的临床毒株无效或效果很差，经过 I 和 II 期临床试验，未观察到明显效果，部分受试者在接种后仍被感染。

## （四）疟疾 DNA 疫苗

　　疟疾 DNA 疫苗已进入 III 期临床试验研究，且使用的是多价 DNA 疫苗，包括疟疾环子孢子蛋白质（PfCSP）、子孢子表面蛋白质-2、肝期疟原虫抗原-1、恶性疟原虫输出蛋白质-1 和裂殖子表面蛋白质等 5 种 DNA 疫苗，这些 DNA 疫苗分别针对疟原虫在人体内生活周期中不同阶段所表达的不同抗原。Hoffman 将 20 名健康志愿者平均分成 4 组，分别肌内注射 4 种不同剂量的疟疾环子孢子 DNA 疫苗，剂量分别为 20tcg、100tcg、500tcg、2500tcg，免疫间隔 4 周。试验结果显示 11

名志愿者的体内产生了特异性 CD8 CTL 免疫反应,而在 9 名阴性结果的志愿者中主要原因是 DNA 疫苗的接种剂量太小。这是 DNA 疫苗首次在健康志愿者体内进行的临床试验,疟疾疫苗有可能成为人类历史上第 1 个以 DNA 分子作为手段并能预防寄生虫传染病的疫苗。

# 第四节 细 胞 治 疗

## 一、概 述

肿瘤免疫的概念始于 20 世纪初。1909 年 Ehrlich 首先提出一个观点,免疫系统不仅能够抵抗微生物的侵犯,而且可以清除机体内改变了的宿主成分。因此人们认识到肿瘤细胞实际上就是发生了变化的宿主成分。20 世纪中期,Foley 证实,纯系小鼠诱发的肿瘤能在同系小鼠之间进行移植,如在将移植瘤完全切除,再次接种肿瘤小鼠会产生抵抗能力,再次接种的肿瘤或者不再生长,或者长到一定的大小会自行发生消退。这种抗性具有专一性,因为它对再次接种来源于同系动物的另一肿瘤没有抵抗能力。实验说明,宿主细胞可以识别肿瘤并且将其视为"非己"从而产生特异的免疫排斥反应。因此人们相信机体有抗肿瘤免疫机制。20 世纪 60 年代经 Thomas、Burnet 和 Good 等对该观点进行了系统化,并且进一步提出了免疫监视学说,中心思想是:免疫系统具有一个非常完备的监视功能,能精确地分辨"自己"和"非己"的成分;它不仅能清除外界侵入的各种微生物,排斥同种异体移植物,而且还能消灭机体内突变的细胞,防止肿瘤的生长,保护机体的健康。当免疫监视功能由于各种各样的原因被削弱时,便产生了非常有利于肿瘤发生的的条件;如果机体不具备免疫监视功能,肿瘤的发病率会大大提高。原发和继发的免疫缺陷患者肿瘤发生率增多。但是,该肿瘤类型仅仅是淋巴网状肿瘤(网状细胞肉瘤、淋巴肉瘤),其他肿瘤的发生率并无明显增高。

20 世纪 70 年代曾掀起一次以非特异性免疫治疗为主的肿瘤免疫治疗高潮。最具代表性的是采用细菌制剂,如卡介苗(BCG)和短小棒状杆菌。但是除了用 BCG 膀胱灌注治疗膀胱癌获得明显疗效外,对其他肿瘤远期疗效并未显著提高,甚至有些结果还不如对照组,人们对它们逐渐失去了兴趣。同时因为没有找到人类肿瘤特异性抗原,人们对免疫治疗失去了信心,在这之后的一段时间内肿瘤免疫学界出现了低谷。但是值得庆幸的是,在此期间唯有肿瘤的免疫诊断有所进展。人们应用血清学方法测定癌胚抗原(CEA)或甲胎蛋白(AFP)等,作为肿瘤的辅助诊断和愈后的观察指标。20 世纪 70 年代中期单克隆抗体技术问世,人们找到了一批肿瘤相关标志的抗体。研究者将药物、毒素或放射性元素挂在抗肿瘤单克隆抗体上,利用抗体的特异性作为生物导弹的导向系统,意图集中治疗药物于肿瘤区域从而提高治愈率,同时降低药物对全身的损害。但是,此类肿瘤单克隆抗体往往与其他正常的组织存在一定的交叉反应从而降低了疗效。由于产生人源的杂交瘤抗体结果并不稳定,所以很难获得成功。进入 20 世纪 80 年代,伴随着分子生物学技术的发展,许多细胞因子的基因才能够被克隆,并且运用基因重组技术在原核或真核细胞中进行表达,得以大量生产那些在生理条件下难以分离的细胞因子,并成为临床制剂,促进了肿瘤的免疫治疗研究。最为典型的是 Rosenberg 用 IL-2 在体外活化和扩增的淋巴细胞对肿瘤细胞有较强的杀伤活性,杀伤的瘤谱也较为广泛,而且不损伤正常的淋巴细胞,它被称为淋巴因子的激活细胞(LAK)。临床研究中应用体外活化和扩增的 LAK 输入患者体内的过长免疫治疗,对黑色素瘤,肾细胞癌,淋巴瘤等有一定疗效。该研究组的另一过继疗法是肿瘤浸润性淋巴细胞癌(TIL),其杀伤疗效高于 LAK,而且临床取得同样疗效。这说明免疫疗法在肿瘤的治疗中的作用是不容否认的,并且能与常规疗法互补,这也使得肿瘤免疫学研究者受到极大的鼓舞。20 世纪 80 年代末期至 90 年代初期,人类肿瘤抗原、抗原的加工提呈和 T 细胞识别基质的研究有了实质性和突破性的进展。基因重组细胞因子、人源化基因工程抗体作为药物进入临床应用,树突状细胞的研究为肿瘤免疫提供了强有力武器。

# 二、肿瘤免疫与杀伤方法

机体有多种抗肿瘤免疫机制，包括细胞免疫和体液免疫，也可分为特异性免疫和非特异性免疫。

## （一）细胞免疫

抗肿瘤免疫是以细胞免疫为主，其中具有免疫记忆功能和特异性的主要是 T 细胞。所以，一直受到人们的关注，而非特异性抗肿瘤免疫细胞自然杀伤细胞（nature killer cell，NK cell）及 gdT 淋巴细胞也逐渐受到人们的重视。

**1. T 细胞**　主要有两类，$CD4^+T$ 辅助细胞和 $CD8^+$ 细胞毒性 T 细胞。它们均表达 CD3 标志，主要产生特异性免疫，是受主要组织相容性复合体（major histocompatibility complex，MHC）限制活化的。在接受专职 APC 上的 MHC 抗原复合物和共刺激分子双重信号后，$CD4^+T$ 细胞发生克隆性增殖，并释放出许多对于调节、活化细胞毒性 T 细胞（cytotoxic Tlymphocytes，CTL）、巨噬细胞、B 细胞的抗肿瘤效应中起重要作用的细胞因子，包括白细胞介素-2（IL-2）、干扰素-g（INF-g）、肿瘤坏死因子（TNF）和淋巴毒素（LT）。$CD8^+$ CTL 也是在双重信号作用下活化从而发生克隆增殖。已活化的细胞毒性 T 细胞在杀伤肿瘤的效应阶段则不需要共刺激分子的辅助。CTL 需与靶细胞直接接触才能产生杀伤作用。

目前研究认为，CTL 有 3 种存在形式即 $CD4^+CD4^-CD8^+TCRab$、$CD4^+$ $CD4^+$ $CD8^-TCRab$ 和 $CD3^+$ $CD4^-$ $CD8^-TCRab$，这三种 CTL 与靶细胞接触产生脱颗粒作用，排出穿孔素（perferin）插入靶细胞膜上，并使其形成通道，激活后表达 FasL（Fas 配体），它可被释放到胞外与靶细胞表面的 Fas 分子结合，传导死亡信号进入胞内，活化靶细胞内的 DNA 降解酶，引起靶细胞凋亡。端粒酶使 DNA 断裂，引起程序性细胞死亡（programmed cell death，PCD），即细胞凋亡。端粒酶（granzymes）、分泌性 ATP、TNF 等效应分子进入靶细胞，导致死亡。其中穿孔素激活白细胞介素-1b 转换酶（ICE）或与 ICE 相关的蛋白酶，引起细胞凋亡，上述两种方式共存。

$CD8^+CTL$ 是体内数量最多的 CTL 亚群和效应细胞。其杀伤活性约 2/3 来自于穿孔素途径，1/3 来自 Fas/FasI 诱导 PCD。在体内 $CD4^+$ CTL 少于 $CD8^+CTL$，而且对其细胞毒机制尚无统一认识，而对于穿孔素和 Fas/FasI，诱导 PCD 途径既有支持的证据也有反对的证据。

**2. 自然杀伤细胞（NK）**　无 TCRab 或 gd 基因重组，约占外周血淋巴细胞的 15%，是淋巴细胞的亚群，不表达 TCR/CD3 和 BCR，一般用 $CD56^+$、$CDl6^+$、$CD3^-$ 来鉴定 NK 细胞。前两者在少数 T 细胞也有表达，在某些粒细胞和巨噬细胞中也有表达 CDl6。来自于外周血的 NK 细胞杀伤某些肿瘤细胞不需要经过活化，并且不受 MHc 限制。NK 细胞只对少数血液来源的肿瘤有效，如 K562 人红白血病细胞系，通常作为实验室测定 NK 细胞活性的靶细胞。IL-2、IFN-g 等因子活化后，NK 细胞伤瘤谱和杀伤效率大大提升。NK 细胞识别不需要靶细胞表达 MHC I 类分子，它的活性受活化性和抑制性受体所调节。NK 细胞活化性受体（killer-cell activatory receptor，KARs）包括 FcR（属 Ig 超家族）和 NKR-P1（存在于大鼠和小鼠中，属于 C 性凝集素超家族），分别结合靶细胞上的区域糖基配体和 Ig Fc，触发 NK 细胞的杀伤作用。人类 NK 细胞活化性受体尚无明确的分子。NK 细胞抑制性受体（killer-celI inhibitory receptor，KIRs），若与自身靶细胞上的 MHC I 类分子及自身多肽形成的复合物结合时将失去细胞的杀伤作用。而 NK 细胞抑制性受体所不能识别外来细胞上的 MHC I 类分子，不能抑制 NK 细胞对其杀伤。人类 NK 细胞表面分子 P58、HP3E4 和 NKB1 具有 KIR 特征。NK 细胞释放的杀伤介质穿孔素、NK 细胞毒因子、TNF 等使靶细胞溶解破裂还可以通过人抗肿瘤抗体 IgGl 和 IgG3 作为桥梁，其 Fab 端特异性识别肿瘤，Fc 段与 NK 细胞 FcRga

结合，产生抗体依赖的细胞介导的细胞毒作用（antibody-dependent cell-mediated cytotoxicity，ADCC），并且，IL-2 和 IFN-g 可增强该效应。目前，NK 细胞识别靶细胞机制仍然有许多未知的地方，其特异性及信号传导途径机制也尚不清楚。

**3. 巨噬细胞** 参与调节特异性 T 细胞免疫反应。巨噬细胞未活化的状态对肿瘤细胞无杀伤作用，其活化后作为效应细胞，产生非特异性杀伤和抑制肿瘤作用，可产生多种杀伤靶细胞的效应因子，如一氧化氮、超氧化物、TNF 及溶酶体产物等。过度活化的巨噬细胞可抑制淋巴细胞的增殖，抑制 NK 细胞和 CTL，起抗肿瘤活性。但是这种抑制性巨噬细胞是属于巨噬细胞的不同分化阶段中的某个过程，还是它的亚类仍然有待探索。最近还发现来源于肿瘤宿主中的骨髓粒细胞巨噬细胞的前体 CD34$^+$细胞具有天然的抑制活性。肿瘤产生的许多因子，如 IL-4、IL-6、IL-10、MDF、PGE$_2$、M-CSF 等，能够逆转和抑制活化巨噬细胞的细胞毒活性，诱导巨噬细胞的抑制活性并且这种抑制活性可被维生素 D$_3$ 逆转。

**4. 树突状细胞**（dendritic cells，DC） 也是最近研究的热点之一。在抗原提呈细胞中，它对诱导 T 细胞抗肿瘤免疫的作用最强。未成熟的 DC 可以通过吞噬颗粒物质，胞饮可溶性物质，以及借助受体内吞来捕捉抗原。它能够吞噬凋亡细胞，并经过加工处理后由 MHC I 类分子交叉呈递给 CD8$^+$T 细胞。这种作用伴随着 DC 表达 avb5 整合素（alphavbeta5 integrin）和 CD36。这些受体和吞噬能力随着 DC 的成熟而逐渐下调。巨噬细胞吞噬凋亡细胞比 DC 强，但其表达的受体缺乏 b5 整合素，因而不能像 DC 那样交叉提呈所吞噬的凋亡细胞成分。因此，avb5 整合素对于外来捕获抗原的交叉提呈可能起着至关重要的作用。在某些因子刺激下体外单核细胞可转为 DC，lactoferin 阳性的中性粒细胞前体细胞与 GM-CSF、IL-4、TNF-α培养后可以转化为 DC，对可溶性抗原提呈能力比新分离的单核细胞强 1000 倍。有研究报道 DC 分泌的 exosomes（外泌小体）具有抗原提呈密切相关的 MHC I 和 II 类分子和共刺激分子。在 IL-10 和 IL-12 的刺激下，可促进 DC 分泌 eXosomes。动物实验表明：从肿瘤抗原多肽致敏的骨髓 DC 中制备获得的 exosomes 可在诱导体内高水平肿瘤特异性 CTL，治愈荷瘤小鼠，将成为一种非常有希望的新型的肿瘤疫苗。

借助细胞介导，前列腺癌疫苗 Provenges（美国 Dendreon 公司开发）是第一个也是唯一一个获得 FDA 批准上市的肿瘤疫苗。

---

**案例 14-1**

Provenge 是用于治疗前列腺癌的肿瘤疫苗，由 Dendreon 公司研制开发。Provenge 是治疗性疫苗，用于已经被诊断出来的前列腺癌。Provenge 治疗一个患者开支为 9.3 万美元，疗法为一个月内三次注射。Provenge 可使晚期前列腺癌患者的平均存活时间延长 4 个月以上。

作用机制：Provenge 由自身周边血单核细胞组成，主要为免疫细胞激活剂粒-巨噬细胞集落刺激因子（GM-CSF）。它可结合前列腺酸性磷酸酶（PAP），一种在前列腺癌组织中表达的抗原，从而杀灭肿瘤细胞。在输注日期前约 3 日通过白细胞分离标准程序获得患者周边血单核细胞。除了 APCs 和 PAP-GM-CSF，最终产品含 T 细胞、B 细胞、天然杀伤（NK）细胞等。每次剂量 Provenge 含最少用 PAP-GM-CSF 活化的 50 百万自体 CD54+细胞，悬浮在 250ml 美国药典标准 USP 的乳酸钠林格注射液中。

**问题：**

1. Provenge 是一种预防性疫苗还是治疗性疫苗？

2. Provenge 的抗肿瘤作用是由什么细胞介导的？

---

## （二）肿瘤的体液免疫及细胞因子

在抗肿瘤免疫中，体液免疫所发挥的作用是非常有限的。人们已经清楚的抗肿瘤作用方式有抗体结合补体后的溶瘤作用，以及抗体依赖性细胞介导的细胞毒作用。伴随着生物工程的发展，

20 世纪 80 年代至今已发现了大批细胞因子，并实现了在原核系统或真核系统中的表达。它们在抗肿瘤免疫及其调节中发挥着至关重要的作用，如干扰素（IFN）、肿瘤坏死因子（TNF）、白细胞介素（IL）各种造血相关细胞因子等。这些因子作用在前文中已经阐述。

## 三、肿瘤免疫治疗

肿瘤免疫治疗发展的历程如图 14-3 所示。

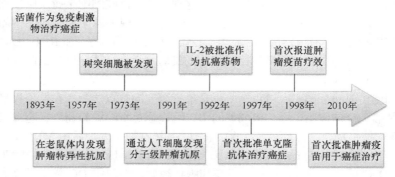

图 14-3　肿瘤免疫治疗发展的历程

## （一）细胞过继免疫治疗

20 世纪 80 年代中期肿瘤免疫治疗方式开始逐渐复苏。1985 年，对于 25 例常规疗法治疗无效的晚期肿瘤患者，Rosenberge 首次应用 LAK 和 IL-2 联合静脉输注治疗，其中 11 例治疗有效，肿瘤由明显缩小，而且其中有一例黑色素瘤完全缓解。在此基础上，又开创了 TIL 过继免疫治疗，但是其代价昂贵，LAK，TIL 治疗剂量需要高达 $1 \times (10^{10} \sim 10^{11})$ 细胞，IL-2 每日输入高达 $1 \times 10^7$ 国际单位，成本十分昂贵。大量使用 IL-2 引起的毛细血管渗漏性综合征也是不可能避免的一个非常大的不良反应。此外，其他治疗方案也在国内不断开展，包括异体 LAK、胎儿 LAK、肿瘤局部注射，协同其他生物反应调节剂（BRM）、化疗药物等降低 IL-2 使用剂量等。至今，除了 LAK，TIL 以外还报道了 A-LAK（黏附性 LAK）、CD3AK（IL-2 和抗 CD3 抗体共同诱导激活淋巴细胞）、TAK（在前者基础上加入肿瘤抗原提取物）、CIK（多种细胞因子诱导的杀伤细胞）等。对于临床效果而言，癌性腹水治疗效采取此方法效果最好，而黑色素瘤、肾癌、淋巴瘤有效率仅为 20%～30%，相对于其他肿瘤的疗效较低。这种生物治疗的优点是：通过体外诱导效应细胞，易于活化和扩增，避开了肿瘤宿主的免疫抑制。活化的杀伤细胞在体内可以产生抗肿瘤效应。但是这种方法也存在以下缺点：不能产业化生产、制备过程烦琐、质量控制较难、成本昂贵、治疗的瘤谱有效范围不够广泛。

表 14-2　细胞过继免疫治疗的分类

| 细胞 | 诱导激活因子 | 主要效应细胞 | 适用肿瘤 |
|---|---|---|---|
| LAK | IL-2 | CD3⁻CD56⁺NK 细胞 | 肾细胞癌、黑素瘤、肺癌等 |
| TIL | IL-2<br>CD3 McAb | CD3⁺CD8⁺T 细胞 | 皮肤、肾、肺、肝、卵巢等 |
| CIK | IL-2<br>IFN-γ<br>CD3 McAb | CD3⁺CD56⁺T 细胞<br>CD3+CD8+ T 细胞 | 广谱 |
| CD3AK | IL-2<br>CD3 McAb | CTL 样细胞<br>CD56⁺NK 细胞 | 宫颈癌、肝癌、鼻咽癌等 |

续表

| 细胞 | 诱导激活因子 | 主要效应细胞 | 适用肿瘤 |
|------|------------|------------|---------|
| CTL | 靶细胞抗原<br>淋巴因子 | CD8$^+$ T 细胞 | 广谱 |

## （二）重组细胞因子治疗

随着生物工程的急速发展，我们现在可以实现在生理条件下难以获得的细胞因子的大量生产。有一批基因重组细胞因子已成为正式的药物，其中与肿瘤治疗相关的有 IFN、IL-2、G-CSF 和 GM-CSF，此外，还有大量的基因重组细胞因子仍然在进行临床研究。作为最早进入临床的基因重组细胞因子，IFN-α对于慢性白血病、淋巴瘤、Kaposi 肉瘤、急性白血病、多发性骨髓瘤、神经胶质瘤、肾细胞癌的部分和完全缓解率分别可达 50%、37%、26%、24%、20%、17%、16%。在 1989年 Rosenberg 对单独使用 Ril-2 治疗的 130 例肿瘤患者进行了一个总结，发现虽然对于黑色素瘤、肾细胞癌的有效率分别为 24%和 22%，但是对其他肿瘤并没有明显的疗效。在骨髓移植的时候，同时配合低剂量 IL-2 皮下注射可降低血液恶性肿瘤的复发率。有关细胞因子联合应用（rIL-2×rIFN-α，rIL-2×rTFN-α）及联合化疗治疗肿瘤的结果并不是一致的，研究发现既有协同增强疗效的结果，又存在没有差异的结果。G-CSF 主要用于化疗所致粒细胞减少和骨髓移植及化疗所致粒细胞减少和骨髓移植。目前 GM-CSF 还用于 DC 的扩增及协同瘤苗使用。IL-1 是天然的内热源、TNF-α是恶质素，毒副作用较高，基础研究发现 IL-1 和 TNF-α有促进肿瘤发展或转移的作用。而 IL-12 被认为是较好的抗肿瘤免疫因子，临床研究表明具有抗肿瘤疗效。IL-15 和 IL-18则是有潜在的临床应用前景的新细胞因子，它的研究仍然有待进一步的探索。

## （三）基于抗体的免疫治疗

人体自身的免疫系统 T 细胞具备识别和杀伤肿瘤细胞的能力。T 细胞的激活需要两个信号：①MHC-多肽的信号，②共刺激分子的信号，除此之外，还存在负性调控 T 细胞，避免其被过度激活的信号，主要是 CTLA 通路和 PD-1/PD-L1 通路，也称作免疫检查点。下表列出了针对免疫检查点的单克隆抗体药物。

**表 14-3 PD-1/PD-L1 单克隆抗体类药物**

| 药物 | 治疗症状 | 状态 | 公司 |
|------|---------|------|------|
| MK-3475（派姆单克隆抗体） | 黑色素瘤 | 上市 | Merck |
| BMS-936559（尼鲁单克隆抗体） | 黑色素瘤和非小细胞肺癌 | 上市 | BMS |
| MPDL3280A | 转移性尿路上皮膀胱癌 | I 期 | Roche |
| MEDI4736 | 结直肠癌 | II 期 | AstraZeneca |

这两种免疫检查点已经成为肿瘤免疫治疗最受瞩目的靶点。原因是：CTLA 通路和 PD-1/PD-L1通路会被肿瘤细胞"劫持"，用以对抗人的免疫系统，从而逃逸免疫系统对肿瘤细胞的"追杀"。而抑制这两种通路，可重新使得免疫系统获得识别和杀伤肿瘤细胞的能力，促使人体依赖自身免疫系统清除恶性肿瘤细胞，达到治疗效果。

通过调节免疫反应发挥作用的单克隆抗体药物近年来在肿瘤治疗中取得了较为突出的进展，为晚期肿瘤患者（包括晚期黑色素瘤等）带了前所未有的希望。表 14-4 是目前肿瘤免疫治疗的分类。

表 14-4　肿瘤免疫治疗的分类

| 作用机制 | 具体方法 | 作用靶点 |
|---|---|---|
| 主动免疫治疗（肿瘤免疫） | 治疗性肿瘤疫苗 | 肿瘤相关抗原：MAGE、NY-ESO-1、BAGE 等；分化抗原：gp100、酪氨酸酶等 |
| 被动免疫治疗 | 过继性细胞治疗<br>单克隆抗体治疗<br>细胞因子治疗 | 免疫关卡：CTLA4、PD1、PDL1 等；细胞因子：GM-CSF、IL12、IL15 等 |

## （四）免疫基因治疗

体内注射大剂量重组细胞因子 IL-1、IL-2、TFN-α、IFN 时可获得一定疗效，但是也可以产生严重的毒副作用。而采用细胞因子基因导入免疫效应细胞（如 TIL）的方法，分泌量不大，但是能提高体内抗肿瘤免疫效应。也有研究通过重组病毒、脂质体和基因枪将细胞因子、共刺激分子等基因直接导入体内的肿瘤组织中进行表达，其中包括多基因导入，本质是利用简便、经济的原位肿瘤诱导抗肿瘤免疫。举个例子，将异体 HLA-B7/b$^2$ 为球蛋白基因经阳离子脂质体包裹后，于黑色素瘤局部注射，在 I 期临床 4 个试验研究中发现 36% 产生作用。19% 会诱发全身抗肿瘤反应，但是对于其他肿瘤临床效果不明显。也有将细胞因子基因导入正常细胞，如成纤维细胞，以及直接肌内注射或通过基因枪将裸基因导入体内，并持续表达细胞因子，这种方法避免了反复注射细胞因子。应用基因枪将 IL-2、IL-4、IL6、IL-12、IFN-g、TNF-α 或 GM-CSF 导入已种植肿瘤的小鼠模型中表皮细胞，发现 IL-12 最为有效。美国匹兹堡大学癌症研究所，用 IL-12 基因转染的人成纤维细胞注入 33 例肿瘤患者体内，其中 12 例在 2~3 个月内肿瘤明显缩小。

## 四、肿瘤抗体的作用机制

**1. 抗体依赖的细胞介导的细胞毒效应**　NK 细胞和中性粒细胞通过表面的 FcγR 和抗肿瘤抗体（IgG）结合，通过 ADCC 效应来杀伤肿瘤。

**2. 抗体的免疫调理作用**　通过与吞噬细胞表面 FcγR 结合，抗肿瘤抗体增强吞噬细胞的吞噬功能。另外，它还能活化补体，利用产生的 C3b 与吞噬细胞表面的 CR1 结合，进而促进吞噬作用。

**3. 抗体封闭肿瘤细胞表面某些受体**　当肿瘤细胞表面的受体被封闭时，肿瘤细胞的生物学行为会受到影响。举例来说：当抗肿瘤抗原 P185 的抗体与瘤细胞表面 P185 结合时，肿瘤细胞的增殖受到抑制；抗转铁蛋白抗体可以阻断转铁蛋白和瘤细胞表面转铁蛋白受体的结合，抑制肿瘤细胞的生长。

**4. 抗体干扰肿瘤细胞黏附作用**　有些抗体可以破坏肿瘤细胞表面黏附分子和血管内皮细胞或者其他细胞表面的黏附分子配体结合，从而阻止肿瘤细胞生长、黏附还有转移。

**5. 其他机制**　抗肿瘤抗体的独特型抗体（第 2 抗体）可以模拟肿瘤抗原而激活和维持体内的抗肿瘤免疫。

# 第五节　基　因　治　疗

## 一、概　　述

基因治疗（gene therapy）是用正常功能的基因置换或增补缺陷基因的方法。从疾病治疗的角度来讲，即是将新的遗传物质转移到某一个体的细胞内，使功能正常的基因或表达量很低的基因或原来不存在的外源基因得到正常表达，赋予患者新的抗病功能，从而达到治疗目的。基因疗法（gene therapeutics）是通过表达产物发挥治疗作用的基因治疗方法，这是一项集合了基因的分离、基因向人体的导入和基因在人体内的高效表达及其调控等多方面技术的综合性和高难度的生物技术。

作为一种全新的疾病治疗手段，基因治疗将是人类疾病治疗的历史进程中一座重要的里程碑。基因治疗的基本思想是使变异基因或异常表达基因变为正常基因或正常表达基因，从而从根本上治愈遗传疾病。最初的基因治疗是指目的基因导入靶细胞以后与宿主细胞内的基因发生整合，从而目的基因的表达产物起到对疾病的治疗作用。但是随着研究的不断发展，采用基因转移技术，可以在目的基因和宿主细胞的基因不发生整合的条件下使得目的基因得到暂时表达。

## 二、基因治疗的基本方法

基因治疗的方法主要有以下 5 种。

### （一）基因置换

基因置换（gene replacement）指通过使用正常基因置换整个的致病基因，从而永久更正致病基因。它可以使致病基因全部除去，在原位更正突变的基因。

### （二）基因修正

基因修正（gene correction）指纠正致病基因的突变碱基序列，而保留正常部分。

### （三）基因修饰

基因修饰（gene augmentation）指将目的基因导入病变细胞或其他细胞，目的基因的表达产物特异地修饰变异缺陷细胞的功能或使原有的功能得到加强，但致病基因本身并未得到改变。

### （四）基因失活

基因失活（gene inactivation）指应用反义技术（antisense technology），将反义寡核苷酸或反义RNA 导入细胞以封闭某些基因的表达，以达到抑制某些有害基因的表达作用。

### （五）基因抑制

基因抑制指导人外源基因去干扰、抑制有害基因的表达，如向肿瘤细胞导入肿瘤抑制基因，以抑制癌基因的表达。

基因修饰与基因失活是最常用的方法。

## 三、基因治疗中的其他方法及其治疗原则

### （一）基因治疗的其他方法

**1. 免疫基因治疗** 是指导入能使机体产生抗病毒或抗肿瘤免疫能力的基因以达到治疗目的的治疗方法。

**2. 活化前体药物基因治疗** 指向瘤细胞中导入一种产物为一种酶的基因，它可以把不具有细胞毒的药物前体转化为毒性代谢产物，从而杀死细胞。此种基因也称为"自杀基因"。

**3. 耐药基因治疗** 指将产生抗药物毒性的基因导入人体细胞，从而提高机体耐受肿瘤化疗药物的能力。

## （二）基因治疗的原则

基因治疗过程有以下特点。①必须分离出具有特定功能的特异性基因。②必须获得足够数量的携带有该基因的载体和细胞。③必须建立一条有效的途径将该外源基因导入体内，转染靶细胞。④转染并进入宿主细胞的目的基因必须能产生足够量的产物，可以维持适当长的时间，且不产生有害的不良反应。

**1. 选择目的基因的原则** ①疾病发生由待研究基因异常引起。②明确该基因遗传的分子机制。③成功克隆基因，且明确表达调控机制。④转移的基因在受体细胞内最好能够完整地、稳定地整合到宿主细胞的染色体中，并能适量表达功能性蛋白质，可以来自染色体的基因组，也可以来自来源于 mRNA 的互补 DNA（cDNA），而且以后者居多。同时必须有合适的启动子及完整的信号肽，这样目的基因才可能获得适当的表达。

**2. 选择受体细胞的原则** ①最好选择组织特异性细胞。②易于从体取出，有增殖趋势且生命周期较长。③离体细胞能接受外源基因转染。④经过体外基因操作后细胞能够存活下来，并且安全输送回体内。

**3. 基因载体的选择** 基因载体的作用主要有以下两个方面。①基因载体中含有调节控制基因复制、表达的调控元件，使目的基因在宿主细胞内能够得到适量表达。②基因载体作为一种携带目的基因的工具，便于导入宿主细胞，再感染靶细胞。

## 四、基因治疗中的病毒载体

为了将基因转移入受体细胞必须选择合适的基因载体。现已发展起来的真核细胞病毒载体包括逆反录病毒载体、猿猴空泡病毒 40（SV40）、痘苗病毒、牛乳头瘤病毒、腺病毒及人免疫缺陷病毒（HIV）等改建的病毒载体类型。迄今为止，还没有一种病毒载体能够代替所有其他种类的病毒载体。随着基因治疗的进一步发展和更多疾病种类的需求，越来越多的真核病毒将会被改建成具有不同特点的基因转移工具。

## 五、基因治疗中的非病毒载体

以病毒作为载体的外源基因，多数要整合人宿主细胞后才能发挥作用。这种整合是随机的，有可能造成某些重要基因失活，也有可能造成某些沉默基因的意外激活，会带来严重后果。而非病毒载体多数采用物理和化学的方法，将质粒 DNA 导入体内细胞，使其表达出蛋白质，而达到治疗目的。

## 六、基因治疗与基因性疾病

目前大多数基因治疗不仅包括遗传性疾病，还有肿瘤方面的疾病。最初的基因治疗是从以下方面入手的：①修饰淋巴细胞以提高其抗肿瘤能力；②修饰肿瘤细胞进行以提高它们的免疫原性；③在肿瘤细胞中插入肿瘤抑制因子和自杀基因；④在干细胞中插入多种药物的耐药基因从而减少化学疗法所带来的损伤；⑤通过插入合适的抗感染基因抑制肿瘤基因的表达。

## （一）肿瘤基因治疗的原理

目前，对于肿瘤的基因治疗，可以根据作用机制分为以下两大类型。

（1）调节机体免疫系统。

（2）利用肿瘤细胞与正常细胞的差异对肿瘤细胞进行选择性攻击。

除了利用肿瘤细胞与正常细胞的天然差别进行基因治疗外，还可以人为地改变肿瘤细胞的状态，从而特异性地杀伤肿瘤细胞。

对正常细胞进行基因修饰，如将对化疗药物的多药耐药基因转染至肿瘤患者的造血干细胞，使其具有比肿瘤细胞更强的化疗药物耐受力，可以提高临床化疗剂量和时间，减轻化疗对骨髓细胞的损害。

## （二）肿瘤基因治疗的策略

依据不同的目的基因，目前应用于肿瘤基因治疗的策略可概括为：①免疫基因治疗。将细胞因子和（或）HLA 基因导入肿瘤细胞或免疫活性细胞，增强宿主抗肿瘤免疫能力。②药物敏感基因治疗。将自杀基因原位导入肿瘤细胞激活自杀机制杀伤肿瘤细胞，优化抗肿瘤药物敏感性。③抑癌基因治疗。将野生型抑癌基因转染肿瘤细胞，恢复和增强抑癌基因的功能。④反义基因治疗。利用反义核酸阻断癌基因的表达。⑤耐药基因治疗。将多药耐药基因导入造血干细胞耐受大剂量化疗，或将 CSF 基因导入造血干细胞增强造血系统再生能力，保护机体正常功能。

## （三）肿瘤的基因治疗的临床进展状况

肿瘤的基因治疗在深入进行实验研究的同时很快过渡到临床试验阶段。目前肿瘤基因治疗的临床试验主要应用于晚期肿瘤患者，已取得初步疗效。据统计至 1999 年 9 月，全世界已获批准的基因治疗临床试验方案为 396 项，其中肿瘤基因治疗 252 项，占 63.6%，接受基因治疗的患者总数达 3278 人，其中恶性肿瘤患者为 2269 人，占 69.2%，且绝大部分为黑素瘤、结直肠癌、乳腺癌、脑胶质瘤、转移癌等实体瘤患者。

# 七、基因治疗与艾滋病

人获得性免疫缺陷综合征又称为艾滋病，是由于人免疫缺陷病毒（human immunodeficiencyvirus，HIV）感染，特异性破坏 $CD4^+$ 细胞，使机体发生免疫缺陷，造成机体发生肿瘤、机会性感染的一种致死性疾病。自 1981 年由 Gottlieb 首次报道后，各地均有类似报道，且日趋增多。目前艾滋病尚无有效的治疗方法，发病一年内的病死率为 50%，5 年以上几乎 100% 死亡，所以人们对其治疗的研究进行了多方面探索。

## （一）抗 HIV 基因治疗

近些年来，艾滋病基因治疗的研究取得了一些进展，多个 HIV 感染的基因治疗的临床研究方案先后被 NIH 重组 DNA 顾问委员会（Recombinant DNA Advisory Committee，RAC）批准。基因治疗包括目的基因的选择与克隆、载体的构建与包装，以及受体的选择与转入等，它是将抗病毒基因导入患者的细胞内，赋予患者新的抗病功能的方法。Weatherall 提出基因治疗应该具备以下 5 个基本条件：①清楚基因型和某些表型的变异性；②熟悉"持家基因"的特异性；③选好受体细胞（原则是易限定的和常见的）；④寻找稳定而有效的载体；⑤受体转染细胞要有生长优势和稳定而高效表达的水平。艾滋病能采用基因治疗的方法是因为它有以下特征：艾滋病是 HIV 的基因整合到染色体后所引起的后天性遗传性疾病，抑制这种整合作用便可以可阻止其成为艾滋病；艾滋病基本属于淋巴细胞疾病，这为基因治疗限定了靶细胞；采用基因治疗技术产生的抗 HIV 淋巴细胞较 HIV 破坏的细胞更具有增殖能力，即使向其中一部分淋巴细胞导入抗 HIV 基因也可望获得疗效。对病毒感染的基因治疗最重要的问题是找出特异性抑制病毒增殖的抗病毒基因。

**1. 反义核酸**　本质是互补于 mRNA 的 RNA 或 DNA，它能够在细胞内形成部分双链，阻碍 mRNA 的剪接、运送和翻译，降低 mRNA 的稳定性，从而影响基因的构成。由于反义核酸分子与

mRNA 具有特异性互补的特点，我们可以利用它来调控细胞中的 mRNA 的量，并且通过剂量来调节特定基因的表达。我们在细胞水平及个体水平都已经证实了这种调节作用。Zamecnik 和 Matsukura 发现把合成的反义核酸加在培养基上能够抑制新培养的细胞的 HIV 增殖。在反转录病毒中，mRNA 的代谢和 RNA 的复制及对病毒粒子的包裹都受反义核酸的影响，但这种反义调控仅限于原核细胞水平。岛田隆氏用反义 RNA 在淋巴细胞内表达，获得带有各种反义核酸序列的反转录病毒载体，并将其导入 CD4$^+$T 细胞。在这些细胞中反义核酸作为来自 LTR 和内部启动子的 RNA 而被大量表达。但对这些细胞进行感染实验却未见有抑制效果。究其原因是反义 RNA 的量不足，至少需提高 10 倍反义 RNA 的量才有可能抑制 HIV 基因的表达。同时，新培养的 T 细胞的不均一性也是抑制 HIV 失败的原因。Chatterjee S 等把与 HIV-1 LTR 序列互补的 63 bp 的寡核苷酸与腺病毒构建成重组体，导入人的 T 细胞，可使转化细胞在 HIV-1 感染后病毒滴度下降 1000 倍左右，这提示我们利用反义核酸对艾滋病基因治疗有很大的研究价值。需要解决的问题是反义核酸的专一性转移和进入靶细胞之前的降解。

**2. 核酶**　由 ribozyme 一词译来。核酶最初是由 Haseloff 在研究烟草病毒时发现的，它最大的特点是作为一个酶发挥作用，具有催化 RNA 切割反应的能力。目前已有使用核酶在培养细胞上干预 HIV 基因表达的报道。

核酶的稳定性较低，不足之处在于生理条件下反应速度缓慢，同时我们仍然需要对它在机体内是被转录的和转录后抗 RNase H 的能力的机制做进一步的探索。

**3. 可溶性 CD4 分子的表达**　目前，已经成功克隆化编码 CD4 分子的基因，在真核细胞中的表达研究也取得了很好进展。以反转录病毒载体将 CD4 分子的编码基因导入到外周淋巴细胞、血管平滑肌细胞、骨髓造血干细胞、血管内皮细胞中均得到表达，进入体内的 CD4 分子可与侵入的 HIV 包膜蛋白上的 CD4 分子受体相结合，竞争性地保护 CD4$^+$T 淋巴细胞不受 HIV 的侵害。

**4. 特异性抗体的诱导**　诱导抗 HIV 的特异性保护性抗体的生成也是抗 HIV 治疗的一个重要方法。针对 HIV 包膜糖蛋白 Gpl20 的抗体是抗 HIV 感染的一个重要的抗体种类。因此将 *gpl20* 基因导入体内，诱导机体产生免疫应答，产生足量特异性针对 Gpl20 的特异性抗体。Fflgner 等将编码 HIV 包膜蛋白 Gpl20 的基因置于巨细胞病毒（CMV）早期启动子控制之下，只要将此重组质粒进行一次注射，肌肉中表达的 Gpl20 可诱导高滴度 IgG 型抗体的免疫应答，而且 *gpl20* 基因在体内的表达，也可引发特异性的细胞免疫。

**5. Tat 蛋白突变体表达**　Tat 蛋白在 HIV 基因的复制和转录过程中都有极为重要的反式调控作用。将克隆的施 f 基因进行缺失突变或定点碱基置换等方式的突变，编码产物就不具有正向反式调节功能的由 86 个氨基酸组成的完整 Tat 蛋白，而是突变体形式的 Tat 蛋白。将突变体形式的 tat 基因作为抗 HIV 基因治疗的目的基因，导入体内以后，突变体的大量表达，竞争性地与 Tat 结合受体位点结合，使 HIV 完全或大部分失去 Tat 蛋白反式调控作用，抑制或干扰 HIV 基因组的正常转录和复制功能。

## （二）艾滋病基因治疗的载体和靶细胞

找出能把抗 HIV 的基因高效地导入 T 淋巴细胞并使其表达的载体是艾滋病基因治疗的一个重要问题。基因治疗中应用最多的是载体反转录病毒载体。构建反转录病毒载体过程如下：用目的基因取代病毒结构基因；保留病毒信号和两端的 LTR；转移到包装细胞中。现常用小鼠反转录病毒（MoMLV）构建重组病毒载体，可以用它将基因导入多种细胞内，进一步高效率地、稳定地组装进染色体中。但载体构建可能产生以下问题：导致具有传染力的新病毒的出现；基因的表达效率低。岛田隆氏发现在淋巴细胞中人的 B19 细小病毒的启动子具有高于 SV40 启动子 5 倍以上的活性，他进行了由 tRNA 的 PolyA 启动子参与的抗 HIV RNA 的表达试验。Gilboa 使用 tRNA 启动子能够使 TAR decoy 的表达达到全部 Poly A RNA 量的 5%。

根据不同疾病，基因治疗中应选择相应的靶细胞。针对艾滋病基因治疗的靶细胞是 CD4$^+$T 细胞及其前驱细胞。目前的血液干细胞的导入技术并没有十分成熟，所以主要把末梢 T 细胞当作靶细胞。岛田隆氏构建出带有 HIV 基因的重组病毒载体，其最大特点是保持了原 HIV 的一些重要特性，能够以相同的机制进入靶细胞，仅能够导入表面有 CD4 受体的细胞（组织特异性基因导入），所以不必为了基因的导入而去纯化 CD4$^+$T 细胞。理论上说也可以将这个重组病毒载体直接注入患者体内（*in vivo* 基因导入），但需要在安全性方面进行改进。

基因治疗是一个非常前沿的领域，把艾滋病基因治疗付诸实施还存在许多问题，尤其是高效抗 HIV 基因的认定更是困难，迄今为止所报道过的抗 HIV 基因只是在某些特定条件下才有某些效果。另一问题是没有适宜的检测体系，现在用的体外检测方法不能判定体内感染的实际情况。

# 八、基因治疗与遗传性疾病

遗传病的治疗是基因治疗目前研究最多的疾病，其次则是肿瘤的基因治疗。另外基因治疗在呼吸系统疾病、心血管系统疾病、消化系统疾病、血液系统疾病、中枢神经系统疾病、内分泌疾病、抗病毒基因治疗等方面都有较为深入的研究。

## （一）遗传病的分类

遗传病是指由人体内的遗传物质发生改变所引起的疾病。根据遗传物质的变异情况，遗传病可以分为以下 3 类。

**1. 单基因遗传病**　指由单个基因发生突变所引起的疾病。突变可以发生在一对同源染色体的一条染色体上或者两条染色体上。单基因遗传病主要包括分子病和遗传代谢病。分子病是指由于人体内遗传物质的缺陷导致蛋白质分子的数量和结构的异常所引起的疾病，如血红蛋白病等。遗传代谢病是指因酶的先天性缺陷而产生的疾病，如氨基酸、糖类及脂类代谢异常等。

**2. 多基因遗传病**　指由多个基因与环境因子共同作用所引起的遗传性疾病，同时受遗传因素的和环境因素的影响，如常见的冠心病、高血压、精神分裂症等。

**3. 染色体异常病**　遗传物质的突变涉及染色体上的很大一部分，如染色体部分断裂后出现的染色体缺失、倒位、易位和重复等染色体畸变，都会导致遗传物质偏离正常状态，引起疾病。

## （二）常见遗传病的基因治疗

**1. 血红蛋白病**　血红蛋白是由珠蛋白和血红素辅基组成，每个血红蛋白分子是由 4 个亚单位构成的四聚体，每个亚单位由一条珠蛋白肽链和一个血红素辅基组成。血红蛋白病是单基因遗传病，其中比较常见的镰状细胞贫血症和 β 地中海贫血症都是由于 β 珠蛋白基因的突变或缺陷所致。地中海贫血是因为珠蛋白链合成速率降低，导致一部分珠蛋白链合成过多，而另一部分珠蛋白链合成过少甚至缺失造成的。因此，解决珠蛋白表达比例失调是针对这类疾病的基因治疗的策略。由于 β 珠蛋白基因的表达有很强的组织特异性，需要量很大而且调控必须十分精确，这给该病基因治疗的研究带来很大的困难。

研究证实，在血红蛋白病中，由于成人 β 珠蛋白活性水平很低导致镰状细胞贫血和 β 地中海贫血，而 β 珠蛋白的活性降低又与机体中 γ 链基因完全关闭密切相关，因此如果能够让 γ 链基因持续开放或者重新激活已经关闭的 γ 链基因，就有可能解决珠蛋白表达比例失调的问题，从而在基因水平上治疗上述两种贫血病。

**2. 血友病**　是一种常见的遗传性出血性疾病，它是由于血液中某种凝血因子缺失而导致患者的凝血功能出现障碍。根据所缺乏的凝血因子的种类可以将常见的血友病分为血友病 A、血友病 B 和血友病 C 3 类。其中血友病 A、血友病 B 和血友病 C 分别缺乏凝血因子Ⅷ、凝血因子Ⅸ和凝血因子Ⅺ。血友病的一个显著的共同特点是机体在受到轻微损伤时，就会出现出血不止的倾向。传统的治疗方法是患者输入新鲜的血液或注射含有上述凝血因子的血制品进行替代治疗。但是这种方法的一个弊端是血源污染严重，患者容易感染艾滋病病毒或肝炎病毒，引起输血相关并发症。因此，人们一直在寻找一种治疗血友病的新方法。基因治疗是将正常基因转入患者体内替代缺陷基因，从基因水平上纠正基因的缺陷，从而达到治疗的目的，因而这种策略为血友病的治疗开辟了一条全新的途径。

经过多年的努力，复旦大学遗传学研究所薛京伦教授领导的研究小组，已使血友病 B 成为世界上少数几种进入基因治疗临床试验的病种之一。从 1987 年起，复旦大学遗传所就以血友病 B 为基因治疗的研究对象。他们用携带有人凝血因子ⅨcDNA 的反转录病毒载体感染患者自身皮肤的成纤维细胞，经过培养感染细胞、筛选及培养上清凝血因子Ⅸ的测定，以及对细胞连续传代形态学观察、染色体分析、内毒素过敏试验、裸鼠接种试验、常规病理学检查和辅助病毒的 PCR 检测等多项实验证实，均未发现致畸和致癌现象。在这项研究的基础，复旦大学遗传所于 1991 年 11 月对 2 例从小就有自发性或轻微外伤后出血不止的现象的血友病 B 患者进行了世界上首次血友病 B 基因治疗的临床 I 期试验。共有 4 名血友病 B 患者接受了基因治疗。经治疗后患者体内凝血因子Ⅸ浓度上升，出血症状均有不同程度减轻。2 位患者疗效较为显著，其中 1 位患者治疗后年内没有出现自发出血现象。4 位患者治疗后都没有出现与基因治疗有关的毒副反应。但是目前的成果仍然是非常有限的，经过临床基因治疗后，血友病 B 患者凝血因Ⅳ的水平只能达到正常值的 5%，只能使血友病患者从中型转变为轻型，还不能从根本上根除血友病患者症状。因此，选择更好的表达载体和靶细胞以便获得凝血因子Ⅸ在体内的长期高效表达，以及建立更为简便有效的基因转移和细胞移植途径等问题都还有待于进一步研究探索。

家族性高胆固醇血症由于低密度脂蛋白受体缺陷而导致血中胆固醇水平过高会导致家族性高胆固醇血症，该病症患者多死于冠心病。这是一种多基因遗传病，通过基因治疗可以表达更多的低密度脂蛋白受体，以便降低血液中胆固醇的水平。

1992 年 6 月 willson 等利用低密度脂蛋白受体 cDNA 构建的反转录病毒载体，感染体外培养的肝细胞，再回输体内，经治疗后，患者血清中的胆固醇下降 20%～40%，取得了明显的治疗效果。上述受感染的肝细胞回输体内后，转染的基因可能只是有效地纠正了肝脏某处的 3%～4%的肝细胞，如果能将效果提高到 5%的肝细胞，就可以明显改善患者的症状；如果能使被纠正超过15%的肝细胞，患者就能正常生活。为克服上述基因治疗的缺点，用腺病毒代替反转录病毒可能更有效。

## 九、目前基因治疗研究概况

1992 年由 Nabel 主持开展肿瘤基因治疗计划，基于前期较明确的临床结果，受试人数从开始的一次 4 人至目前的一批 360 患者，不断扩大，目前已进入 I 期临床试验。这类计划共有 25 项，主要是 ADA-SCID 各基因治疗计划。但获准进入 II 期临床试验的仅一项，是自杀基因治疗恶性肿瘤，表 14-5 列出了部分基因治疗疾病的类型，表 14-6 则介绍了基因治疗中的转基因情况。

表 14-5　基因治疗疾病类型

| 种类 | 临床计划数 | 接受治疗患者数 |
| --- | --- | --- |
| 单基因缺陷遗传病 | 49 | 252 |
| 感染性疾病 | 27 | 400 |
| 肿瘤 | 204 | 1626 |
| 其他疾病 | 7 | 16 |

续表

| 种类 | 临床计划数 | 接受治疗患者数 |
|---|---|---|
| 基因标记 | 42 | 218 |
| 合计 | 329 | 2557 |

表 14-6　目前基因治疗转导基因的类型

| 基因类型 | 临床计划数 | 接受治疗患者数 |
|---|---|---|
| 抗体 | 5 | 5 |
| 58 | 58 | 846 |
| 反义 | 8 | 29 |
| 抗肿瘤 | 2 | 16 |
| 诱导 | 3 | 5 |
| 缺陷 | 49 | 252 |
| 多药耐性 | 11 | 44 |
| 自杀 | 45 | 228 |
| 肿瘤抑制 | 10 | 156 |
| 受体 | 7 | 66 |
| 核酶 | 5 | 7 |
| 多种基因联合 | 3 | 16 |
| 细胞因子 | 71 | 617 |
| 其他 | 10 | 52 |
| 标记 | 42 | 218 |
| 合计 | 329 | 2557 |

基因转导的靶细胞有以下常见 4 类（表 14-7），而基因作为一种新型特殊的"药物"应用于临床，其使用途径或方法是多种多样的（表 14-8）

表 14-7　目前基因治疗使用的靶细胞

| 靶细胞类型 | 临床计划数 | 接受治疗患者数 |
|---|---|---|
| 同种异体 | 25 | 216 |
| 自体 | 290 | 2252 |
| 同卵双生异体 | 4 | 57 |
| 异种 | 3 | 30 |
| 不明 | 7 | 2 |
| 合计 | 329 | 2557 |

表 14-8　目前基因治疗的途径和方法

| 途径或方法 | 临床计划数 | 接受治疗患者数 |
|---|---|---|
| 骨髓移植 | 41 | 170 |
| 动脉内 | 4 | 47 |
| 关节内 | 2 | 2 |
| 气管内 | 5 | 47 |
| 腺体内 | 14 | 71 |
| 肝内 | 5 | 26 |

续表

| 途径或方法 | 临床计划数 | 接受治疗患者数 |
|---|---|---|
| 肌肉 | 16 | 348 |
| 鼻内 | 20 | 154 |
| 腹腔 | 11 | 74 |
| 肋内 | 1 | 26 |
| 鞘膜内 | 1 | 12 |
| 瘤体内 | 90 | 843 |
| 静脉内 | 2 | 3 |
| 胃室内 | 2 | 3 |
| 膀胱内 | 1 | 0 |
| 皮下 | 51 | 511 |
| 不明 | 8 | 4 |
| 合计 | 329 | 2557 |

（朱　虹）

# 参考文献

白春娇，王廷华. 2008. 神经营养因子研究现状. 四川解剖学杂志，16（1）：30-35

方积年，丁侃. 2007. 天然药物——多糖的主要生物活性及分离纯化方法. 中国天然药物，5（5）：338-347

方志杰. 2009. 糖类药物合成与制备. 北京：化学工业出版社

费嘉. 2011. 小核酸药物开发技术. 北京：军事医学科学出版社

府明棣，叶进. 2015. 人参不良反应之探析. 辽宁中医杂志，42（6）：1214-1215

付书婕，王乃平，黄仁彬. 2008. 植物多糖免疫调节作用的研究进展. 时珍国医国药，19（1）：99-101

付小兵. 2001. 生长因子的概念、应用现状与展望. 人民军医，44（1）：19-20

郭葆玉. 2011. 生物技术制药. 北京：清华大学出版社

郭葆玉. 2011. 生物技术制药. 北京：清华大学出版社

国家药典委员会. 2015. 中华人民共和国药典（2015年版）. 北京：中国医药科技出版社

李荷君，韩柏. 2014. 脑源性神经营养因子在阿尔茨海默病中的作用. 中华临床医师杂志（电子版），8（21）：3888-3891

刘昌孝. 2015. 抗体药物的药理学与治疗学研究. 北京：科学出版社

刘玉红，王凤山. 2008. 多糖的结构和构象研究. 中国药学会全国多糖类药物研究与应用研讨会论文集，165-170

龙建银. 1997. 转化生长因子β的临床应用及其前景. 军事医学科学院院刊，21（2）：135-140

马大龙. 1997. 细胞因子研究进展. 中国肿瘤生物治疗杂志，4（3）：164-166

马大龙. 2003. 生物技术药物. 北京：科学出版社

马慧，王豪. 2002. 长效干扰素：聚乙二醇干扰素研究进展. 中华肝脏病杂志，10（1）：78-79

孟祥海，高山行，舒成利. 2014. 生物技术药物发展现状及我国的对策研究. 中国软科学，4：14-24

邵荣光，甄永苏. 2013. 抗体药物研究与应用. 北京：人民卫生出版社

时潇丽，姚春霞，林晓，等. 2014. 多糖药物应用与研究进展. 中国新药杂志，23（9）：1057-1062

宋丹，方秀斌. 2002. 表皮生长因子的研究进展. 解剖科学进展，8（4）：339-342

汤明仲. 2008. 生物技术药物——概论与实用手册. 北京：人民卫生出版社

田硕，徐晨，姚文兵. 2010. 长效干扰素研究进展. 中国生物工程杂志，30（5）：122-127

王德心. 2008. 活性多肽与药物开发. 北京：中国医药科技出版社

王克夷. 2001. 以糖类为基础的药物：概况和发展趋向. 药物生物技术，8（6）：345-347

王淼，谭树华，吴梧桐. 2004. 抑肽酶基因的克隆和表达. 药物生物技术，11（2）：71-75

王庆晓，王建军，徐根兴. 2010. RNAi药物的临床研究进展. 药学与临床研究，18（2）：127-130

王姗姗，易八贤，殷勤伟. 2015. 小RNA基因药研发的现状和展望. 上海应用技术学院学报（自然科学版），15（1）：1-8

魏清筠，朱远源，彭薇，等. 2011. MicroRNA在肿瘤诊断、治疗中的应用. 现代生物医学进展，11（19）：3794-3797

沃尔什 G. 2006. 生物制药学. 第2版. 宋海峰 译. 北京：化学工业出版社

吴东. 2008. 反义核酸药物进展. 科技信息（科学教研），（12）：20-22

吴梧桐. 2003. 生物技术药物学. 北京：高等教育出版社

吴梧桐. 2006. 生物制药工艺学. 第2版. 北京：中国医药科技出版社

吴梧桐. 2012. 生物制药工艺学. 第3版. 北京：中国医药科技出版社

吴梧桐. 2007. 实用生物制药学. 北京：人民卫生出版社

夏焕章，熊宗贵. 2006. 生物技术制药. 第2版. 北京：高等教育出版社

项坤三. 2002. 胰岛素抵抗和代谢综合征. 国外医学：内分泌学分册，7（22）：265-266

徐芳，信艳红，段艳冰，等. 2002. 表皮生长因子的临床应用. 药学实践杂志，20（6）：324-326

易阳，王宏勋，何静仁. 2014. 多糖的药代动力学研究进展. 药学学报，49（4）：443-449

张航，刘威，刘建军. 2015. microRNA的功能及其临床应用. 生物技术通讯，26（2）：278-282

张宏燕，鲁丹丹，吴利霞，等. 2008. 反义核酸药物的合成和纯化. 军事医学科学院院刊，32（1）：73-76

张伟霞，蔡卫民. 2006. I型干扰素临床应用最新进展. 中国药房，17（2）：145-146.

赵瑞莲，沈红梅. 2012. 表皮生长因子临床研究进展. 云南医药，33（5）：476-479

朱红杰，张彦华，张亿虹，等. 2007. 胰岛素样生长因子的研究进展. 黑龙江医药，20（3）：200-203

Anderl J，Faulstich H，Hechler T，et al. 2013. Antibody–drug conjugate payloads. Methods Mol Biol，1045：51-70

Astronomo RD，Burton DR. 2010. Carbohydrate vaccines：developing sweet solutions to sticky situations. Nat Rev Drug Discov，9：308-324

Chari RV，Miller ML，Widdison WC. 2014. Antibody-drug conjugates：an emerging concept in cancer therapy. Angew Chem Int Ed Engl，53（15）：3796-827

Daan JA Crommelin，Robert D Sindelar，Bernd Meibohm（Eds）. 2013. Pharmaceutical biotechnology. 4th edition. New York：Springer

Dicker KT，Gurski LA，Pradhan-Bhatt S，et al. 2014. Hyaluronan：a simple polysaccharide with diverse biological functions. Acta Biomater，10：1558-1570

Gary W. 2003. Biopharmaceuticals：Biochemistry and Biotechnology. USA：Wiley-Blackwell

Gary Walsh. 2014. Biopharmaceutical benchmarks. Nature Biotechnology，32：992-1000

Gubin，Zhang Schuster H，et al. 2014. Checkpoint blockade cancer immunotherapy targets tumour-specific mutant antigens. Nature，Nov 27；515（7528）：577-81

Guo S，Kemphues KJ. 1995. *par-1*，a gene required for establishing polarity in *C. elegans* embryos，encodes a putative Ser/Thr kinase that is asymmetrically distributed. Cell，81：611-620

Keating GM，Plosker GL. 2005. Peginterferon alpha-2a（40KD）plus ribavirin：a review of its use in the managementof patients with chronic hepatitis C and persistently normal ALT levels. Drugs，65（4）：521

Laurent D. 2013. Antibody-Drug Conjugates. 高凯译. 北京：科学出版社

Leader B，Baca BJ，Golan DE. 2008. Protein therapeutics：a summary and pharmacological classification. Nature Review，7：21~39

Lee RC，Feinbaum RL，Ambros V. 1993. The *C. elegans* heterochronic gene *lin-4* encodes small RNAs with antisense complementarity to *lin-14*. Cell，75：843-854

Lilian Rumi Tsuruta，Mariana Lopes dos Santos. 2015. Biosimilars advancements：moving on to the future. Biotechnol. Prog，31（5）：1139-1149

Lin K，Tibbitts J. 2012. Pharmacokinetic considerations for antibody drug conjugates. Pharm Res，29（9）：2354-2366

Mack F，Ritchie M，Sapra P. 2014. The next generation of antibody drug conjugates. Semin Oncol，41（5）：637-52

Morris TA. 2003. Heparin and low molecular weight heparin：background and pharmacology. Clin Chest Med，24：39-47

Napoli C，Lemieux C，Jorgensen R. 1990. Introduction of a chimeric chalcone synthase gene into petunia results in reversible co-suppression of homologous genes in trans. Plant Cell，2：279-289

Nicolas FE，Lopez-Gomollon S，Lopez-Martinez A F，et al. 2011. Silencing human cancer：identification and uses of microRNAs. Recent Pat Anticancer Drug Discov，6：94-105

Palomino A，Hernández-Bernal F，Haedo W，et al. 2000. A multicenter，randomized，double-blind clinical trial examining the effect of oralhuman recombinant epidermal growth factor on thehealing of duodenal ulcers. Scand J Gastroenterol，35（10）：1016-1022.

Patterson JM，Bromer WW. 2015. Glucagon structure and function. Preparation and characterization of nitro glucagon and amino glucagon. Journal of Biological Chemistry，8（1）：289-294

Perez HL，Cardarelli PM，Deshpande S，et al. 2014. Antibody-drug conjugates：current status and future directions. Drug Discov Today，19（7）：869-881

Pingel M，Skelbaek-Pedersen B，Brange J. 1983. Glucagon Preparation. Berlin Heidelberg：Springer

Reddy KR，Modi MW，Pedder S. 2002. Use of peginterferon alfa-2a（40KD）（Pegasys）for the treatment of hepatitis C. Adv Drug Deliv Rev，54，571-584

Roberts MJ，Bentley MD，Harris JM. 2002. Chemistry for peptide and protein PEG ylation. Adv Drug Deliv Rev，54（4）：459-476

Rudnick SI，Lou J，Shaller CC，et al. 2011. Influence of affinity and antigen internalization on the uptake and penetration of Anti-HER2 antibodies in solid tumors. Cancer Res，71（6）：2250-2259

Sarosiek J，Jensen RT，Maton PN，et al. 2000. Salivary and gastric epidermal growth factor in patients with Zollinger-Ellison syndrome：its protective potential. Am J Gastroenterol，95（5）：1158-1165

Sharma VK，Sharma RK，Singh SK. 2014. Antisense oligonucleotides：modifications and clinical trials. Med Chem Commun，5：1454-1471

Strebhardt K，Ullrich A. 2008. Paul Ehrlich's magic bullet concept：100 years of progress. Nat Rev Cancer，8：473-480

Torriani FJ，Rodriguez-Torres M. 2004. Peginterferon alfa-2a plus ribavirin for chronic hepatitis C virus infection in HIV-Infected patients. N Eng l J Med，351（5）：438

Tumeh PC, Harview CL, Yearley JH, et al. 2014. PD-1 blockade induces responses by inhibiting adaptive immune resistance. Nature, Nov 27;515（7528）：568-571

Turnbull JE. 2011. Getting the farm out of pharma for heparin production. Science, 334：462-463

UniProt C. 2013. Update on activities at the Universal Protein Resource（UniProt）in 2013. Nucle-ic Acids Res 41（Database issue）：D43-D47

Vellard M. 2003. The enzyme as drug：application of enzymes as pharmaceuticals. Current Opini on in Biotechnology, 14：444-450

Vincent O, Nicolas F. 2014. Monoclonal Antibodies. New Jersey：Humana Press

Walsh. G. 2006. 生物制药学. 宋海峰译. 第 2 版. 北京：化学工业出版社

Wang YS, Yongster S, Grace M, et al. 2002. Structural and biologicalcharacterization of pegylated recombinant interferon alpha-2b and its therapeutic applications. Adv Drug Deliv Rev, 54（4）：547-570

Watts JK, Corey DR. 2012. Gene silencing by siRNAs and antisense oligonucleotides in the laboratory and the clinic. J Pathol, 226：365-379

Yamamoto T, Nakatani M, Narukawa K, et al. 2011. Antisense drug discovery and development. Future Med Chem, 3：339-365

Younes I, Rinaudo M. 2015. Chitin and chitosan preparation from marine sources. structure, properties and applications. Mar Drugs, 13：1133-1174

Zhang Y, Li S, Wang X, et al. 2011. Advances in lentinan：Isolation, structure, chain conformation and bioactivities. Food Hydrocolloids, 25：196-206

Zhang Y, Wang F. 2015. Carbohydrate drugs：current status and development prospect. Drug Discov Ther, 9：79-87

Zong A, Cao H, Wang F. 2012. Anticancer polysaccharides from natural resources：a review of recent research. Carbohydr Polym, 90：1395-1410

# 中英文名词对照索引

干扰素 interferon，IFN 95
干扰素受体家族 interferon receptor family 96
干细胞因子 stem cell factor，SCF 111，139
高峰淀粉酶 taka-diastase 191
戈利木 Golimumab 135
谷氨酰胺酶 glutaminase 192

**H**

海兔毒素 aplysiatoxin 72
海藻酸 alginic acid 230
核糖核酸酶 RNA se 192
黑色素母细胞 melanoblast 144
红系暴发集落形成单元 burst forming unit-erythroid，BPU-E 145
红细胞趋化因子受体 red blood cell chemokine receptor，RBCCKR 97
红细胞生成素 erythropoietin，EPO 96
红细胞生成素受体超家族 erythropoietin receptor superfamily，ERS 96
环状结构域 kringle domain 193
黄芪多糖 astragalus polysaccharide 222
黄体生成素 luteinizinghormone，LH 174
灰色链霉菌蛋白酶 pronase 192

**J**

肌醇聚糖 inositol glycan，IG 162
肌内注射 intramuscular injection，IM 19
基因工程抗体 genetically engineered antibody，GEAb 49
基因治疗 gene therapy 25，248
激动剂 agonist 7
激素 hormone 156
激肽释放酶 kallikrein，Ka 186，192
吉妥单克隆抗体-奥加米星 Mylotarg 76
级联反应 cascade 182
集落刺激因子 colony stimulating factor，CSF 95，139
家族性寒冷型自身炎症性综合征 familial cold auto-inflammatory syndrome，FCAS 124
荚膜多糖 capsular polysaccharide 230
胶原酶 collagenase 192
拮抗剂 antagonist 7

静脉注射 intravenous injection，IV 19
巨大淋巴结增生症 castleman's disease，CD 116
巨噬细胞 CSFmacrophage-CSF，M-CSF 139
聚乙二醇结合赛妥珠单克隆抗体 Certolizumab pegol 134

**K**

卡其霉素 Calicheamicin，65
卡那奴单克隆抗体 Canakinumab 123，124
抗体偶联药物 antibody-drug conjugates，ADC 64
抗体平均药物连接率 drug antibody ratio，DAR 67
抗体药物偶联物 antibody drug conjugates，ADC 32
抗体依赖性细胞毒作用 antibody-dependent cell-mediated cytotoxicity，ADCC 32，40
壳聚糖 chitosan 229
可溶形式 IL-6R soluble IL-6 receptor，sIL-6R 116
可溶性的 IL-1 结合蛋白 soluble IL-1 binding protein，sIL-1BP 113
可溶性形式 soluable TNFR，sTNFR 129
可溶性形式的 IL-2RsolubleIL-2 receptor，sIL-2R 114
克罗恩病 crohn's disease，CD 118
空腹血糖异常 impaired fasting glucose,IFG 165
枯草杆菌蛋白酶 sutilisn 192
抗鼠抗体 humam anti-mouse antibody，HAMA 28

**L**

酪氨酸激酶 protein tyrosine kinase，PTK 161
类风湿关节炎 rheumatoid arthritis，RA 112
冷吡啉蛋白-相关周期性综合征 cryopyrin-associated periodic syndrome，CAPS 112
利洛纳塞 Rilonacept 123
粒细胞 CSF granulocyte-CSF，G-CSF 139
粒细胞-巨噬细胞集落刺激因子 granulocyte-macrophage colony-stimulating factor,GM-CSF 112